经以俭也
艰苦创业
贺教育部
哲社文问项目
启至立顺

季羡林
时年九十有八

教育部哲学社会科学研究重大课题攻关项目

南水北调工程与中部地区经济社会可持续发展研究

THE RESEARCH ON THE SOUTH-NORTH WATER DIVERSION PROJECT AND SOCIAL-ECONOMIC SUSTAINABLE DEVELOPMENT OF CENTRAL CHINA

杨云彦 等著

经济科学出版社
Economic Science Press

图书在版编目（CIP）数据

南水北调工程与中部地区经济社会可持续发展研究/杨云彦等著.
—北京：经济科学出版社，2011.2
教育部哲学社会科学研究重大课题攻关项目
ISBN 978-7-5141-0396-0

Ⅰ.①南… Ⅱ.①杨… Ⅲ.①南水北调-水利工程-关系-地区经济-可持续发展-研究-中国②南水北调-水利工程-关系-社会发展：可持续发展-研究-中国 Ⅳ.①TV68②F127

中国版本图书馆CIP数据核字（2011）第020069号

责任编辑：李　雪
责任校对：杨晓莹
版式设计：代小卫
技术编辑：邱　天

南水北调工程与中部地区
经济社会可持续发展研究

杨云彦　等著

经济科学出版社出版、发行　新华书店经销
社址：北京市海淀区阜成路甲28号　邮编：100142
总编部电话：88191217　发行部电话：88191540
网址：www.esp.com.cn
电子邮箱：esp@esp.com.cn
北京中科印刷有限公司印装
787×1092　16开　25.25印张　480000字
2011年7月第1版　2011年7月第1次印刷
ISBN 978-7-5141-0396-0　定价：62.00元
（图书出现印装问题，本社负责调换）
（版权所有　翻印必究）

课题组主要成员

（按姓氏笔画为序）

石智雷　　成艾华　　刘云忠　　关爱萍
赵　锋　　胡　静　　徐映梅　　凌日平
黄瑞芹　　程广帅

编审委员会成员

主 任　孔和平　罗志荣
委 员　郭兆旭　吕　萍　唐俊南　安　远
　　　　文远怀　张　虹　谢　锐　解　丹

总 序

哲学社会科学是人们认识世界、改造世界的重要工具,是推动历史发展和社会进步的重要力量。哲学社会科学的研究能力和成果,是综合国力的重要组成部分,哲学社会科学的发展水平,体现着一个国家和民族的思维能力、精神状态和文明素质。一个民族要屹立于世界民族之林,不能没有哲学社会科学的熏陶和滋养;一个国家要在国际综合国力竞争中赢得优势,不能没有包括哲学社会科学在内的"软实力"的强大和支撑。

近年来,党和国家高度重视哲学社会科学的繁荣发展。江泽民同志多次强调哲学社会科学在建设中国特色社会主义事业中的重要作用,提出哲学社会科学与自然科学"四个同样重要"、"五个高度重视"、"两个不可替代"等重要思想论断。党的十六大以来,以胡锦涛同志为总书记的党中央始终坚持把哲学社会科学放在十分重要的战略位置,就繁荣发展哲学社会科学做出了一系列重大部署,采取了一系列重大举措。2004年,中共中央下发《关于进一步繁荣发展哲学社会科学的意见》,明确了新世纪繁荣发展哲学社会科学的指导方针、总体目标和主要任务。党的十七大报告明确指出:"繁荣发展哲学社会科学,推进学科体系、学术观点、科研方法创新,鼓励哲学社会科学界为党和人民事业发挥思想库作用,推动我国哲学社会科学优秀成果和优秀人才走向世界。"这是党中央在新的历史时期、新的历史阶段为全面建设小康社会,加快推进社会主义现代化建设,实现中华民族伟大复兴提出的重大战略目标和任务,为进一步繁荣发展哲学社会科学指明了方向,提供了根本保证和强大动力。

高校是我国哲学社会科学事业的主力军。改革开放以来，在党中央的坚强领导下，高校哲学社会科学抓住前所未有的发展机遇，紧紧围绕党和国家工作大局，坚持正确的政治方向，贯彻"双百"方针，以发展为主题，以改革为动力，以理论创新为主导，以方法创新为突破口，发扬理论联系实际学风，弘扬求真务实精神，立足创新、提高质量，高校哲学社会科学事业实现了跨越式发展，呈现空前繁荣的发展局面。广大高校哲学社会科学工作者以饱满的热情积极参与马克思主义理论研究和建设工程，大力推进具有中国特色、中国风格、中国气派的哲学社会科学学科体系和教材体系建设，为推进马克思主义中国化，推动理论创新，服务党和国家的政策决策，为弘扬优秀传统文化，培育民族精神，为培养社会主义合格建设者和可靠接班人，做出了不可磨灭的重要贡献。

自2003年始，教育部正式启动了哲学社会科学研究重大课题攻关项目计划。这是教育部促进高校哲学社会科学繁荣发展的一项重大举措，也是教育部实施"高校哲学社会科学繁荣计划"的一项重要内容。重大攻关项目采取招投标的组织方式，按照"公平竞争，择优立项，严格管理，铸造精品"的要求进行，每年评审立项约40个项目，每个项目资助30万~80万元。项目研究实行首席专家负责制，鼓励跨学科、跨学校、跨地区的联合研究，鼓励吸收国内外专家共同参加课题组研究工作。几年来，重大攻关项目以解决国家经济建设和社会发展过程中具有前瞻性、战略性、全局性的重大理论和实际问题为主攻方向，以提升为党和政府咨询决策服务能力和推动哲学社会科学发展为战略目标，集合高校优秀研究团队和顶尖人才，团结协作，联合攻关，产出了一批标志性研究成果，壮大了科研人才队伍，有效提升了高校哲学社会科学整体实力。国务委员刘延东同志为此做出重要批示，指出重大攻关项目有效调动各方面的积极性，产生了一批重要成果，影响广泛，成效显著；要总结经验，再接再厉，紧密服务国家需求，更好地优化资源，突出重点，多出精品，多出人才，为经济社会发展做出新的贡献。这个重要批示，既充分肯定了重大攻关项目取得的优异成绩，又对重大攻关项目提出了明确的指导意见和殷切希望。

作为教育部社科研究项目的重中之重，我们始终秉持以管理创新服务学术创新的理念，坚持科学管理、民主管理、依法管理，切实增强服务意识，不断创新管理模式，健全管理制度，加强对重大攻关项目的选题遴选、评审立项、组织开题、中期检查到最终成果鉴定的全过程管理，逐渐探索并形成一套成熟的、符合学术研究规律的管理办法，努力将重大攻关项目打造成学术精品工程。我们将项目最终成果汇编成"教育部哲学社会科学研究重大课题攻关项目成果文库"统一组织出版。经济科学出版社倾全社之力，精心组织编辑力量，努力铸造出版精品。国学大师季羡林先生欣然题词："经时济世　继往开来——贺教育部重大攻关项目成果出版"；欧阳中石先生题写了"教育部哲学社会科学研究重大课题攻关项目"的书名，充分体现了他们对繁荣发展高校哲学社会科学的深切勉励和由衷期望。

创新是哲学社会科学研究的灵魂，是推动高校哲学社会科学研究不断深化的不竭动力。我们正处在一个伟大的时代，建设有中国特色的哲学社会科学是历史的呼唤，时代的强音，是推进中国特色社会主义事业的迫切要求。我们要不断增强使命感和责任感，立足新实践，适应新要求，始终坚持以马克思主义为指导，深入贯彻落实科学发展观，以构建具有中国特色社会主义哲学社会科学为己任，振奋精神，开拓进取，以改革创新精神，大力推进高校哲学社会科学繁荣发展，为全面建设小康社会，构建社会主义和谐社会，促进社会主义文化大发展大繁荣贡献更大的力量。

教育部社会科学司

前　言

作为迄今为止世界上最宏伟的调水工程，南水北调工程将直接导致投资规模的扩大以及对我国水资源的空间再分配，从而对我国尤其是相关地区的社会经济发展产生极其深远的影响。南水北调工程时间跨度长，影响地域范围广，三条调水线路将长江、黄河、淮河和海河四大流域连接起来。南水北调大型工程建设作为一种外力对沿线区域社会经济的影响不仅体现在工程本身的投资建设与供水效应的发挥，更重要的是对相关区域和众多人口产生持续影响。随着我国市场化改革进程日益加快和深入，不同利益主体的利益诉求和发展权利逐渐得到重视和显现，建设一个更加公平、和谐的社会已经成为发展的关键目标。在这样的背景下，如何更为全面、科学地认识重大工程项目的社会经济效应，并对重大工程建设所涉及的社会公平问题进行深入的剖析，探讨如何实现重大工程建设项目综合效应的最大化，并促进社会经济公平、可持续发展，无疑具有重大理论与现实意义。于2005年中标的教育部哲学社会科学研究重大课题攻关项目"南水北调工程与中部地区经济社会可持续发展研究"（项目批准号05JZD00017）为我们展开这些问题的研究提供了难得的契机。

本项目的研究以南水北调中线工程为案例，研究大型工程项目作为外生的力量，在建设和运行过程中对区域发展路径和发展能力的影响，以及如何将这种外生力量的冲击转化为内源发展的问题。在外力冲击下实现区域的可持续发展的关键环节是把外生力量的冲击转化成区域内源发展的能力。区域可持续发展系统发生变化与否是由外部影响变量和系统内自控变量决定的，系统的最终调整是通过内部的自组织来实现的，外力冲击只是改变了区域发展所面临的环境和条件，区域系统走向何种空间秩序和组织结构取决于在临界区域时系统内部变量的协同作用和效果。区域可持续发展应该是一个动态的概念，区域必须能够形成一种自我调整、自我完善的机制，在面对外生力量冲击时能够做出及时的应对反应，可以有效地抵御负向的外力作用，并在较短的时间内实现自我恢复，可以把正向的外力的冲击转化成区域内源发展的能力。

区域的可持续发展过程也就是一个区域在外力冲击下其自身的发展能力和发展状态不断自我调整的过程，而最终区域发展状态稳定何种水平，则要看外力冲击的强度和方向，以及区域吸纳外部力量以及实现自我调整的能力。一般来说，涉及的区域越大越多，区域间差异越大，区域抵抗或者吸纳外力冲击的能力越强，在外力作用下其自我调整的速度也越快。可见，多区域协调发展是在外力冲击下区域获得可持续发展机会和能力的前提，应该从多区域的角度来考察一个区域的可持续发展水平和能力。这也是本书重点分析的内容，我们以水权分配为切入点，探讨工程建设对区域利益分配格局的影响，在此基础上进一步分析利益共享和多区域协调发展问题。

区域内源发展能力的构建离不开人的全面发展。如何实现过去以项目为中心的建设理念向以人的全面发展为中心的转变，也是一个新的重要的课题。以人的全面发展为中心的可持续发展观，也是大型工程建设从物为中心到人为中心理念转变的重要内容。人的全面发展，核心是能力建设。能力建设，基础性的是创造社会与物质财富的能力。因此在本书中重要内容之一就是考察受影响区域和群体的介入型贫困问题，以及探讨人力资本、社会资本在移民贫困治理和能力再造中的作用。

本项目的研究从三个层次展开。第一层次是工程的直接效应；第二层次是外力冲击下多区域协调发展；第三层次是工程引发的社会变迁与能力建设。本书第一章和第二章是在研究背景基础上构建全书的理论框架。我们对工程建设与地区可持续发展关系的研究，主要建立在一个外力冲击与内源发展的分析框架上，这个分析框架的最大特色是重点考察人文角度的可持续发展问题，重点研究在外力冲击下区域内经济、社会的可持续发展问题。第三章到第六章主要探讨南水北调工程的地区发展效应，即南水北调工程建设对地区发展的影响，重点探讨区域边缘化理论、工程对不同区域的影响效应，以及外力影响下的区域可持续发展问题；南水北调工程主体建设主要在经济边缘化区域，通过对边缘化区域的理论研究与实证分析，研究边缘区域在外力冲击下向内源发展转化的路径。第七章是工程建设与地区间利益分配、多区域协调发展。过去对区域发展可持续性的研究多局限在单个封闭区域，比较而言，多区域发展的可持续性是一个很关键、但过去被忽略的问题，本章从多区域协调发展的角度出发，从水资源的再分配入手，来评估地区利益再分配的状况，研究南水北调工程所产生的效益如何在相关区域之间分配，并探讨利益相关方的利益共享机制，促进区域间共享发展成果、实现可持续发展的目标。第八章到第十章是通过农户调查的资料，研究移民搬迁对移民社会网络、人力资本形成、能力变迁等问题进行深入研究。我们构建了社会变迁中介入型贫困与能力重建的理论分析框架，探讨在外力介入过程中受影响群体的人力资本、非正规人力资本和物质资本的损失，以及由此带来的发展能力的贫困。在这一部分，我们首先运用可持续生计分析框架，探讨工程移民的可持续生计问题，然后以工程移民作为研究介入型贫困的切入点，在库区第一手调查数据的基础上，全面分析了工程移民群体在外力冲击下的贫困问题，说明工程移民贫困的村社和个人特征，重点研究了社会资本对于移民反贫困的作用和运作机理，并且从搬迁方式的角度，经验论证了移民在搬迁过程中的能力损失。第十一章是基于复杂系统的区域发展效应评价，重点对影响区域的可持续发展能力进行了评价。第十二章是理论总结和政策建议。在对本书主要研究内容和结论述评的基础上，本章重点论述了区域内源发展支撑体系，提出以人力资本投资为基础的能力再造的 ASIN 模型以及促进内源发展的相关政策建议。

摘 要

本书以外力冲击与区域内源发展为题，以南水北调中线工程为例，分别从调水工程对中部区域发展空间格局的影响、水资源收益的区域分配以及调水对相关群体的发展能力出发，从宏观和微观两个视角研究分析了中部相关区域产业、空间经济结构和以移民为代表的居民家庭在生产、生活方面所做出的调整和适应。

大型工程建设对区域经济发展的影响是复杂的。作为区域经济增长重要措施的大型工程建设，需要统筹考虑如何将大型工程的带动效应转化为区域发展的内生行为；需要统筹考虑多区域共享发展成果，实现区域经济社会的可持续发展；需要统筹考虑利益相关方的诉求、特别是移民群体的能力建设。因此，我们的研究凝练了外力冲击条件下的区域内源发展、移民能力再造等关键命题，我们提出的"见物又见人"的区域可持续发展的分析框架分三个层次展开，第一层次是工程对相关区域的直接影响，重点研究的是外力冲击下单区域的可持续发展问题。南水北调工程建设作为一种重要的外部力量，以此为案例，研究外力冲击下不同地区的发展路径、速度以及方向的变化，探讨工程建设对中部地区可持续发展的作用。第二层次是工程的多区域效应，分析外力冲击下多区域的可持续发展问题，主要研究工程建设与地区间利益分配、地区间协调发展。基于多区域协调发展的可持续研究是一个很关键、但在过去被忽略的问题，我们主要关注南水北调工程所产生的效益如何在相关区域之间分配，并探讨利益相关方的利益共享机制，这一部分以水资源分配为实证来测算地区利益分配。第三层次是工程引发的社会变迁与能力建设，重点是工程建设引发的社会变迁、移民人力资本失灵与能力再造的问题，社会发展的可持续性是一个经常被忽略的内容，外力冲击带来的社会变迁，往往会使传统的处于相对稳态的社会结构解构，导致社会分化和介入型贫困，加强移民的能力建设是提升可持续发展能力的关键环节，是实现区域内源发展的重要保障。

Abstract

Focusing on external impact and regional endogenous development and taking Middle Route of South-North Water Diversion Project (MRP) in China as an example, this book analyzes influences of the Project on regional spatial pattern in Central China, allocation of revenues from water diversion among different areas, sustainable livelihoods of migrants, investments in human capitals of related residents. From both macro and micro perspectives, it further analyzes the adjustments and adaptations of related industries, spatial economic structure as well as producing and living manners of migrants in Central China. Thus the key issue of this study is on the relationship between large-scale engineering schemes and sustainable development of affected areas.

It puts forward a three-aspect analysis framework which mainly concerns with sustainability of human factors rather than that of nature, engineering or environment factors in view of already existed massive researches on the later. The first aspect is about immediate effects of the Project on respective areas. We emphasize the researches on sustainable development problems encountered by each area due to external impacts. As an important external force, the MRP will inevitably affect the developing style, speed and direction of specific areas which will in turn influence the sustainable development of Central China. The second aspect is about multiregional effects of the Project. It pays attention to how the benefits brought by water diversion can be reasonably allocated and how the harmonious development can be rationally promoted among different areas. Although an important issue as is sustainable development of multi-region, it is relatively neglected in the former researches. Taking the measurement of water volume allocated among different areas as empirical study, we testify how the benefits are distributed and suggest an interest sharing mechanism among stakeholders. The third aspect is about induced social changes by the Project and the ability construction of migrants. We suppose that induced social changes by the Project will decompose traditional stable social structure which will result in human capital failure, social stratification and interventional poverty of migrants. Based on sampling survey data investigated in Danjiangkou Reservoir and other data about involuntary migrants respectively, we demonstrate these effects in detail. The policy implication of the findings suggests that the ability reconstruction of migrants is extremely important for social sustainable development of affected areas.

In conclusion, this book, focused on regional sustainable development and based on massive investigation, carries out a great number of prospective researches on integrated development of people, on spatial equilibrium of economic development in Central China, on efficient use and effective protection of resources, on public action strategy as well as sustainable livelihoods and ability reconstruction of migrants.

目 录

第一章 ▶ 南水北调工程与中部地区发展　　1

　　第一节　南水北调中线工程概况　　1

　　第二节　南水北调中线工程与中部崛起　　9

第二章 ▶ 外力冲击与内源发展：理论与分析框架　　15

　　第一节　区域发展的空间样式：核心与边缘　　16

　　第二节　区域经济的动力机制：外生和内源发展　　27

　　第三节　外力冲击与内源发展：分析框架　　35

第三章 ▶ 南水北调工程与受水区域的可持续发展　　42

　　第一节　区域可持续发展的水资源保障能力评价　　43

　　第二节　南水北调河南沿线城市水资源保障能力变化　　49

第四章 ▶ 南水北调工程与水源区的可持续发展　　55

　　第一节　南水北调工程与水源区资源环境保护　　55

　　第二节　南水北调工程与水源区经济可持续发展　　60

　　第三节　南水北调工程与水源区社会可持续发展　　71

第五章 ▶ 南水北调工程与汉江中下游地区的可持续发展　　76

　　第一节　南水北调对汉江中下游地区的综合影响　　76

　　第二节　经济增长与襄樊市环境质量关系分析　　78

　　第三节　南水北调中线工程对襄樊市可持续发展的影响　　82

第六章 ▶ 南水北调、边缘地区发展和新农村建设　90

　　第一节　南水北调中部沿线的边缘化区域特征　90
　　第二节　项目建设对边缘化区域的作用机理　93
　　第三节　南水北调工程与新农村建设　101

第七章 ▶ 水资源再分配、利益调整和多区域协调发展　108

　　第一节　南水北调水资源分配与区域利益关系　108
　　第二节　流域层面水权配置与区域利益分配格局　120
　　第三节　利益关系调整与区域协调发展　129

第八章 ▶ 工程移民的可持续生计分析　134

　　第一节　工程移民可持续生计分析框架　135
　　第二节　工程移民可持续生计状况　143
　　第三节　工程移民可持续生计脆弱性　157

第九章 ▶ 外力冲击、能力受损与移民的介入型贫困　163

　　第一节　社会变迁、能力受损与贫困　163
　　第二节　社会变迁中的介入型贫困：理论与现实　182
　　第三节　介入型贫困移民的识别及主要特征　201

第十章 ▶ 社会网络、人力资本与移民可持续发展能力　231

　　第一节　介入型贫困中的人力资本与社会网络　231
　　第二节　人力资本与工程移民的可持续发展能力　253
　　第三节　社会资本与工程移民的可持续发展能力　270

第十一章 ▶ 南水北调工程区域发展综合效应评价　294

　　第一节　大型工程项目影响区域复杂系统描述　294
　　第二节　大型工程项目综合效应协同发展的理论分析　301
　　第三节　基于复杂系统的南水北调区域综合效应评价　310

第十二章 ▶ 移民能力再造与区域内源发展　331

　　第一节　移民能力再造的 ASIN 模型　331

第二节　利益共享机制与多区域协调发展　335

第三节　强化内源发展能力，促进区域可持续发展　343

图目录　346

表目录　348

参考文献　351

后记　375

Contents

Chapter 1 Introduction to South-North Water Diversion Project and Social-Economic Development of Central China   1

    1.1   Introduction to Middle Route of South-North Water Diversion Project (MRP)   1

    1.2   MRP and the Rise of Central China   9

Chapter 2 External Impact and Endogenous Development: Theory and Analysis Framework   15

    2.1   Spatial Pattern of Regional Development: Core vs. Periphery   16

    2.2   Dynamic Mechanism of Regional Economic Development: Exogenous vs. Endogenous   27

    2.3   External Impact and Endogenous Development: An Analysis Framework   35

Chapter 3 Sustainable Development of Water-Receiving Areas along MRP   42

    3.1   Evaluation of Water Support Capability Needed by Regional Sustainable Development   43

    3.2   Changes of Water Support Capability in Cities of Henan Province along MRP   49

Chapter 4　Sustainable Development of MRP Source Areas　55

    4.1　Environment Protection of MRP Source Areas　55

    4.2　Sustainable Economic Development of MRP Source Areas　60

    4.3　Sustainable Social Development of MRP Source Areas　71

Chapter 5　Sustainable Development of Middle and Lower Reaches of Hanjiang River　76

    5.1　Influence on Middle and Lower Reaches of Hanjiang River by MRP　76

    5.2　Analysis of Relationship between Economic Development and Environmental Quality of Xiangfan City　78

    5.3　Influence on Sustainable Development of Xiangfan City by MRP　82

Chapter 6　Development of Marginalized Areas Affected by MRP and The Building of New Countryside　90

    6.1　Characteristics of Marginalized Areas Affected by MRP　90

    6.2　Functional Mechanism of Project Construction on Marginalized Areas　93

    6.3　The Building of New Countryside of Marginalized Areas　101

Chapter 7　Multiregional Harmonious Development while Water Resources Reallocated and Interests Adjusted　108

    7.1　Regional Interests Adjusted while Water Resources Reallocated　108

    7.2　Water Right Reallocated and Interest Redistributed in Drainage Areas　120

    7.3　Interest Adjusted and Multiregional Harmonious Development　129

Chapter 8　Sustainable Livelihood Analysis of Project Migrants　134

    8.1　Sustainable Livelihood Analysis Framework of Project Migrants　135

    8.2　Sustainable Livelihood Status of Project Migrants　143

    8.3　Vulnerability of Migrants' Sustainable Livelihood　157

Chapter 9 External Impact, Ability Impairment and Interventional Poverty of Migrants   163

9.1 Social Changes, Ability Impairment and Poverty   163

9.2 Interventional Poverty in Social Changes: Theory and Reality   182

9.3 Identifying Interventional Impoverished Migrants and Their Characteristics   201

Chapter 10 Social Network, Human Capital and Sustainable Ability of Migrants   231

10.1 Social Network and Human Capital of Interventional Impoverished Migrants   231

10.2 Human Capital and Sustainable Development Ability of Migrants   253

10.3 Social Capital and Sustainable Development Ability of Migrants   270

Chapter 11 Evaluation of Comprehensive Effects of Regional Development around MRP   294

11.1 Description of Complex Systematic Effects of Areas Affected by Large-scale Project   294

11.2 Theoretical Analysis of Collaborative Development Induced by Comprehensive Effects of Large-scale Project   301

11.3 Evaluation of Comprehensive Effects of Regional Development by MRP Based on Complex System Theory   310

Chapter 12 Ability Reconstruction of Migrants and Regional Endogenous Development   331

12.1 ASIN Model of Migrant Ability Reconstructing   331

12.2 Interest Sharing Mechanism and Multiregional Harmonious Development   335

12.3 Strengthening Endogenous Ablity, Promoting Regional Sustainable Development   343

Figure Directory   346

Form Directory   348

References   351

Postscript   375

第一章

南水北调工程与中部地区发展

南水北调工程是国家为解决水资源地区分布不均衡，在不影响丰水地区发展的前提下，缓解北方水资源短缺问题而修建的准公益性、基础性大型工程，更是一个涉及经济、社会、资源和环境等诸多方面的系统性工程[①]。在工程的具体实施过程中，涉及利益攸关方众多，在水源地与输入地之间、在项目法人、各级地方政府、施工单位与工程移民之间将发生错综复杂的利益关系，其开工建设及投入运营将对中部地区的社会经济发展产生明显的影响。中部地区是我国重要的能源、原材料和农业基地，水资源作为环境要素、生产和生活要素将给各大区域带来一系列重大深远的经济社会和环境影响，南水北调工程不仅将改变我国南方和北方的水资源配置，而且对中部地区内部的资源开发与利用产生直接影响。在本章中我们将重点介绍南水北调中线工程的总体概况，然后分析南水北调中线工程对受水区、水源区以及流经的中部地区的经济社会发展的影响。

第一节 南水北调中线工程概况

世界上许多国家在现代化进程中都面临着水资源短缺的困扰，这一问题

---

① 规划的南水北调工程有东、中、西三条路线。目前，东线、中线工程已经全面启动并开始陆续建成发挥作用，西线工程尚在规划论证之中。本项目主要关注中线工程与中部地区经济社会发展问题，因此，除注明外，本书南水北调工程均指中线工程。

在我国尤为凸显，由于我国水资源人均拥有量较少且空间分布极不均衡，北方地区水资源十分短缺。水资源不同于一般的生产投入要素，其在一定条件下是不能被其他要素替代的，因此，要想解决我国北方地区水资源短缺的问题就需要依靠大型调水工程的介入，南水北调工程的实施将有利缓解这一约束问题。整个工程分为东中西三线工程，其中，中线工程的供水范围和目标是解决北京、天津、河南和河北的城市和工业用水，兼顾农业和其他用水。工程建设不仅对解决北方受水地区工农业缺水、建立全国水资源合理配置格局起到作用，其全局性的深远影响还包括对国家经济的增长、地区产业结构调整、社会的公平、生态环境效益等方面，整个工程对于上述方面都会产生巨大的促进作用。

一、南水北调中线工程总体规划

中线指从长江中游干流及主要支流汉江引水，向黄淮海平原的西部自流供水，与东线配合共同解决京津华北平原中西部及沿线湖北、河南部分地区的缺水问题。供水范围的划分受地形、水系、行政区域、水利现状及规划布局等诸多因素影响，西面以引汉总干渠为界，东南面分别以江汉、豫皖省界、引黄灌区及南水北调东线供水区为供水范围界线，北至燕山下的北京，称之为中线工程供水区。中线供水区形状狭长，南北长约1 000千米，东西最宽处达300千米。20世纪50年代由长江水利委员会设计院承担曾做过前期勘探工作，80年代以来工作逐步深入，2001年完成修订，《南水北调中线规划》、《南水北调中线一期工程总体设计》也业已完成，中线一期工程的丹江口水库大坝加高工程，河北石家庄至北京团城湖段工程已于2003年年底开工。

中线涉及长江、淮河、黄河、海河四个水系，途经鄂、豫、冀三省终至北京、天津市。规划设计从长江及汉江年均共引水400亿立方米。近期供水范围23 567平方千米，包括11座大中城市，33个县城，152万平方千米耕地。工程从长江的支流汉江丹江口水库陶岔渠首闸引水，沿线开挖渠道，经唐白河流域西部过长江和淮河流域的分水岭方程垭口，沿黄淮平原西部边缘，在郑州西部穿过黄河，沿京广铁路西侧北上，最终流到北京、天津等城市。受水区范围15万平方千米，输水总干线全长1 267千米，其中黄河以南477千米，黄河以北780千米，穿黄河段10千米。

规划水平年划分如下：2010水平年为近期，到2010年，丹江口水库入库水量达到362亿立方米，2030水平年为后期，预计2030年丹江口水库入库水量达到356亿立方米，2050水平年为远期。各期工程供水量如表1-1所示。根据规划的具体项目,我们可以将中线主体工程分为水源工程、输水工程、调蓄工程和汉江中下游治理工程。

表1-1　　　　南水北调中线工程各期工程供水量　　　　单位:亿立方米

省市	水平年	调水量
北京	2010	12
	2030	17
天津	2010	10
	2030	10
河北	2010	35
	2030	48
河南	2010	38
	2030	55
合计	2010	95
	2030	130

通过实施开源、节流、污水处理回用、水资源保护、改革水管理体制、合理调配水资源等措施,各地区水资源规划目标如下:

河南:在加强节水、治污的基础上,考虑当地水资源的可持续利用,加强生态环境保护,停止开采城市中层地下水,浅层地下水不超采,工业用水重复利用率提高到76%,污水处理回用并污水处理率达到79%。建成南水北调工程,使用南水北调供水量,实现城市用水供需平衡。2030年,继续调整产业结构,加大节水力度,完善城市供配水工程建设,增加南水北调供水量,满足社会经济持续发展的需水要求。

河北:建成节水型城市,节水水平基本接近缺水的中等发达国家水平;实施产品、产业结构调整,在当地水资源开源节流和水资源保护的基础上,提出南水北调工程的供水要求,为社会经济可持续发展提供水资源保证。2030年继续调整产业结构,加大节水力度,使节水水平基本接近缺水的发达国家水平。在当地水资源开源节流和水资源保护的基础上,规划南水北调工程供水量,保证水资源供需平衡,保障社会经济的可持续发展。

北京:建设成国际一流大都市。为支持社会、经济、生态环境的协调和可持续发展,尽可能扩大南水北调受益范围,充分发挥南水北调工程的效益。深度开发雨水洪水,实现地表水与地下水联合调蓄。通过水资源的有效节约、有效地保障首都实现规划目标。

天津:建成节水型城市,基本市县水资源供需平衡。合理开采地下水,增加生态环境供水,水污染得到初步治理。饮用水源、工农业水源水质、水环境有明显改善。2030年继续采取节水措施。海水综合利用有较大发展，海水不仅用于滨海大型工业冷却，而且用于滨海地区水环境改善等其他方面。城市生活、工业污水全部得到处理及回用。

南水北调工程除了东、中、西三项并存外，各项工程中还要分成几路调水，如中线近期的引汉工程与远景的引江工程不一定使用同一条调水线路。因此，对于整个工程，我们必须采用系统的观点来认识其相互之间的关系。比如，东线工程如果先期实现，对中线所控制地区的供水条件就会有所改善；东线与中线如能多调水解决黄河下游两岸用水，黄河中上游就可能多利用一些黄河水，实际上就减少了西线调水的负担。

二、南水北调中线工程投资规模

规划中线工程分两期建设，第一期主体工程建设包括将丹江口水库大坝按正常蓄水位170米一次加高，随着水库蓄水位逐渐抬高，分期分批安置移民；兴建1 267千米输水总干线和154千米天津干线，分别输水到河南、河北、北京以及天津；建设穿黄河工程，输水规模为265立方米/秒，向黄河以北输水63亿立方米。另外，为避免调水对汉江中下游的工农业及航运等用水可能产生的不利影响，需对汉江中下游兴建兴隆水利枢纽，引江济汉工程，东荆河引江补水工程，改扩建沿岸部分引水闸站，整治局部航道加强汉江上游地区水污染防治和水土保持工作。

第一期工程建设中的穿黄河工程规模大，问题复杂，是总干渠上最关键的建筑物。经多方研究比较，渡槽盒隧道倒虹两种建设方案在技术上均可行。但由于隧道方案可避免与黄河河势、黄河规划的矛盾，盾构法施工技术国内外都有成功经验可借鉴，因此集合两岸渠线布置，推荐采用孤柏咀隧道方案。穿黄河隧道工程全长约7.2千米，设计输水能力500立方米/秒，采用两条内径8.5米圆形断面隧道。

第二期工程在第一期工程的基础上扩大输水能力35亿立方米，多年平均年调水规模达到130亿立方米，输水工程的扩建可以采用原渠道扩建或使用管涵输水的方式进行。因受来水减少及下游需水增加的影响，枯水年的调水量仍维持在62亿立方米。第二期工程建设将根据调水区生态环境的实际状况和受水区经济社会发展的需水要求，在汉江中下游兴建必要的水利枢纽或确定从长江补水的方案和时间。

按规定计划，到2010年南水北调中线要求完成第一期工程，工程工期为8年，包括丹江口水库大坝加高的移民分期分批安置，需完成土石方9.5亿立方米，混凝土及钢筋混凝土 1 805 万立方米，钢材 73 万吨，水库淹没及工程永久占地 46 万亩，静态总投资 920 亿元，配套投资 182 亿元，工程静态总投资为 1 102 亿元。2011～2030 年为工程实施的中期阶段，在此期间要求完成中线的第二期工程，工程静态总投资 244 亿元。

第一期主体工程投资依据水利部水建［1998］15 号《水利水电工程设计概（估）算费用构成及计算标准》和国家现行有关规定，按 2000 年下半年价格水平进行估算。土地占用补偿标准执行《中华人民共和国土地法》的有关规定。配套工程投资为总干渠分水口门至自来水厂入口之间的输水工程投资。第一期工程分年度投资计划如图 1-1 所示。

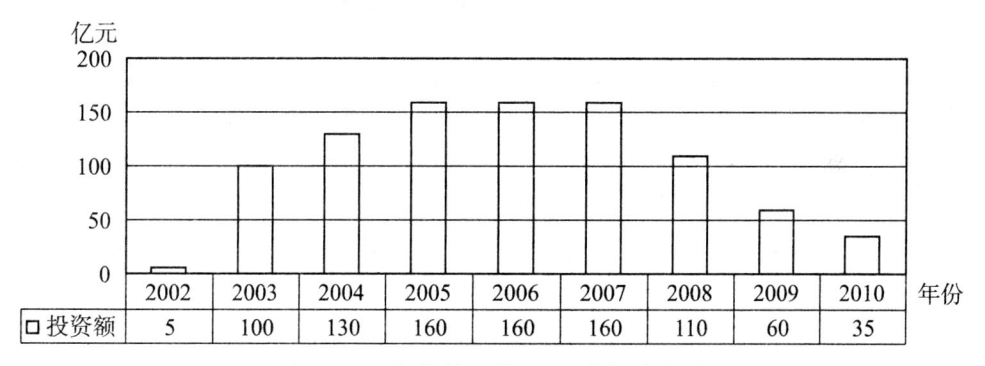

年份	2002	2003	2004	2005	2006	2007	2008	2009	2010
投资额（亿元）	5	100	130	160	160	160	110	60	35

图 1-1 中线第一期工程分年度投资

我们知道，投资作为拉动经济增长的"三驾马车"之一，不仅会产生巨大乘数效应和聚集效应，还能够吸纳数量可观的劳动力就业。南水北调中线工程投资将扩大国内需求，从而拉动经济增长。以中线工程的湖北段投资为例，在湖北境内的主要工程有丹江口大坝加高工程和移民安置工程、汉江中下游四项治理工程等，工程总投资超过 150 亿元，巨额的投资将给湖北经济发展注入强大的活力。

另外，城市的发展和水是密不可分的，水是城市存在和发展最重要的前提条件之一。南水北调工程投资将拉动城市化的发展。根据世界银行《世界发展指标（2000 年）》的数据分析，城市化水平与人均 GNP 的自然对数呈明显的正相关关系，工程投资在拉动经济增长的基础之上，将会带动城市化发展。图 1-2 显示，整个中线工程沿线除北京和天津的城市化水平明显高于全国平均水平之外，河北和湖北两省城市化水平和全国相当，河南更是低于全国平均水平。南水北调中线工程将通过促进城市经济的扩张促使劳动力从传统产业向现代产业转移，使人口从农村向城市流动，从而促进城市化的发展。

图 1-2　各地区城市化水平

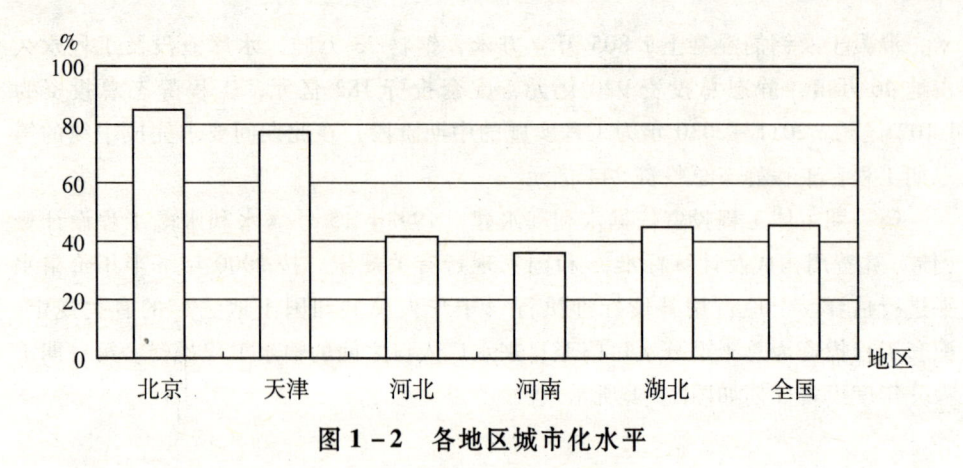

工程投资除了以上对于经济、产业和城市的影响之外，我们还要强调其对社会公平性的重要影响。由于每年新增劳动力的数量越来越多，我国未来将面临就业的巨大压力，南水北调工程在建设期间和建成之后都可以提供很多就业渠道，给劳动力带来许多直接和间接的就业机会。根据李善同等计算，在建设期间，东线和中线一期投资带来的直接就业量高达 376 万人，直接和间接就业占用量为 2 136 万人（见表 1-2）。

表 1-2　　东线和中线一期工程各年度投资带来的就业情况

年份	就业乘数 （万人/亿元）	东中线一期年度投资 （亿元）	直接就业量 （万人）	直接和间接就业量 （万人）
2000	2.85			
2002	2.48	58		144
2003	2.32	133		309
2004	2.16	143		309
2005	2.02	183		370
2006	1.88	183		344
2007	1.76	175		308
2008	1.64	165		271
2009	1.53	54		83
合计		1 094	376	2 136
平均			47	263

三、南水北调中线工程管理机制

南水北调中线工程涉及湖北、河南、河北、北京、天津共 5 省市，输水距离

1千多千米，工程建设复杂，涉及多方面的问题。如何发挥中线工程水资源的配置作用，除了良好的工程规划、投资和建设以外，工程管理体系也是不容忽视的，良好的工程管理对于保障工程顺利建设和良性运行极其重要。

南水北调中线工程是一个复杂的开放系统，在实现工程建设目标的过程中，不仅系统内部有人员、技术、资源、时间、空间等方面的要求和联系，存在着诸多的冲突和矛盾，而且还与系统外部环境有着紧密而复杂的关系，受到外部因素的影响和制约。如在系统内部，不同建设阶段、建设区域，不同工作机构、工作人员，不同层次、不同类型工程以及工程的不同性质等等，它们之间既有紧密的联系，又有不同的目标任务要求；系统与外部环境之间，如与有关的行政管理部门、银行、地方政府、利益团体等，以及气象地理环境等条件因素，也都有许多需要及时解决的问题和多方协调的工作，这些内部外部因素随时可能对工程建设带来形式各样的影响和制约。要实现既定的建设目标，需要与之相适应的管理体制、管理机制去实现，由于南水北调工程属于跨流域配置水资源的供水工程，其管理体制既不能沿用计划经济体制下的"政府建设，用水户无偿用水"的模式，也不能完全通过市场进行"市场配置"，而是要积极探索并逐步建立"准市场配置"的管理体制，具体来说应遵循以下原则：

第一，有利于加强政府的宏观调控，实现水资源优化配置。由于南水北调中线工程既要协调调水区和受水区间的利益关系，又要正确处理防洪减灾与供水兴利的关系，以及调水与节水、治污、生态建设和环境保护的关系，因此，工程的管理必须加强政府的宏观调控职能。要理顺各种关系，在明确政府各部门之间以及中央和地方政府之间职权分工的基础上，明确代表国家的专职部门，全过程管理项目的投资建设和资金的回收，以保证水资源的优化配置和统一管理。

第二，有利于建立"还贷、保本、微利"的水价形成机制，确保工程的良性运营。按照产权明晰、规范管理的要求，南水北调中线工程将实行资本金制度，由中央政府和地方政府共同出资，部分借用银行贷款。为保证整个工程建成后良性运行，应该建立"还贷、保本、微利"的水价形成机制，实施两部制水价制度，发挥水价的杠杆作用，促进全社会节约用水。

第三，有利于建立产权明晰的现代企业制度，建立行之有效的内部监控机制。南水北调中线工程投资大、建设周期长、运营时间长、投资主体多元，工程的成败关系到华北地区的经济发展，工程的管理不容出现任何问题。因此，必须做到产权明晰、经营主体实行现代企业制度，才能协调好各方主体的利益关系。同时，在管理机构内部建立严格的监督管理制度。建立行之有效的内部监控机制是十分重要的，这样才能对项目的建设运营管理进行必要的自我监控。

第四，有利于建立民主协商和用水户广泛参与的制度，逐步完善"准市场"

的水资源配置机制。南水北调中线工程的实际调水量与受水区的天然降水量呈逆向互补,与调水沿线的湖库和地下水实行补偿调节,水量、水质直接关系到用水户的利益和供水企业的运行,因此需要结合中线工程自身的特点,引入民主协商和用水户广泛参与的制度,作为"准市场"运行机制的有效辅助手段,大力提高用水效率和降低运营成本。

南水北调中线工程按照"政府宏观调控、准市场机制运作、现代企业管理、用水户参与"的框架进行工程管理建设,成立由国家控股、地方参股的干线调水有限责任公司(下称中线调水公司),实行资本金制度。资本金由中央和地方分担,中央资本金大于沿线各地(湖北、河南、河北、天津、北京)共同出资,实现中央控股。调水有限责任公司,负责干线主体工程的筹资、建设、运行、管理和还贷(见图1-3)。

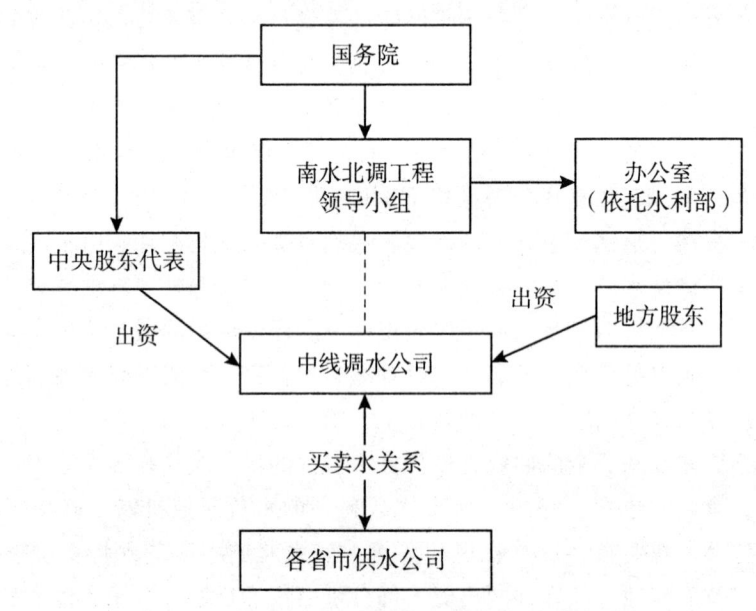

图1-3 南水北调中线工程管理体制框架

四、南水北调中线工程最新进展

根据国务院南水北调建设委员会办公室2009年提供的报告,由于部分工程项目需进一步论证优化、移民及土地征迁工作需进一步落实、工程整体投资有较大增加,需要中央研究决策等三个原因,整个工程将比原计划推迟5年完工,中线一期工程由原定的2010年通水推迟到2014年汛后通水。在中央出台进一步扩大内需、促进经济平稳较快发展的一系列举措后,整个工程建设正全面提速。南水北调东线和中线工程，需要追加投资 500 亿元左右，总计投资达到 2 546 亿元。中线工程投资总额已经由原来的不足 1 000 亿元增加到 1 367 亿元，投资预算的增加主要是考虑到物价上涨、国家政策调整等因素。工程投资额的调整方案已经获得国务院南水北调建委会研究批准，追加投资的来源将由国家发改委和财政部协商解决。

南水北调中线工程基本完成了京石段工程征迁工作，实现了应急通水；基本完成了穿黄、新乡潞王坟试验段、南阳膨胀土试验段、黄姜段、穿漳、天津干线、邯石段、郑州 2 段、沙河、北汝河、潮河段工程的征迁工作。截至 2010 年 5 月底，南水北调中线干线工程已累计完成占地 30.3 万亩，搬迁人口 4.8 万人，拆迁房屋 180 万平方米，完成征迁投资 142 亿元。

国家政策的调整，物价的上涨以及南水北调投资结构变化，导致工程整体投资有较大增加。根据国务院南水北调办公室最新的统计显示，截至 2010 年 11 月底，南水北调东、中线一期工程累计完成投资 738.9 亿元，占在建设计单元工程总投资的 45%。其中 2010 年 1~11 月份完成投资 348.8 亿元，这一投资规模相当于前 7 年的总和。总体而言，国务院南水北调办累计下达南水北调工程投资 1 101 亿元。南水北调中线干线 76 个设计单元工程已开工建设 56 个，累计完成投资 637.8 亿元，东线一期工程累计完成投资 101.1 亿元。目前工程建设、库区移民、治污环境等工作取得显著进展，这也意味着南水北调建设全面提速，为确保东线工程 2013 年通水、中线工程 2014 年汛后通水的目标奠定了基础。[①]

第二节　南水北调中线工程与中部崛起

一、中部崛起的战略机遇

中部地区，物产丰饶，人文厚重，得中独厚。"湖广熟，天下足"，"九省通衢"，是中部地区的真实写照。新中国成立以来，中部地区曾经是国家重点建设的地区之一。中部地区具备了经济发展的众多有利条件：资源禀赋、区位条件、基础设施和技术人才等，经济建设也有过持续的辉煌，改革开放以来也不断地有

---

① 《2010 年南水北调工程投资规模相当于前七年总和》，载于《人民日报》http：//www.gov.cn/jrzg/2011-01/01/content-1776959.htm，2011 年 1 月 1 日。

过中部崛起的冲动,但区域经济发展,有如逆水行舟,不进则退。中部地区、特别是以湖北、河南、湖南、安徽、江西等为代表的省份,在20世纪90年代以后经济地位持续下降,与其他地区的差距越拉越大。学者将这种现象概括为"中部塌陷"。

对"中部塌陷"的成因,有很多不同的解释。一种观点认为,"中部塌陷"的主要原因在于国家宏观政策支持体系中的边缘化。受历史因素影响,中部地区一般是上缴利税大户,为国家财政积累作出了很大贡献,但近年来享受国家支持有限。特别是在沿海开放、西部大开发中,相对于这些地区享受的优惠待遇,中部地区一直没有得到足够的重视,没有享受到和沿海地区同等的政策待遇。这种观点可以概括为"政策说"。

一种观点认为,体制原因,是"中部塌陷"的主要原因,中部地区国有经济占据主导地位,民营经济不发达,经济主体活力不强,缺乏在市场经济条件下自主增长的动力,市场化不足,也是体制发育的一个重要方面。这类观点可以概括为"体制说"。

一种观点认为,产业结构是影响中部地区发展的重要原因。中部地区是传统的农业区,资源类产业在国民经济中也有很大比重,这些行业自改革开放以来,也是受到管制较多的基础性行业和部门,不合理的比价关系,使得这些地区在经济合作与地区分工中处于不利位置,饱受批评的重复建设和地方保护主义之所以出现,正是这种不合理分工结构和比价关系所致。这种观点可以概括为"结构说"。

还有一种观点从历史文化传统上剖析"中部塌陷"的成因,认为中部地区存在小富即安、不思进取等小农文化理念,如对"码头文化"的短期行为特征、不守信用的社会文化环境、"醒得早、起得迟"的工作作风等的深刻反思,试图解释"中部塌陷"的内在因素。这种观点可以概括为"文化说"。

以上四类观点分别从不同的角度分析了"中部塌陷"的影响因素,同时具有非常强的政策意义:按照"政策说"的逻辑,既然"中部塌陷"是政策扶持不足所引起的,那么"中部崛起"也必然要求国家予以政策的扶持。"体制说"则要求我们通过加大改革力度,不断发育市场机制,培育市场经济主体,增强经济自主增长能力来实现"中部崛起"。"结构说"要求我们大力调整产业结构、产品结构,深化市场配置资源的改革,发挥自身的比较优势,提升自身竞争力。"文化说"要求我们继承中原文化传统的精华内涵,树立讲信用、讲合作、讲竞争的文化氛围。

但是,以上观点,尚不足以解释在一个开放经济环境下的地区发展过程。如果我们把"中部塌陷"的现实放在全球化的大背景下,就可以发现,"中部塌陷"并非是一个孤立的现象。"中部地区的塌陷",正是经济全球化日益加深的条件下被不断边缘化的结果。

所谓边缘化,是指在经济活动中,某些部门、产业或区域的重要地位和作用不断下滑的过程,随着其在经济活动中作用的下降,和其他经济组织之间的联系也不断削弱,其在经济组织中的相对位置就从中心逐步被挤到外围。边缘化的例子可以找到很多,交通方式的变化,企业生命周期的演变,技术进步和资源的枯竭,使得原有的经济优势丧失,而新的竞争优势没有建立起来,这时候就不可避免地出现边缘化问题,古代"四大名镇"地位的变化,就是典型的边缘化过程。中部地区的边缘化,是在改革开放的大背景下,经济全球化因素导致我国区域间的传统分工发生变化,而出现的新现象。中部地区在这一边缘化的过程,虽然在改革开放之初就已经决定,但在国家实施西部大开发战略后,中部地区边缘化的问题表现得尤其明显。

因为"中部塌陷"发生在全球化这样一个大背景中,我们在寻求"中部崛起"的途径时,就必须在一个全球化的大背景下寻找到自己科学合理的定位。我们认为,自改革开放以来,中部地区在全球化的生产分工体系中被日益边缘化,沿海等优势区位地区对内地实现了产业替代和就业替代。而以出口导向和政府投资为主要动力的增长模式,则进一步制约了中部地区的发展空间。中部地区塌陷不全是、甚至主要不是政策和主观造成,而是全球化经济规律使然。

既然"中部塌陷"是全球化作用的必然结果,又受到经济增长方式的直接约束,是否意味着中部地区只能接受"中部塌陷"这样一个宿命的结果呢?"中部崛起"到底是一相情愿式的空想,还是有科学依据的目标?政策是万能的吗?我们还能像深圳和浦东模式来发展中部吗?"中部崛起"的内涵和标志是什么?怎样看待中部地区的现状?怎样判断在我国全面建设小康社会中中部地区的地位和作用?应该采取什么措施促进"中部的崛起"?

改革开放以来,从沿海到西部,国家根据国际经济形势和国内经济发展状况,稳步推进区域发展,国家作出振兴东北老工业基地的重要决策后,意味着全国区域经济格局中东西南北都已得到国家的重点支持:东、南有国家沿海大开放政策的支持;西有1999年国家开始实施的西部大开发战略,这些地区出现加速发展的趋势;北有十六大提出的东北振兴战略。随着温家宝总理在十届全国人大二次会议上作政府工作报告时,明确提出"中部崛起"的战略目标后,中部地区的发展问题,越来越受到人们的关注。"中部崛起",正在从概念成为现实的行动。

2003年10月14日,党的十六届三中全会审议通过《中共中央关于完善社会主义市场经济体制若干问题的决定》(以下简称《决定》),指出了完善社会主义市场经济体制的目标和任务。按照统筹城乡发展、统筹区域发展、统筹经济社会发展、统筹人与自然和谐发展、统筹国内发展和对外开放的要求,更大程度地发挥市场在资源配置中的基础性作用,增强企业活力和竞争力,健全国家宏观调控,完善政府社会管理和公共服务职能,为全面建设小康社会提供强有力的体制保障。五个"统筹"进一步强调要全面、协调发展,在经济发展的同时还要重视各方面的协调。这可以说是这次完善市场经济体制过程中重要的指导思想。"五大统筹"中的一个统筹,即统筹区域发展。《决定》提到"加强对区域发展的协调和指导,积极推进西部大开发,有效发挥中部地区综合优势,支持中西部地区加快改革发展,振兴东北地区等老工业基地,鼓励东部有条件地区率先基本实现现代化。"统筹区域发展的提出,对于加快中部发展,缩小与东部乃至西部的差距都具有明确的实践指导意义和推动作用。

从地区经济发展的一般规律看,在经济发展过程中,地区差距呈现倒"U"形走势,是一个由分异到趋同的过程。我们可以把倒"U"形曲线中地区差距扩大的趋势开始放缓这一点称为地区发展拐点。2003年,我国人均GDP超过1 000美元,进入经济发展的一个新的重要时期,地区发展拐点正在临近,中部地区可以借助国内市场的发育,发挥区位优势,承接沿海地区的产业转移,实现传统的梯度式增长。

投资、出口和消费是推动国民经济增长的"三驾马车"。近年来,我国对外经济环境产生了较大的改变,世界经济增长放缓、国际市场需求不旺、国际贸易保护主义抬头,给我国扩大出口带来了相当大的压力和困难,出口总体竞争力不强也制约着我国出口的可持续发展。长期来看,出口导向型发展战略对经济增长的带动效应将越来越小,"三驾马车"之一的外需对国民经济的拉动作用逐渐减弱。作为大国经济,高度依赖外需将导致国民经济的不可持续增长,必须通过扩大内需来弥补外需的不足。内需主要包括投资需求和消费需求。投资增加对扩大内需有利,它首先是增长现实的需求,其次,投资乘数效应的发挥也会大大促进经济的发展。

南水北调工程是推进中部崛起的重要战略举措,对相关区域的经济发展将起到重要的推动作用。

二、南水北调中线工程的发展效应

南水北调工程对中部地区经济社会的可持续发展研究具有重大现实意义。南水北调工程时间跨度长,规划工期自2002年起至2050年结束;投资规模大,预计主体工程静态总投资4 616亿元(以2000年价格计);影响地域范围广,三条调水线路将长江、黄河、淮河和海河四大流域连接起来。作为迄今为止世界上最宏伟的调水工程，南水北调工程将直接导致投资规模的扩大以及对我国水资源的空间再分配，从而对我国尤其是相关地区的社会经济发展产生极其深远的影响。

中部地区是南水北调工程的重要起点，中线工程最主要的输水区位于湖北省；中部地区是南水北调工程最重要的受水区，最主要的受水区河南省接收调水的比重占到全部调水量的将近一半；中部地区也是南水北调工程输水工程的重要经过地。另外，中部地区经济社会可持续发展的基础相当薄弱，亟须发展的新契机和新突破。第一，中部地区人口众多，在一段时期之内，由于制造业就业萎缩严重，非农就业压力沉重；第二，湖北、湖南水资源丰富，但是洪涝灾害频发严重影响了经济社会的安全发展；第三，河南、山西、陕西缺水严重，干旱少雨不仅直接影响了工农业生产，而且加剧了生态环境恶化，削弱了可持续发展的资源基础和容量支撑；第四，中部地区经济社会总体上被"边缘化"，表现在经济总量、居民收入等全面低于东部沿海地区，内生发展能力不足。

中部地区在我国区域经济发展中处于重要战略地位。中部地区社会经济的发展，对于缩小我国地区间的经济差距、全面建设小康社会具有非常重要的意义。作为一项国家大型水利工程项目，南水北调工程的建设和运营无疑会带动地区相关产业的发展，可以直接或间接拉动中部地区GDP增长，从而带动中部地区崛起。另外，随着工程进入运行期，中部地区产业结构升级的速度将加快。中部地区是我国重要的农产品基地，农业增长方式的转变和产业结构的调整需要有足够的水资源作为保障；水资源的增加有利于发挥中部地区的资源优势，建立有特色的主导产业，也有利于关联产业和相关基础产业的发展；通过满足中部受水区城市生活用水和生态用水，可以直接促进当地生活服务业的发展，也可以带动地区旅游业的发展。

南水北调工程为中部地区新农村建设创造了重要契机。在工程建设过程中，水源地、工程沿线地区的基础设施得到改善，农村地区的农业生产条件和公共服务设施随之改善。在工程运行期，沿线地区的用水条件改善，生态环境质量得以提高，这些都将极大地推动中部地区新农村建设的实施。

南水北调工程还会对收入分配产生直接或间接的影响。由于南水北调工程的成果在不同主体（居民、政府、企业）间的分配会冲击社会原有的收入分配格局，从而产生收入再分配效应。工程不仅会影响居民的收入水平，更重要的是将影响居民的收入分配结构，既包括行业间的收入分配结构，也包括区域收入分配结构。工程对各地经济发展以及产业结构的影响，进而会影响不同地区就业水平和结构的变化，改变地区间的相互经济关系。

南水北调工程在改变中部地区产业结构的同时，也将影响当地的就业水平和结构，在一定程度上推动城市化进程，改善人们的生活水平，提高人们的受教育程度，促进社会公平。随着社会进步和人们素质的提高，投资效率和劳动生产率将提高，有力地促进了经济发展，而且人们的环境意识也会提高，在社会生产过程中将更注重环境保护。从就业角度看，南水北调工程的巨额投资必将扩大就业机会，有助于缓解我国目前面临的较为严峻的就业压力。南水北调工程的经济意义从根本上讲是调水区和受水区间实行区域分工，在更大范围内实现资源的空间优化配置。

南水北调工程的实施必然伴随着大量工程移民的出现，尤其是水源地的移民数量较为庞大。工程涉及的移民问题，主要是由于对土地的占用而引起。移民搬迁将促进中部地区城市化建设的步伐，有利于农村人口向城市集聚，不仅带动地方经济的发展，而且将促进中部地区交通、能源、通讯、医疗等社会体系的基础设施，形成以工程为中心的新兴城镇。从宏观上看，新兴城镇的建设，将提高中部地区城市化水平，使城镇分布趋于均衡。

总的来看，南水北调中线建设影响深远，工程利益相关方众多，复杂程度高，持续性强。工程的建设本身就是一个复杂的工程，涉及经济、社会、生态、科技等很多方面，而建成后更可能彻底改变原有经济社会和生态格局，利益协调是实现区域可持续发展的重要内容。评价这种外力对区域可持续发展能力的改变，将成为大型工程建设与可持续发展研究的一个重要切入点。南水北调中线工程经过的区域多是行政上的边缘地区，也是经济发展之后、贫困发生率较高的农村地区，大型工程的建设，将通过外力作用的形式，对这些边缘化区域的发展提供重要的促进作用，形成一种新的发展模式和路径，这也是大型工程建设带动和溢出效应的重要体现。

第二章

外力冲击与内源发展：理论与分析框架

南水北调工程的建设将对相关地区的社会经济发展产生极其深远的影响，这也引起了国内大量学者的研究和关注，已有的研究取得了很多成果，但是也存在一些不足，例如没有涉及工程的社会公平效应，没有考虑到不同地区和不同群体的利益分配格局和生存状态等。大型项目建设对区域经济发展而言，是一种强力度的外力冲击，如何解决好外力冲击条件下的利益相关方协调问题和实现人的全面发展问题，应该是实现区域可持续发展的关键因素和带有普遍意义的课题。这也是当前学术界、政策决策部门非常关注，共同研究探讨的重大问题。

区域发展过程中所承受的"外力冲击"，包括经济环境变化、政策环境的改变，也包括大型工程建设如修建水库、铁路、公路、机场等基础设施的改善对区域发展所形成正向促进作用。在当前开放的区域体系下，外力作用这一条件已经是区域发展所面临的常态，是任何一个地方政府决策者必须和经常面对的问题。南水北调中线工程的利益相关方众多，复杂程度高，持续时间长。工程的建设本身就是一个复杂的工程，涉及经济、社会、生态、科技等很多方面，而建成后更可能彻底改变原有经济社会和生态格局，利益协调是实现区域可持续发展的重要内容。评价这种外力对区域可持续发展能力的改变，将成为大型工程建设与可持续发展研究的一个重要切入点，为我们研究在外力冲击影响之下实现多区域协调发展提供了重要的研究案例。南水北调中线工程经过的区域有行政上或者经济上的边缘地区，有贫困发生率较高的农村地区，也有经济发展层次较高的省会大城市，大型工程的建设，将通过外力作用的形式，对这些区域的发展产生一定的影响，形成一种新的发展模式和路径，这也是大型工程建设冲击或者溢出效应的重要体现。本书的研究视角是在外力冲击下,在可持续发展理念上,在更加公平、和谐的社会已经成为发展的重要目标的基础上,科学地认识重大工程项目的社会经济效应,并对重大工程影响下的区域可持续发展问题进行深入的剖析,探讨如何实现重大工程建设项目综合效应的最大化,并促进社会经济和人的公平、可持续发展。

第一节 区域发展的空间样式:核心与边缘

一、区域发展的分异与趋同

区域发展的不平衡现象是长期存在的一种动态过程,其演变的内在动力与规律十分复杂。就现有的理论观点看,基本上是三种可能性均存在:第一种是分异(divergence)论,典型的就是由累计因果效应导致的区域经济发展被极化、地区差距不断扩大的过程,在这种模式下,地区差距将不断趋于扩大。第二种是趋同(convergence)理论,由于地区贸易和生产要素的流动,以及技术进步等因素的作用,使得地区之间的发展水平趋于接近。第三种就是认为区域差距保持相对稳定的看法,这种看法认为外围地区自身改变落后状况的能力是极其有限的,而核心区域对改变现状的努力,因为主观的因素或是惯性的原因,往往并不积极,导致区域差距得以维持下去。

(一) 弗里德曼的核心—边缘理论

核心—边缘理论是解释经济空间结构演变模式的一种理论。该理论试图解释一个区域如何由互不关联、孤立发展,变成彼此联系、发展不平衡,又由极不平衡发展变为相互关联的平衡发展的区域系统。

最早从区域经济学的角度开始研究核心—边缘理论的是约翰·弗里德曼(John Friedman),他通过对发展中国家的空间发展规划进行了长期的研究,并提出了一整套有关空间经济发展的核心—边缘理论,已成为发展中国家研究空间经济的主要分析工具。弗里德曼利用熊彼特的创新思想建立了空间极化理论,他认为,区域发展可以看做一种由基本创新群逐步积累,最终汇成大规模创新系统的不连续过程,而发展通常起源于区域内少数的"变革中心"——迅速发展的大城市系统,创新往往是从这些"中心"向外围地区进行扩散的。基于此他创建了核心—边缘理论。在这一模型中,核心区是具有较高创新变革能力的地域社会组织子系统,一般是指工业发达、技术水平较高、资本集中、人口密集、经济增长速度快的城市或城市集聚区;边缘区则是根据与核心区所处的依附关系,而由核心区决定的地域社会子系统,是国内经济较为落后的区域。边缘区又可分为两类:过渡区域和资源前沿区域。核心区与外围区已共同组成完整的空间系统,其中核心区在空间系统中居支配地位。

核心—边缘模型中,区域经济的发展是通过核心的创新集聚或者扩散资源要素,引导和支配边缘区,最终走向区域经济一体化的。核心区位于空间系统的任一网络结构上,空间系统可以有全球级、洲级、国家级、大区级和省级水平,一个支配边缘地区重大决策的核心的存在具有决定性意义,因为它决定了该地区空间系统的存在。任何特定的空间系统都可能具有不仅仅只有一个核心区,特定核心区的地域范围将随相关空间系统的自然规模或范围的变化而变化。

核心区之所以能对边缘区施加影响,除了它的创新活动比较活跃,因而成为区域发展的源头之外,它还具有使边缘区服从与依附的权威和权力。空间系统发展过程中,核心区的这种权力主要表现在以下几个方面:一是核心区通过供给系统、市场系统、行政系统等途径来组织自己的外围依附区。二是核心区系统地向其所支配的外围区传播创新成果。三是核心区增长的自我强化特征有助于相关空间系统的发展壮大。四是随着空间系统内部和相互之间信息交流的增加,创新将超越特定空间系统的承受范围,核心区不断扩展,外围区力量逐渐增强,导致新的核心区在外围区出现,引起核心区等级水平的降低。弗里德曼曾预言,核心区扩展的极限可最终达到全人类居住范围内只有一个核心区为止。

20世纪80年代,维宁(D. R. Vining)从经济角度进行的经验研究,为核心—边缘理论提供了实证支持。他发现在经济发展的早期阶段,人口、产业和资本会集聚到中心区,主要是因为该区域的各项基本设施较完善且费用较低,具有外部经济;到了发展中期,这种情形会逐渐趋缓;发展到后期,因为核心区出现了外部不经济的现象,地价逐渐上涨、交通堵塞、噪声、空气污染及其他问题,人们便渐渐地转向边缘区域,在那里从事生产、经营活动,这时区域之间发展的差距,尤其是核心与边缘区域的发展差距会逐渐缩小,核心—边缘的区域经济二元性将变得模糊起来。

(二) 极化—涓滴效应学说

核心—边缘理论,有时也称中心—外围理论,最早是分析发达国家与不发达国家之间不平等经济贸易格局,后来用来解释区域之间的经济发展关系和空间模式。该理论认为,因多种原因个别率先发展起来的区域是"核心",其他区域则因发展缓慢而成为"边缘",核心和边缘之间经济贸易不平等,核心对边缘有统治作用,并强化其地位,边缘区域居于依赖地位,自发性发展过程存在多重障碍。

赫希曼(Hirshman)的极化—涓滴效应学说也是解释经济发达区域与欠发达区域之间的经济相互作用及其影响的理论。该理论认为,经济增长在某个区域率先增长,它对其他区域产生有利作用和不利作用,相应地称为涓滴效应与极化效应。在区域发展关系初期,极化效应为主,不发达地区要素流向发达区域,在双方市场贸易关系中处于不利地位;随着区域经济发展,涓滴效应最终会大于极化效应占据优势,特别是国家也可能出面干预,加强发达区域对不发达区域的涓滴效应,在促进不发达区域经济增长的同时,扩大发达区域的市场,也有利于发达区域经济进一步增长。

该理论模式承袭"增长极"理论,解释核心区域与边缘化区域之间的相互作用,最终认为核心区域与非核心的边缘化区域是互相依赖的,在长期发展中区域经济不均衡将消失,依据该理论模式:边缘化区域可以依托核心区域作用,摆脱、走出边缘化境地。然而,该理论并未以实证研究或现实案例进行验证。而且,如果考虑新经济因素,核心区域与非核心区域之间的相互作用格局可能会有不同解释。

二、区域发展的边缘化现象及其内涵

(一) 区域发展中的边缘化现象

根据实践观察,区域经济非均衡是经济演进的常态,人们一直寻找增长的决定因素、并实施干预性的区域发展战略及政策措施,为缩小区域差距而努力,但经济增长总是伴随着一些区域的经济衰退,有些原本就是低增长地区,有些却是原来的高增长地区[①]。这些区域的经济不增长和衰退缘何出现?干预性的发展战略、措施和行动起到何种作用?这些问题值得人们思考和研究。

20世纪80年代,边缘化和边缘化区域研究出现,国外有"marginality"、"marginal region"和"marginalization"等概念,早期的边缘化研究从政治含义和区域经济不平衡发起,研究对象是那些遭遇政治和经济不平等的国家和地区。经

---

① 一直低增长地区如某些欠发达地区、贫困县、山区等,中国经济周刊(2005年第48期)记者王红茹撰文"贫困县为何扶贫20年依然贫困",指出县域经济很大程度上是被遗忘的角落;原来高增长后出现衰退的地区如资源依赖型区域。

过 20 多年来的扩展，边缘化研究逐渐涵盖国家、区域、地方、社区等多种规模尺度的空间单元，包含经济、文化、社会、政治地理、环境等在内的衰退、贫困、落后、隔绝、忽略、排斥等问题。该概念也被频频引用，描述那些经济地位和作用出现下滑、不断地趋于外围位置的国家、区域以及人群。

推进边缘化、边缘化区域这一命题的理论探讨，不仅对这类地表空间寻求改变低效经济增长的发展模式、探讨干预性区域发展战略的作用效果，有着重要的指导意义，而且有助于拓展区域经济非均衡理论、发展经济学研究。

尽管边缘化和边缘化区域概念在特定地区发展研究中经常被提到和应用，但至今还没有一个统一的定义。

1. 边缘化与边缘化区域含义的理解分歧

有学者认为边界地区就是边缘化区域，但也有相当多的学者持不同意见。高隆（Gurung）等指出，边缘化基本上由社会（包含经济、政治在内）的和空间的两个概念范围来定义和描述①。边缘化含义的理解分歧，主要表现为侧重不同的视角。

（1）经济和社会视角的边缘化。

经济和社会视角侧重个人或社会群体能够观察到的社会经济认同感，如果在经济上有联系紧密的平等分工与合作，如果在以种族、宗教、民族、语言、政治、地域观、艺术和价值取向等为标志的社会方面有认同感，则认为没有"边缘化"现象发生；如果正好相反，那么，就有边缘化的个人、社会群体及至区域的边缘化现象。

国际地理联盟定义，边缘化是一种被撤到比较隔绝的生活、在系统（文化、社会、政治上或者经济的）边缘的暂时状态，……在思想上，是将某个域或现象因不符合主流哲学排除在思考之外的时候。斯科特（Scott）也指出②，边缘化区域是那些"明显与主要的社会经济关系（生产、贸易）循环完全分离"的区域，……应该区分于衰退区域（backward region）、外围区域（peripheral region）、危机区域（crisis region）等，它们有复兴的潜力；还论述了极小区域的经济社会边缘化能够跨越核心—边缘连续体发生，即使大多数边缘化地区在外围区域发现，核心区域也会有边缘化地区。因而，边缘化是广域空间存在的"孤立"现象，一般被用来描述并且分析社会文化、政治、经济方面不利，努力想得到对资

---

① Ghana S. Gurung and Michael Kollmair, *Marginality*: *Concepts and their Limitations*. IP6 Working Paper No. 4, 2005.

② Scott P. *Development Issues in Marginal Regions* [C]. Jussila H., Leimgruber W., Majoral R., *Perceptions of Marginality*: *Theoretical Issues and Regional Perceptions of Marginality in Geographical Space*. Aldershot, Hants, UK; Brookfield, VT: Ashgate, 1998.

源获取路径和社会生活完整参与的那些人们①。

　　从经济社会认同视角，边缘化并不是与经济中心化相对应的概念，而是与经济区域化、经济一体化或者经济区域整合概念相对应形成的一个概念，侧重对系统的结构和关系认识，描述系统中不同对象所处位置和地位，表达系统结构中某类现象的产生及趋势，特别指出边缘化是经济地位和重要性的下滑，乃至被忽略②。这一视角理解的边缘化是动态的，强调人们的排斥、不平等、社会不公正、空间孤立的根本原因。

　　（2）空间视角理解的边缘化。

　　从空间视角看，边缘化和边缘化区域强调位置的非中心，一类基于中心位置定义边缘化区域，这一理解很难与社会经济视角的理解截然区别；另一类则基于行政管理界线视交界、边界和边境地带为边缘化区域。前者如：边缘化地区是处于中心城市（核心区）的边缘地带，并在区域发展过程中社会经济发展水平与中心城市（核心区）的差距逐步拉大的地区。主要表现为：社会经济发展缓慢、主要经济指标在全省和全国的比重持续下降，伴随有劳动力与生产要素的外流，居民和地方管理水平等方面均明显地滞后于时代，自我发展能力弱，基础设施建设缓慢，投资引诱力不强，在区域发展过程中处于竞争劣势地位，等等。后者如：布朗宁（Browinng）等以俄罗斯与欧盟边界的加里宁格勒州、马卡雷切夫（Makarychev）以俄罗斯与爱沙尼亚、拉脱维亚交界处的普斯科夫（Pskov）地区、帕克（Parker）以斯堪的纳维亚半岛地区进行了边缘化的案例研究③。国内学者就省级行政区边缘、边界区域发展的研究也指出边缘效应、省域中心与边缘的差距问题，并提出了"边界区域"、"行政区边缘经济现象"等概念。

　　侧重空间视角，边缘化区域与核心区域区别、对立，二者之间的关系是：中心支配外围，外围依附核心，边缘化区域很难获得对核心区域的超越；边界常常遭受外部威胁、长距离交换、承担某种公民权的损失，缺少强权和影响力，是从属地域④。这种理解更静态，但帕克就斯堪的纳维亚半岛地区"北欧姿态"提出不同观点，认为边缘地区对中央地区有"留下"、"退出"的选择，可更大范围地获得自治以及由此带来的潜在财富。

---

　　① Ghana S. Gurung and Michael Kollmair, *Marginality: Concepts and their Limitations*. IP6 Working Paper No. 4, 2005.

　　② 曾尊固：《非洲边缘化与依附性试析》，载于《经济地理》2003年第4期，第561页；杨云彦：《全球化与中部崛起》，湖北人民出版社2004年版，第36页。

　　③ 王爱民等：《国外边际地区及边际化过程研究述评》，载于《地球科学进展》2007年第22期，第159～165页。

　　④ 这些观点分散在关于margins、marginal region和marginality的研究文献中，参见Parker, Noel, Andrey, Makarychev等的研究。

2. 边缘化参照标准的分歧

边缘化理解的宽度之大,显示了边缘化现象有着不同的参照标准。卡伦(Cullen)等概括边缘化含义为"naturally"边缘化和"constructed"边缘化两种理解,指出前者的参照点是"固定的"(fixed),后者则是"相对的"(relative)[①]。

"固定的"参照点是指一个共同的参照标准,吴锡标以可比条件下平均增长速度和水平为参照标准,认为经济边缘化可以有相对衰退和绝对衰退两种基本形式[②]。索莫斯(Sommers)等运用地域整体平均水平来定义边缘化,即社会经济的边缘化是一个地域单元的社会、空间组分比较整体平均的情况而言,被观察到在经济、政治和社会福利上落后的表现。然而,随着时间变化,这一参照标准也会变化[③]。因而,所有边缘化区域都是相对地存在,"固定的"参照点并不意味着边缘化区域本身的固定。

空间规模带来不同的参照标准,"(边缘化)在多个标准(空间上)起作用,一个城市贫民区可以是一个边缘化的空间,正如'第三世界'"。参照国家规模,贫困地区和不发达地区边缘化,而城市和都市圈"没有"边缘化。然而,边缘化发生的类型和规模会因不同空间而不同[④]。

观察者视角也带来不同的参照点,从区域本身或从区域外部来看也可能有不同结果。卡伦(Cullen)等分析到,对外国的、陌生的事物妖魔化或许是一个普遍事实,边缘化是同样产物,每个社会都定义自己是中心,而虚伪地相信自己外部的外国人和陌生人是边缘的[⑤]。莱姆格鲁伯(Leimgruber)也有类似观点,认为边缘化是(但不仅仅是)一种意识状态,依赖于个人、团体、社区或社会的期望和要求,可以是除静态以外的任何理解。

3. 边缘化概念的建构研究

(1)边缘化的分类研究。

马赫瑞图(Mehretu)等提出了包含偶然边缘化和体制边缘化两个基本型、间接边缘化和杠杆边缘化两个派生型概念的边缘化分类学[⑥],见表2-1。偶然边缘化指个体和社会群体处于竞争不平等的劣势所导致的一种情形,是自由市场动

---

① ③ ⑤ Bradley T. Cullen、Pretes Michael, *The Meaning of Marginality: Interpretations and Perceptions in Social Science*. Social Science Journal, 2000, 37(2): pp. 215–223.

② 吴锡标:《基于边缘化理论的思考——浙西南地区城市化的现状与发展道路》,载于《学术界》2005年第4期,第167~174页。

④ 例如发达地区的边缘化在社会意义上更普遍,而欠发达地区的边缘化广泛既表现在社会意义上也表现在空间上。参见 Ghana S. Gurung and Michael Kollmair, Marginality: Concepts and their Limitations. IP6 Working Paper No. 4, 2005.

⑥ Mehretu, Assefa, Pigozzi, Bruce Wm. and Sommers, Lawrence M., 2000: *Concepts in Social and Spatial Marginality*. Geogr. Ann. 82 B(2): pp. 89–101.

力机制的作用；体制边缘化由个体和社会群体在不平等关系的社会结构系统内经历的劣势引起；间接边缘化是依靠偶然边缘化和系统边缘化而存在的派生型，指个人和社会群体是因为与那些经历偶然边缘化、系统边缘化的个人和群体在社会或地理上的邻近性而边缘化的情形；杠杆边缘化则是跨国公司用投资选择获得投资地区的有利让步而使那些工资收入者、供应方的讨价还价地位被弱化，通常是趋于更廉价。

表 2 – 1　　　　　　　　　　边缘化分类学概要

边缘化类型	宏观	微观	原位置
偶然边缘化 Contingent	由于距离衰减、文化扩散的障碍和市场不完整的核心外围差距	因郊区快乐论边缘化和遗弃的城市中心区	城市邻里间对主张渴望的统一住宅及别的相关特征封闭的社会群体
体制边缘化 Systemic	由支配、霸权发展过程（对立或依赖驱动）导致的核心—边缘差距	城市内部邻里关系中的支配、围堵（红线驱逐的犹太人区）	人种、种族、文化、阶层、年龄的隔离（限制性的居住契约）
间接边缘化 Collateral	来自于体制边缘化人群、区域对没有分享同样弱点（发展贷款、FDI 等）的人群、区域的消极蔓延效应（负外部性）	地区消极蔓延效应，来自于没有分享同等弱点的边缘化人群（不充分的社会经济基础设施、污染、制度腐朽）	居住在边缘化邻里关系但没有分享同样弱点的人们所经历的小区域负外部性
杠杆边缘化 Leveraged	利用不发达国家被体制边缘化的低工资劳动力，TNC 导致向下的工资水准、外购、转包合同、打击工会	大城市住宅流转，由于由房地产公司在高低收入家庭间居中调停（在住房市场套利）引起不同的市场出价	地方住房市场通过在街区房地产跌涨利用仲裁牟利的不动产操作，及不同邻居关系的类似改变

资料来源：Mehretu, Assefa, Pigozzi, Bruce Wm. and Sommers, Lawrence M., 2000: Concepts in Social and Spatial Marginality. Geogr. Ann. 82 B (2): pp. 89 – 101.

(2) 边缘化现象的概念化。

边缘化现象可以从调查的规模、特征、空间维度、社会维度及二者迭合维度 5 个方面定义[①]（见表 2 – 2）。调查规模指多重的规模和由规模决定的因素；特征指边缘化现象是一个动态过程，常常具有否定的内涵，以及潜在地经常被忽

[①] Ghana S. Gurung and Michael Kollmair, *Marginality: Concepts and their Limitations.* IP6 Working Paper No. 4, 2005.

视；空间维度边缘化具有偏远的自然位置和贫乏的基础设施；社会维度边缘化指处于社会主流之外，在官方统计、媒体和研究中难以清楚；社会、空间重合维度的边缘化是指处于系统边缘和排斥境地，上述5个方面共同实现边缘化现象的概念化。

表2-2　　　　　　　　　　边缘化定义的主要构成

定义构成	概念化
调查研究规模	多重规模；规模决定的
特征	动态过程；通常否定的内涵，潜在的常常被忽视
空间维度	自然意义上偏远；基础设施贫乏
社会维度	社会主流之外；官方、媒体和研究难以清楚
迭合维度	系统边缘；排斥

资料来源：Ghana S. Gurung and Michael Kollmair, *Marginality*: *Concepts and their Limitations.* IP6 Working Paper No. 4, 2005.

（二）边缘化区域现象的解释

对边缘化和边缘化区域的形成，有的学者从位置和区位、资源和环境条件解释，提出远离市场、生存条件不利导致边缘化区域；也有的学者认为社会身份特征、政治和权力支配等引致边缘化；还有的学者就贫困和要素流出、社会经济变迁、全球化等探讨边缘化现象。

1. 地理位置、远离市场与边缘化

远离市场被认为区域或国家经济边缘化的最主要弱点。类似观点有：边缘化空间与经济和服务中心相对遥远[①]；边缘化主要根据自然地理位置、与发展中心的距离解释，位于系统的边缘或弱整合于系统；边缘化空间维度通常与地理偏远地区对主要经济核心的距离有联系，指那些缺乏适当基础设施难以到达因而独立于主流发展的地区[②]，等等。

地理边界地区天然地远离市场，国内学者指出边界多设在有自然障碍阻隔、人烟稀少、交通不便之处，造成边界地区较难受到中心发达地区经济上的辐射和带动，经济发展迟缓。由于地理位置偏僻，边界地区在各行政区进行社会经济布

[①] Jussila H., Majoral R. and Mutambirwa C. C. *Marginality in Space-Past, Present and Future*：*Theoretical and Methodological Aspects of Cultural, Social and Economical Parameters of Marginal and Critical Regions*. Ashgate Publishing Ltd, England, 1999.

[②] Brodwin., *Marginality and Cultural Intimacy in a Trans-national Haitian Community*, Occasional Paper No. 91 October. Department of Anthropology, University of Wisconsin-Milwaukee, USA, 2001.

局时常常很少被顾及，甚至某些边界地区是处于各自行政区经济发展圈以外的"真空地带"；行政区划壁垒人为地造成地区分割，交通布局省内自我封锁、自成体系，省际边界区域更多地表现为经济的欠发达性、不协调性和不可持续性，形成了一种具有明显分割性和边缘性特征的"行政区边缘经济"。

2. 资源、环境条件与边缘化

地理偏远地区具有崎岖的地形、贫瘠的土壤、降水不足和短的生长期等不利环境条件，特别是与劣势的相对区位联系在一起，能够强化偶然边缘化[①]。吴锡标把位置概括为区位资源，指出浙西南地区远离长三角发达区中心，没有沿海贸易的位置条件；既没有丰富的自然资源，也没有独特的生产资源优势；人口总量有限，周边经济区吸引又导致高素质人口的外流，导致浙西南城市边缘化。资源缺乏、环境条件不利制约区域经济增长，成为区域边缘化的解释因素之一。

"富饶的贫困"和"资源的诅咒"揭示了资源富裕而经济增长表现不尽如人意的悖逆关系。李红指出，城市可以因蕴藏的丰富资源在短期崛起，但如果这种资源因大量开采而耗竭，而城市又没有新的基本部门萌发，那么这个城市就无法挽回地要趋向衰落，成为边缘化城市[②]。卡伦（Cullen）等关于边缘化决定因素的调查显示，或许自然环境能使一个地区边缘化，但不是唯一原因；相比较，与人类行为有关的环境因素，如土地退化、污染、森林滥伐、土壤盐碱化更导致区域的边缘化[③]。

3. 社会身份特征与边缘化

社会身份特征以种族、民族、文化、语言、宗教、性别、年龄、价值观等为显性标志，文化、种族、移民身份、性别、年龄等易变而不易抹掉的标志导致排斥和边缘化。例如发生在南非的种族隔离和卢旺达、埃塞俄比亚、苏丹的部落排斥、北美对非洲人、亚洲人、西班牙人的社会隔离，欧洲对吉普赛人的蔑视；有许多孩子的家庭、单亲家庭（通常是母亲）更易被边缘化，美国贫困线下最大比例的家庭就是母亲所带的单亲家庭。交通、信息等技术进步可能有助于减轻某些空间边缘化，但社会因素如年龄、性别、种族划分和移民身份等可能持久。

雨果（Hugo）和詹姆斯（Jaume）则关注"文化纽带"（cultural links）所发挥的重要作用，并归纳出文化边缘化的循环模型，富裕的人口密集区具有强文化

[①] Mehretu A., Sommers L. M., *International Perspectives on Socio-patial Marginality*, in JUSSILA, H., Leimgruber and Majoral, R.（eds）: *Perceptions of Marginality: Theoretical Issues and Regional Perceptions of Marginality in Geographical Space*. Brookfield, VT: Ashgate, 1998, pp. 135–145.

[②] 李红:《边缘化城市的发展》，载于《城乡建设》2003年第9期，第54~55页。

[③] Cullen B. T., Pretes Michael. *The meaning of marginality: interpretations and perceptions in social science*. Social Science Journal, 2002, 37 (2): pp. 215–230.

联系，经济落后人口密集区伴随稳定的文化联系，经济落后、老龄化的人口衰退区文化联系消失，经济复苏、人口未恢复区则不存在文化联系。文化刚性和居住地选择等自我惩罚意味的偶然边缘化尽管很少，但也发生，如爱斯基摩人选择接近自然的更简单的生活，犹太社区中的一些青年不愿意抓住教育和职业进步的机会。在发展中国家，妇女和孩子的情形由于文化缘故而危机更大。

4. 社会经济变迁、经济结构与边缘化

边缘化的类型和程度被不稳定的经济、政治和社会变迁影响，既在发达地区和国家存在，也在欠发达地区和国家存在。佩因特（Painter）指出边缘化的发生及程度依赖一国社会经济系统中三个二元相互作用结构：竞争市场机制与受约束的市场机制；内生市场依赖与外生的市场依赖；中立情形对既定的调整情形[1]。

社会经济变迁会引起区位优势发生相应变化，如我国中部地区在经济对外开放发展格局以及经济全球化中，原来所具有的联系东西、贯通南北的有利区位被沿海地区邻近国外市场的有利区位取代，对外开放的优惠政策、资金投入、建设项目、工作重点和力度向东部地区倾斜，带来中部地区的边缘化；我国棉纺织业重镇和近代江浙区域经济中心朱泾，因近代洋布倾销、传统棉纺织在内地普及、商路变迁等社会经济变迁原因而衰落和边缘化；在安徽池州边缘化案例中，经济结构与区域资源结构不相匹配，潜在的资源优势不能转化为经济优势，低级粗放型区域经济结构是形成区域发展边缘化最直接的动力因素。

5. 政治、权力与边缘化

不同政治、权力架构下，导致边缘化的形式和程度不同。阿瑟发（Assefa Mehretu）等从自由放任市场和管制市场两种政治权力架构提出边缘化概念分类[2]，指出自由放任市场的不确定、随机结果置个体或群体于竞争不平等的劣势情形，即导致偶然边缘化；而管制市场允许一些个人或群体运用过度权力和支配另外一些群体，导致其不平等的社会结构体系中的劣势位置，这些被排斥或支配的个人或群体往往带有种族、宗教等方面的社会特征。由于行政区划、政府职能和地方政府行为对区域经济的刚性约束和"边缘效应"的影响，在行政边缘区产生的一种特殊的、具有分割性和边缘性的区域经济。

在某些国家和地区内部，部分群体由于较弱的生计选择能力（缺少资源、技能和机会等）、公共决策参与权力也被压缩和受限制，形成社会的边缘化。在

---

[1] Painter. *The Regulatory State*: *The corporate welfare state and beyond*, in Johnson, R., Taylor, P. and Watts, M. (eds): Geographies of Global Change. Oxford: Blackwell, 1995, pp. 127 – 143.

[2] Mehretu, A., Sommers, L. M. *International Perspectives on Socio-patial Marginality*, in JUSSILA, H., Leimgruber and Majoral, R. (eds): *Perceptions of Marginality*: *Theoretical Issues and Regional Perceptions of Marginality in Geographical Space*. Brookfield, VT: Ashgate, 1998, pp. 135 – 145.

美国，内战中战败后南部省份政治地位衰退，而美国北部制造业带的资本势力基本控制了美国与世界市场的联系纽带和私人资本的投资取向，主导着联邦政策的制定和实施，在关税和铁路运价等方面不顾及贫弱的南部，在客观上加速了美国南部一些州的边缘化进程。

6. 贫困、要素流出与边缘化

苏振兴研究拉美地区，指出社会的一部分居民在发展过程中陷入贫困，并因此而逐渐被排斥于经济、政治和社会进程之外，于是产生了社会边缘化现象；越是被排斥，就越是难以摆脱贫困。贫困引起社会边缘化，社会边缘化又进一步加深社会贫困，形成一种恶性循环。

贫困也使要素报酬低而流出，从而加剧边缘化。所谓"边缘区域"最根本的表现是经济要素集聚能力呈下降趋势，由于企业、资金、人才、技术等生产要素被更大的中心区域或经济体吸走，致使边缘区域的经济、政治、文化等影响力日趋减退，最终被排斥在主流经济之外；日本低收入的边缘化地区的大量人口流向以东京、大阪和名古屋为中心的三大都市圈，造成社会、经济难以维持的"过疏"问题。

7. 全球化、信息技术与边缘化

全球化到底会给区域带来什么，是机会还是威胁？在先进的发达地区，伴随全球资本重构、新的国际劳动分工引起的加速经济现代化，以信息技术革命和双重职业结构为基础的新知识密集型产业增长，一种新的城市不平等和边缘化已经到来；但阿瑟发等也指出，偶然边缘化是政治或文化的行为约束成功限制涉及新信息经济和相关的信息技术文化的结果，换言之，信息技术对改变边缘化的作用也有限度[1]。

斯科特（Scott）以澳大利亚塔斯马尼亚州为例，论证了全球经济重组、国家政治改革和区域边际化的关系，认为出口导向型经济既扩大了开放程度，但也会在全球经济重组的兴衰变迁中变得更加脆弱；同时强调，如果单纯为了保护自然文化遗产而拒绝融入全球化进程，也将导致被边际化。我国学者提出全球化中的地区边缘化命题，发展中国家和地区在发达国家和跨国公司垄断的世界经济体系中的相对差距进一步扩大，地方产业活动和市场受到侵蚀影响，其发展能力和影响力不断减弱[2]。

---

[1] Mehretu A., Sommers L. M. *International Perspectives on Socio-patial Marginality'*, in JUSSILA, H., Leimgruber and Majoral, R. (eds): *Perceptions of Marginality: Theoretical Issues and Regional Perceptions of Marginality in Geographical Space*. Brookfield, VT: Ashgate, 1998, pp. 135–145.

[2] 朱新光：《全球化时代发展中国家的"边缘化"现象刍议》，载于《社会主义研究》2003年第1期，第75~77页。

马丁·罗兹（Martin Rhodes）反对全球化威胁论①，认为索莫斯（Sommers）等并未就此给出实证案例，并且"无论如何，只要边缘化和边缘化依据脱离主要生产和贸易循环体系做出定义，那么全球化又如何在其中影响呢？"事实上，有论据表明全球化在合适情形下能够减少"边缘化"，交通运输成本缩减使边缘化区域中交通因素的决定性减小，互联网技术也克服了原来限制其发展的市场有限的问题，同时仍然具有低土地成本、廉价生产设备优势。马尔库（Markku Tykkyläinen）讨论了全球散布的信息通讯业务和信息技术为隔离的社会群体创造了新机会，同时也指出缺少那种新技术路径将成为新型的边缘化区域。

第二节 区域经济的动力机制：外生和内源发展

一、区域经济发展中的外生和内源发展理论

1. 外生发展理论

区域经济概念下的外生发展，在许多情况下表现出十分明显的实践意义和政策意义。当人们开始讨论特定区域的外生发展模式时，就已经带有了某些政策或发展路径选择的回顾和反思倾向了，乃至有人索性直接从发展中国家行政改革的角度来认识从外生发展思路向内源发展思路的转变。

最初区域外生发展模式的提出是为了解决乡村地区衰弱的问题，这是一种由外来企业或委托政府开发援助来进行地区开发的方法。这种开发模式起源于追赶西欧现代化和美国文明，曾一度主导了众多发展中国家的开发模式，其发展特色是持续的现代化：一是吸引产业进入乡村，主要手段有财政诱因（如租税减免、低息贷款等）、基础设施（如道路、机场以及排水、灌溉、通讯设施等）的改善等，借以提升乡村的就业机会及促进乡村经济活动；二是改善乡村结构，包括土地改革及农地重划等，由上而下地对土地产权进行重分配或土地改良，以稳定农村和提高土地的生产力；三是引进新生产技术，以提高农业的生产效率，例如新品种及化学肥料的使用、农民的再教育，乃至生物科技的应用等。然而，随着时间的推移，这种开发的弊端也逐渐显露，它不仅会导致丧失经济、文化的独立性，而且会使地球环境和资源陷入危机。

---

① Martin Ron., Sunley P. *Path Dependence and Regional Economic Evolution*. Journal of Economic Geography. 2006（6）：pp. 395 – 437.

还有一种解释是，外生发展战略即各国为缓解区域经济不平衡对欠发达地区实施的扶持援助战略，它是财政、金融、产业、技术、教育等各种扶持援助政策和行动的总称。

从特定区域的发展来认识的所谓外生发展概念，作为一种发展理念，大致可以总结为一个区域的发展主要凭借外部力量的介入来刺激本区内部的发展动力。这样的引入外力在一些落后地区接受外部资源的支援而取得进一步发展的机会表现得相对明显，主要的做法就是吸引外资，或者上级政府安排大型工程的修建，或者以工代赈的支援等等。作为一种比较单纯的经济思路，应该指出，区域意义中的外生发展概念和新古典经济学的认识有较大的区别，新古典经济学的外生因素在区域发展过程中有可能就是内生发展的条件。而这，也正是外生概念被置于特定区域中使更多的表现出实践意义的一个重要原因。

2. 内源发展理论

20 世纪 60 年代以后随着对传统发展理论的反思与批判，兴起了内源式发展理论。1975 年，瑞典达格·哈马舍尔德（Dag Hammarskjold）财团在一份关于"世界的未来"的联合国总会报告中，提出了"内生式发展"这一概念，报告认为："如果发展作为个人解放和人类的全面发展来理解，那么事实上这个发展只能从一个社会的内部来推动"[1]。内源式发展作为正式的发展概念是在联合国教科文组织 1977~1982 年中期规划中提出的，其核心理念是主张一个地区或国家的发展应在内部寻找发展的源泉和根本动力，强调发展最终都必须是从各自社会内部中创发出来的，而不是简单地从外部移植过来的。欧洲学者们在研究南欧乡村地区发展战略的时候，也不断丰富了内生式发展的理论。主要的提出者包括穆斯托、弗里德曼、凯福林、哈恩和杨·朴罗格（Musto、Friedmann、Garofoli、Haan &Van der Ploeg），这一时期理论的重点在于强调乡村内部资源（包括人力资源）的充分利用与开发，以及本地动员对于乡村发展的重要性。

关于内源发展的内涵，学术界尚未形成统一的定义。凯福林认为，内源发展意味着一种转换社会经济系统的能力；反应外界挑战的能力；促进社会学习，引进符合本地层次的社会规则的特定形式。换句话说，内源发展是在本地层面进行创新的能力[2]。宫本宪一认为内生式发展模式包括以下四个要点：首先，地区内的居民要以本地的技术、产业、文化为基础，以地区内的市场为主要对象，开展学习、计划、经营活动。但这并非是地区保护主义。如果忽视与大城市、政府之

---

[1] Nerfin, M. *Another Development. Approaches and Strategies* [M]. Uppsala: Dag Hammarskjold Foundation, 1977.

[2] Sergio, B. *Is There Room For Local Development in a Globalized World* [J]. Cepal Review, 2005, 86: pp. 45-60.

间的关系，那么地区也是不可能自立的。其次，在环保的框架内考虑开发。追求包括生活、福利、文化以及居民人权的综合目标。再其次，产业开发并不限于某一种相关产业。而是要跨越复杂的产业领域。力图建立一种在各个阶段都能使附加价值回归本地的地区产业关联。最后，要建立居民参与制度。自治提要体现居民的意志，并拥有为了实现该计划而管制资本与土地利用的自治权。总结前人的观点，我们认为内源发展的内涵应当包括以下四个方面：

第一，内源发展应当有着明确的区域主体。相对于一个明确的区域主体，所谓内源，就是强调其发展要摆脱对于外界资本的依赖，使区域自身占据发展的主导地位，从而催发来自区域主体内部的发展能力。借助这种源自区域内部的发展能力，使得区域主体能够倡导自身价值、决定自身选择、掌握自身发展并保留自身利益。

第二，为了保证区域主体地位在发展中的形成与作用发挥，应当把区域主体的利益实现作为内源发展的出发点和落脚点。强调发展的区域主体地位，并不是要高筑地方保护主义的壁垒，因为在现实的全球化背景之下，任何一个特定区域的自身发展成长都是不能自我封闭的。然而需要强调的是，对于包括外围地带在内的一切区域而言，现实利益的实现都应从其自身出发。其与中心地带的关系，不应仅仅归结为简单的辐射与被辐射，对于一切对发展有利的外部因素，孰取孰舍，应从其自身的考量出发。

第三，特定区域的内源发展道路应当是可持续性的。对于可持续性的概念在下一章有专门论述，此处不作赘述。需要提示的一点是，特定区域主体从自身现实利益出发选择的发展途径是否具有可持续性，是对内源发展的一个基本检验。对于短期快速增长的杀鸡取卵式的追求可能付出的代价则是长期的，"鸡"死之时即是重回对外依赖之日，这是在理解内源发展内涵时所必须注意的。

第四，为了保证上述内涵要求的落实，一个有效的区域基层组织是十分必要的。内源发展不仅是指导理念的变化，还涉及地方组织的变化。

内源发展已经成为联合国和一些国际组织（例如COMPAS）援助项目的重要标准之一。目前国际上与其相关的最有影响力的基金当属欧盟的领导者（LEADER）、美国福特基金会等。国内与其相关的最有影响力的组织是一些民间环保团体。如阿拉善SEE生态协会、自然之友等非政府组织（NGO）。LEADER项目是欧盟用于援助乡村发展的结构性基金。目的是综合和协调乡村经济项目之间的联系，促进各有关项目符合乡村综合发展规划。LEADER强调从基层（grass-roots）自下而上地去解决乡村发展的问题。它鼓励多种途径的发展。除了经济机制外，还包括社会动员、组织结构的创新、乡村地区的网络合作机制等基于本地发展的途径。阿拉善SEE生态协会是国内首家以企业家为主体，以保护我国最大的沙尘源地——内蒙古阿拉善地区的生态为实践目标的NGO，其主要关注的问题是环境保护和经济发展的和谐，如吉兰泰镇的召素套勒盖社区发展与梭梭林保护项目；资源的高效和可持续利用。再如建设巴润别立镇生态农业村项目；多元化的教育环境。这些项目对促进该地区的和谐发展起到了积极作用。

二、外生与内源的区域发展战略与行动

根据区域经济增长的理论模式，政府干预性的发展战略能够改变地区经济发展趋势。一些政府干预性发展战略源于区域外部社会，或者说自外而内、自上而下地实施，具外生性；另一些则从区域内部实践，自内而外、自下而上地实施，则具有内生性。

1. 外生性的发展战略与行动

外生性的发展战略即各国为缓解区域经济不平衡对欠发达地区实施的扶持援助战略，它是财政、金融、产业、技术、教育等各种扶持援助政策和行动的总称，世界很多国家，如美、英、德、法、日等发达国家，还有巴西、印度、中国、非洲等发展中国家，均对国内落后、衰退、危急区域制定相应的扶持援助政策；另外，也包括国际组织、发达国家对发展中国家和地区实施的援助行动。

美国是在市场机制下对欠发达地区采用扶持政策最成功的国家，先后颁布一系列开发者对土地所有权的法律，并成立阿巴拉契亚开发委员会、田纳西河流域管理委员会、地区再开发署、经济开发署等多个机构负责落后地区的开发工作，给予有效的制度报障；在西部地区倾巨资投资军工企业，奠定目前以宇航、原子能、电子、生物等为代表的高科技产业发展的基础；美国对西部的开发首先是运河的挖掘和汽船的应用，然后是铁路、公路和机场的建设；从小学、中学到州立大学基本实行义务教育，创办"赠地学院"，等等。

受扶持援助的边缘化区域一般能够快速获得大量发展资本，但援助扶持资金的持续供给、援助扶持项目能否建立地方联系、扶持援助政策的执行等制约着战略实施效果。英国过分强调就业均衡目标，干预工业企业布局，损害经济布局效率；日本扶持模式证实依靠外来资本和技术、注重区外引进产业可能面临地方环境和市场的双重考验；德国形成大量重复投资和急功近利企业，东部企业整体竞争力并未提高；苏联政府计划行为主导，过分偏重重工业，西伯利亚开发未能获得应有经济效益，外生性干预的战略模式在各国被调整[①]。

---

① 除了上述国家以外，如阿根廷从1944年开始的各项"产业促进战略"为缩小区域不均衡、全面提高工业化水平而设计，所制定、颁布的经济政策在2000年废除。参见Margarita H. Schmida, Dynamics of socio-economic marginality condition in Argentina: the effects of economic policies。

2. 内源性的发展战略与行动

（1）进口替代战略（进口替代工业化战略）。

进口替代战略是指一国采取各种措施，限制某些外国工业品进口，促进国内有关工业品的生产，逐渐在国内市场上以本国产品替代进口品，为本国工业发展创造有利条件，实现工业化的战略。该战略一般要配套贸易保护政策，包括提高关税、实行配额限制、外汇管制等政策手段，限制外国工业品进口，以使国内受进口竞争的工业在少竞争、无竞争的条件下发育成长。但拉美国家和地区的实践表明，进口替代战略并未取得预期成效[1]。20世纪70年代以来，该战略受到学者们的批评，指出违背比较利益原则，严重降低经济效率，抑制出口、加剧失业、导致国际收支恶化等问题。

（2）出口替代战略（出口导向发展战略）。

出口替代战略指不发达国家或发展中国家在对外贸易中，采取鼓励出口，发展本国有竞争力的工业品代替传统的初级产品出口以积累发展资金的一种战略，该战略配套的政策措施包括：减免税收、低息贷款、增加补贴、吸引外资等。出口有利经济增长的假说（ELG）得到亚洲新兴工业化国家和地区（NICs），特别是亚洲"四小龙"的实例支持。

徐剑明从"出口导向"模式有效周期缩短现象指出，出口贸易战略对一国经济发展的推动作用正在逐步弱化，国际市场中低档传统产品市场容量缩小和发展中国家之间竞争加剧，共同削弱发展中国家出口能力[2]。跨国（地区）截面数据的研究基本上支持 ELG 假设，但结论并不可靠；单个国家（地区）的时间序列研究则得出了不一致甚至相反的结论[3]。因而，出口导向战略也存在局限性。

（3）竞争优势战略。

竞争优势战略是对经济边缘化的国家或地区利用本地某些有利条件，开发本地竞争优势的措施、政策的统称。

克朗（Crang）提出"荆棘形"说重新分析区际作用[4]，指出区域偏远地区之间的联系、区域内偏远地区和其他区域地区之间的联系与中心和外围间的流动是同等重要的；外围地区之间的交往联系可以不通过其都市化的支配核心；信息

---

[1] 拉美地区，从20世纪50年代到世纪末，人均国民生产总值从相当于发达国家人均国民生产总值的50%下滑到27%左右，并从领先于所有其他发展中国家和地区下落至不及东南亚、中东和东欧3个地区，在世界贸易中的参与比重则由20世纪初的7%降为目前的3%。

[2] 徐剑明：《"出口导向"模式的有效周期缩短现象探析》，载于《国际贸易问题》1999年第5期，第1~5页。

[3] 许和连：《出口贸易带动经济增长假设在中国的进一步检验》，载于《湖南大学学报（自然科学版）》2002年第3期，第124~128页。

[4] Crang Mike. *Cultural Geography*. London：Routledge [M]. 1998，p. 125.

通讯技术创造条件，使联系边缘化地区和别的边缘化地区的技术存在，地方发展努力可以从强调新的外在补给活动带来的增长转变为地方活动带来的内生增长。基于边界区域的边缘化，帕克提出边缘化区域位于不同政体的交叉作用地域，有多种不同身份，等同于机会和开放的区域角色；吴锡标在浙西南地区提出类似策略①。

三、重大工程项目与区域发展

重大工程往往是伴随一国政府发展战略决策的重大行动，着眼于援助、扶持、协调发展等目标，以各种基础设施工程建设、特别计划和项目等具体形式立项实施，带来国家大规模的公共投资和政策支持。大型工程的建设与运行对于区域的发展具有不可忽视的作用，它不仅可以改变一个区域的区位优势，可以改变一个区域的资源禀赋，还可以带来区域间利益分配格局的调整，给各受影响区域带来新的发展空间和发展机遇，如在中国历史上京杭运河的开辟之于古扬州城，京广铁路的建设之于石家庄，这些区域的繁荣或说一度繁荣很大程度上得益于大型工程的外力作用。大型工程对于区域发展影响，长期以来，一直受到国内外经济学家们的关注。

大型工程对于区域发展的影响是双向和不确定的，其经济效应有负面也有正面。熊彼特认为：大型工程项目在空间上有具体的位置，并且内在地具有改天换地的性质。1867年，亚当·斯密在《国富论》中指出：运输进步之基本功能为可扩大市场，并激励劳动之分工与提高生产力。保罗·盖勒特等在《引发迁移的大型工程》一文中较为深刻地探讨了大型公共工程社会效应，大型工程项目引起"创造性破坏"，也就是说它们迅速而剧烈地改变景观，不仅迁移了山头、河流、动植物种群，还迁移了人以及人的社区。大型项目开发在取消旧的机会和空间的同时，可能创造出新的经济机会和社会空间；大型项目引起的景观改变可以生成新的文化形式，造成社会—自然的相互作用。

1. 基础设施工程的效应

陈秀山等评价西电东送（南通道）工程的区域效应，认为总体上是积极的正面经济效应远远大于负面效应；特别强调对于南方电网整个区域甚至全国所产生的整体性效应非常突出②。在经济边缘化的输出地区域，主要具有投入产出效

---

① Parker N., *Differentiating, Collaborating, Outdoing: Nordicidentity and Marginality in the Contemporary World* [J]. Global Studies in Culture and Power, 2002, 9, pp. 355–381.

② 陈秀山、徐瑛：《西电东送区域经济效应评价》，载于《统计研究》2005年第4期，第37~44页。

应和收入分配效应,投入产出效应体现为拉动社会总投资、增加社会总产出、构建产业间关联等;收入分配效应体现为居民收入分配的区域结构变动,但对平衡区域收入不均衡、改善低收入人群和地区收入水平的作用有限,而且在贵州、云南两省也不一致。

陈永柏对比三峡工程开工前(1984年)后(2000年),指出三峡库区获得社会经济发展[①]。仅以库区人均收入为例,从还不到全国人均收入的一半273元,达到5 875元(城镇)和1 868元(农村),分别达到国内平均水平的93.6%和82.9%。此外,广播、电视等社会服务设施也超过全国平均水平。

分析道路基础设施对区域经济增长和减贫的贡献,四川案例显示等级公路和等外路对经济增长以及减缓贫困具有统计上的显著贡献,而且等级公路比等外路具有更大的贡献程度。日本对边缘区的扶持开发过分偏重基础设施建设,带来人口转移、外来的商品流入本地市场、资本流出变得更容易损失;靠国家基础建设投入的建筑业务只能维系短暂的经济繁荣。

关于南水北调工程对国民经济以及地区社会经济发展影响的研究,也已经大规模地展开。何晓光运用社会经济学、宏观经济学和社会经济学原理,分析了南水北调工程对促进我国地区协调发展、促进就业规模扩大、促进居民收入增长、加快贫困人口脱贫步伐、提高居民生活质量及推进城市化进程的影响[②]。他认为南水北调工程实施之后,我国北方地区丰富的矿产资源和土地资源将得到有效的利用、促进北方地区经济的可持续发展;北方地区工业的迅速扩张将大量吸收当地农村剩余劳动力和城镇失业、下岗人员;随着产业结构升级、工业扩张、就业规模扩大和农业用水的增加,居民收入随之增长、生活水平随之提高;上述因素将导致资源和人口向城市集中,加快我国城市化的进程。胡庆和、施国庆和邱林认为,巨额的工程投资将产生显著的聚集效应和乘数效应、扩大就业规模和促进产业升级。南水北调中线工程也给中部地区可持续发展造成了不利影响,包括:增加移民的安置成本、占有本就紧张的耕地资源、加剧潜在地质灾害的威胁、加重水源区的财政负担和影响汉江中下游的生态。

罗尼(Looney)等在墨西哥研究中发现,已存在的地区发展不平衡与基础设施存量差异之间存在一致性;改变基础设施存量能够带来落后区域发展,并且公共资本投资总是先于区域发展;但关于巴基斯坦的研究表明,道路等交通基础设施投资在落后地区的效果是不明显的。科斯塔(Costa)等关于基础设施总量与

---

① 陈永柏:《三峡工程对长江流域可持续发展的影响》,载于《长江流域资源与环境》2004年第2期,第109~113页。

② 何晓光:《南水北调工程调水期的社会发展影响》,载于《水利发展研究》2004年第4期,第15~19页。

跨区域发展水平之间关系的研究则表明，基础设施的影响有赖于区域的初始经济条件，也就是说，公共投资投入基础设施是否会带来落后地区经济增长，还存在一定争议①。

2. 其他重大工程计划和项目的效应

我国的退耕还林项目是减少土壤侵蚀而实施的大型生态环境修复工程。对陕甘川地区该项目跟踪调查显示（2003年），如果取消补贴，农民没有激励继续退耕，工程远未实现推动参与农民从种植业以外获得收入以实现农业生产结构和农民收入结构转换的目标；三年之后（2006年）的调查研究显示，随着补贴兑现状况的改善，农民参与退耕还林前后的种植业收入可以基本持平；退耕还林工程并没有带来非农就业和畜牧业生产显著增长的局面。该项目实施期间地表植被覆盖度确实增加显著，但在干旱、半干旱生态脆弱区可诱发负面影响②；项目缺乏任何农民迫切需要的基本农田建设和发展农业生产的内容，可持续性令人担忧③；经济收入低的农户更容易受到项目的影响，弱势群体（受教育水平低、收入少的老弱病残）认为他们的生计受到项目负面影响④。

在我国扶贫攻坚计划实施中，"以工代赈"、"星火计划"、机关定点扶贫等，在改善贫困地区基础设施、提高贫困人口的收入、改善生产面貌等方面有着显著成效，贫困状况也影响扶贫效果，东部省区除广西以外普遍好于中西部省区。毛学峰等指出贫困地区的发展限于分工自我演进，没有机会分享外部经济发展成果，导致一种自给自足或半自足的封闭经济，以工代赈和基础设施投资促进贫困地区市场发育和完善，降低贫困地区交易成本，能够推动和提高当地分工水平，促进分工的自我演进而改变贫困状态⑤。

---

① Costa, Jose da Silva, Richard W. Ellson, and Randolph C. Martin. 1987. Public Capital, Regional Output, and Development: Some Empirical Evidence. Journal of Regional Science 27 (3): pp. 419 – 435.

② 在干旱地区若不顾地带、立地条件而不合理植树，尤其是高密度植树，必将既干扰植被的自然演替，又加剧土壤水分的负补偿效应，形成更为严重的"干层"，不但不能涵养水源，反而导致土地逐渐沙化，不仅种植的树会死掉，也将破坏植被恢复的土壤生态基础条件。参见陶然、徐志刚、徐晋涛：《退耕还林，粮食政策与可持续发展》，载于《中国社会科学》2004年第6期，第25~38页。

③ 在退耕工程实施过程中，并没有相应的产业结构调整配套措施。参见陶然、徐志刚、徐晋涛：《退耕还林，粮食政策与可持续发展》，载于《中国社会科学》2004年第6期，第25~38页；75.2%被访问的农民希望政府投资项目帮助他们建设基本农田或发展农业生产（修梯田、建设淤地坝、兴建水浇田、建果园、养畜、种菜等）。然而，退耕还林项目竟然没有任何基本农田建设和发展农业生产的内容，参见曹世雄等：《退耕还林项目对陕北地区自然与社会的影响》，载于《中国农业科学》2007年第5期：第975页。

④ 随着农户受教育水平的提高，再次毁林、毁草开荒种田的愿望呈显著减少趋势，农户对项目补助的满意程度与受教育水平的关系表现为先降后升的趋势。参见曹世雄等：《退耕还林项目对陕北地区自然与社会的影响》，载于《中国农业科学》2007年第5期：第972~979页。

⑤ 毛学峰、辛贤：《贫困形成机制——分工理论视角的经济学分析》，载于《农业经济问题》2004年第2期，第34~39页。

在制度层面上,王文剑等认为可以把南水北调工程作为一种国家强制性制度变迁载体,必将诱致受水区的经济社会制度发生相应的变化,进而引起该区域的资源利用、经济发展和社会进步等发生一系列的连锁反应,成为区域经济社会发展的一个十分重要的驱动力[①]。

第三节 外力冲击与内源发展:分析框架

一、研究背景与文献回顾

重大工程项目的规划建设一直以来都是国家进行战略投资、干预社会经济发展的重要切入点。过去,我们对重大工程项目的评价主要是就工程本身论工程,强调的是其宏大的建设规模所展现出的社会、经济、技术等方面的成就,忽视了工程的社会、经济、生态综合效应;强调的是巨大的投资总量对国民经济总产出的拉动作用,忽视了对不同利益主体的不同影响;强调的是工程建设的直接影响,忽视了作为永久存在的人工项目的间接和持续影响。当前,我国社会经济发展的宏观背景发生了很大的变化:市场化改革进程日益加快和深入,市场机制已经逐步被人们视为是调节相关行为主体的基本机制;可持续发展为人们广为接受,被视为是协调发展与资源环境矛盾、实现人类永续发展的唯一选择;建设一个更加公平、和谐的社会已经成为发展的重要目标。在这样的背景下,如何更为全面、科学地认识重大工程项目的社会经济效应,并对重大工程建设所涉及的社会公平问题进行深入的剖析,探讨如何实现重大工程建设项目综合效应的最大化,并促进社会经济公平、可持续发展,无疑是一系列具有重大理论与现实意义的课题。

南水北调工程对中部地区经济社会的可持续发展研究具有重大现实意义。一方面,中部地区是南水北调工程的重要起点,中线工程最主要的输水区位于湖北省;中部地区是南水北调工程最重要的受水区,最主要的受水区河南省接收调水的比重近于全部调水量的一半;中部地区也是南水北调工程输水工程的重要经过地。因此,南水北调工程对中部地区环境变迁、经济增长、社会发展的深远影响

---

① 王文剑、覃成林:《南水北调工程与受水区经济社会制度变迁分析》,载于《生态经济(学术版)》2007年第11期,第29~32页。

是不容忽视的。南水北调工程时间跨度长，规划工期自 2002 起至 2050 年结束；投资规模大，预计主体工程静态总投资 4 616 亿元（以 2000 年价格计）；影响地域范围广，三条调水线路将长江、黄河、淮河和海河四大流域连接起来。作为迄今为止世界上最宏伟的调水工程，南水北调工程将直接导致投资规模的扩大以及对我国水资源的空间再分配，从而对我国尤其是相关地区的社会经济发展产生极其深远影响。另一方面，中部地区经济社会可持续发展的基础相当薄弱，亟须发展的新契机和新突破。第一，中部地区人口众多，由于就业萎缩严重，就业压力非常沉重；第二，湖北、湖南水资源丰富，但是洪涝灾害频发严重影响了经济社会的安全发展；第三，河南、山西、陕西缺水严重，干旱少雨不仅直接影响了工农业生产，而且加剧了生态环境恶化，削弱了可持续发展的资源基础和容量支撑；第四，中部地区经济社会总体上被"边缘化"，表现在经济总量、居民收入等全面低于东部沿海地区，内生发展能力不足。南水北调中线工程为"中部崛起"提供了重要契机，通过规范的科学研究，揭示工程建设及运行对中部地区社会经济可持续发展的影响，不仅可以为如何发挥南水北调工程的最优社会经济效应提供决策参考，更重要的是，可以为研究国家实施大型工程建设的社会经济效应提供一个新的分析框架。

大型水利工程是重要的基础设施，其良性运行是实现水资源的可持续利用和促进社会经济可持续发展的重要保证。因此，引发了大量国内外学者的关注和研究。国外有很多著名的调水工程，针对这些工程的研究相当丰富。对国内相关大型工程效应的研究主要集中在长江三峡、三门峡水库等重要工程。关于南水北调工程对国民经济以及地区社会经济发展影响的研究，也已经大规模地展开。李善同建立了南水北调的宏观影响评价指标体系，并利用该体系对南水北调工程的宏观影响进行了定量和定性分析，该体系主要涉及经济、社会、环境、制度四个领域。何晓光从宏观的角度分析了南水北调工程调水期对促进我国地区协调发展、促进就业规模扩大、促进居民收入增长、加快贫困人口脱贫步伐、提高居民生活质量及推进城市化进程的影响[1]。现有研究一般认为，国家建设调水工程的经济社会效应可以概括为三个大的方面：一是即期经济效应；二是工程建设的滞后经济效应；三是生态与社会效应。

即期经济效应。国家建设大型调水工程主要目的是调节水资源在地域上的配置，将水资源丰富地区的水调往水资源贫乏的地区，保证缺水地区的人们生活用水及工农业生产用水需要。国家启动调水工程需要进行大量的投资，需要机械、

---

① 何晓光：《南水北调工程调水期的社会发展影响》，载于《水利发展研究》2004 年第 4 期，第 15~19 页。

电器、设备和钢材、水泥和木材等建筑材料相关产品和人力的投入；而调水工程建成之后对受水区的经济发展提供了充足的水资源，在很大程度上促进了受水区和整个国家的经济发展。同时，大型调水具有调节水量的作用，可以促进调水工程沿途及受水区的生态循环。例如，从工程对中部地区的直接经济影响来看，第一，南水北调工程投资引起对水泥制造业、金属冶炼业、电器机械及器材制造业、石油化工业及关联产品的需求，这些产业的发展以及利用中部地区技术、人才、教育优势，用信息技术改造提升中部地区的传统产业，实现制造业的信息化。第二，南水北调工程中大量高新技术的应用，如生态遥感动态监测技术，数字南水北调的建设将带动中部地区高新技术产业的快速发展。第三，投资建设过程中，创造大量的就业机会，工程建成后，水资源条件的改善将促进沿线地区各地的经济发展，从而带来更多的就业机会，使中部地区的劳动力资源优势充分发挥。第四，南水北调工程的实施是以沿线地区的节水、治污为前提的，先节水、治污，再送水，是南水北调工程实施的一个基本原则。以节水、提高用水效率和治污为前提，发展节水农业、节水工业和低污染产业，将促进中部地区产业结构的调整。

工程建设的后续经济效应。调水工程的实施和水资源的优化配置，可以使受水区摆脱缺水的束缚，为更多产业的发展创造机会。例如，可使原有企业扩大规模，并通过改组提高效益，加速城市产业结构的调整；还可使输水沿线地区的资源优势得到发挥，促进新的生产力布局的形成。就农业生产来看，华北和西北地区日益严重的旱情灾害将在很大程度上缓解，可浇灌耕地的面积将进一步扩大，农业生产条件将进一步改善，可为提高农产品产量和改善农业种植结构，发展特色农业和高效农业创造条件。

社会生态效应。首先，调水工程可以使缺水地区增加水源，促进水圈和大气圈、生物圈、岩石圈之间的垂直水气交换，有利于水循环，改善受水区气象条件，缓解生态缺水。其次，调水工程可以增加受水区地表水补给和土壤含水量，形成局部湿地，有利于净化污水和空气，汇集、储存水分，补偿调节江湖水量，保护濒危野生动植物。调水灌溉还可以减少地下水的开采，有利于地表水、土壤水和地下水的入渗、下渗和毛管上升、潜流排泄等循环，有利于水土保持和防止地面沉降。此外，大多数调水工程都具有不同程度的防洪抗旱作用，为受水区农业发展提供了保障。

当前的研究，尤其是关于南水北调工程效应的研究，存在以下三个方面的不足：

第一，虽然许多研究论及了南水北调工程的区域效应，尤其是关于其生态环境影响的评价已经通过了有关部门的审查，但不可否认的是，大多数研究将南水北调工程的区域效应人为地割裂为资源、环境、经济、社会等方面,并且往往只是突出研究某一个方面的影响,而忽视了区域资源、环境、经济、社会等各要素之间的客观联系,未能从整体上把握南水北调工程的区域效应。实际上,区域可持续发展是一个涉及人口、资源、环境、经济、社会等要素的复杂巨系统,南水北调对其中任何一个要素的影响,必然波及整个系统,从而对区域可持续发展产生始料未及的后果。

第二,就研究的地域范围来看,研究的重点主要是关注工程实施后水资源改善的地区,而对水源引出区的后续影响研究不足,对工程直接影响的区域则关注不够,对工程的间接作用研究不够。从中部地区内部看,当前的研究只是初步研究了南水北调工程对丹江口库区、河南南阳地区发展的影响,而对江汉平原、淮河流域及其他地区的研究不足。

第三,就南水北调工程的经济效应研究而言,当前的研究更多地着眼于南水北调工程直接的投资效应,而且对投资效应的分析主要采用财务分析方法对工程的投资收益进行预测和计算,较少采用规范的经济学方法进行综合研究。虽然有些研究对工程运行的社会经济效应进行了分析,但是基本上是以定性分析和估测为主,对大型项目建设深层影响、特别是社会经济影响评估的理念、方法,都亟待深化。

第四,就南水北调工程的社会效应研究而言,当前的研究涉及了工程对中部地区的城市化、就业、技术进步等方面的影响,但是很少涉足工程的社会公平效应的研究。

二、研究思路与分析框架

南水北调工程作为我国 21 世纪实施的重大水利工程项目,对缓解北方缺水、解决工农业用水,实现区域可持续发展,实现自然资源有效利用的空间均衡有着深远的战略意义。工程的实施,对相关区域经济发展、社会进步和生态环境保护形成了极强的外力干预,提出了更高的要求。这种要求既是挑战也是机遇,特别是作为调水的水源区和调水流经的中部相关区域,如何以工程建设为契机,改变其在经济社会发展中的边缘化态势,调整和优化产业结构,提升居民生计能力,实现区域可持续发展,极具现实意义。我们以南水北调与中部区域可持续发展为题,分别从调水工程对中部区域发展空间格局的冲击,水资源收益的区域分配以及调水对相关居民主体生计、家庭人力资本投资的影响出发,以宏、微观两个视角研究分析了中部相关区域产业、空间经济结构和以移民为代表的居民家庭在生产、生活方面所做出的调整和适应。围绕区域可持续发展这一中心议题,在充分调查的基础上,从人的全面发展和中部区域经济发展的空间均衡,从资源有序利用和资源有效保护方面给予了深层次的建设性思考,从公共行动策略、移民生计与能力建设等角度做了大量的前瞻性剖析。

我们对工程建设与地区可持续发展关系的研究,主要建立在一个基于人文因素的可持续发展分析框架上,这个分析框架的最大特色是重点考察人文角度的可持续发展问题,因为先前就有关自然的、工程的、环境的可持续发展因素等,已经有大量的研究,相比之下,基于人文因素的可持续发展问题,则明显滞后。我们的研究主要集中在第二层次、第三层次,重点研究在外力冲击下区域内经济、社会的可持续发展问题。本书中我们引入利益相关者理论来评价大型项目的建设。基于利益相关方的分析要求我们跳出大型项目建设传统的评价理念和方法,更加全面地关注相关区域和相关人群的绝对影响和相对影响、短期影响和长期影响、经济影响和社会影响,以期为南水北调中线工程的综合管理及整个流域地区的可持续发展提供借鉴(见图2-1)。

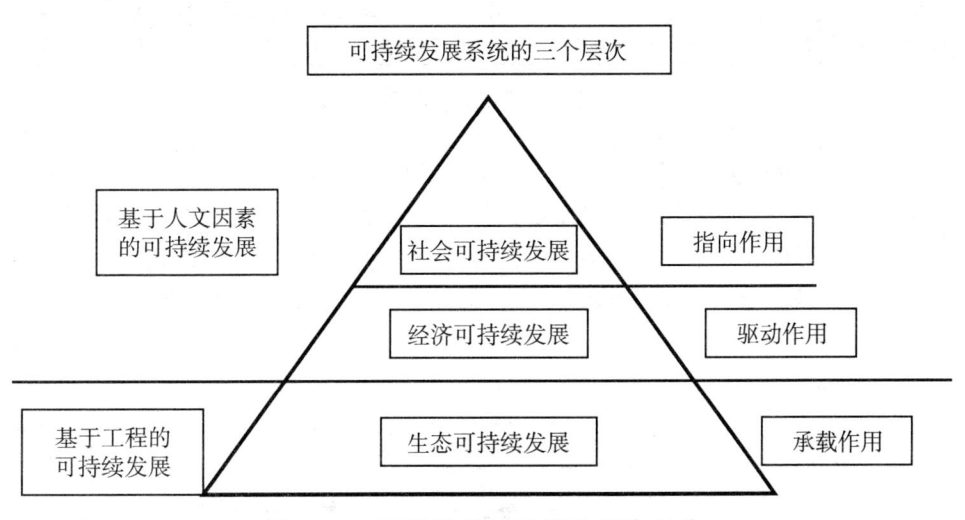

图 2-1 可持续发展系统的层次划分

着眼外力冲击条件下的区域可持续发展的逻辑秩序,我们的研究包括三个层次,第一层次是工程的直接效应;第二层次是工程的多区域关系;第三层次是工程引发的社会变迁与能力建设,这构成人文的发展持续性的三个层次。

本书包括以下主要内容:首先是南水北调与地区协调发展,南水北调工程建设对地区发展的影响,也就是我们所谓的外力冲击,集中探讨边缘化理论、工程对不同区域的影响,以及外力影响下的区域可持续发展问题;南水北调工程主体建设主要在经济边缘化区域,通过对边缘化研究的理论与分析,探讨工程建设对中部地区可持续发展的促进作用,这一部分主要是单区域分析。其次是工程建设与地区间利益分配、地区间协调发展,这部分是多区域分析。区域发展的可持续性是一个很关键，但过去被忽略的问题，我们主要关注南水北调工程所产生的效益如何在相关区域之间分配，并探讨利益相关方的利益共享机制，这一部分以水资源分配为实证来测算地区利益分配。第三部分是工程建设引发的社会变迁与能力建设，重点在微观层面。工程引发的社会变迁与能力建设是可持续发展的重要内容。在这一部分，我们首先利用对南水北调工程移民抽样调查的微观数据，分析了外力冲击对工程移民人力资本的影响以及这一影响对其可持续发展能力的作用。然后借鉴国际上比较流行的可持续生计分析框架，探讨工程移民的可持续生计问题（见图2-2）。

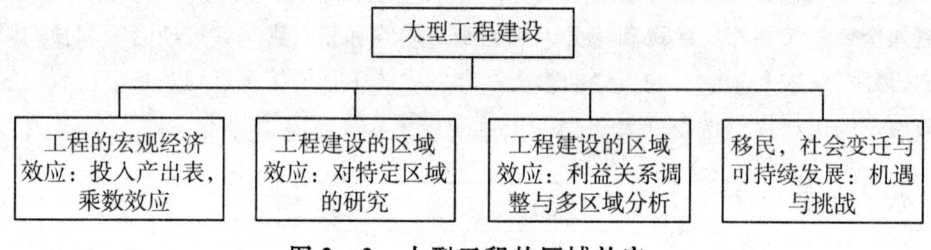

图2-2 大型工程的区域效应

移民的能力形成是实现移民经济发展和区域可持续发展的关键，这一原则应该成为大型项目建设需要考虑的重要出发点。能力是一个综合概念，影响因素复杂。能力的形成，要以个人人力资本的投资和积累为核心，以家庭禀赋和社会网络为基础，以制度和社区的保障体系为环境支撑，这就是能力形成的三角体模型（见图2-3），在本书中已得到具体的经验论证。

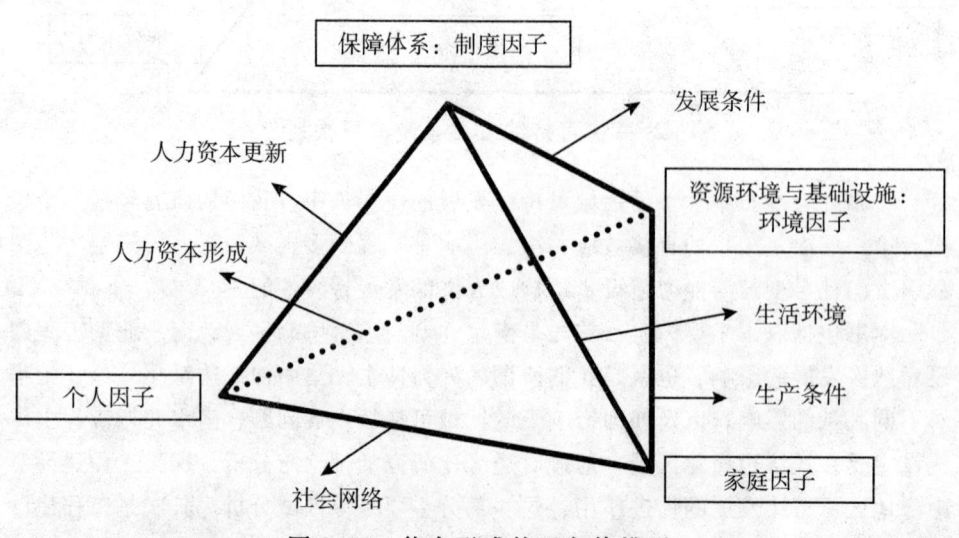

图2-3 能力形成的三角体模型

本书的研究视角是在外力冲击下，在可持续发展理念上，在追求社会公平、和谐的重要目标上，研究如何实现重大工程建设项目综合效应的最大化，并促进社会经济和人的可持续发展。我们建立外力冲击与区域可持续发展的分析框架，以期在贫困理论、区域发展理论、区域可持续发展、人力资本以及移民理论等多方面有新的发展和突破。

第三章

南水北调工程与受水区域的可持续发展

南水北调工程是国家为解决我国水资源地区分布不均衡,在不影响丰水地区发展的前提下,缓解北方水资源短缺问题而修建的准公益性、基础性大型工程,更是一个涉及经济、社会、资源和环境等诸多方面的系统性工程。中线工程规划供水的京、津和冀、豫省会中心城市,以及城市群是现代工业和主要产业的聚集带,而且在区域经济发展中具有强有力的吸收和辐射作用。因调水的成本较高,工程调水将优先用于效益较高的产业和部门,城市水资源的改善,有利于产业结构的调整,受水资源短缺制约的产业将得到发展,工程的防洪、发电、土地增值、地区开发和环境效益将提高城市的竞争能力,生态环境的改善将有利于生态城市建设。同时,城市挤占农业、生态用水的状况将得到改善,使用后的废水加工达到标准后可以供农村使用,再加上工程的防洪、发电、排涝等效益,也会促进农村经济的发展。但如何从总体上评价南水北调对受水区可持续发展的贡献还没有一个一致的结论。

南水北调工程的建设,是否可以有效解决北方部分地区水资源短缺问题?工程建设后,受水区域可持续发展状况将有多大程度的改善?大型工程的建设是否可以打破区域经济发展的原有"路径依赖"?这将是本章重点关注的问题。

第一节 区域可持续发展的水资源保障能力评价

一、区域可持续发展的水资源保障能力评价的基本概念

水资源保障能力的正确评判是区域可持续发展的前提条件。水资源是一种特殊的资源，具有自然、社会、经济等属性，在进行区域水资源配置前后都必须对其保障能力进行正确评判。本章以区域可持续发展的宏观视角进行水资源保障评价的研究，并对区域水资源保障能力评价进行了重点研究，建立区域可持续的水资源保障评价分析框架。区域可持续发展水资源保障能力评价，是评价主体以可持续发展价值观为基础，采用一定的指标体系及标准，根据本区域人类发展的物质精神需求，对区域水资源系统进行结构、功能状态、发展能力和发展水平分析，寻找区域可持续发展的水资源保障主要限制性因素及系统运行存在的问题，为区域发展的水资源系统功能完善、保障能力增强、促进区域可持续发展提供科学依据。

区域可持续发展的水资源保障能力评价的核心问题在于正确地选择评价指标体系和标准。评价主体必须站在可持续发展的理性高度，正确认识有关区域人民乃至全人类需要的合理性，从人类生理需要与社会需要、当代人的需要与后代人潜在的需要、本区域的需要与其他区域的需要的结合上考虑问题，在评价指标体系和标准上，充分体现可持续发展水资源利用的可持续性、协调性、公平性、共同性等原则，处理好当前利益与长远利益、整体利益与局部利益、物质利益与精神利益的相互联系。基于这些认识，本章以区域可持续发展水资源保障三维系统理论体系框架为基础，确定评价指标体系和标准。因此，我们认为，区域可持续发展的水资源保障评价是三维系统评价。

区域可持续发展的水资源保障水平评价视评价主体的不同，可以区分为国家（或区域系统）对所属某个区域或多个区域可持续发展的评价和区域对自身可持续发展的评价。本章的区域可持续发展评价是指后者，并且主要以地级市为可持续发展的水资源保障能力评价为对象。

区域可持续发展水资源保障能力评价视比较的着眼点不同，可以区分为纵向评价和横向评价。前者主要是按时间序列对区域本身可持续发展进行纵向比较，后者主要着眼于区际间可持续发展的水资源保障能力的横向比较。本章研究区域可持续发展的横向评价和纵向评价问题。

二、区域可持续发展的水资源评价的指标体系

(一) 建立水资源保障能力评价的指标体系的基本原则

区域可持续发展水资源保障能力评价体系的基本原则包括：

1. 协调性原则

考虑到不同的水资源利用目的及利用水平，应给出不同档次的论证标准值。

2. 概括性原则

在建立区域可持续发展评价指标体系的过程中，一方面指标体系包含的指标过多，会增加实际工作的难度及工作量，致使全面庞杂的指标体系成为理论上的设想，而无法实施。因此，应该在遵循科学性前提下，充分考虑到指标的量化及数据获取的难易程度和可靠性，选取高度概化的典型指标，以尽可能少的指标包含较多的信息，避免选取意义相近、重复、强相关性或导出性指标，力求使指标体系相对简捷易用。在水资源利用中，影响指标体系的元素多种多样，如某一区域中城市的规模、性质、农业与非农业人口的比例，当地气候特征，当地人的用水习惯等等。论证指标与指标值无法完全反映这些因素，而只能选取具有代表性的指标。

3. 科学性原则

区域可持续发展水资源保障能力评价指标体系的建立和指标的选择，首先要遵循区域可持续发展理论和承载力理论，指标体系应该充分体现可持续发展思想，能够科学反映区域可持续发展水资源子系统协调特征及其功能状态和演化规律。具体地讲，就是能够正确反映区域发展的部分和综合性情况。

4. 可比性原则

不同评价对象研究的成败，很大程度上取决于统计指标口径的可比性和资料来源的可靠性，这是区域可持续发展水资源保障能力评价指标体系建立过程中应该予以注意的重要环节。因此，指标数据资料选用国家、省的统计年鉴和水资源公报数据。因此，首先必须考虑指标的因地制宜性。这样不仅有利于各区域使用统一的指标进行横向论证，也有利于区域内部各子区域进行纵向比较研究。

(二) 区域可持续发展水资源评价的指标体系模式框架

这一框架充分体现了区域发展系统的结构和时空特征与运行机制，是确定指标体系模式、建立评价指标体系的基本依据。评价的重点体现了评价的目标和主

要内容，也是确定指标体系模式，建立评价指标体系的基本依据。对区域可持续发展的水资源保障评价的重点问题，目前的研究说法不一。有些研究者强调发展能力评价，有些强调发展水平评价，有些强调发展状态评价。笔者认为，根据区域可持续发展水资源保障能力定义和基本理论，区域可持续发展评价，主要是要从构成要素、空间和时间关系上，对区域水资源系统的结构、功能状态进行三维系统分析，进而判断系统的保障能力和水平，从中寻找系统运行存在的问题，确定区域可持续发展的水资源保障方面的障碍性因素。因此，与其他研究者不同，我们把保障能力看做是系统功能状态综合作用的反映或结果，把评价的重点放在保障能力上。

根据区域可持续发展三维系统理论框架和上述分析，我们提出区域可持续发展"要素关系——保障能力"三维系统概念模型，以此作为区域可持续发展评价指标体系模式，并将构成要素和时空关系、保障能力、总体目标作为指标体系框架见图 3-1。

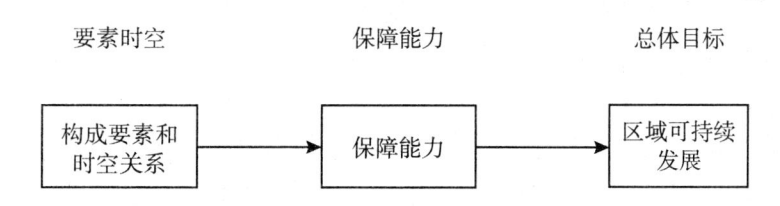

图 3-1　区域可持续发展水资源保障能力概念模型

区域可持续发展的水资源保障"要素关系——保障能力"三维系统概念模型，充分反映了区域可持续发展与资源保障的内在联系及其评价的内容，体现了区域可持续发展的构成要素和时间、空间关系等三维系统特征，突出了区域可持续发展的水资源保障能力的核心问题。

（三）区域可持续发展的水资源保障能力指标体系框架设计

借鉴已有的研究成果，特别是参考陈守煜指标体系[①]，根据区域可持续发展三维系统理论框架和要素关系——保障能力三维系统概念模型，我们提出区域可持续发展三维系统评价指标体系，该指标体系三维设计，其思路和基本框架如下：

（1）水资源方面。对应于指标体系模式概念模型的"要素关系"部分，是整个指标体系的最重要的一个方面。设置原始数据指标，对水资源供需和水质子

---

① 陈守煜：《区域水资源可持续利用评价理论模型与方法》，载于《中国工程科学》2001 年第 2 期。

系统等构成要素主要方面情况的变量进行描述。

与已有的指标体系不同，该指标选择和设置有如下特点：一是按构成要素的"实物"形态组织指标，而不对其进行抽象，目的是力图使指标的设置既科学合理，又直观易懂，与人们的思维习惯一致，便于国家和区域公务人员掌握、广大公众参与，便于数据搜集。二是对构成要素划分得比较细，共分为6个指标，以获得更多（但不是过多）的必要的信息，更全面地反映区域可持续发展的水资源保障的状况。三是充分反映区域可持续发展的水资源保障的系统特征。根据系统演化的支配原理以及超循环、协同演化等原理，在指标的选择上，视需要从众多的变量当中，选择那些可测的、可比的、具有代表性、对区域可持续发展水资源保障起着重要作用的主成分性和独立性较大的变量作为评价指标。

区域可持续发展水资源保障评价的目的，是为制定和实施区域可持续发展水资源战略规划，促进区域可持续发展服务。

此外，选择该指标时，还要注意与国家和区域的国民经济和社会发展统计指标体系和水资源公报相衔接，尽可能利用现有的统计指标数据，既节省资源，方便数据的收集，保证数据的可靠性，又达到评价的目的。

（2）该方面指标对应框架中的空间关系，表达空间关系主要方面的功能状态。该指标是按一个经济指标和实物指标相结合的指标，在指标设置上，着眼于充分体现从区际获得水资源的能力。

（3）反映代际公平方面指标设置上，着眼于充分体现代际公平和环境的水资源需求。

（4）反映社会水资源利用技术水平方面对应于水资源的利用效率综合性指标。

（四）区域可持续发展的水资源保障能力评价指标体系方案

根据对水资源影响因素的综合分析，并参照全国水资源供需分析中的指标体系，按照区域可持续发展三维理论的分析，所选取的评价指标体系为：

(1) 灌溉率 x_1%：灌溉面积/土地面积；

(2) 水资源开发利用率 x_2%；

(3) 供水模数 $x_3 \mathrm{m}^3 \cdot \mathrm{km}^{-2}$：75%年供给量/土地面积；

(4) 需水模数 $x_4 \mathrm{m}^3 \cdot \mathrm{km}^{-2}$：需水量/土地面积；

(5) 人均供水量 $x_5 \mathrm{m}^3$：75%年供给量/总人口；

(6) 万元 GDP 用水量 x_6%；

(7) 人均 GDP $x_7 \mathrm{m}^3$；

(8) 人均主要粮食产量 x_8 元；

(9) 污净比 x_9 kg；

(10) 生态用水率 x_{10} %。

指标体系从要素角度说明区域保障情况的有：供水模数、需水模数、人均供水量、灌溉率、水资源开发利用率，还有反映社会利用水资源效率的指标是万元 GDP 用水量，这个指标是一个区域利用水资源效率的综合反映，尽管高度概化，但是还是在一定程度上说明一个区域水资源利用的管理、制度以及技术水平的，特别是对一个气候、产业以及用水习惯大致相同的区域内的不同分区比较时。需水模数、供水模数、人均供水量、灌溉率、水资源开发利用率指标主要参考陈守煜的成果[1]，结合区域特点和获取资料的可靠性而设置的，主要是从要素维角度对水资源保障能力进行评估。

另外，通过反映虚拟水指标在区域之间的水资源流入流出的指标是人均主要粮食产量。考虑到通过交换从其他区域获取粮食和食物的能力设置了人均 GDP 指标，这个指标高意味着从区外获取虚拟水的能力较强，在供水模数计算中也包含调水因素，也是从空间维进行分析的一个指标。

反映代际关系的指标是污净比和生态用水率，这两个指标设置是考虑到三维中的时间维的公平。第一个指标如果超过了承载力，就是超过了环境承载的阈值，就会导致污染物无法降解，结果就是损害了下一代赖以生存的环境。这个指标的最低值是 1/40。第二个指标生态用水率是市一级水资源公报设置的最新的一个统计指标，与第一个指标一样都是从水资源对环境的影响的角度考虑的，这与需水模数、供水模数不一样。

三、区域可持续发展的水资源保障能力的评价方法

（一）区域可持续发展水资源保障能力评价的程序

借鉴国内外可持续发展的水资源保障和承载力评价方法研究成果，我们认为，区域可持续发展评价程序主要包括下列步骤：

(1) 确定评价单元。确定评价单元就是选定评价区域。评价区域应有明确界线，具有自然—经济—社会复合系统功能。例如，从实践角度，如果以下不同级别的行政区作为评价单元，中国可持续发展评价单元主要分为：国家范围、省域范围、市域范围和县域范围四个层次。

---

[1] 陈守煜：《区域水资源可持续利用评价理论模型与方法》，载于《中国工程科学》2002 年第 2 期，第 33～38 页。

（2）进行区域系统水资源保障的结构、功能分析。区域可持续发展的水资源评价指标体系，是就区域的一般情况而言的。在对具体区域进行评价时，还要对其进行系统结构、功能分析，为建立评价指标体系奠定基础。

（3）建立指标体系。在系统结构、功能分析的基础上，结合区域水资源供需的具体状况，根据全球、全国、所在区域系统的可持续发展水资源利用总体战略规划，确定系统评价因素，建立评价指标体系。

（4）确定评价标准。评价标准是指对评价结果进行衡量的尺度。具体地讲，评价标准有两个方面的含义：一是评价比较的基准；二是衡量指标实施情况的基准。

评价比较的基准。如果评价目的是进行区域水资源状况的纵向比较，意在建立可持续发展的水资源保障能力的时间序列谱，就要选定基准时间（基期），并以该时点的可持续发展评价值，即基期值为比较基准数值。例如，以2006年为基期，以该年的指标评价数据为基年数据，将调水后可持续发展的水资源保障情况进行评价，并同基年数据做比较，从而反映水资源保障情况随时间变化的情况。如果评价目的是进行区域系统内部不同区域间的横向比较，意在建立不同区域可持续发展的空间序列谱，其评价标准可以是选择某一时段水资源保障水平平均数，通过对省域各地级城市（或县区）评价值的分类定级，将全省划分为若干个处于不同水资源状况的区域。

衡量指标实施情况的基准。判断每个指标实施情况如何，则需要有评价的基准。评价标准可将区域可持续发展目标和任务具体化，同时，评价标准也作为依据，以一套行为尺度衡量指标值。例如，一个指标的评价值到何种程度才是可持续的等等。

需要指出的是，评价标准具有相对性。这是因为，全球社会经济发展的自然、经济、社会、历史条件具有明显的地域差异性，导致区域自然—经济—社会复合系统的结构与功能和发展水平千差万别，而且任何标准都有社会性、历史性，不同时期有不同的评价标准。从这一意义上看，评价标准的确定既要考虑区域可持续发展的水资源保障状况的共性，又要考虑各国各地区的经济社会发展现时状况和同一空间地域不同的经济社会发展阶段。

（5）确定指标的属性。指标的属性是指指标对系统的贡献方向的正负和大小。指标属性可分为两类：一类是正向指标，这类指标对上一层次对应指标的贡献是正向的，越大越好；另一类是逆向指标，这类指标对上一层次对应指标的贡献是负向的，越小越好。

（6）收集和处理数据。按指标体系和评价要求，收集指标原始数据。为了保证指标数据的可靠性和可比性，原始数据要以国家或区域统计部门、水资源管理部门提供的为准,也可通过调查研究获得。

(7) 进行综合评价。区域可持续发展评价指标体系具有综合性的特点,区域可持续发展目标也具有多元化的特点。因此,首先要根据指标间的关系和指标的含义,建立综合评价数学模型,主要运用模糊评价模型。

(8) 分析评价结果。从实际需要出发,选择和运用相关理论方法,建模、预测等方法,对评价结果进行分析和解释,发展能力的现状、存在的障碍性和趋势性问题,有针对性地提出对策建议,形成评价报告。

(二) 水资源保障能力模糊识别评价模型

区域可持续发展的水资源保障能力评价指标体系框架,定性地反映了各项指标的结构关系。区域可持续发展的水资源保障能力评价模型,以数学模型的形式,定量地反映各项指标的关系。由于水资源系统环境质量具有精确与模糊、确定与不确定的特性,这些特性都具有量的特征,有时可用精确的语言来表述,有时则需要用模糊的语言来阐明。因此在水资源保障能力评价中引入了模糊评价方法以对生态环境质量有进一步深入的了解。运用这个模型,可以计算区域可持续发展的水资源保障能力。

接下来我们将采用上述指标体系与评价方法对南水北调工程河南沿线城市调水前后水资源保障能力的变化展开实证分析。

第二节 南水北调河南沿线城市水资源保障能力变化

一、南水北调前沿线各城市水资源保障能力评价

河南境内南水北调沿线城市包括南阳、许昌、新乡、鹤壁、安阳、濮阳、郑州、平顶山和焦作等11个城市,这里只研究其中9个城市。近些年来,随着改革开放的逐步深入,经济迅速发展,人口骤增,这九个城市水资源供需矛盾日益明显。研究地区水资源可持续利用的程度,对进一步开发利用这9个地市水资源、减缓水资源供需矛盾具有重要意义。

根据对沿线9地市水资源影响因素的综合分析,并参照上一节中的指标体系,得到沿线九地市及其各分区水资源系统的指标特征值见表3-1。

表3-1　　　　　　　　　　沿线九地市水资源指标特征值

评价指标＼城市	南阳市	许昌市	鹤壁市	新乡市	安阳市
灌溉率（%）	56.00	82.00	61.00	72.00	76.15
水资源开发利用率（%）	30.00	31.00	38.00	36.00	38.00
供水模数	6.98	12.99	17.78	17.34	17.65
需水模数	9.30	17.33	23.71	23.13	23.54
人均供水量（立方米）	171.81	143.50	268.72	255.23	243.86
万元GDP用水量（立方米）	78.10	183.60	156.96	295.20	264.70
人均GDP（元）	11 167.32	15 915.91	15 264.30	11 557.41	12 070.51
人均主要粮食产量（千克）	488.18	568.72	697.56	626.66	550.85
污净比	0.36	0.14	0.11	0.13	0.12
生态用水率（%）	6.74	1.56	1.40	0.80	0.90

评价指标＼城市	濮阳市	郑州市	焦作市	平顶山	河南省
灌溉率（%）	80.00	56.00	82.00	61.00	70.00
水资源开发利用率（%）	40.00	50.00	31.00	38.00	39.11
供水模数	27.30	16.23	27.73	10.08	10.19
需水模数	36.40	21.64	36.98	13.44	13.59
人均供水量（立方米）	323.95	184.08	328.90	160.30	231.14
万元GDP用水量（立方米）	340.30	78.10	183.60	156.96	193.06
人均GDP（元）	12 718.98	30 738.94	20 419.65	13 658.85	13 172.00
人均主要粮食产量（千克）	628.13	251.11	527.70	367.79	514.77
污净比	0.15	0.36	0.14	0.11	0.18
生态用水率（%）	5.00	6.74	1.56	1.40	2.90

资料来源：2006年河南省水资源公报；2006年沿线各地市水资源公报；2007年河南省统计年鉴；《南水北调中线一期工程河南省受水区城市供水配套工程规划》。

参照以往研究关于上述10项指标的2级指标标准值，给定11项指标的4级指标标准值见表3-2。

表3-2　　　　　　　　　　评价指标4级标准值

评价指标	指标标准值			
	1级	2级	3级	4级
灌溉率（%）	≥60	45	35	≤20
水资源开发利用率（%）	≥60	45	35	≤20
供水模数	≥100	80	60	≤40
需水模数	≥100	80	60	≤40

续表

评价指标	指标标准值			
	1级	2级	3级	4级
人均供水量（立方米）	≤1 000	1 750	2 250	≥3 000
万元 GDP 耗水量（立方米）	≤52	140	220	≥300
人均 GDP（元）	≥30 739	24 215	17 691	≤11 167
人均主要粮食产量（千克）	≤350	370	385	≥400
污净比	≤1/40	4.2	8.40%	≥12.8%
生态环境用水率（%）	≤2	3	4	≥5

根据表 3-1、表 3-2 可得南水北调水资源可持续利用程度的现状指标特征与指标标准值矩阵：

根据以前研究的结果得到 11 项评价指标的权向量，则指标的归一化权向量 $W = (1/14, 1/14, 1/7, 1/7, 1/7, 1/14, 1/14, 1/14, 1/7, 1/14)$

应用模糊模式识别模型式求解南水北调沿线九地市对各个级别水资源可持续利用程度的相对隶属度。现以沿线九地市（$j=9$）为例对求解作一说明。由矩阵置得 $j=6$ 的指标相对隶属度向量为：

$$r_6 = (1, 0.5, 0, 0, 1, 0, 0.079, 0, 0, 0)^T$$

由 $r_{26}=0.5$，$a_{26}=2$，$b_{26}=3$；由 $r_{46}=0$，$a_{46}=1$，$b_{46}=1$，可得：

$$a^6 = \min a_{16} = 1$$
$$b^6 = \max b_{16} = 4$$

取距离参数 $P=2$，当 $j=6$ 时：

将向量 r_6，W 与矩阵 S 中的有关数据，可得 $u_{16}=0.095968$。

类似地，得到 $j=6$，$h=1, 2, 3, 4$ 水资源可持续利用程度的相对隶属度向量：

$$u_6 = (0.1002, 0.1863, 0.4068, 0.3068)$$

应用级别特征值公式，得到沿线九地市水资源可持续利用程度的级别特征值：

$$H_6 = (4, 3, 2, 1) \times (0.1002, 0.1863, 0.4068, 0.3068)$$
$$T = 2.0798$$

对 $j=1, 2, \cdots, 10$ 进行类似的解算，得到南水北调沿线九地市及河南省水资源可持续程度的级别特征值向量：

$$H = (2.1556, 2.1829, 2.2337, 2.1511, 2.1809, 2.0798, 2.301, 2.1987, 2.2712, 2.1554)$$

由此得到南水北调沿线九地市及其各分区水资源可持续利用程度的评价结果列于表 3-3。

表3-3　　　　　　　　　水资源可持续利用程度评价结果

地区	南阳市	许昌市	鹤壁市	新乡市	安阳市	濮阳市	郑州市	焦作市	平顶山	河南省
调水前	2.1556	2.1829	2.2337	2.1511	2.1809	2.0798	2.301	2.1987	2.2712	2.1554

由表3-3可见，南水北调沿线九地市及其各分区的水资源可持续程度处于2级、3级之间，即处于中、低级水资源可持续程度，因此还有很大的开发潜力。根据隶属度河南省水资源开发利用的多因素综合评价结果，并结合综合评价指标的分级值可知：河南省的水资源开发利用已达到相当的规模，但由于水资源的分布很不平衡，各个地区的情况也有一定的差别。就总体而言，各地市的水资源承载能力评价结果中隶属度都很大，这说明河南省在2000年的水资源开发程度上已经达到区域水资源开发总体模式（LOGISTIC模式）中的过渡阶段末期，水资源开发已经具有一定的规模，开发方式由初始的广度开发逐渐向深度开发转变，经济类型由耗水型逐步向节水型过渡，并开始注重水资源的综合管理，水资源的进一步开发仍有一定的潜力。

因此，进一步发展经济、保护环境，就必须在合理用水、节约用水上做更多的工作。郑州、鹤壁、新乡、焦作和濮阳市对隶属度已经超过已经接近于阈限，进一步开发的潜力很小，今后的开发方式应以深度为主，利用率要提高，工农业以及整个经济类型应以节水型为主，并且在水资源管理上应进一步提高管理水平。河南省沿线各个地市保障能力较低，说明几乎没有一个地区具有较大水资源开发潜力。总体看来，沿线各个地市对综合得分值都相对偏低，应注意保护环境、合理用水和节约用水。全省在水资源的进一步开发上，应重视对水资源的深度开发，尽快实现由广度开发向深度开发转变，由耗水型经济结构向节水型经济结构转变，更要加强水资源的综合管理，以便科学、合理地利用省内有限的水资源。

二、调水前后区域水资源保障能力比较

参照上述11项指标的4级指标标准值，给定11项指标的4级指标标准值见表3-4。

由表3-5可见，调水工程建成之后，南水北调沿线九地市及其各分区的水资源可持续程度处于2级、3级之间，即处于中、低级水资源可持续程度，较调水之前有明显提升，但在调水的基础上仍要加强节水。

表3-4　　　　调水后河南省及九个受水城市的水资源基本资料

评价指标 \ 城市	南阳	许昌	鹤壁	新乡	安阳
人口（万人）	1 080	452.39	144.46	555.15	536.64
面积（平方千米）	26 591	4 996	2 183	8 169	7 413
供水总量（万立方米）	175 970	86 560	51 760	188 920	175 970
灌溉率（%）	56	82	61	72	76.15
水资源开发利用率（%）	50	31	38	36	38
调水量（万立方米）	49 140	22 600	16 400	46 160	33 400
人均GDP（元）	11 167	15 916	15 264	11 557	12 071
人均主要粮食产量（千克）	488.12	568.7	697.56	626.67	550.85

评价指标 \ 城市	濮阳	郑州	焦作	平顶山	河南省
人口（万人）	360	656.65	343.26	495.79	9 820
面积（平方千米）	4 266	7 446.2	4 071	7 882	167 000
供水总量（万立方米）	155 280	161 170	150 530	105 970	2 269 800
灌溉率（%）	80	56	82	61	70
水资源开发利用率（%）	40	50	31	38	39.11
调水量（万立方米）	11 900	51 700	28 200	25 000	299 400
人均GDP（元）	12 719	30 739	20 420	13 659	13 172
人均主要粮食产量（千克）	628.13	251.11	527.7	367.79	514.77

资料来源：受水区各城市2006年水资源公报；《河南省2007年统计年鉴》；《南水北调中线一期工程河南省受水区城市供水配套工程规划》。

表3-5　　　　南水北调前后水资源保障能力对比表

地区	南阳市	许昌市	鹤壁市	新乡市	安阳市
调水前	2.1556	2.1829	2.2337	2.1511	2.1809
调水后	2.1679	2.2381	2.2718	2.3956	2.344

地区	濮阳市	郑州市	焦作市	平顶山	河南省
调水前	2.0798	2.301	2.1987	2.2712	2.1554
调水后	2.2466	2.4308	2.2841	2.3283	2.1663

通过以上实证分析结果可知，调水通过增加供水量，降低污净比提高水质，使区域可持续发展的水资源保障能力明显提高。这种保障能力的提高主要集中在受水地区，南水北调主要供城市和工业使用，因此，在一个城市内这种提高作用是不均匀的，对城市的保障程度大于农村。分析的角度不同结果有可能不同。这

是就整个地区包括农村来说的，因为水的流动性和循环性，这种不均衡性会扩散。

另外还需看到，调水后，整个沿线地区水资源保障能力仍然处于中级水平，水资源的开发和节约利用仍需要加强。由于水资源保障能力提高的幅度有限，从整个沿线来说提高的都不多，这种作用随着人口的增加、水的使用效率不高可能会使保障能力降低。

第四章

南水北调工程与水源区的可持续发展

调水工程建设对区域利益的影响是多方面的，不仅是经济利益，还涉及社会利益和生态环境利益，但外力作用最终将表现为对区域可持续发展能力的影响。南水北调工程的建设将改变原有的地区间、部门间、利益集团间的利益分配格局，对不同区域将产生正面或者负面的不同程度的影响，其中水源区和受水区之间的利益分配变化最为显著。本章是利用在南阳市各部门和长江水利委员会收集到的相关数据资料，对水源区南阳市区域利益分配格局的变化作实证性的分析。南水北调工程对南阳市区域利益分配格局的影响主要体现在水源区与受水区、受水区域之间。南阳市是南水北调中线工程的水源区，在本章中水源区主要是指南阳市内淅川和西峡两县，受水区指南阳市的市区、邓州市、新野县、社旗县、唐河县以及方城县六个县市区。另外，工程建设对区域可持续发展的影响将涉及资源环境、经济和社会三个子系统。本章将分别从这三个部分展开分析。

第一节 南水北调工程与水源区资源环境保护

一、工程建设与土地资源

（一）水源区

南水北调工程实施后对水源区的影响主要集中在淅川县。在时间段上分为两次，第一次是20世纪50~70年代丹江口水库的建设，也即南水北调的初期工程。水库形成后，淹没淅川县县城1座，大型集镇（李官桥）1个，区、社集镇（如阜口、宋湾、淘河、马蹬、下集、双河等）13个，累计迁移302个生产队，淹没土地总面积362平方千米，其中耕地28.51万亩（占该县91.9万亩耕地的31%，占水库总淹没耕地67.6万亩的42%），河流10.49万亩，村庄2.81万亩，集镇1.23万亩，道路1.01万亩，林地1.48万亩，荒坡9.31万亩。共拆除各种公房21 997间，集体房21 036间，民房82 032间[①]。据1983年长办规划处水库科河南省调查小组所提交的《丹江口水库河南部分移民安置遗留问题处理意见的调查报告》所示，淅川县内安置的73 957人[②]，涉及12个公社，除安置在九重、后坡两个公社的9 701人，人均耕地在1.5亩以上外，其余64 256人安置在10个公社的106个大队，729个生产队，其中人均0.8亩的有496个生产队，37 464人；人均0.5~0.8亩之间有117个生产队，14 192人；人均在0.8亩以下的有116个生产队，1 260人；0.3亩以下有4 718人。耕地不仅数量少，而且质量差，多为黄胶泥岗坡地，土质贫瘠，投工多，产量低，年平均亩产150公斤左右[③]。由于丹江口移民搬迁是在1978年前进行的，移民搬迁后其土地是和当地居民平均分配的，以上所列同时也是整个库区的人均耕地数量。

第二次是21世纪初实施的南水北调中线工程。淹没区涉及淅川县11个乡镇、173个村、1 141个组，淹没淅川县土地总面积143.9平方千米，淹没即影响区人口10.73万人，房屋258.31万平方米，耕地12.66万亩，园地0.52万亩，林地1.20万亩，其他用地7.31万亩[④]（见表4-1）。

表4-1　　　　　　　　水源区淹没及影响主要实物指标汇总

	人口				房屋面积	涉及城镇（个）	总土地面积（平方千米）	耕（园）地			林地（亩）
	农村人口（人）	城镇人口（人）	企业人口（人）	总计（人）				耕地（亩）	园地（亩）	总计（亩）	
初期工程	722	118 363	—	204 969	125 065间	15	362	119 751	3 860	285 090	23 775
后期工程	105 618	1 504	227	107 349	2 583 111平方米	11	143.9	126 587	5 202	131 789	12 013

数据来源：根据《淅川县移民志》及《南水北调与南阳经济社会发展》中表1-1整理。

---

① 淅川县移民志编纂委员会：《淅川县移民志》，湖北人民出版社2001年版，第47~48页。
② 未含老移民和历年返迁移民。
③ 长江办规划处水库科河南省调查小组：《丹江口水库河南部分移民安置遗留问题处理意见的调查报告》，1983年。
④ 喻新安、张宪中：《南水北调与南阳经济社会发展》，河南人民出版社2006年版。

工程建设在淅川县分为调水总干渠和渠首枢纽工程，总干渠在淅川县内全长14.74千米，占地总面积10 260.6亩，其中工程永久占地4 403.5亩，临时用地5 857.1亩。

（二）受水区

工程建设对受水区土地资源的影响主要体现在总干渠占用土地。总干渠经过南阳市五个受水区县（市区），25个乡镇，包括工程永久用地和施工保护用地两部分，永久用地范围为渠道开挖、筑堤、建筑物、绿化及管理用地等，占地13.30万亩；永久用地线外两侧各100米为渠道开挖弃土（弃渣）和筑堤取土、施工场地等施工保护用地，占地4.74万亩[①]。

在受水区内各县（市区）之间的土地影响差别并不明显。

二、工程建设与绿地资源

（一）水源区

南阳是南水北调中线工程重要的水源地和渠首所在地，出于对南水北调水质的保护，水源区内将进行大范围的生态环境治理，扩大绿地面积。目前，库区生态林建设已累计投资4亿元，新增林地近百万亩，全市森林覆盖率达34%。

据水利部表示，到2010年将在库区水土流失严重的25个县完成以小流域为单元的综合治理，减少土壤侵蚀量60%以上，增加林草植被覆盖度15%~20%，年均减少土壤侵蚀量0.4亿~0.5亿吨，年均增加水源涵养能力4亿立方米以上[②]。

（二）受水区

南水北调中线工程总干渠水面宽约70米，渠道两侧将建8~10米的绿化带。调来的优质水资源，在促进南阳受水区的工农业发展的同时，还形成一条"清水走廊"、"绿色长廊"，对沿线地区的生态环境、局部气候将产生积极影响。

在干线经过的一些特殊地区，地方政府出于美化环境、发展旅游业的需要，

[①] 喻新安、张宪中：《南水北调与南阳经济社会发展》，河南人民出版社2006年版。
[②] 《南水北调中线工程水源区水土保持工程启动》，http://www.jsforestry.gov.cn/jsly/showinf/showinfo.aspx?infoid=77bd4fab-580d-43d5-a954-d70367b2f054&categoryNum=001004&siteid=1。

还会扩充绿化带面积。南水北调水渠经过南阳市城区段约20千米，绿化带规划范围南起中州路，北至二广高速连线，规划总长15.16千米，引水渠两侧各200米范围，规划区域面积600公顷①。

各个受水区域之间的绿化面积主要在于干渠流经距离，以及当地政府对于沿线绿化的重视程度。

三、工程建设与水资源

（一）水源区

南水北调中线一期工程陶岔渠首设计流量350立方米/秒，加大流量420立方米/秒条件下，丹江口水库多年平均可调水量95亿立方米。②大坝加高工程实施后，水库总库容、调蓄库容水库面积、回水长度和调剂性能等均将发生相应变化。总库容由174.5亿立方米增加到290.5亿立方米，水库面积将由现在的795平方千米，扩大到1 050平方千米。水库由初期的完全年调节水库变为不完全多年调节水库。大坝加高后将淹没土地，水面增加，水库水位、水深发生变化，从而导致水库流速不同程度的变缓，水体交换性能变差，加上被淹没土地中营养物质的溶出，水体中的营养物质含量增加，库区水环境维护的难度加剧③。

（二）受水区

南水北调中线来水量的分配不仅与年总水量、年内过程有关，也与配套工程规划的项目有关，参照《河南省南水北调城市水资源规划报告》对各受水城市分配水量根据规划水平年当地水资源可供水量和净缺水量确定，受水区各城市引丹分配水量，原则上按预测所得的各市2010年净缺水量分配。南阳市地区年平均供水量为4.91亿立方米（见表4-2）。

---

① 蔡凯、陆沈波：《南水北调南阳段建筑景观已规划完毕》，http://www.hnsc.com.cn/news/377/2006/12/08/141846.htm。

② 河南省水利勘测设计研究院：《河南省南水北调受水区供水配套工程规划》，2007年。

③ 翁立达、叶闽、娄保锋：《南水北调中线工程水源地的水质保护》，载于《人民长江》2005年第12期，第24~26页。

表4-2　　　　南水北调中线工程南阳市受水
　　　　　　区城市口门分配水量　　　　　　单位：万立方米

受水城市	南阳市	邓州市	邓州移民用水	新野县	社旗县	唐河县	方城县	总计
口门分配水量	19 990	8 200	2 000	6 500	2 840	6 000	3 610	49 140

数据来源：根据《河南省南水北调受水区供水配套工程规划》表4.4-1整理。

（三）工程建设与水土流失状况

由于自然和人为原因，丹江口及其上游水源区的生态环境恶化，森林覆盖率下降迅速，水土流失严重。至2005年底，现有水土流失面积为3 369平方千米（不算大坝加高后被淹没的面积），占水源区流域总面积的52.96%；其中轻度流失面积[①]1 552平方千米，占流失面积的46.07%；中度流失面积1 370平方千米，占40.66%；强度流失面积447平方千米，占13.27%；年均土壤侵蚀量为990万吨，年均土壤侵蚀模数2 938万吨。[②] 另据统计2002年南阳森林覆盖率29.5%，水土流失面积占总面积的65%，其中汉江流域7 995.7平方千米，占该流域面积的33.65%[③]。

作为饮用水源地，国家对水质保护工作提出了很高的要求，专门编制了《丹江口库区及上游水污染防治和水土保护规划》并已经国务院批复。国务院批复的近期规划共安排投资70.19亿元，拟安排南阳市投资14.97亿元，项目127个，其中水保项目97个，投资4.8亿元，环保项目30个，投资10.17亿元[④]。这些项目的实施，将极大地促进水源区的水土保持，生态环境保护，以及工业产业结构调整等项工作的开展。

工程对于受水区水土流失的影响并不显著。

[①] 对水土流失强度分级以及分级面积的确定，是按照水电部SD38-87《水土保持技术规范》的水土流失分级意见，在各地对坡面土壤侵蚀、库、塘、河道泥沙淤积抽样调查的基础上，结合统计资料测算而成。

[②] 南阳市南水北调办公室：《南阳市南水北调中线工程"十一五"规划》，2006年。

[③] 白景峰：《南水北调中线工程水源区流域生态环境可持续发展研究》，载于《南水北调与水利科技》2005年第2期，第12~14页。

[④] 《南水北调造福河南既是水源地又是受水区》，http://www.dahe.cn/xwzx/Zt/cj/nsbd/yx/t20060929_678825.htm。

第二节 南水北调工程与水源区经济可持续发展

一、工程建设与工业发展

(一) 工程建设的投资拉动效用

根据《南阳统计年鉴》提供的数据可得南阳市按支出法计算的国内生产总值 2001 年为 5 762 789 万元，2005 年为 10 534 299 万元，2005 年比 2001 年增加 4 771 510 万元；资本形成总额 2001 年为 3 318 724 万元，2005 年 7 315 356 万元，2005 年比 2001 年增加 3 996 632 万元。类似可得，最终消费增加 1 766 643 万元，由此可以计算边际消费倾向为 0.3702（1 766 643 ÷ 4 771 510）。

根据边际消费倾向 0.3702 计算，所得的投资乘数为 1.43，即：

$$南阳市投资乘数 = \frac{1}{1 - 0.3702} = 1.43$$

这个数值与全国投资乘数 2.74 相比要明显偏小，其原因是：一是南阳市区域发展落后于全国平均水平，尤其是其为农业大市，工业和第三产业不发达。二是南阳市内企业竞争力不够，区域开放程度越来越高，企业发展的地理优势的重要性在逐渐降低。落后区域工程投资所需人员、技术、原料越来越倚重于周围其他城市供应。

1. 水源区

南阳丹江口库区规划搬迁 154 748 人，工程总投资 77.16 亿元，移民安置与南水北调工程建设同步进行，拟在"十一五"期间完成全部投资。库区移民投资主要包括：农村移民补偿费用中的征用土地补偿费和安置补助费、农副业加工设施补偿费以及小型农田设施补偿费等、工矿企业复建补偿费用中的新址征地、厂房及附属建筑物、配套基础设施补偿等；专业项目复建补偿中具体用以生产开发的水利、电力及交通等专业设施复建费用。通过做现金流程，采用现值法和水库移民生产开发分析法，可以计算出水库移民生产开发投入每年拉动当地 GDP 增长率提高 0.2 个百分点左右[①]。移民投资不仅可以直接带动区域 GDP 的增长，

---

① 喻新安、张宪中：《南水北调与南阳经济社会发展》，河南人民出版社 2006 年版。

而且可以为库区提供新的就业岗位、改善生态环境、增建新的基础设施。

2. 受水区

南水北调工程于受水区的投资主要是工程干渠和供水配套工程建设。根据国家计划，南阳段工程拟在"十一五"期间完成。总干渠在南阳市全长185千米，主要建筑物有河渠交叉建筑物33座，左岸排水建筑物101座，渠路交叉建筑物166座，渠渠交叉建筑物19座。现估算每千米投资约为6 800万元（含渠道建筑物），南阳段总干渠投资约125.8亿元，另外，城市供水配套工程总投资8.11亿元。① 根据2000年价格水平、前5年南阳市全社会固定资产投资规模（729.6亿元，平均年增长13.1%），并利用南阳市前5年各指标之间的变动关系、各指标自身的变动规律，以及南水北调中线工程影响南阳市经济的其他主要因素推断，并按照5年的建设期进行初步计算，近期投资平均每年拉动当地GDP增长0.5个百分点左右②。

受水区域之间的利益分配，一方面是缘于地理优势，如工程建设所需要的土石、钢材和木材等，物体质量重、体积大、运输不便，往往会在当地购买，利益在各区域间的分配主要是由工程在区域内的流经长度来决定；另一方面也是各区域经济实力的竞争，尤其是区域内企业实力的竞争，如工程项目设计、建设招标会在全国甚至跨越国界进行，项目的获得需要企业的技术和资金实力作支撑，往往是那些经济发展较快的城市会在区域竞争中获得更多利益。

（二）工程建设对工业发展的影响

南水北调中线工程的建设，对于南阳市区域工业发展有着正反两方面的影响。对于水源区，主要是对工业发展的环境限制，工程影响停留在建设期。对于受水区，由于距离水库较远，环境控制小，主要是供水给工业发展带来的经济效益。

1. 水源区

（1）因南水北调而关、停、转、迁部分企业。

水源区工业因南水北调中线工程而关、停、转、迁的企业主要有两种情况：一是因丹江口水库加坝水位提高而淹没及其带来的地质灾害，一些企业全部或者部分被淹，如淅川县老城地毯厂等；一些企业处在丹江口水库周围，且在170米水位线左右，也将受到地质灾害的影响。二是受环保升级的严格要求，部分企业将被迫关、停、转、迁，其中淅川县315家、西峡县100多家等。直接经济损失

---

① 南阳市南水北调办公室：《南阳市南水北调中线工程"十一五"规划》，2006年。
② 喻新安、张宪中：《南水北调与南阳经济社会发展》，河南人民出版社2006年版。

高达1 000万元的企业，主要有西峡县双枪三木集团林产品加工关停转产损失超过2.7亿元；西峡县养生殿酒业公司酒精生产线停产而损失6 000万元；西峡县水泥厂、天保水泥厂、新生玻璃公司等建材加工企业搬迁需注资金2.4亿元；米坪、高庄金矿因关停损失7 000万元；淅川福森药业公司关闭老中药提取车间损失6 000万元；昌盛酒业公司关闭酒精生产线损失6 000万元；淅川铝业集团铁合金有限公司关闭铁合金炉子损失1 000万元；淅川汉江实业有限公司停产关闭损失1 000万元；泰龙纸业公司关闭制浆生产线损失9 000万元；淅川皇冠地毯集团公司老城分厂搬迁需注资金4 800万元。

（2）因南水北调而限制、改造部分企业。

丹江口水库水质，国家核定为按地表水Ⅱ类目标控制。为确保控制目标实现，入库的丹江、老鹳河等支流水质要求分别达到Ⅱ类和Ⅲ类水质标准。上级环保部门采用污染物沿水流平衡方程式计算出欲实现河流水质控制目标的允许排放量，如反映水污染最重要的指标化学需氧量COD，淅川总量控制目标是每年4 627吨，这就要求淅川企业"三废"排放不仅要达标，而且必须实施总量控制，对淅川传统工业来说压力很大。目前，南阳市引水区重点县淅川、西峡和内乡等县环保需深度治理的企业或者项目40个，总投资需10亿元左右。主要有淅川泰龙纸业公司的制浆生产线配套碱回收项目，总投资14 000万元；矿山植被恢复项目，总投资13 000万元等。

另外，为严格控制在水源区产生新的污染源，南阳市严格实行环保限制准入，对新建项目严把环境关，禁止"五小"项目和其他重污染项目上马，由此，南阳市把一大批大中型企业拒之门外。如，急需引进新建工业项目的贫困县淅川县对铝业集团计划投资的20万吨冷轧钢板带的项目，按照环保标准而予以否决；还有西峡县对橡胶、农膜、黄姜等十几个看好市场的工业项目亮了红灯。这就意味着由于南水北调工程的环境准入政策的实施，水源区还会有上百亿元的投资项目被拒之门外，加大项目建设的机会成本。

（3）企业生产运行成本大幅提高。

首先是电力成本提高。中线工程实施后，丹江口水库的功能将由防洪、发电为主，转为防洪、供水为主，淅川从丹江口电站购电量有可能减少。淅川是用电大县，2005年用电量达18.8亿千瓦时，其中从丹江口电站购电11亿度。按自丹江口电厂购进电量平均电价0.19元/千瓦时计算，比华中电网直接购进电价0.33元/千瓦时，每千瓦时相差0.14元，用电成本每年将增加上亿元的支出。其次是环保成本提高。对于非水源地企业来说，"三废"排放只要达到国家工业标准即可，而对于水源地来说，企业"三废"不仅要求排放达标，而且必须实行总量控制，这样企业必须上马环保设施，同时还要支付更高的环保运行成本，竞争力受到严重削弱。再则运输成本增加。工程实施库面升高，交通状况变差；环保门槛提高，涉关企业增多，原料供求减少，淅川县企业购销半径随之增加，运输成本随之提高。如淅川县丰源氯碱公司因南水北调工程实施，产品销售半径增加400千米，仅公路运输一项年增销售成本3 370万元。原材料供应短缺。水位抬高，相当数量的矿产、农产品生产基地被淹，部分靠农、矿产品提供原材料的工业企业（如建材、冶炼、丝毯加工、辣酱制品等），将被迫关闭或转产，损失巨大[①]。

2. 受水区

受水区城镇供水效益为工业和生活供水两部分效益之和，由于生活其用水保证率高于城市工业用水保证率，为简化计算，生活供水亦按工业供水计算效益。这里选用工业增产值分摊系数法来计算受水区工业供水效益。此法是利用分摊系数把供水的效益从工业总效益中分离出来，按水在工业中的地位分摊工业效益中的供水效益，以工业增产值乘以分摊系数，计算其供水效益。

效益计算公式为：

$$B_1 = \frac{w}{w_0} \cdot \phi \cdot \eta \tag{4-1}$$

式中：w 为水利工程供水量（亿立方米）；

w_0 为万元产值用水量（立方米/万元）；

ϕ 为工业净产和工业总产值的比例系数；

η 为区域工业供水效益分摊系数。

工业万元产值取水定额与不同区域的城镇工业结构、工业生产用水水平以及工业节水措施有密切关系。一般来讲，今后随着工业新技术、新工艺的采用及重复利用率的提高，同一行业万元产值取水定额会逐渐有所减少。但减少到一定程度，工业节水就会变得不经济了。因此，万元产值取水定额的限值，必须结合受水区今后发展情况，采用预测方法获得。

工业供水效益分摊系数，是一个反映与工业和供水两方面有关的、影响工业供水效益的多种因素及其相互关系的综合系数。考虑计算方法的有效性和可行性，目前多利用固定资产比法计算工业供水效益分摊系数，即以工业供水工程固定资产投资占供水范围内包括供水工程在内的全部工矿企业固定资产投资增加值的比例，作为分摊系数。计算公式为：

$$\eta = \frac{K_1}{K_1 + K_2} \tag{4-2}$$

式中：K_1 为供水工程固定资产投资；

---

① 淅川县南水北调办公室：《丹江口库区（淅川）经济社会发展规划》，2007年。

K_2 为在供水范围内全部工矿企业固定资产增加值。

工业供水效益分摊系数的取值与当地的水资源条件、供水基础设施状况、工业发展水平以及区域产业结构相关。在水资源丰富、供水基础设施投资较大和工业发展水平较高的地区，分摊系数较小；在水资源缺乏、第二产业所占比重较小的地区，分摊系数较大。另外，分摊系数还与工业万元产值耗水定额有关，据世行、亚行对有关工程进行初步评估时，若万元产值耗水定额在 100 立方米/万元，分摊系数一般掌握在 2.5% ~ 3.5%，如甘肃、宁夏、陕西分摊系数统一采用 3%，山西采用 3.5%①。在参数的取值上参考了长江流域和相近地区工业供水效益分摊系数计算实例，根据研究所需，综合分析确定南阳市工业供水效益分摊系数为 3%（见表 4 - 3）。

表 4 - 3 年均供水效益计算参数及结果

地区	年份水量 （万立方米）	万元产值用水量 （立方米）	工业增加值率 （%）	分摊系数 （%）	年供水效益 （万元）
全市	47 140.0	98.8	27.8	3.0	39 792.2
南阳市区	19 990.0	107.0	29.0	3.0	16 253.6
邓州市	8 200.0	100.0	30.0	3.0	7 380.0
新野县	6 500.0	96.0	30.0	3.0	6 093.8
社旗县	2 840.0	110.0	26.0	3.0	2 013.8
唐河县	6 000.0	79.0	26.0	3.0	5 924.1
方城县	3 610.0	101.0	26.0	3.0	2 787.9

注：数据来源于《南阳市统计年鉴》2002 ~ 2006 年、《南阳市水资源公报》2002 ~ 2005 年，其中万元产值用水量和工业增加值率皆为 2002 ~ 2005 年的平均值，选 2005 年为基准年。

按照以上分析方法和计算参数计算出南阳市总工业供水效益为 39 792.2 万元，各县区之间差别较大，效益最高的为南阳市区，16 253.6 万元，占总量的 41%；最少的是社旗县，为 2 013.8 万元，占总量的 5.1%。另外还可以算得，南阳市各县市区工业供水效益与 2005 年的国民生产总值的相关系数为 0.993。

（三）工程与基础设施建设

1. 水源区

南水北调中线工程的建设给水源区基础设施带来巨大的破坏性影响。

20 世纪 50 ~ 70 年代丹江口水库的建设，也即南水北调的初期工程。水库形

---

① 唐梅英、屠晓峰、胡建华：《大型跨流域调水工程效益计算分析的若干问题探讨》，载于《水利科技与经济》1997 年第 4 期，第 201 ~ 204 页。

成后，在淅川县境内淹没公路139.6千米，村间道路888千米，折款4 706.2万元（按当时物价）；广播线路550.8杆千米，486万元；通讯线路483.5千米，332.7万元；航运码头9处8 650个泊位，378.2万元；水利水电工程411处，2 029.8万元；输变电工程805.6杆千米，1 567万元；水产设施889万元，宋岗、陶岔电灌工程1 360.7万元；共损失折款13 467.6万元。南水北调中线工程的建设，也就是在水位提升之后，又新增淹没等级公路738千米（其中省道3条，即S335棠西线、S249三邓线、S248旧邓县）、大中型桥梁12座、码头18处、10千瓦以上输电线路323杆千米、通讯光缆140.95杆千米、通信电缆412.86杆千米、广播电视线路228.47杆千米、电灌站2座、17 300千瓦水电站4座、装机805千瓦、淹没堤坝总长43.47千米、渠道133.14千米、小型水库5座、抽水站36座、供水管道36.17千米、淹没水位观测站10个，其他水利设施54处。[①]

2. 受水区

工程对于受水区基础设施的影响，体现在正反两个方面：一方面是工程建设会给沿线交叉道路带来破坏，这是不利影响。有以下一些情况：一是南水北调中线工程的建设，将与沿线许多区域道路交叉，交叉道路都需要新建桥梁或者改道，如卧龙区，公路淹没交叉、复建项目19个，需投资8 736万元，淹没交叉即复建桥梁14座，需投资2 258.4万元；在镇平县内横穿28条县乡公路，需修建桥梁、公路总投资30 876万元；二是原公路有部分被淹没或破坏，需要改线新建；三是南水北调工程的建设，会导致大型重量卡车碾压县乡低等级公路，直接影响沿线居民的出行和日常生活，如，工程开工后会有大型设备的运输车辆、土石方及建材运输车辆通过宛城区新店乡、红泥湾镇，预计会给新店乡沥青路39千米、砂石路25千米、红泥湾镇沥青路5千米、砂石路14千米等农村公路造成不同程度的路面损坏，给当地经济发展带来不利影响；四是建设期间一些道路将断行一段时间，破坏当地现有的交通网络，影响道路综合效益的发挥。

另一方面是有利影响，工程建设会增加沿线基础设施供给。首先南水北调工程干线供水配套工程的建设，可以进一步完善受水区供水网络系统。承受南水北调水的城市水厂及水厂以下配水管网工程由各受水城市自己提供，包括新建、扩建自来水厂、输水管道以及城市蓄水池等。经统计，南阳市受水区在南水北调工程建成后将新建1 000万元以上自来水厂7个、扩建自来水厂5个，共需投资13.5亿元；新增供水管网总长度777.76万元，投资超过8.1亿元；增设输水管道9条，分水口门泵站2个，新建城市蓄水池5个；日供水能力可以达到

---

① 石智雷：《南水北调与区域利益分配格局的变化》，中南财经政法大学硕士学位论文，2008年。

134.8亿立方米。其次是南水北调沿渠公路的兴建，将给南阳市交通带来有利的影响。调水工程总干渠的右岸堤顶设计宽为5米，作为南水北调的检查道，渠堤的设计无论在曲率半径、坡度还是密实度都达到或超过公路设计规范，并且在规划设计时也考虑到各区域可以根据自己的需要加宽路面。利用这个条件，将右岸的堤顶加宽到7米，铺上路面，就可以得到横穿南阳的公路，一是可以使干渠检查道更加通畅，增加渠堤安全，二是可以加强南阳市各区域之间的联系。

二、工程建设与服务业发展

（一）工程与区域旅游业发展

南水北调中线工程可以在一定程度上影响南阳市的旅游业布局、旅游资源的优化组合、旅游业品位和质量等，为南阳市旅游业的进一步发展提供了机遇。其综合影响主要体现在以下两个方面：

第一，有利于提高南阳市旅游资源品位和知名度。

南水北调工程，横跨黄河、长江两大流域，工程量浩大，是迄今为止世界水利史上最大规模的长距离调水，意义深远，影响巨大，备受世界瞩目。该工程从南阳境内的丹江口水库陶岔引水北上，横穿南阳地区，引水干渠在南阳境内形成的全长约185千米的水上旅游通道，具有不可替代性和不可复制性，成为南阳旅游的新亮点。另外，随着社会各界对南水北调工程的广泛关注，南阳市也可以借助"渠首"的品牌优势，将南阳的知名度和影响力大大提高。旅游业发展具有强大的磁场效应，知名度高了，关注的人会越来越多，就可以吸引国内外客商对南阳旅游业的投资。

第二，有利于南阳市旅游资源的优化组合。

引水工程的开凿，形成了一条水上绿色旅游通道，把散布沿线的旅游资源连接起来，在南阳市域内构成了连接"引水源头库区—引水干渠—南阳市中心城区—方城旅游区"的一条南北旅游轴线，它和由宁西铁路连接的"伏牛山—南阳市中心城区—桐柏山"所构成的东西轴线形成"十"字交叉，使南阳旅游资源在空间上网络清晰，结构层次合理，为旅游资源开发和品牌旅游线路的组合奠定了基础。

1. 水源区

调水工程的建设将给源头区域带来新的旅游景观，提高旅游资源品位和影响力。源头库区将形成1 183平方千米的库区水面，气势恢弘的渠首工程和优美的自然风光。库区自然生态环境良好，水质清澈，碧波万顷，水面宽阔处天光水色浑然一体，狭窄处危崖壁立形如险关隘口。另外，引水工程的科学文化价值体现在源头库区及引水干渠的水利设施上，水利工程是由几个不同种类的水工建筑物组合而成的有机综合体，是人类在自然山水环境中建造的宏伟建筑群，它的巨大体形、空间组合和综合功能是人类利用自然、改造自然、进行资源配置能力的充分体现，它集中了土木、机械、电气通讯、自动化等各种常规技术和高新技术，具有很大的工程技术人文价值。

工程建设同时也对库区发展旅游业带来不利的影响，为了保护水质，库区的旅游发展空间受限，旅游企业准入门槛提高，现有旅游企业及相关服务业运行成本增加。如按照南水北调环保规定，库区周围原建的宾馆、酒店、度假村等一些娱乐场所严禁向水库排放污水，按其要求当前的一些娱乐场所的生活污水排放标准都不达标，限期无法达标的将被迫关门停业、搬迁；另外，库区禁用有污染排放的内燃机动游船游艇，现有的内燃机动游船游艇将被迫停止使用。

2. 受水区

引水干渠在南阳境内形成的一平均开口135米左右、长约185千米的水上旅游通道，水面宽阔，水体清澈，并且南阳属于南水北调工程的源头具有不可替代性和不可复制性，成为南阳旅游开发的新亮点。

引水干渠在南阳途经淅川、邓州、镇平、卧龙、宛城、方城6个县市区，并不是所有的区域都适合进行旅游开发，旅游景点一方面需要核心景点；另一方面更重要的是综合效应。在沿途所经过的诸多区域中南阳市城区开发条件最好，并且其又是区域政府所在地，干线旅游资源将主要被其所用，正如万里长城得到成功开发和声名远播的只有八达岭段一样。南阳市政府现已规划沿干渠旅游带，规划范围南起中州路，北至二广高速连线，规划总长15.16千米，引水渠两侧各200米范围，规划区域面积600公顷。

（二）工程与商贸服务业发展

调水工程投资建设对当地商贸服务业的影响，是通过调水工程投资建设对当地相关产业的直接需求而产生的。工程建设期将有大批建设者聚集到水源区及干渠沿线地区，建设者所需的衣食住行及其他生活消费和服务将是一个巨大的市场，这一市场需要就近提供产品和服务，这将拉动水源区和沿线地区的农副产品生产及相关服务行业的发展。水源区移民、沿线拆迁移民等实施的移民安置、移民建镇、移民建城将推动房地产业的快速发展，与房地产业紧密相连的是金融保险业的繁荣和发展。随着丹江口水库的完工，库区旅游资源与武当山、郧县恐龙化石等旅游资源的整合，形成水源区"山、水、文化"旅游品牌，旅游业因此而快速发展起来，旅游业是关联性比较强的产业，它的发展又会进一步带动当地社会服务业、餐饮业、交通运输业、邮电通讯业及商品流通、贸易业的发展。

南水北调工程建设对水源区和受水区商贸服务业的影响大小是由以下几个方面决定的，一是不同区域投资工程量的大小，因为对商贸服务业的需求往往是依据就近原则，由地理距离决定；二是对于一些技术含量要求较高的服务就是相关或相邻区域内企业实力的竞争，有时甚至在全国范围内招标。

三、工程建设与农业发展

（一）水源区

1. 库区人均耕地的减少

据统计，南水北调中线工程的建设引起的丹江口水库水位的进一步提高将会新增淹没面积144平方千米，其中淹没耕地13.18万亩，占全县耕地总量的22.9%，且多为在当地地势平坦，土质肥沃的良田，剩余57万亩耕地主要是荒岗丘陵和山坡薄地。其中，15度以上丘陵山坡地36万亩，这类地水土流失严重，整治难度大。受水库影响，南阳市需要动迁人口142 897人，其中有19 896人要县内安置，这些移民不但失去了原来的土地，还要参与总量减少土地的重新分配，使得原来人均耕地约1亩减少为0.96亩。土地是农业发展的根本，库区耕地资源的紧张必将增加农业部门的压力，进一步加剧人地矛盾，影响库区农业的发展。

2. 库区环保要求对农业发展的限制

为了保护库区生态环境，调水工程对当地农业的发展提出了更多和更高的要求。一是对农业投入品的限制。当前，农业增收对化肥、农药、农膜的依赖程度很高，要保护调水水质，减少面源污染，必须减少化肥、农药、农膜的施用量，不可避免地造成农业减产。有数据显示，不用化肥、农药、农膜，种植业将减产20%～50%。仅此一项，淅川县粮食每年将减收4.4万吨左右，经济作物将减收4.6亿元左右。二是对农业产业链的破坏。农业加工产业大多是乡办小型企业，技术含量低，治污能力弱，很难达到库区环保的要求而纷纷被迫关闭。据材料显示，由于传统企业造纸厂及皂素加工企业的关闭，淅川县35万亩龙须草、25万亩黄姜产业链条断裂，一些区域种植的经济作物失去了销路和市场。三是畜禽散养受到制约。由于畜禽散养粪便难以有效处理，对水质污染较大，所以从保护水质出发，限制畜禽散养。而畜禽散养是比较传统的养殖方式，因其成本小、易操作而被普遍使用，畜禽散养被限制在很大程度上制约了畜禽业的发展。据测算，淅川县一年少产鲜草秸秆4亿公斤，少饲养40万个绵羊单位牲畜，年损失达

4 000万元以上。四是划定水产禁养区，水产养殖面积缩小。减少和限制天然水域鱼种投放量，渔业资源减少，天然捕捞量降低。取缔库区所有投饵网箱养鱼，使库区现有的 3 500 箱投饵网箱撤网，按正常年收入每箱 5 000 公斤、每公斤 10 元计算，年损失达 1.75 亿元。天然网箱发展受到限制，淅川县水产业年综合损失在 2.7 亿元以上。

3. 畜牧业发展成本增加

为降低畜牧业养殖污染对环境的影响，淅川、西峡等县区均不同程度地划定了畜牧禁养区和畜牧圈养区，影响了当地畜牧业的发展。首先是畜牧业禁养区的划定，要关、停、转一些养殖场，给原有养殖户带来很大的损失。因为丹江口库区汇水区 1 千米范围内不允许饲养畜禽，淅川县约有 9 个专业村、15 个专业场、300 个专业户需要关停或转建，畜牧业年损失近亿元。又如，西峡县禁养区的划定，使得 120 个养殖场面临关、停、转的局面，占全县总饲养场 260 个的 46.2%；禁养区内现有家禽饲养量 40 余万只，生猪 8 万头，羊 22 万头，牛 1.3 万头。其次是畜禽养殖场污染物需要无害化处理，使农户经营成本增加。养殖场对环境的污染，主要是由于养殖粪如畜禽粪便、生活污水等的处理不当而对空气、水体和土壤造成的污染。有关资料显示，畜禽粪便对环境的污染是工业固体废弃物的 24 倍。这些畜禽粪污的无害化处理需要复杂的工序和大量的资金投入，这就会大大提高畜牧业的养殖成本。据科学资料表明：一头牛日产粪 45 千克、尿 9 千克，一头猪日产粪 9 千克、尿 3 千克，一只鸡日产粪 0.2 千克。另外畜禽粪便中的原微生物、重金属的无害化处理成本也很高。

（二）受水区

南水北调中线工程建成后，其干线供水主要是满足受水区城市生活和工业用水，南阳市是唯一一个提供农业用水的地区。根据国家有关开发性移民政策的要求，中线工程的兴建要与移民安置工作相配套，国家将在南阳投资续建宋岗电灌区和引丹自流灌区，并计划新建唐桐和唐东两大灌区。据初步估算，"四大灌区"建成后，每年可以增加引水量 13 亿立方米，新增有效灌溉面积 401.64 万亩，占全市耕地面积的 31%，使南阳的有效灌溉面积增加到耕地总面积的 76%[1]，这在很大程度上缓解了当地农业的缺水问题，有效地提高了农业单位面积产量，为农业的进一步发展提供了条件。

1. 四大灌区的建设[2]

引丹灌区是国家南水北调中线工程供水范围建设的第一个大型灌区，控制邓

---

[1] 徐黎：《南水北调中线工程对南阳农业的影响》，载于《河南经济》2003 年第 3 期。
[2] 南阳市南水北调办公室：《南阳市南水北调中线工程"十一五"规划》，2006 年。

州、新野两市（县）19个乡镇，设计灌溉面积150.7万亩。规划总投资9.97亿元，计划在"十一五"期间完成46 800万元。

宋岗灌区为丹江口水库移民重点安置区，灌区总土地面积为60.3万亩，现有提灌站23座，控制灌溉面积32.12万亩，其中发展沟灌、畦灌面积24.05万亩，管灌面积4.5万亩，喷灌面积3.57万亩。总投资242 617万元。

唐桐灌区控制宛城区、方城县、社旗县、唐河县16个乡镇，土地总面积691平方千米，耕地灌溉面积69.1万亩。总投资41 125万元。

唐东灌区规划范围为南阳市的东部方城、社旗、唐河三县24个乡镇，设计灌溉面积135.9亩，工程总投资119 452万元，计划在"十一五"期间完成。

2. 农业供水效益

农业灌溉效益除了传统定义上的粮食灌溉效益外还应包括瓜果、蔬菜等经济作物的效益，为了便于区域之间的供水效益比较，此次仅考虑农业粮食灌溉效益，而其他效益均包括在农业粮食灌溉效益之中。这里按照《水利建设项目经济评价规范》（SL72－94）所指定的分摊系数法来估算南阳市农业供水效益，即按有、无项目对比灌溉和农业技术计算可获得的总增产值，乘以灌溉效益分摊系数计算。

灌溉分摊效益计算公式为：

$$B_2 = (y_1 - y_0) \cdot V \cdot \beta \qquad (4-3)$$

式中：y_1、y_0为有、无灌溉工程农作物多年平均单位面积产量，千克/亩；

V为农作物产品的影子价格，元/千克；

β为灌溉效益分摊系数。

灌溉效益分摊系数反映了水在灌溉生产中的作用和地位。灌区农作物产量是水利和农业措施共同作用的结果，因此灌溉效益分摊系数表明灌溉在农作物总增产效益中应分享的成数。分摊系数一般来说与灌区缺水类型、降雨年型、农业植保措施及作物类型有关。由于跨流域调水工程的生效时间较长，工程建设期目前难以确定，其分摊系数的取值分析确定有一定的难度。据资料分析，利用实验方法测得河南省中南部多年平均灌溉效益分摊系数（β）为0.365[①]，考虑地理及气候因素，南阳市灌溉效益分摊系数也取这一数值。

另根据河南省典型资料和近几年水利统计年鉴中大型灌区灌溉前后产量资料分析，可以得出河南省大型灌区灌溉前粮食产量为每亩146千克，灌溉后粮食产

---

① 王家先：《浉史杭灌区水稻灌溉效益的分析研究》，载于《运筹与管理》2000年第2期，第113～119页。

量每亩 337 千克①。2007 年南阳市粮食（小麦）价格为 1.44 元/千克②。

根据前面的公式和分析可计算得，南阳市新增的有效灌溉面积 401.64 万亩，每年可增加收益 40 320.47 万元。

第三节 南水北调工程与水源区社会可持续发展

一、工程建设与社会稳定

（一）水源区

1. 库区居民长期待迁

为了配合南水北调中线工程建设，为节省移民成本，河南省政府下发了"停建令"：从 2003 年 10 月起，蓄水区域内停止修路、建房、植树等所有建设项目。③ 停建令下达后的四年来对库区居民的生产和生活产生了巨大影响。一是对库区居民的生产影响很大。首先是交通状况持续恶化。库区周围多是山区，道路交通不方便，交通体系不发达。从 2003 年停建令下达后，蓄水区域内停止修路、建路。近几年来，库区道路破坏严重，原来修建的道路多已经损坏，而未整修过的道路情况更差。其次是水利设施，丹江口库区农村，大部分土地靠天吃饭不能浇灌；还有一些耕地是靠水库水来浇灌，如引丹灌区。在这些地区公共的水利设施对生产影响很大，而近四年来或更长时间，库区停止了水利设施的投资。另外，农民的生产也需要一些长久的或者持续的投资。而现在的库区，居民不能进行有效大规模的投资，或者担心搬迁外地东西带走的不方便，或者是担心固定资产的投资未收回成本或还在收益期就搬迁走了。二是停建令的下达对库区居民的生活影响十分显著，主要体现在以下几个方面：首先住房问题十分严重。2003 年 3 月，国务院"停建令"下发后，丹江口库区已停办土地证、房产证、户口迁入等手续。二是房屋面积紧张。库区停建已经四年有些成年人已经结婚生子，

---

① 刘争胜、魏广修、陈红莉：《黄河流域灌溉与供水效益分析》，载于《人民黄河》1996 年第 12 期，第 45~53 页。

② 《本周河南粮食价格平稳》，载于中国粮食产业网，http：//www.grainonline.cn/view.asp。

③ 另据《南水北调中线库区淹没实物指标调查报道》，自 1990 年以来，为响应国家号召，库区房屋一律停建。

人丁增加了而房屋未变。

2. 移民问题复杂

南水北调工程实施，淅川先后两次动迁移民，移民总数达35.8万人。淅川移民搬迁时新老移民问题交叉存在，对于移民搬迁动员以及补偿带来一定的难度。移民普遍具有故土难舍的心理，移民对搬迁安置过高的期望值与国家刚性补偿、安置政策相碰撞产生矛盾，搬迁过程中数百个村、上千个组安置去向对接以及土地重新分配问题，迁后剩余村组的整合问题等，如果这些问题不能很好解决，将严重影响移民迁出，社会稳定形势十分严峻。另外，"两会"（农村储金会、农村基金会）、信用社存贷款问题，集体财产分割、债务遗留等问题，也十分严重。据统计，目前库区10个乡镇涉淹村组集体、移民在"两会"贷款4 499.45万元，在"两会"存款3 708.35万元；在信用社贷款24 920万元，在信用社存款33 800万元。合计贷款2.942亿元，合计存款3.75亿元。这些贷款如果不能按时兑付收回，或者存款在短期取出，会影响当地金融安全。①

（二）受水区

受水区也有大量干渠影响的移民，但由于干线移民多是后靠搬迁，就地消化，社会问题不是特别突出。

二、工程建设与就业

（一）水源区

工程建设会带来大量社会投资，拉动经济增长，增加社会尤其是工程实施当地的就业岗位，但同时由于在水源区限制和关闭了大量企事业单位，造成大量工人下岗失业。因为社会上信息的不对称、行业之间的工作性质的差别，调水工程引起的水源区就业岗位的增加与大量工人失业并存。

1. 工程建设对增加就业的影响

根据《南阳市南水北调中线工程"十一五"规划》显示，水源区规划建设的工程主要有：渠首枢纽建设工程、复建陶岔泵站、水土保持及水环境保护工程，总投资539 201万元。如果劳动者报酬部分占总量的15%、20%、25%，那么劳动者报酬分别为80 880.15万元、107 840.2万元、134 800.25万元，在以

---

① 喻新安、张宪中：《南水北调与南阳经济社会发展》，河南人民出版社2006年版。

80%作为劳动力报酬中建筑工人的工资收入,其总值分别为64 704.12万元、86 272.16万元、107 840.2万元,20%为管理人员或高级技术人员的收入分别为16 176.03万元、21 568.04万元、26 960.05万元。1999~2001年全国建筑业职工的年平均劳动者报酬分别为7 982元、8 735元和9 484元,三年的年平均劳动者报酬为8 719元,月平均劳动者报酬727元。如果按全国建筑业平均劳动者报酬计算,南水北调工程投资将增加普通建筑工人就业机会74 210个、98 947个、123 684个。如果管理人员或高级技术人员按年收入30 000元,增加就业机会5 392个、7 189个、8 986个。①

工程建设施工范围大,建设用材以钢材、土方、石料为主,部分工段施工技术简单、易操作,需要大量的劳动力,属于劳动密集型工程。建筑材料的加工、运输也将扩大农民的就业机会,增加收入。工程在建设期间,许多工段采用人工方式施工,需要组织当地农民参加工程建设。另外,由于工程建设带动当地其他相关行业的发展,如工程沿线交通运输、餐饮业、服务业、养殖业及种植业,为农民提供更多的就业机会,增加农民的经济收入。

2. 工程建设带来大量失业

中线工程实施,淅川县要关闭大批企业,大批流通网点失去功能,造成大量职工下岗失业。据统计,2005年以前淅川县已关闭企业百余家,造成5 000多名职工下岗;2010年前后,淅川还将关闭一批企业,造成大量职工下岗。同时,大坝蓄水后将淹没和影响淅川县100多所学校,其中线下直接淹没中小学校76所,移民搬迁后,将有1.1万名学生迁出县外(不含线上淹地不淹房搬迁学生人数),线下学校共有教师1 512名。学生迁走后,这部分教师若不随迁,将失去工作岗位。这些下岗的工人和失去工作的教师难以在短期内安置,大量人员流向社会,导致社会不稳定因素增加。

(二)受水区

南水北调干线工程建设对沿线企业影响并不十分显著,工程效应主要体现在工程投资对就业的拉动作用。

根据《南阳市南水北调中线工程"十一五"规划》显示,受水区规划建设的工程主要有:城市供水配套工程、中线工程干渠建设,总投资1 339 138万元。同样,如果劳动者报酬部分占总量的15%、20%、25%,那么劳动者报酬分别为200 870.7万元、267 827.6万元、334 784.5万元,在以80%作为劳动力报酬中建筑工人的工资收入,其总值分别为160 696.56万元、214 262.08万元、

---

① 南阳市南水北调办公室:《南阳市南水北调中线工程"十一五"规划》,2006年。

267 827.6万元，20%为管理人员或高级技术人员的收入分别为16 176.03万元、21 568.04万元、26 960.05万元。1999～2001年全国建筑业职工的年平均劳动者报酬分别为7 982元、8 735元和9 484元，三年的年平均劳动者报酬为8 719元，月平均劳动者报酬727元。如果按全国建筑业平均劳动者报酬计算，南水北调工程投资将增加普通建筑工人就业机会184 306个、245 741个、307 176个。如果管理人员或高级技术人员按年收入3万元，增加就业机会13 391个、17 855个、22 318个。①

三、工程建设与居民收入水平

从前面的分析可知，南水北调中线工程建设，一方面由于投资拉动作用和供水效益可以促进干渠沿线社会经济的发展，增加居民的收入。工程投资可以带动相关产业，如建材、建筑业的发展，促进城乡交通、餐饮等方面的消费需求，扩大就业及增加岗居民收入。随着水资源的增加，受水区工业发展的缺水瓶颈得以缓解，生产力得到提高，投资环境得以改善，有利于形成新的经济增长点，增加居民收入。另一方面，对于水源区，由于环境保护的要求限制了当地第一、二、三产业的发展，在水源区大量企业被迫关、停、转、迁，留在水源区的企业或者新近发展的企业其运行成本也大大提高，同样，农业发展也受到很大程度的损失和限制，比如西峡县黄姜产业的发展，在黄姜加工企业关闭后，整个产业链就中断了。

由于南水北调中线工程二期建设在2006年才正式开工，工程建设对地区发展和居民收入的影响还不明显或者说还未显现。各个县市之间的地理环境、资源禀赋、科教水平等要素不同，很难直接比较各区域受工程的影响的效果，尤其是南水北调中线二期工程刚刚开工。丹江口水库建设主要影响的是水库周围移民和接受移民的区域。为了更好地衡量工程对区域居民收入的影响，在这里我们对水源区——淅川县再分为库区和非库区，重点考察丹江口水库一期工程对区域发展、居民收入的影响。

据长江办规划处提供的《丹江口水库河南部分移民安置遗留问题处理意见的调查报告》显示，在丹江口水库建成前，库区居民所在丹淅平原，土地肥沃，生产条件较好，搬迁前人均口粮241千克，比全县人均口粮189千克多52千克，现金分配87.3元，比全县人均38.7元多48.6元；搬迁后人均口粮106.5千克，比搬迁前减少134.5千克，现金分配31元，比搬迁前人均减少56.3元。

---

① 南阳市南水北调办公室：《南阳市南水北调中线工程"十一五"规划》，2006年。

从近些年库区农民人均收支状况来看，1990年淅川县农民年人均总收入为527元，库区农民年人均总收入为316元；到2006年，淅川县农民年人均总收入为3 975元，库区农民年人均总收入为2 424元。淅川县经济近15年收入增长较快，库区农民收入也随之增长，但是库区与全县人均收入之间的差距在拉大，1990年全县农民年人均收入比库区多211元，到2006年扩大到1 551元（见表4-4）。

表4-4　　　　　　　　淅川县农民人均收支数据　　　　　　　　单位：元

年份	总收入		纯收入		生活消费	
	淅川县	库区	淅川县	库区	淅川县	库区
1990	527	316	355	220	308	186
1995	1 288	773	925	582	768	475
2000	1 888	1 132	1 369	862	900	540
2005	3 301	2 013	2 356	1 507	1 629	1 025
2006	3 975	2 424	2 781	1 751	2 152	1 376

数据来源：南阳市农调队。

从生活消费支出来看，库区人均消费支出远小于全县的平均水平，在1990年全县农民人均生活消费支出为308元，占总收入的58.4%，而库区人均消费是186元，占总收入的58.9%；到2006年，全县农民人均生活消费开支为2 152元，库区农民人均消费才1 376元。

但是，我们还应该看到，南水北调工程对于淅川县来说也是一次发展机遇。首先，工程建设和移民补偿的巨额投资对淅川县经济发展具有重要拉动作用。工程建设期间，约有50亿元资金投入淅川，每年可拉动GDP增长0.5个百分点。其次是工程建设将推动淅川县产业结构进行战略性调整。对优化淅川县产业布局，提升产业层次，促进建材等相关产业发展具有积极作用。最后是工程实施对提高淅川的知名度，整合区域旅游资源，加强淅川县与经济较为发达的受水地区在资源、经济、技术等领域的合作，以上诸因素对于实现淅川县经济的进一步发展和经济结构的转型具有积极意义。

第五章

南水北调工程与汉江中下游
地区的可持续发展

南水北调工程建设和运行将对区域可持续发展产生深远的影响。随着水资源的跨区域流动，工程在缓解北方受水区水环境压力，加强其生态安全等方面将起到巨大的作用。但也不可避免地对调水区产生较大的负面影响，调水使得这些区域的可持续发展能力和发展空间受到不同程度的影响。目前，对调水区的研究主要集中在库区发展问题上，如移民问题、水源涵养问题、环境保护问题等。一方面，水是南水北调的最终产品，能否提供稳定的、符合受水区要求的水源是南水北调工程能否持久、稳定地发挥效益的关键。库区是水的提供者，是整个工程系统中的重要组成部分，库区的发展问题直接关系到可调水量与水质；另一方面，库区发展问题在调水前就容易显现。

相比较而言，目前对调水工程受影响的重点区域发展问题则重视不够。由于工程对相关区域的影响在调水后才开始显现，容易被忽视，但这种影响同样也是持续而深远的。当前，距离南水北调中线工程正式调水的时间越来越近，如何在工程调水前对重点影响区域的发展问题进行充分的论证，长远的规划，具有重要的理论与现实意义。

第一节 南水北调对汉江中下游地区的综合影响

　　随着南水北调中线工程的实施，从丹江口水库大量调水，丹江口水库以下的汉江中下游干流水量将大量减少。可用水资源的减少，必将对地区可持续发展带来深远的影响。从水环境看，南水北调中线工程近期调水 95 亿立方米后，将进一步减少汉江中下游的水环境容量，严重影响汉江中下游的生态环境，远期规划调水 130 亿立方米对地区影响更大。曾群对汉江中下游水环境进行了研究，表明调水后水环境的损失具体体现在：一是稀释自净能力大为降低，将直接影响其水环境容量。调水后，汉江中下游的水文条件将发生很大变化。最明显的是多年平均流量大大减少，损失率平均在 35% ~ 40%，最大（汉江襄樊段）的达到 42.5%。由于水量减少，在污染负荷不变的情况，总的水污染物允许排量，由限制的 33 759 万吨/年，减少为 22 831 万吨/年，损失率为 32.3%，影响了环境容量的纳污率；二是加重水环境污染。由于稀释自净能力的降低，水污染允排量的减少，在总的污染物排放量不变的情况下，水质就会受到影响。尤其是调水前，汉江中下游"水华"发生概率为 16.2%，调水后为 31.6%，后者比前者净增 15%。①

因此，调水不仅影响汉江的水环境质量，而且加重汉江水环境的污染。据初步估计南水北调中线工程的实施所带来的该地区水环境容量的减少将客观要求该地区削减近 50% 的污染负荷，难度之大"举世罕见"。

为了缓解调水后对汉江中下游的影响，国家规划建设四个补偿项目，即碾盘山航电枢纽、兴隆枢纽、引江（长江）济汉（汉江）、部分泵闸站改扩建和局部航道治理等，共补偿资金 69 亿元。这四个项目的建成，无疑将给汉江下游地区带来较大的补偿效益。

襄樊市地处汉江中游，与南水北调中线工程水源地——丹江口水库毗邻，是名副其实的水源"贡献区"，又是生态"受损区"，汉江中下游四项配套工程的建设对襄樊所起作用很小②，致使襄樊市成为南水北调中线工程补偿方案的"遗忘区"，面临的水环境压力更大，不利影响更加严重。当前，襄樊市正处于经济发展上升期，随着工业化城市化进程的加快，经济增长中的环境压力较大。目前的水环境质量也不容乐观。从 2004 年汉江（襄樊段）及主要支流水环境质量现状监测数据看，汉江干流襄樊段 195 千米范围内水质一般满足 Ⅱ ~ Ⅲ 类标准，可作为饮用水源。但汉江干流在城市和大型企业的下游受到局部污染，加上污染严重的小清河和唐白河的汇入，汉江北岸已形成了宽数十米，长数十千米的污染带。

此外，汉江（襄樊段）主要支流中大部分存在严重污染，除了北河、南河

---

① 曾群：《汉江中下游水环境与可持续发展研究》，《华东师范大学博士论文》，2005 年。
② 刘年丰：《南水北调中线工程对汉江中游襄樊市生态环境影响及对策研究》，内部报告，2003 年 10 月，第 23 页。

出口水质能够达到规定的功能区划要求外，蛮河、小清河、唐白河和滚河的出口水质均为劣五类。2004年全市中小河流水质局部河段污染仍然较重，蛮河、滚河。小清河上游水质较好，为地表水环境Ⅱ～Ⅲ类标准，但下游水质较差为Ⅳ～Ⅴ类，部分河段出现超Ⅴ类水质[①]。

随着南水北调工程的正式调水，丹江口下泄水量的减小，汉江（襄樊段）的水环境容量将进一步减少。据初步估计，年调水95亿立方米将使得襄樊市水环境容量减小20%，而按照远期目标的年调水135亿立方米，将使汉江（襄樊段）水环境容量的平均损失将高达35%[②]。这将进一步加大襄樊市水环境压力，对襄樊市可持续发展带来深远的影响。因此，对工程环境影响效应进行评估，提出相应的对策，缓解和消除带来的不利影响，促进襄樊市可持续发展，是十分必要的。尤其是国家一直以来都把重大工程项目的规划建设作为战略投资、干预社会经济发展的重要切入点，通过本研究，可以为评估当前在建或拟建工程的环境影响提供借鉴，对工程外力作用影响下的地区可持续发展问题进行思考。

第二节 经济增长与襄樊市环境质量关系分析

目前，对地区经济环境协调发展现状的研究大都使用环境库兹涅茨曲线（EKC曲线）分析，来定量说明地区经济与环境协调发展的现状。基于襄樊市1997～2006年的时间序列数据，以下研究襄樊市经济增长和环境间的关系，对襄樊市的环境库兹涅茨曲线进行实证检验，分析襄樊市经济增长和环境质量间的关系。

一、变量的选取

在研究环境质量与经济增长关系的实证文献中，较多地采用以下三类变量来度量环境质量：污染集中度（空气质量、水资源质量等）；污染物排放量；资源开采量。这里采用污染物排放量指标来度量环境污染程度与环境质量，其中污染

[①] 由于缺少最新的水质监测数据，数据以2004年为准。本报告对水环境质量的分析参考了《襄樊市"十一五"环境规划》中的分析。

[②] 对襄樊市水环境容量的损失，不同研究者在不同时期得出的结论差别较大，如方芳等（2004）、张家玉等（2001）、刘年丰（2003）、襄樊市环保局环境监测站（2004）等，本章数据统计采用《襄樊市"十一五"环境规划》的最新数据为准。

排放物又可分为三类：液体污染排放物；气体污染排放物；固体废弃物。本书研究的重点是考察南水北调影响下的襄樊市经济和环境可持续发展，因此，重点对水环境污染进行研究，同时，以其他气体、固体排放为参照组进行研究。根据数据可获得性，这里所选取的污染排放物变量为水污染（废水排放总量、工业废水排放量、生活废水排放量；COD 排放总量、工业 COD 排放量、生活 COD 排放量）、空气污染（废气排放总量、二氧化硫排放总量、烟尘排放总量、工业粉尘排放量）和固体污染（固体废弃物排放量）来反映（见表 5-1）。

表 5-1　　　　　各类污染排放物名称、单位及符号表示

指标	污染排放物名称	单位	记号	指标	污染排放物名称	单位	记号
1	废水排放总量	亿立方米	WW	4	烟尘排放总量	万吨	Soot
2	化学需氧量排放总量	万吨	COD	5	二氧化硫排放总量	万吨	SO_2
3	废气排放总量	亿标立方米	WG	6	固体废弃物排放量	万吨	Solid

经济发展水平用真实人均国内生产总值（Real GDP Per Capita，GDP）指标来度量，因为与总量相比，人均 GDP 更加能够反映出真实收入水平变化对环境质量的影响，而且收入变化影响环境质量的需求偏好效应主要体现在个人收入变化方面。

二、模型选择

为了更清楚地认识襄樊市经济增长和环境间的关系，弄清楚襄樊市的环境库兹涅茨曲线的形状，这里首先利用 1998～2005 年的时间序列数据，分析经济发展指标和环境污染指标间的关系，分析模型是：

$$P_t = \alpha_0 + \alpha_1 y_t + \alpha_2 y_t^2 + \alpha_3 y_t^3 + \varepsilon_t \tag{5-1}$$

式中，P_t 为襄樊市在第 t 年的污染排放量；

y_t 为第 t 年的人均收入水平；

α_0 为常数项，α_1、α_2、α_3 分别是各次解释变量的系数；

ε_t 为误差项。

上述模型中系数大小和符号的不同，可以表示经济增长和环境污染水平的 7 种典型关系，见表 5-2。

并且在给定环境库兹涅茨曲线是倒"U"型的情况下，可以计算出倒"U"型曲线的转折点（Turn Point）为，

$$y^* = \frac{-\alpha_1}{2\alpha_2} \tag{5-2}$$

表5-2 经济增长与环境关系的曲线形状判断表

编号	系数	经济增长与环境关系
1	$\alpha_1 > 0, \alpha_2 = 0, \alpha_3 = 0$	伴随经济增长,环境质量急剧恶化
2	$\alpha_1 < 0, \alpha_2 = 0, \alpha_3 = 0$	伴随经济增长,环境质量改善
3	$\alpha_1 > 0, \alpha_2 > 0, \alpha_3 = 0$	U型关系
4	$\alpha_1 > 0, \alpha_2 < 0, \alpha_3 = 0$	倒U型关系
5	$\alpha_1 > 0, \alpha_2 < 0, \alpha_3 > 0$	N型关系
6	$\alpha_1 < 0, \alpha_2 > 0, \alpha_3 < 0$	倒N型关系
7	$\alpha_1 = 0, \alpha_2 = 0, \alpha_3 = 0$	没有联系

资料来源:郑长德:《四川省工业化进程中经济增长与环境变迁的实证研究》,载于《西南民族大学学报》(自然科学版),2007年第5期。

三、结果估计

(一)主要污染物排放总量的环境库兹涅茨曲线(EKC曲线)估计

利用襄樊市相关数据分别对这里考察的六类污染指标与人均地区生产总值之间的EKC进行估计。表5-3列出了人均地区生产总值(万元)和污染物排放总量的估计结果。

表5-3 六类污染指标和人均地区生产总值间关系的估计结果

污染指标	WW	COD	WG	Soot	SO_2	Solid
α_0	6.0071***	24.545***	-1 667.47***	1.899 97	-19.746***	-2 450.6
	(6.593)	(4.183)	(-5.292)	(1.256)	(-4.483)	(-0.353)
α_1	-13.306	-38.461**	4 766.61***	1.666 9	52.336***	9 346.3
	(-1.160)	(-2.672)	(6.168)	(0.060)	(4.844)	(0.921)
α_2	15.155	19.852*	-2 199.52***	-1.775 3	-23.838***	-10 809
	(1.050)	(2.342)	(-4.832)	(-0.065)	(-3.746)	(-1.159)
α_3	-5.431			0.800 1		4 094.6
	(1.628)			(0.071)		(-0.723)
R^2	0.607 6	0.714	0.968	0.063 8	0.953	0.210
Adjusted R^2	0.535	0.633	0.959	-0.204	0.940	-0.027
F	4.034	8.753	106.701	0.238	71.138	0.882
曲线形状	倒"N"型关系	"U"型关系	倒"U"型关系	—	倒"U"型关系	—
转折点(万元)	—	—	1.084		1.098	

注:括号内为t统计量,其中***、**、*依次代表1%、5%、10%水平上显著。

从表 5-3 中可以看出，烟尘排放总量（Soot）和固体废弃物排放量（Solid）的拟合优度不佳，也没有通过显著性检验，图形不规则，我们认为襄樊市人均 GDP 与烟尘排放总量（Soot）和固体废弃物排放量（Solid）不存在明显的相关性。其他四个变量的拟合优度都很好，F 检验值也通过了检验。从得出的曲线分析，废气排放总量（WG）和二氧化硫排放总量（SO_2）都呈现出倒"U"型曲线特征，转折点分别为 1.084 万元和 1.098 万元。

而废水排放总量（WW）呈现出倒"N"型曲线特征，即伴随着经济增长，呈现出"先改善后恶化再改善"的特征。

从 COD 排放总量与人均 GDP 的关系看，呈现出"U"型曲线特征，即首先出现下降，然后表现出上升态势。

（二）工业水污染物排放量的环境库兹涅茨曲线（EKC 曲线）估计

下面我们重点对襄樊市水污染结构进行研究，分别就工业水污染和生活水污染排放总量与人均地区生产总值的关系，探讨襄樊市经济增长进程中，工业和生活水污染的变动趋势。按照上文中相同的方法，作出工业和生活水污染指标与人均地区生产总值之间的 EKC 进行估计。根据估计结果，工业废水排放总量（IWW）的拟合优度不佳，但大致与废水排放总量的趋势相同，即呈现出倒"N"型特征（见表 5-4）。

表 5-4　　襄樊市人均地区生产总值和污染物排放总量的估计结果

污染指标	IWW	ICOD	生活 WW	生活 COD
α_0	4.5949 *** (-4.703)	16.815 *** (3.243)	0.449 ** (2.766)	7.730 *** (8.449)
α_1	-11.018 (-2.189)	-29.356 * (-2.308)	1.345 ** (3.373)	-9.106 *** (-4.085)
α_2	11.173 (-0.603)	14.884 * (1.987)	-0.465 * (-1.982)	4.968 *** (3.759)
α_3	-3.6687 (-1.958)			
R^2	0.4889	0.685	0.967	0.778
Adjusted R^2	0.298	0.595	0.958	0.714
F	2.912	7.607	102.950	12.233
曲线形状	倒"N"型关系	"U"型关系	倒"U"型关系	"U"型关系
转折点（万元）	4 930、15 228	9 862	1.4462	9 165

注：括号内为 t 统计量，其中 ***、**、* 依次代表 1%、5%、10% 水平上显著。

而其他三个变量的拟合优度都很好，F检验值也通过了检验。从得出的曲线分析，其中工业COD排放量（ICOD）呈现出"U"型特征，曲线的形状与COD排放总量基本一致。

从生活污染排放量看，生活废水排放总量（生活WW）呈现出倒"U"型曲线特征，转折点分别为1.4462万元。现阶段襄樊市以2006年人均GDP看，为11 357元，目前生活废水排放总量（生活WW）还没有达到转折点，但在未来的几年，随着污水集中排放和处理，生活废水排放总量逐步下降是可以预期的。

而生活COD排放总量并没有出现与生活废水总量一致的特征，呈现出U型曲线特征，即伴随着经济增长，首先出现下降，然后又出现一定程度的上升，而且近几年生活COD的上升趋势特别明显，应积极采取措施，加强控制。

总体来看，伴随着襄樊市经济增长，除了生活废水排放总量出现倒"U"型特征外，水污染排放总量的其他变量并没有出现相应的下降特征，尤其是COD排放总量，无论是工业COD还是生活COD仍呈现出上升的态势，生活COD排放总量的上升态势还尤为明显，因此，应进一步采取相关措施，加强襄樊市水污染排放的控制。

第三节 南水北调中线工程对襄樊市可持续发展的影响[①]

一、南水北调中线工程对襄樊市发展的整体影响

（一）汉江中下游补偿工程

南水北调中线工程建设项目包括水源工程、输水总干渠、调蓄工程、穿黄工程和汉江中下游补偿工程等。其中与下游相关的是汉江中下游补偿工程，包括兴隆枢纽、引江济汉工程、干流沿岸闸站改扩建工程和局部河段航道整治工程。国家将投资64亿元实施的汉江中下游4大补偿工程，能在一定程度上降低或消除调水对汉江中下游地区带来的影响，改善用水条件，保障汉江中下游地区经济、社会持续发展，也为南水北调二期工程年调水130亿立方米提供了有力的保障。

---

① 本节数据来自长江水利委员会：《南水北调中线工程规划（2007年修订）》，2007年。

1. 引江济汉工程

引江济汉工程从长江荆河段附近引水到汉江兴隆以下河段,以解决荆河灌区的水源及改善兴隆以下河段的灌溉,航运及河道内生态用水的条件。

东荆河是汉江下游自然分流的河道,当汉江流量为 880 立方米/秒时东荆河才开始分流,调水后汉江出现 800 立方米/秒以上的概率减少,需要由引江济汉工程补给。经分析,引江济汉工程引水 360~405 立方米/秒,不仅可以满足东荆河沿岸的需水要求,而且可以使兴隆以下河段中水(600~800 立方米/秒)通航历时保证率达到现状水平,并改善现状条件下的生态环境用水条件。

考虑远景调水的需要及调水对生态环境影响的不确定因素,初步拟订工程最大设计流量为 500 立方米/秒。

2. 兴隆水利枢纽工程

兴隆水利枢纽位于汉江下游湖北省潜江、天门境内,上距丹江口 378 千米,距规划的上游梯级华家湾 70.8 千米,下距河口约 274 千米。坝址流域控制面积 144 219 平方千米,实测多年平均径流量 505.9 亿立方米。

枢纽的主要任务是壅高水位,改善汉江沿岸灌溉和河段航运条件。该枢纽正常蓄水位 36.5 米,灌溉面积 278.5 万亩;现状情况下,襄樊—汉口航道标准基本达到Ⅳ级,近期航道规划目标为襄樊—汉口河段全面达到Ⅳ级,远景达到Ⅲ级。初步选定枢纽通航建筑物为单线一级,可通过现行船队和规划一顶四驳 2 000 吨级及以下船队。

3. 改建或扩建部分闸站

汉江中下游干流沿岸分布有水闸和取水泵站共计 457 座,其中公用及自备水厂 216 座,农业提灌站 218 座,灌溉水闸 23 座。按地域分布,丹江口 6 座,襄樊 107 座,荆门 17 座,荆州地区 88 座,孝感地区 115 座,武汉 124 座。

按照调水后取水保证率低于现状的水闸(或泵站)则需进行改造的原则,通过对其中 102 座典型闸站的供水分析,初步估算汉江中下游部分水闸改造总设计引水流量为 146 立方米/秒,部分泵站改造总装机为 1.05 万千瓦;新增(谢湾和泽口)泵站装机 1.82 千瓦。

4. 部分航道整治工程

整治规模制定原则:汉江中下游近期的航道治理按照整治与疏浚相结合,固滩护岸,堵支强干,稳定主槽的原则进行。对已整治河段,由于调水后的影响,需进行二次整治,增加整治工作量;对未整治河段,以调水前规划整治的标准为基础,考虑调水后达到相同整治标准所增加的工程量。

(1)丹江口至襄樊河段。该河段航道全长 113.8 千米,共有滩群 10 个,目前需治理的滩群有 8 个。2000 年 12 月湖北省交通部门完成了汉江(白河至襄樊）航道整治工程可行性研究报告，现已开始初步设计。对于调水产生的影响，拟实施第二次整治工程，相应的整治线宽度需缩窄到 260 米左右。由此本河段共需增加丁坝 30 座，长度 12 184 米；调整顺坝 11 座，增加坝长 3 775 米。同时对部分滩段进行疏浚。

（2）襄樊至皇庄河段。该河段航道全长 136.0 千米，有 13 个滩群。滩群的整治工程已于国家"八五"期间完成，整治流量为 1 250～1 400 立方米/秒，整治线宽度 480～550 米。调水工程实施后，需对 13 个滩群的整治线宽度进行缩窄，实行第二次的枯水整治。13 个滩群共需增加丁坝 61 座，加长 126 座。同时对部分滩群进行疏浚。

（3）皇庄至兴隆河段。该河段航道全长 105 千米，有滩群 10 个。其中邓家滩以上至皇庄河段航道长 44.86 千米，按照整治线宽度由原来的 380 米缩窄至 290 米，需增加坝长约 8 350 米。

（4）兴隆至河口段。该河段航道全长 274 千米，整治线宽度选用 290 米，整治措施包括筑坝与护岸 6 188 米，疏浚 1 处。

在一期工程进行的 6 年补偿工程中对汉江中下游共安排环境保护和水土保持资金 5.5 亿元，其中兴隆枢纽 0.44 亿元，引江济汉工程 0.62 亿元，干流沿岸闸站改扩建工程 0.35 亿元，其他环境治理项目 4 亿元。

（二）南水北调中线工程给襄樊市带来的发展机遇和挑战

汉江是襄樊境内最大河流，全长 195 千米。流域面积为 16 893 平方千米，占全市总面积的 85.6%，占汉江流域总面积的 10.02%。沿岸耕地面积 395 万亩，占全市耕地总面积的 70%，是襄樊市主要农作物种植产区。沿江分布有 3 000 多眼机井、77 座泵站、35 座水厂、6 个港口以及 80 处码头，是襄樊市工农业生产、生活用水的主要水源，是襄樊赖以生存的母亲河。南水北调工程对襄樊市既是机遇，也是挑战。

1. 发展机遇分析

（1）防洪标准提高，风险降低。丹江口水库大坝加高 14.6 米，正常蓄水位抬高 13 米，襄樊市防洪标准将由 20 年一遇提高到百年一遇，防洪能力将大大提高。

（2）将有效改善襄樊市引丹灌区的灌溉条件，有利于促进襄樊市农业结构调整和农村经济的发展。引丹灌溉工程输水能力将得到增强，供水保证率提高到 95% 以上，由提水灌溉变为自流灌溉，水费成本降低。鄂北岗地灌溉条件得到改善。

（3）航运条件得到改善。南水北调中线工程实施后，随着国家对汉江梯级开发的力度加大,境内的崔家营、新集、雅口水利枢纽工程将开工建设,汉江襄樊段的水位抬高,最大可达 4.08 米,有效回水航深增加,平均航深达到 5.16 米,将使襄樊市水运事业得到大的发展。

(4) 城市供水状况得到改善。通过汉江梯级开发,襄樊段水位抬高,保证了沿江城镇生产、生活用水。随着环保力度加大,供水质量得到提升。

(5) 环境得到改善。南水北调中线工程开工建设,将大大推动襄樊的生态环境建设,通过开展植树造林工程、污染治理工程,使襄樊的山更绿、水更清、环境更美、天更蓝。环境条件的改善将带来襄樊市旅游业、水产养殖等产业的大发展。

(6) 中线工程投资有利于刺激和拉动襄樊市的经济增长。中线工程一期总投资 976 多亿元,规划在湖北境内的投资将超过 160 亿元,为襄樊市水泥、建材、交通运输、旅游及相关行业提供了发展商机。

2. 调水对襄樊经济发展带来的挑战

(1) 对城镇工业和企业供水的影响。老河口、谷城、襄阳、宜城的城关及襄樊市区,均位于汉江岸边,城市用水及工业企业用水都是靠直接提取汉江水或者靠打井提取由汉江水源补充的浅层地下水来供水的。据统计,年平均供水量达 21 382 万吨。当汉江水位降低、流量减小时,沿江各城市水厂的供水将受到影响,提水能力受阻,增加成本负担。用井水的也会因地下水位下降而取水不足,甚至无水可取。这在很大程度上影响了襄樊工矿企业和沿江乡镇正常的生产生活用水。

(2) 对农业生产的影响。南水北调中线工程实施后,汉江下泄水量减少,汉江干流水位下降,引水条件趋于恶化,引水量明显减少,由此将直接影响整个灌区农业生产及农业生态环境,加剧灌溉用水矛盾。中线工程实施后,丹江口水库加坝调水 80 亿~140 亿立方米,虽然引丹工程可实现自流灌溉,达到年供水 7 亿立方米的设计能力,但是由于从汉江取水难度加大及农业集约化的发展,对灌溉用水量呈上升趋势,预计需水量约达 16 亿立方米,实际缺口 9 亿立方米。

(3) 大部分灌溉泵站和半数机电井面临报废。南水北调中线工程实施后,下泄水量的大量减少使汉江襄樊河段水位平均下降 0.6~1.3 米,并且产生不了丰水水位,这对依靠汉江水位来供水的泵站和机电井将产生直接影响。由于汉江水位下降,沿江农业电力灌溉泵站将大部分抽不到水,此外还将引起地下水位下落,约 1 680 眼机井面临报废,约 61 万亩农田将面临无水可灌的严重局面。

(4) 对航运的影响。调水后下泄水量的减少,直接导致航深减小,航行条件变差,通航等级明显下降,丹江口到襄樊河段,现状通行 200 吨级驳船(吃水 1.2 米),每年平均可航行 175~230 天,而调水后,这样的条件几乎消失,每年航行 58～47 天, 保证率下降到 13%, 从航运等级上划分, 将由现状通行 100～200 吨级船舶, 下降到调水后仅能通行 50 吨级小船。据设计单位统计, 现状通航条件较好的中水期将大大缩短, 而航行条件差的枯水期过度延长, 以小于 800 立方米/秒的流量出现的历时作为枯水期, 则由现状平均出现 2～3 个月, 延长到调水后出现 7.7 个月。以 800～1 800 立方米/秒的流量出现的历时作为中水期, 将由现状平均每年出现 7～8 个月, 缩短到调水后仅出现 3.2 个月, 使适合船舶航行的时间大大缩短, 大部分时间要减载航行, 严重影响航运企业的效益。

此外, 工程对汉江堤防、电力资源、水产业、生物多样性损失等都将产生长远而深刻的影响。

二、调水对襄樊市水环境容量的影响分析

南水北调中线工程实施后, 由于汉江年径流量将减少 95 亿立方米 (远期减少 130 亿立方米), 不但对汉江襄樊段城镇和工农业生产用水、航运产生影响, 而且随着汉江径流量减少、环境容量的降低, 必将加剧汉江水环境污染 (见表 5-5)。

表 5-5　　　调水 95 亿立方米后汉江襄樊河段水平年
多年平均流量、水位变化表

河段	流量 (立方米/秒)			水位 (米)		
	调水前	调水后	变化值	调水前	调水后	变化值
老河口	1 180	763	-417	79.40	78.58	-0.82
襄阳	1 280	827	-453	59.84	59.22	-0.62
襄樊	1 490	1 062	-428	58.33	57.83	-0.50
宜城	1 490	1 062	-428	51.18	50.68	-0.50

资料来源: 刘年丰:《南水北调中线工程对汉江中游襄樊市生态环境影响及对策研究》, 调查资料, 2003 年 10 月。

(一) 对汉江襄樊段水文情势变化的影响

(1) 当中线工程从丹江口水库调水 95 亿立方米时, 丹江口坝址断面径流量将减少约 24%, 汉江中下游流域径流量将减少约 16%; 当中线工程远期调水 130 亿立方米时, 丹江口坝址断面径流量将减少约 33%, 汉江中下游流域径流量将减少约 22%, 造成汉江襄樊段环境容量的降低。

(2) 枯水期平均下泄流量略有减少, 中水期有所缩短。汉江中下游出现 800～1 000 立方米/秒中水流量天数减少约 20 天, 出现 1 000～3 000 立方米/秒大水流

量的天数减少100天。中等以上流量减少,可能对河道冲淤有影响。

(3) 汉江中下游河道多年平均水位下降 0.29~0.51米,对城镇和工农业生产取水、航运有一定影响。

因此,按年调水95亿立方米改变了襄樊段的来水条件和水文情势,从而带来不利影响。四项补偿工程只能解决兴隆回水以下河段的问题,在汉江中下游四项补偿工程建成调水95亿立方米条件下,襄樊多年平均水位仍下降0.31~0.61米,流量仍将减少420立方米/秒。加坝调水后,汉江干流的枯水流量加大,但中水流量($Q=600~1250$立方米/秒)历时减少,四项补偿工程基本没有改善调水对襄樊段水文情势变化的影响。

(二) 对汉江襄樊段水环境容量影响

(1) 目前,汉江襄樊段水环境污染总体上还未得到有效控制,主要污染物浓度在波动中增大,沿江城市区段所形成的污染带和污染带群不断扩大。所以南水北调中线工程实施后,随着汉江襄樊段年均径流量减小,污径比增加,势必造成水体自净能力下降、污染物浓度增加。因此,若不采取有效的污染防治和生态保护措施,汉江襄樊段水环境污染的范围和程度将逐步扩大与加重。

(2) 汉江襄樊段干流受调水直接影响,流量减少,其污染加重程度将较支流更为显著。尤其是随着丰、平水期历时减少,枯水期历时将延长,势必形成高气温、低流量,有可能诱发汉江"水华"污染现象。

(3) 汉江襄樊段城镇江段水环境容量十分有限,调水后负面影响更甚。流域内城区段的水质明显劣于其他区段的水质,汉江干流的襄樊市区等城镇江段现已存在污染因子超标现象或处于临界水平。调水后,随着径流量的减小和污径比的增加,对于城镇江段的水环境影响将更为突出。

在枯水期间,即使在目前尚未调水的状况下,汉江河水流量的环境容量已略显不足,个别江段的水质已不能达到环境保护的水质要求,调水后,汉江河水流量进一步减少,汉水环境容量将大幅度降低。在考虑污染物总量控制和部分城市进行污水治理条件下的水质预测表明:调水后,汉江中下游特别是中游各江段污染物浓度普遍升高,总体水质下降,以现行地表水水质标准对照,部分时段襄樊余家湖、钟祥等河段调水后将由预测的Ⅱ类水体下降为Ⅲ类水体。水环境容量减小,必然导致污水处理工程投资和运行费用的增加。

按照襄樊生产力布局规划,汉江沿岸是襄樊生产力布局的重要产业带,随着工农业生产的发展,生产过程中排放污染物将不断增加,初步测算到2020年,中下游污水处理量增加7亿吨,干流平水年相当一部分断面水质将达到或超过Ⅲ类水质标准,枯水年份更差;2020年后,有些河段的污径比将接近或超过河水污染 1∶20 的临界值。南水北调以后，按调水 82 亿～145 亿立方米，汉江年均流量将由 2 300～3 300 立方米/秒降至 490～800 立方米/秒，汉江下泄水量将减少 21%～36%。特别是平水年和枯水年，有效水体大量北调，稀释自净能力减弱，整个流域环境容量将大幅度降低。汉江流域襄樊河段水环境容量（即水体对污染物质的稀释、自净和纳污能力）的平均损失将高达 35%。

（三）襄樊市水环境容量测算

1. 计算水环境容量的方法简介

计算水环境容量涉及很多方面，包括河流的水文情势、污染物排放现状、污染物降解系数等[①]。南水北调中线工程实施后由于从丹江口水库大量调水，将减少坝下汉江中下游河段的水文情势，调水 130 亿立方米后，汉江中下游多年平均径流量将减小 1/3，对其水环境容量的影响较大。张家玉等研究表明，由于调水引起丹江口水库下泄流量减少，牺牲了中下游水体自净能力，引起水体环境特征的变化，导致汉江中下游水环境容量的损失[②]。据《环境影响报告书》中计算下游水环境容量的损失量，以应增测耗氧量（CODMn）计，达到 4.10×10^4 吨/年。方芳等（2003）采用一维圣维南非恒定流方程和一维对流扩散方程模拟预测汉江中下游干流的总体水质状况，对多年平均流量条件下汉江中下游的现状水环境容量及调水工程实施后的水环境容量损失进行了预测。研究结果表明，调水 145 亿立方米后，汉江中下游的水文条件将发生很大变化，最明显的是多年平均流量大大减小，损失率一般在 35%～40%，最大为 42.5%（襄樊）。由于水量减少，在污染负荷不变的情况下，河流水质也将变差。其中襄樊段高锰酸盐指数的浓度将由 3.72（毫克/升）增加为 4.26（毫克/升），大多数江段水质保持在 Ⅱ 类，个别江段接近 Ⅲ 类。相应地，在多年平均流量情况下，调水 145 亿立方米对汉江中下游各江段水环境容量均构成了较大的负面影响，使总的环境容量减少 10.9 万吨/年，损失率为 32.37%[③]。

2. 环境容量影响分析

2010 年，南水北调中线工程调水 95 亿立方米后，汉江中下游上边界流量较 2004 年损失 257 立方米/秒，损失率达 21.78%；远期调水 130 亿立方米后，上

---

① 对水环境容量的计算是一个复杂的过程，涉及到诸多变量，文中已做了相关介绍。同时，由于不同研究者使用的方法不同，时间不同，选取的污染物计量不同，得出的结论也相差较大。由于受到学科的限制，本书没有进行测算，只是尽量引用最新的研究成果，这也给本书的研究带来一定缺憾。

② 张家玉等：《南水北调中线工程对汉江中下游生态环境影响研究》，载于《环境科学与技术》2000 年第 Z1 期，第 1～36 页。

③ 方芳、陈国湖：《调水对汉江中下游水质和水环境容量影响研究》，载于《环境科学与技术》2003 年第 1 期，第 10～12 页。

边界流量较 2004 年损失 369 立方米/秒，损失率达 31.27%。

南水北调中线工程调水后，由于水量减少，在污染负荷不变的情况下，相应的汉江中下游水环境容量也将大大减少。

根据水环境容量预测，以 COD 作为水环境容量的计算指标，南水北调中线工程调水 95 亿和 130 亿立方米后，襄樊市总体水环境容量将由 2005 年的 54 977 吨/年，分别减少为 44 147 吨/年和 39 050 吨/年。

在调水 95 亿立方米的情况下，襄樊市水环境容量损失值达 1.08 吨/年，损失率为 19.70%，远期调水达到 130 亿立方米后，襄樊市水环境容量损失值达 1.59 吨/年，损失率高达 28.97%。

与湖北省相比较，襄樊市水环境容量共计 44 147 吨/年，仅占全省的 5%，但 COD 排放量占到了湖北省的 10.5%；尤其是襄樊市汉江支流各河段，环境容量为 7 419 吨/年，约占襄樊市的 17%，但其 COD 排放总量却高达 36 377 吨/年，约占襄樊市排放总量的 57.6%，由此可以看出，各支流河段的污染更为突出。将襄樊市区按工业废水达标率≥90%、生活污水达标率≥80%考虑，其他各县市按工业废水达标率≥90%、生活污水达标率≥50%～60%考虑，襄樊市在"十一五"期间实现"地表水功能区水质达标率≥70%"的环境目标，任务将十分艰巨。

第六章

南水北调、边缘地区发展和新农村建设

南水北调中线工程沿线多位于交通条件差、经济发展相对滞后的区域，具有边缘化区域的特征。南水北调工程建设对这些边缘化区域将产生多方面的综合效应，特别是在工业化、城镇化和新农村建设的大背景下，结合项目建设，考察这些边缘化区域的发展过程，有着很重要的理论价值和现实意义。沿线区域作为这些重大基础设施的空间载体，将发生哪些变化？大型项目对沿线边缘化区域将带来哪些影响？特别是，对有着"边缘化"趋势的中部地区而言，大型项目还承载着干预边缘化趋势的区域目标，在大型项目事件的背景下，边缘化区域如何实现经济增长与可持续发展？工程建设对中部地区新农村建设将产生怎样的影响？这些将是本章重点关注的问题。

第一节 南水北调中部沿线的边缘化区域特征

一、边缘化区域一般属性

边缘化描述一种社会经济现象，它以一定的过程和表现能够被人们所感知，这种过程和表现可以从发生内容，发生场所，还有发生时间来概括。因而，边缘化区域具有下面的一般属性：

1. 边缘化区域是经济问题区域

边缘化是对特定空间劣势情形的描述，体现在经济上是不均衡、不平等发展格局中的贫困、萧条、衰退情形；体现在政治、文化、社会方面则是被冷落、忽略、隔离和排斥的境况。经济上的不利情形是边缘化问题的核心和关键。

2. 边缘化区域是实体空间

正如不平衡是一个普遍规律，边缘化区域也是一个空间分布事实，具有直观的真实性。在任一规模的地域单元，总是有经济增长状态处于不利发展趋势的区域存在，从地理上最孤立的居住区到高度发达的都市化城市，边缘化跨越人类居住区发生。所以，边缘化区域是实体空间，也构成类型区域的一种。

3. 边缘化区域具有相对性

边缘化区域是经济发展处于劣势情形的区域，不管在经济发达地区还是经济不发达地区，总有经济发展相对处于劣势情形的区域，所谓的劣势情形往往是基于比较而言的；其次，边缘化可能只发生在区域长期经济增长过程中的一个阶段，并不意味着该区域的经济增长状态始终不佳，同时随着区域经济的持续演进，边缘化衡量标准也会发生变化。因而，边缘化现象从空间和时间而言具有相对性。

4. 边缘化区域具有综合性

边缘化区域理论上属于类型区域概念，是对区域经济特征的综合认识。这类区域的标志是经济增长不足、经济地位和影响力下滑的趋势，可能具有位置偏远、贫困、落后、生态脆弱、社会设施不足、发展缓慢等特征，也可能面临资源贫乏、衰退、排斥、隔离、被控制、发展受限等问题，这些特征和问题往往伴生或交织在一起，涉及经济、政治、文化、社会、地理多个方面，共同构成边缘化区域的边缘性。因而，边缘化区域具有综合性。

二、边缘化区域一般特征

结合南水北调中部农村地区的状况，归纳边缘化区域可能呈现一些共有特征。

1. 经济发展水平偏低，人口贫困和低收入现象严重

沿线多个县市人均GDP值均低于地域平均水平，且水源地郧西、郧县不及地域平均水平的50%；从人均财政收入值来看，沿线县市仍然低于地域平均水平，且水源地4县市全部未及地域平均水平的50%；从居民收入水平来看，城镇人均收入水平均低于地域平均水平，且在研究期内仍在不断下滑，农村人均收入水平则显示出水源地4县市低于地域平均水平，但其中河南淅川县的差距则有所缩小。总体来看，南水北调沿线边缘化区域经济发展水平偏低，人口贫困和低收入现象严重，水源地较受水区更为突出。

2. 自然生态环境问题尤为突出

水源地县市多属深山区，也是水库库区；受水区县市中也有多个位于太行山区尾缘。这些地区往往地形地貌复杂，灾害性天气频发，生存环境本底极差，人类的开发活动与自然环境的脆弱性相互矛盾，相互制约，面临着水土流失、土地荒漠化、干旱缺水等生态环境问题；人类开发活动又进一步带来植被破坏、山体损毁严重，地下水减少、环境污染等问题，使生态环境质量下降。因而，边缘化区域往往集中分布中西部的深山区、石山区、荒漠区、高寒山区、黄土高原、地方病高发区和水库库区，不仅面临经济发展水平低、低收入和贫困问题，同时也伴随着自然生态环境的问题。

3. 工业化水平较低，产业活动素质差

沿线县市的经济结构与产业活动显示，其工业化水平普遍较低，具体表现为生产方式落后、产业单一，且多属于上游产业、产业规模小、产业链条短、产业关联度差等。从经济结构来看，农业从业人员比例远大于非农业从业人员比例，以农业为主的第一产业仍然占据产业活动的重要份额，工矿业和加工制造业的比例正在增加，但却以采掘和初级加工为主，服务业还停留在传统水平；从工业生产来看，主导产业单一地立足于某种地方优势资源，基础产业和配套产业开发不足，很多加工业和制造业停留在家庭或作坊式生产规模，多数产品不具有高附加值、没有形成系列，能发挥带头作用的龙头企业很少；从农业生产来看，产值份额远远低于其劳动从业人员份额，劳动生产率和土地产出率均很低；服务业仍然以商贸餐饮等传统行业为主，金融、保险、物业、咨询等现代服务业甚至还未起步。

4. 社会发育缓慢，缺乏创新机制

沿线县市显示边缘化发生与可进入性差密切相关。由于位置偏远、可达性差或者历史原因，边缘化发生区域的社会个体意识远未觉醒，血缘关系和地缘关系还占据主导地位，构成社会互助合作机制的基础，表现出社会网络面狭窄、渠道单一，联系媒介有限的特征；整个社会只能处在自给自足或局部分工状态，交易效率低，社会分工和社会观念的发展演变极其缓慢；而且，对外部世界容易产生防范心理、惧外心理和排外情绪，有利于创新的信任感、关系资源不易建立，使得谋生手段的种类难以创新，社会缺乏创新能力，进而又影响社会分工、社会网络和社会观念的加速演进。社会发育缓慢、创新机制不足，也是导致发展中国家边缘化区域生产方式单一、生产关系简单、市场窄小的人文因素。

5. 省级行政区边（交）界位置的边缘化特征明显

沿线多个县市位于省域交界地带，显示省级行政区边（交）界位置是边缘化区域易发地带，其原因可能在于我国省级行政区建制的区域管理运行模式。一是省级政府行政区以推进省区发展为目标，围绕资源、市场、援助、政策、项目等争取最大利益，导致省际之间的政策竞争、地方保护、产品准入限制、区际壁垒等现象；二是在同一省（市）区域内，省（市）政府总是从全局利益最大化考虑资源、产业、政策权的安排，那些重点发展地区更易成为增长极和经济活动体系的中心，而那些被忽略的地区容易陷入经济相对增长不足的不利发展趋势。一般来说，重点发展地区是产业活动兴旺和经济基础较发达的地区，以及优势资源赋存度高的地区，往往也是省级行政区的中心驻地，在省级行政区上述选择和决策行为中，边（交）界地带则成为不被选择、牺牲的或有意忽略的区域，易于发生边缘化问题。

6. 边缘化区域呈现封闭和单向输出空间结构

沿线多个县市区域自然地理要素分布构成"两山夹一川"的空间结构形态，沿着水系的沟谷地带是人口、城镇、产业活动主要发生区，也是道路设施等联系通道建设和形成的必然地带，南、北两侧则受到大巴山地、秦岭山脉限制，汉江水系自西向东，也受位居东部的经济中心、行政中心引力的作用，形成单向输出通道，人口、产业、城镇分布也偏集东部，形成沿着汉江水系、趋于地域中心的空间结构。受水区域河南新乡的3县市自然地理要素构成自西、北向南倾斜的空间格局，"一纵五横"的交通网格则是纵向交通轴线为主，形成纵向要素流动密集、横向要素流动分散的交通结构，加之地域中心郑州、副中心新乡市位于南偏西方向，从而人口、城镇分布也构成沿纵向交通主轴线、趋于东偏南密集分布的空间结构。而晋东南片自然地理要素呈东北高、西南低的沟壑纵横格局，要素流动仅能依赖与地域中心联系的省道和跨省省道，显然，人口、城镇分布形成沿交通干线、趋向地域中心的空间结构。总之，这些边缘化区域空间结构呈现出封闭和单向输出特征。

第二节 项目建设对边缘化区域的作用机理

分析大型项目对边缘化区域的作用机制，一方面大型项目建设对边缘化区域的位置特征、资源利用、既有管理模式、社会发展水平等发生作用；另一方面区域位置特征、既有管理模式、资源利用条件等也对大型项目发挥预期效应具有限制性。对边缘化区域而言，大型项目的扰动效应怎样发生并作用于边缘化区域，将是我们要重点分析的问题，大型项目与区域位置特征、资源利用、区域管理决策之间的关系是主要的研究线索。

一、大型项目建设与资源利用变化

伴随大型项目建设和实施,区域某些资源将获得大规模开发的可能,从而引致资源利用变化。资源利用参数涵盖区域对自然资源开发利用的条件、种类、规模、结构、方式和技术,其中,最直接的变化是资源开发种类和规模,并相应地引起资源利用的技术、方式和结构等方面的变化,后者主要体现在区域经历大型项目事件后的转型阶段。

图6-1的y_t、$y_{t'}$、$y_{t''}$分别显示了区域经济体在不同演进时段的资源利用结构与生产可能性曲线。$y_{t'}^1$、$y_{t'}^2$依次表示t'时段区域经济增长演进因大型项目事件的干扰而发生的两种变化,按照绝对优势或比较优势原理,优先开发资源受到促进,获得更大的开发规模,会带动区域经济高速增长,即区域经济体在t'时段的生产可能性曲线从y_t到达$y_{t'}^1$,即$y_{t'}^1$在$y_{t'}$的外侧;相反,当优先开发资源被其他资源的开发利用"挤出",资源利用结构将与资源禀赋、产业联系偏离,此时,区域经济增长状态还要结合区域位置要素、区域管理决策等来判定,即生产可能曲线$y_{t'}^2$可能在$y_{t'}$的内侧,也可能在外侧。

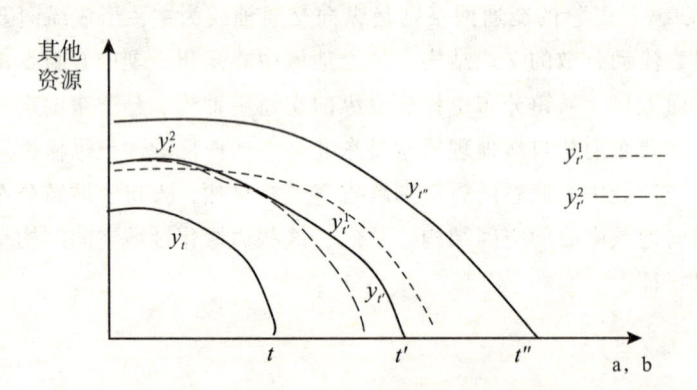

图6-1 大型项目对区域资源利用的扰动

注:a,b代表被优先开发的资源总类。

如果在t'时段有某大型项目指向该区域,那么对该区域经济体资源开发的种类、规模的扰动效应表现为两种可能:一是大型项目的资源利用取向与区域资源禀赋一致,优先开发资源的开发利用将得到促进,获得更大的开发规模,将拉动区域经济高增长;二是大型项目的资源利用取向与区域资源禀赋不一致,优先开发资源将被其他资源的开发利用"挤出",其开发利用的规模开始收缩,区域经济产出的增长受到程度不等的抑制,经济增长停滞乃至衰退。资源开发的变化对产业活动也产生关联影响,如果优先开发资源被"挤出",主导产业随之发生变化，进而，区域的资源利用结构、产业结构相应地发生变化，产业结构升级被延后，区域经济偏离原来的演进趋势。大型项目、资源利用变化与区域边缘化关系如图6-2所示。

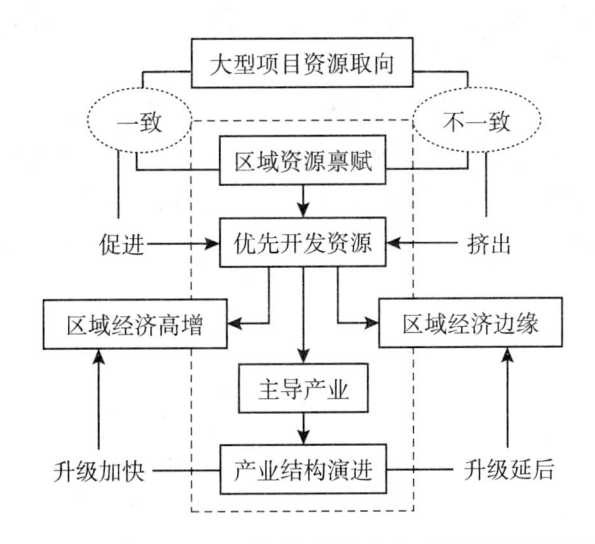

图6-2 大型项目、资源利用变化对边缘化的分析

区域位置、区域管理策略的不同状态也将作用于大型项目与资源利用变化关系，对区域经济的增长状态起着程度不等的作用。如果区域位置优越、区域管理策略合理，那么大型项目对资源利用变化的促进关系对区域经济高增长的拉动作用更大，而资源利用对区域经济的抑制作用则较小；相反，如果区域位置偏远、区域管理策略不合理，那么大型项目对资源利用变化的"挤出"关系对区域经济的抑制作用更为严重，而资源利用对区域经济的拉动作用则表现得不很明显。

二、大型项目建设与收益分配变化

收益分配变化体现在收益水平与分配结构两个方面。区域收益水平有上升与下降两个变化趋向，并且与分配结构密切相关。从区域整体收益而言，高收益水平意味着区域财富和经济实力增加，将决定区域的投资需求、消费需求、政府支出有较高水平，从而带来区域经济高增长；相反，收益水平降低，则伴随着弱的区域经济实力和区域经济增长缓慢或停滞。收益分配结构则决定不同利益主体在区域收益变化中对的收益分享，即，在不同收益分配结构下，区域收益增加对不同利益主体意味着收益水平会有不同程度的提高。

进一步，区域及不同收益主体的资本化倾向也不相同。资本化倾向是指区域及区域内个体的报酬和收益增量转化成投资和资本的可能性,资本化倾向越高,收益增量转化成投资需求和资本的比例越高、对区域经济增长的拉动作用越大。那么,收益增减变化对区域经济增长作用大小也相应地不同。如图6-3所示,A与B持有不同的资本化倾向,Y_1与Y_2、Y_1'与Y_2'表示利益主体的收益水平高低不同,也可以体现利益主体在不同收益分配结构下的收益水平。显然,当收益水平提高时,从$Y_1 \rightarrow Y_2$,$Y_1' \rightarrow Y_2'$,将可能实现更高的投资需求,但A图中的投资形成明显要高于B图中的投资形成决定投资需求的增加,则是由资本化倾向不同所决定,A图中利益主体的资本化倾向较高,由同等幅度的收益提高带来高于B图的生产资料需求。

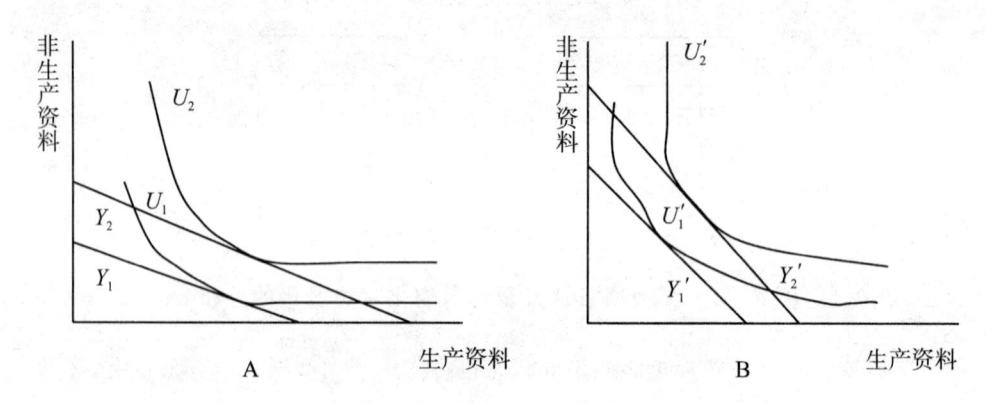

图6-3 收益变化与资本化倾向的作用规律

大型项目建设在区域经济系统内将产生投资效应,区域及群体将获得报酬增加、就业机会、投资机会等,收益水平及分配结构相应地发生变化。首先,大型项目的性质不同,所涉区域收益水平提高的程度相应地不同;其次,大型项目引起收益分配结构调整,对利益主体的收益水平带来不同程度的提高;第三,不同收益主体的资本化倾向不同,增加收益以不同比例转化成有效资本。在大型项目事件背景下,区域收益水平提高,区域收益分配结构发生变化,区域收益变化对区域经济增长的效果并不相同,要从实际区域结合收益分配结构、资本化倾向来进行分析(见图6-4)。

三、大型项目建设与区域位置特征

从边缘化区域的地域空间关系,位置特征区分为边界位置、邻接位置、外围外置和中心位置,可以用交通可及性、信息可达性、社会可进入性等通达性指标来综合地衡量。一般而言,中心位置是交通网、信息网的组织核心,相应地,通达性最优；邻接位置地处区域中心与边界的过渡空间，按照介入效应理解，通达性也较优；根据边界隔离效应，边界位置区域的通达性受到制约而最差；根据距离衰减效应与"影子"效应，外围位置的通达性弱于中心位置和邻接位置，但相对地要强于边界位置。通达性越好，区域要素流动参与、区际联系的范围越广，程度越深，区域与地域经济组织的联系越紧密；反之，通达性越差，区域越不具备参与要素流动的条件，区际产业活动联系少，与地域经济组织无法建立紧密联系，在地域经济组织中被疏离、隔绝（见图6-5）。

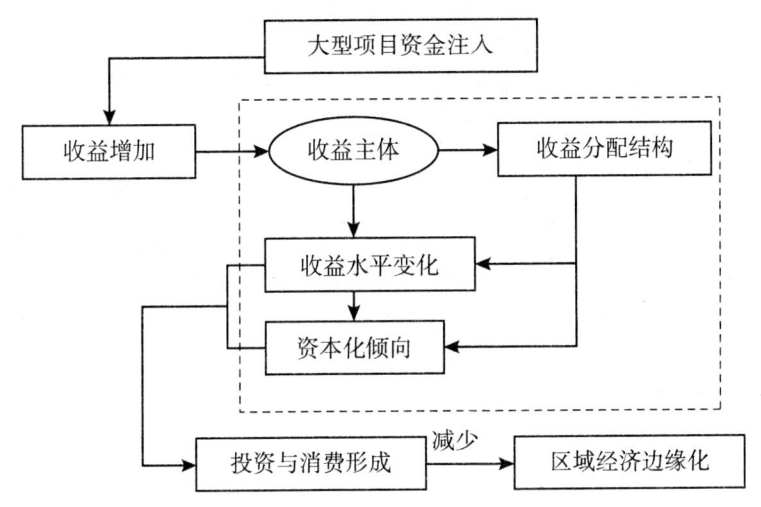

图6-4 大型项目与收益分配变化的分析

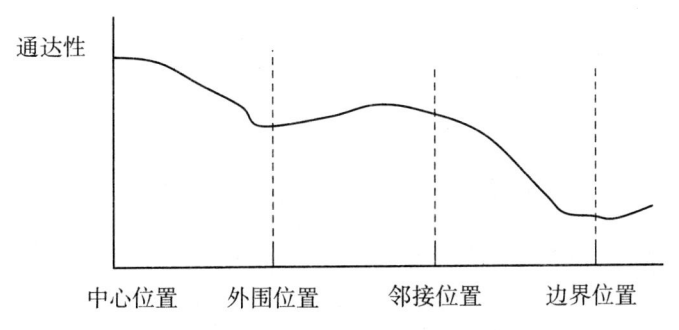

图6-5 区域位置的通达性

大型项目一旦在区域内建设并植根，对交通网、信息网和社会网的作用体现为：交通网、信息网、社会网的规模扩大，但交通网、信息网和社会网的空间组织结构被改变，这意味着大型项目对既定区域位置的通达性具有增进或降低效应；大型项目与区域通达性的变化也随着大型项目的属性及建设时期而不同（见图6-6）。

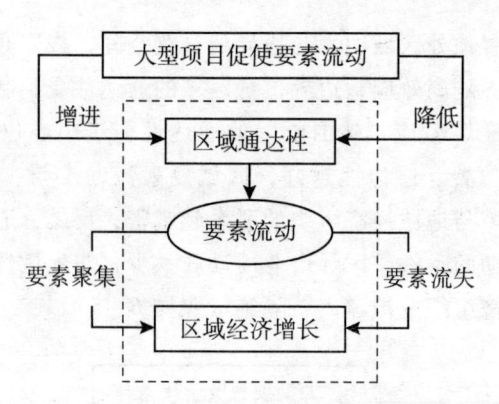

图 6-6　大型项目与区域位置通达性变化的分析

首先,在建设期,不论大型项目属于何种属性的项目,工程目标和大规模的建设需求使得交通流、物质流和人力资源流跟随资本呈现自外向内为主,要素在大型项目区域集聚,区域通达性的改善有利于大型项目选址区域;但随着大型项目注入资金减少或结束,要素流动则受到收益报酬规律的支配,对边缘化区域而言,要素流动以自内向外为主,大型项目区域面临要素转移和流失的问题,显然,这种情形对边缘化区域的发展极其不利。

其次,大型项目的来源、属性、区域联系不同,要素流动受到影响,一些要素较之前增加,另一些要素较之前将减少;当流动中的资源要素发生改变,要素流动的空间联系方向也会随之变化,原来资源要素的流动方向逐渐被新资源要素的流动方向取代。因而,区域通达性可能增加新的介入机会,分享要素流动获得要素集聚;也可能由于失去联系损失必要的要素流动联系。

四、大型项目建设与区域管理策略

区域管理以政府干预为内容,主要表现为区域发展策略调整,其一是调整产业培育和产业扶持方向,某些产业获得优先发展权,而某些产业则被限制或淘汰,区域经济结构逐渐调整,最终转型;其二是调整产业发展的空间拓展策略,区域产业活动可能获得区域以外更大市场,也可能局限于区域本地。因而,区域发展策略的调整可能有利于区域经济增长,也可能是消极甚至不合理的,那么,区域经济发展趋向停滞、衰退,并且对区域经济体而言,区域调整发展策略需要有一定的时期来完成,调整完成之前区域经济体必须为调整支付机会成本,从而区域经济增长放缓,甚至面临调整失败后结构失衡、区域经济增长严重下滑的风险。图 6-7 表明区域发展策略调整对区域经济产生的影响。

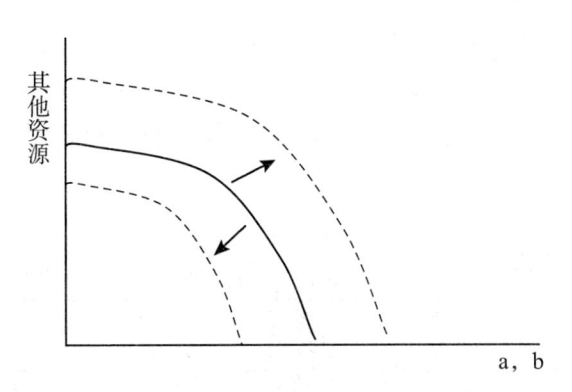

图 6-7　区域发展策略调整与区域生产可能线

注：a，b 代表被优先开发的资源总类。

大型项目由中央政府组织实施，有其宏观目标和整体利益取向，对特定区域（包括边缘化区域）具有改善其面临的经济、生态、社会等问题的作用。因而，对大型项目布局区域而言，意味着新增发展机会或风险，即区域发展策略的调整有可能获得经济增长，也可能面临停滞、衰退，导致边缘化趋势严重。如果，区域政府能够积极地把握机会，区域发展战略和决策地适应大型项目的干扰效应，区域经济体的发展空间将扩大；相反，如果区域未能有效把握机会，区域发展战略和决策未能及时应对大型项目干扰效应，其发展空间将面临紧缩（见图 6-8）。

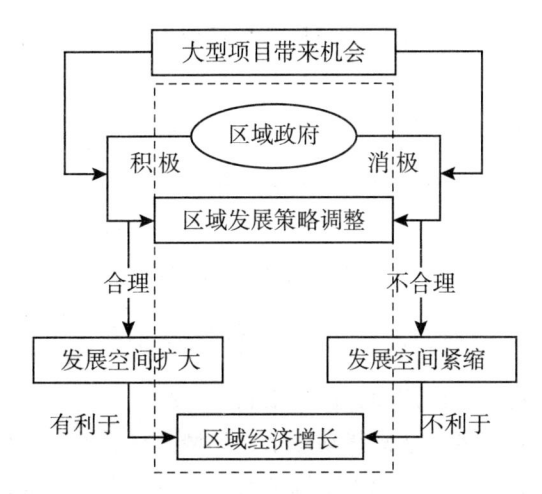

图 6-8　大型项目与区域发展策略调整的分析

五、大型项目对边缘化区域的作用机理

大型项目建设参与区域经济系统，以调整后的资源利用、区域位置、管理决

策等要素表征变量组成的组合变量,共同决定边缘化区域的可持续发展状态,其分析框架如图6-9所示。其中,大型项目属性、区域经济持续演进是分析起点,区域特有的资源开发、产业结构、要素流动联系、投资和需求、发展策略的变化等形成大型项目的区域效应,决定着区域经济脱离或强化边缘化状态。

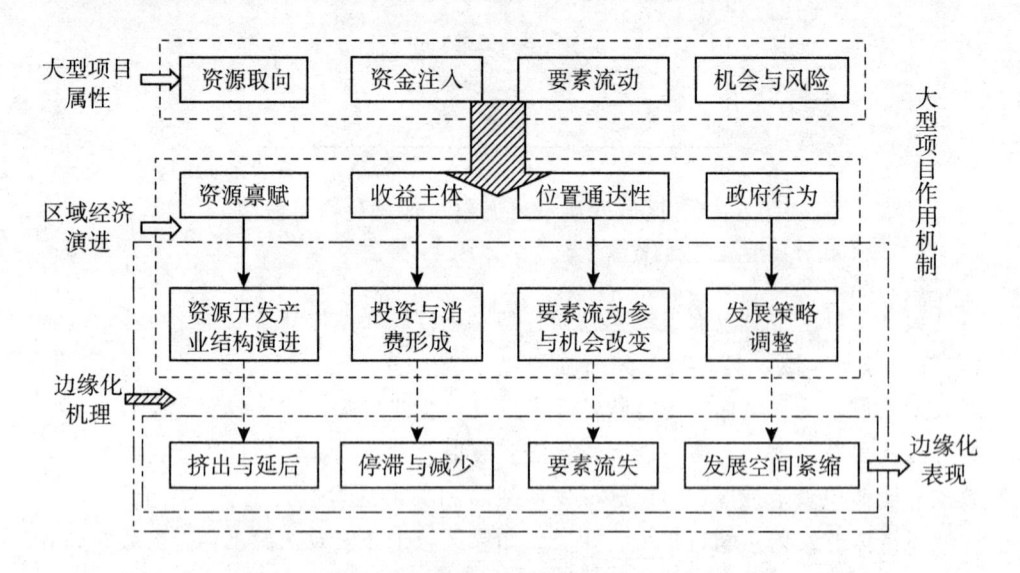

图6-9 大型项目与区域经济边缘化机理的分析

大型项目建成后,如果位置特征获得有效改善,即 $\frac{\partial G_y^{t'}}{\partial P} > 0$,如前述第一种分析,区域经济增长状态决定于要素流动参与机会,在资源开发利用趋于贫乏,或区域发展策略及管理不作为时,区域要素流动不足或要素流失,区域经济呈现边缘化状态,但区域发展策略和区域管理能够改善资源贫乏,促进要素流动和集聚,则有助于削减边缘化趋势;如果位置特征趋于不利,即 $\frac{\partial G_y^{t'}}{\partial P} < 0$,通达性下降制约要素流动,将对区域经济增长产生限制。

根据大型项目对区域经济的扰动图示,大型项目后的区域资源开发利用将沿着两个方向进行。其一,沿着优先资源的开发利用获得更大规模,区域经济进入资源繁荣模式,也有可能面临"资源的诅咒",遭遇不可持续发展;其二,沿着优先资源受限转型,区域经济增长状态要结合区域位置、区域发展策略来判定。

区域发展策略调整显现于区域的资源利用模式和发展空间,是干预区域经济增长演进和边缘化状态的努力方向。合理的区域发展策略,将有助于改善区域资源贫乏、区域位置不佳的负面效应;相反,如果区域发展策略和管理不当,那么，区域经济演进仍然会出现经济结构失衡、区际分工发育受阻、社会建设停滞、发展空间紧缩等特征，即区域经济体面临边缘化风险。无论大型项目是否发生，发展策略和管理是否有效合理对区域经济的可持续发展至关重要。

第三节 南水北调工程与新农村建设

南水北调中线工程建设，将通过直接和间接的就业吸收、投资拉动等多种效应，促进沿线区域的工业化、非农化和城镇化进程，对新农村建设起到积极的推动作用。

南水北调中线和东线工程需动迁40万人，涉及7个省市100多个县，但主要集中在中线的丹江口库区。动迁居民中，有四成需要外迁安置。如果这部分外迁安置的移民统统进入城市，是不现实的。可以乘势进行移民建镇，发展小城镇，吸收外迁移民进入小城镇从事第二、三产业，既可解决移民的就业问题，又使农村劳动力就业结构发生根本变化。在小城镇建设过程中，要充分考虑当地的风土人情、自然环境、经济基础，将建设的重点放在具有一定发展优势和经济条件较好的小城镇，在基础设施建设、改善经济发展环境上下工夫，以增强其经济发展的凝聚力、向心力以及影响力形成聚集效益。根据经济条件发展的地区差异，分步实施。小城镇建设应坚持经济发展、环境保护和社会建设同时发展的原则，把推动农村城镇化与发挥区域和自然资源优势，建设专业化市场，完善社会化服务体系结合起来。

一、工程对新农村建设带来的重要机遇

南水北调作为一项大规模的复杂的系统工程，对相关地区产生多重影响，并带来发展新机遇。

（1）生态环境建设的机遇。生态优良，是社会主义新农村建设的主要内容之一，也是党的十七大"建设生态文明"的要求。南水北调工程的建设，将为沿线地区和水源地区的农村生态环境建设带来良好机遇。在东线工程，国家投入治污工程资金达260亿元，占工程总投资的40%。东线工程治污规划划分为输水干线规划区、山东天津用水保证规划区和河南安徽水质改善规划区。主要治污措施为城市污水处理厂建设、截污导流、工业结构调整、工业综合治理、流域综合整治工程5类项目。根据水质和水污染治理的现状，黄河以南以治为主，重点

解决工业结构性污染和生活废水的处理，结合主体工程和现有河道的水利工程，有条件的地方实施截污导流和污水资源化，有效削减入河排污量，控制石油类和农业面源污染；黄河以北以截污导流为主，实施清污分流，形成清水廊道，结合治理，改善区域环境质量，实现污水资源化。为体现"先治污后通水"的原则，按照工程实施进度要求，将污染治理划分为 2007 年和 2010 年两个时间段。2007 年前以山东、江苏治污项目及截污导流项目为主，同时实施河北省工业治理项目；2008～2010 年以河北、天津污水处理厂项目及截污导流项目为主，同时实施河南、安徽省治污项目。规划项目实施后，预测输水水质可达到Ⅲ类或优于Ⅲ类水标准。巨大的治污工程投入，将使沿线农村的水环境以及整个生态环境的建设发挥促进作用。而中线工程取水口在丹江口库区，位于我国中西部的结合部、南北部的过渡带，属于生态极为敏感脆弱的地区。库区所在的十堰市 2002 年水土流失面积高达 1.19 万平方千米，占版图面积的 51.4%，比全国水土流失面积 37% 的比例高出 14.4 个百分点，是全国水土流失较为严重的区域之一。中线工程要实现"一库清水向北流"的生态建设目标，库区必须全面实施以退耕还林为主的水源区生态林建设、以水土保持为主的小流域综合治理、农村能源替代建设项目和库区水质环境保护项目等。这些项目的实施，必然会极大地改善库区的生态环境。同时，对于汉江流域，国家将投资 35 亿多元、用 5 年时间完成水污染防治项目，使汉江水质得到明显改善、生态环境得到很好的恢复，实现汉江地区经济、社会、环境的协调发展。

（2）农业生产条件改善的机遇。长期以来，北方一些地区为保证城市供水不得不挤占农业灌溉用水，不仅使农业生产受到很大影响，而且加剧了地区之间、工农业之间的矛盾，影响了社会安定。工程的兴建，能有效地缓解城乡用水的矛盾，增加农牧业灌溉用水，改善农牧业生产条件，调整农牧业种植结构，提高土地利用率。还可改污水灌溉为清洁水灌溉，减轻耕地污染及对农副产品的危害，有利于"绿色农业"和"生态农业"的建设。在东线部分地区，调水后通过合理调度，不仅可适当扩大灌溉面积，还可向干涸的洼、淀、河、渠补水，增强水体的稀释自净能力，改善水质，恢复生机，促进水产和水生生物资源的发展，在恢复生态的同时，也使区域经济向良性方向发展。在中线，工程的建设还对农业生产和人民生活有巨大的防洪效益。它能够将使汉江中下游地区农业发展潜力变为现实的经济优势。一是中线工程将从根本上提高汉江中下游地区的防洪标准，沿江 14 个分蓄洪民垸可做到基本不分洪，汉江中下游的防洪标准由过去 10～20 年一遇提高到百年一遇；二是有利于促进丹江口库区和汉江中下游地区的经济社会发展，尤其是 14 个分蓄洪民垸可以消除后顾之忧，一心一意搞建设。

（3）航运条件改善的机遇。在中线，丹江口水库加坝蓄水后水位抬高，汉江干流水位趋于均匀，有利于库区和汉江航运；中线工程实施后，能够增加丹江口水库枯水期的下泄流量，加上引江济汉工程实施，可以有效增加汉江中下游干流在枯水季节的水量，便利中下游水运。在东线，结合南水北调工程的实施，正在相应实施航道建设工程，恢复京杭运河东平湖至济宁段航运，在现有基础上，逐步提高济宁以南段航道、船闸枢纽的通过能力。内河港口的机械化和专业化水平逐步提高，船舶结构明显改善，水运经济和社会效益显著发挥。在严重缺水的胶东地区，南水北调东线第一期工程南四湖—东平湖段输水与航运结合工程正在推进。该项目总投资33.87亿元，其中调水工程投资21.47亿元，航运工程投资12.40亿元。项目内容主要包括梁济运河扩挖58.3千米、柳长河扩挖21千米、南四湖上级湖疏浚36千米，新建长沟、邓楼、八里湾3座泵站枢纽工程等。航道里程79.3千米，等级近期为Ⅲ级，远期为Ⅱ级。

（4）资金投入的机遇。我国经济增长靠投资、出口、内需"三驾马车"拉动，而中线所处地区经济不甚发达，"三驾马车"动力都不足，尤其是相对东部沿海地区投资机遇明显偏少。而南水北调工程的实施，给这些地区带来了资金投入的机遇。根据投资乘数理论，在地区潜在生产力尚未完全发挥、资源尚未充分利用的前提下，增加投资对经济总量具有明显的扩张效应，使国民经济产生数倍于投资额的增长。1990~1999年间我国平均每1元水利工程投资引起的GDP增加值约为2.508元，以此计算，工程投资对沿线GDP增长的贡献总额度3 000多亿元，按2003~2010年时间平均计算，每年近500亿元。作为投资如此巨大的基础建设工程，对当地经济的拉动作用是十分明显的。据国内学者研究，这些投资的40%将转化为消费资金，这对于扩大内需，刺激经济增长将发挥重要的推动作用，特别是将拉动建材业、制造业、交通运输业以及第三产业的发展。①

二、工程对部分地区新农村建设带来的挑战

南水北调工程在给受水区带来巨大利益的同时，也给调水区及相关地区带来不同程度的挑战，其中对丹江口库区的新农村建设挑战最为严峻。

（1）产业结构调整的挑战。随着中线工程的开工，对库区和汉江中下游地区产业结构调整的迫切性日益突出。首先，库区现有产业发展受限制。第一，在养殖业方面，畜牧养殖、水产养殖的排放或投放标准将大为提高；第二，为配合退耕还林、天然林保护，水源区将设立禁采、禁伐、禁垦、禁牧区域；第三，为了控制农业面源污染，库区将限制农民大量使用化肥、农药。由此直接导致农业

---

① 李善同、许新宜：《南水北调与中国发展》，经济科学出版社2004年版。

经济减收、林场职工及其他从事林木加工业的劳动力面临失业。其次，资源优势受抑制。库区有水电、黄姜、龙须草、矾矿、建材等优势资源，汉江中下游地区有水资源，本可依托优势资源发展一些具有竞争力的产业，如大耗水、大耗电的产业，给地方经济、政府税收、群众生活水平提高带来丰厚的利益预期。但为保证北方用水，电解铝等载电体产业、黄姜、造纸、矾矿开采加工、石材采运业的环境准入或执行标准提高，将限制资源优势的发挥。汉江中下游地区的产业发展也面临着水资源瓶颈的制约。以黄姜产业为例，由于当初政府的大力鼓励引导，十堰市郧西县一度成为"中国黄姜之乡"，2004年黄姜产业实现GDP 3.56亿元，占全县GDP的25%，成为富民强县的支柱产业。而目前，十堰市已将黄姜加工企业由2002年底的60多家减少到29家，黄姜种植面积也由2003年的76万亩锐减到25万亩。资源优势受抑制将使库区生产成本大为增加，制约传统产业发展。

（2）生态环境保护的挑战。中线工程完工后，按调水95亿~130亿立方米计，汉江中下游水量将减少22%~30%，使得本已十分脆弱的水生态环境不堪重负，水环境承载能力难以承受。由中国环境规划院编制、国务院批复的《南水北调工程生态环境保护规划》中指出："当中线工程从丹江口水库调水130亿立方米时，在不考虑汉江中下游四项治理工程的前提下，对汉江中下游的影响主要表现在：一年出现800~1 000立方米/秒中水流量的天数减少约20天，1 000~3 000立方米/秒大水流量的天数减少约100天，河道多年平均水位下降0.29~0.51米，'水华'出现的概率增加10%~20%。"为实施"一库清水送北方"的目标，保护生态环境的任务异常繁重。

（3）移民前期安置和后期扶持的挑战。丹江口水库一期工程淹没丹江口市、郧县两座县城，搬迁移民7.1万户，33.58万人。在当时的特殊历史条件下，初期工程移民的工作重点是完成搬迁，对移民的生产资源配置重视不够，对移民的财产仅给予少量现金补偿，标准低，人均补偿不足900元，为全国最低水平；对非农设施及其他公共设施等不可迁移的财产基本未给予补偿，更没有采取"以土地转换土地"的方法对移民进行生产安置，未将移民列入工程建设项目中统筹考虑，也未编制详细的移民安置规划，基础设施建设亦未得到应有的重视。在这种情况下，73%的移民被迫后靠安置，加之当时外迁的部分移民因各种原因返迁回库周地区，使库周移民点过于密集，耕地不足，房屋陈旧狭小，有较多移民仍生活在贫困线下。如果仅靠前期补偿、补助来恢复移民原有生活水平，难以办到，容易引发社会的不安定因素。只有在全部安置规划实施完毕，并经必要的后期扶持，移民才有可能逐步达到或超过原有生活水平。

三、加快沿线和关联地区新农村建设的思路

（1）搞好环境建设，促进沿线生态化。一是水源上游在进行农业生产时，一定要全面推行科学施肥；大力推广使用有机肥、绿肥，尽量减少化肥使用量；严禁使用剧毒、高残留农药和国家明令禁止的农药；引导农民使用安全、高效、经济的农药；推广应用生物制剂，有效控制农业生产对库区水质造成的污染。二是沿线地区要加强对现有土地资源的改造，提高土壤肥力和保土保水保肥能力；加强水利建设，使之旱能灌、涝能排，形成旱涝保收的基本农田；对现有耕地进行生态保护，使其处于生态良性循环之中；农田水利基本建设一定要坚持"山、水、林、田、路"同步建设治理的原则。三是积极推广封山育林，扎实开展退耕还林工作，确保农民退得下、还得上、稳得住、能致富；推进防护林体系工程建设，集中治理重点地区不同类型的生态灾害；适当发展经济林，如山茱萸、辛夷、金银花等药材林，猕猴桃、杏李、油桃等鲜果林以及板栗、柿子、核桃等干果林，这样在带来经济效益的同时，又起到生态林的作用。当然，进行经济林发展时，选用农药、化肥也要以安全、高效、经济和无公害为前提。四是将绿色通道工程与道路建设和河渠整治统筹规划，将城市绿化与美化环境和增强生态功能结合起来，切实搞好生态乡镇和生态县建设，把东、中线建成中国大地上的两条绿色长廊，进而形成良好的旅游经济带。

（2）调整产业结构，加快农业产业化。一是促进市场发育，建立市场体系。要打破条块分割、地区封锁，培育优化以生产要素市场为核心、资源配置为基础的库区市场体系，并逐步过渡到与全国市场相连。努力改善投资和开发环境，尤其是软环境，采取各种措施吸引资金、人才、技术，实施市场导向型反贫困战略。二是发展高效农业，推广适用技术。在指导思想上要贯彻优先发展农业的方针，实施科教兴农战略。改善农业生产基本条件，发展高产、优质、低耗、高效农业，大力推广滴灌等节水灌溉技术，提高水资源的利用率和经济效益。应采取农户联合承包经营等多种形式，逐步实现专业化生产、规模化经营、一体化运销的产业化模式，建立柑橘等名优特产品生产基地。三是大力发展特色农产品加工。工程沿线及库区气候条件不同，生物资源丰富多样，各自具有发展特色农产品的自然条件，大力发展特色农产品加工是提高农民收入的有效选择。四是提高组织化程度，加快现代农业的建设，重点通过创建"企业+基地+农户"的模式促进产业化发展，通过发展龙头企业带动农民致富。当前要有针对性地引入项目、资金、技术和人才，按市场导向，依托龙头企业，建立特色农业、创汇农业、订单农业生产与加工基地，彻底扭转农民单纯靠山吃山、广种薄收的被动局

面，逐步形成"造血型"农业发展机制，最终帮助农民走上奔小康的路子。

（3）树立节水意识，推进水的商品化。在广大农村，人们节水意识淡薄，长期以来农村经济结构中耗水产业所占比重较大，节水技术推广进程缓慢。南水北调工程将部分水资源调配给水资源缺乏地区，可以预计在一段时期内将对调水区耗水量较大的产业造成影响。调水区应将这一消极影响转化为激励作用，积极调整产业结构，精简技术含量低、资源耗量高的产业，大力发展资源节约型产业，特别是水资源节约型产业，发展节水型农业、节水型工业，建设节水型社会。在水资源综合规划和节水型社会建设规划纲要的基础上，建立水资源的宏观控制指标和微观定额指标，并明确各地区、各行业、各部门乃至各单位的水资源使用权指标，确定产品生产或服务的科学用水定额，建立"以总量控制、定额管理为主"的节水管理制度，研究有利于促进节约用水的水价机制，建立用水权交易市场，实行用水权有偿转让，引导水资源向高效产业合理配置。与传统的主要依靠行政措施推动节水的做法不同，节水型社会的本质特征是建立以水权、水市场理论为基础的水资源管理体制，充分发挥市场在水资源配置中的导向作用，形成以经济手段为主的节水机制，不断提高水资源的利用效率和效益。

（4）搞好工程移民，促进农村城镇化。南水北调中线和东线工程需动迁40万人，涉及7个省市100多个县，但主要集中在中线的丹江口库区。动迁居民中，有四成需要外迁安置。如果这部分外迁安置的移民统统进入城市，是不现实的。可以乘势进行移民建镇，发展小城镇，吸收外迁移民进入小城镇从事第二、三产业，既可解决移民的就业问题，又使农村劳动力就业结构发生根本变化，因此它就成为一条现实的道路。在小城镇建设过程中，应遵循注重特色、突出重点、分类指导和良性循环的原则，即充分考虑当地的风土人情、自然环境、经济基础，将建设的重点放在具有一定发展优势和经济条件较好的小城镇，在基础设施建设、改善经济发展环境上下工夫，以增强其经济发展的凝聚力、向心力以及影响力形成聚集效益。经济条件不好的地区，小城镇建设应因地制宜、分步进行，切不可操之过急。小城镇建设应坚持经济发展和环境保护同时抓，在加强水、电、路等基础设施建设的同时，还要加强文教体卫等社会公共事业的建设，使其步入良性循环的轨道，达到可持续发展的目的。也就是说，要通过抓工程建设的机遇，完善小城镇基础设施和功能，把繁荣城镇经济和全面发展农村经济融为一体，把推动农村城镇化与发挥区域和自然资源优势，建设专业化市场，完善社会化服务体系结合起来。

（5）开展对口支援，实现利益均衡化。根据南水北调中线工程建设"南北两利"、"南北双赢"的指导思想，丹江口库区有望沿用三峡对口支援政策。南水北调中线工程主要满足京津华北地区生产与生活用水需求，工程建设的受益主体是北方受水区。对库区产业基础脆弱、经济十分落后的地区而言，要兼顾发展经济与高标准保护环境双重任务，困难极大。为消除中线工程建设给水源区带来的长期不利影响，国家可能在产业发展、对口支援等方面出台优惠政策。同时，中线工程把水源区与受水区紧密联系起来，饮水思源，受益区通过对口支援，有助于构建水源区资源与受水区人才、技术、资金、信息、市场等优势互补的"南水北调中线经济区"，成为水源区扩大开放、招商引资、发展外向型经济的通道和桥梁。可争取受益的大中城市实施"智力支援"战略，发展职业教育，提高农民素质。培训是"智力支援"的重要内容，劳务输出是缓解就业压力的有效途径。为提高并保证输出劳动力的质量，建议各支援方站在整个库区的高度，帮助库区建立一个较大的劳务培训基地作为技术培训中心。由各劳务输出接收单位到库区招聘并在基地进行培训，合格后方能输出，提高劳务输出的质量。要把"打工经济"转变为"创业经济"，实现以工促农，推进农村经济、政治、文化和社会的全面发展。

第七章

水资源再分配、利益调整和多区域协调发展

南水北调工程是在国家力量主导下由长江流域向其他流域的缺水地区调水,以缓解缺水地区的水资源瓶颈问题的大型跨流域调水工程,通过调水可以改善全国水资源布局,保障缺水地区的经济和社会持续发展,并改善生态环境。跨流域调水工程改变了江河、湖库水资源现状,实现对水资源进行重新配置。政府和市场是水资源配置的两条基本途径。政府对水资源的配置尤其是初始水权分配起主导作用,它作为国有水资源的所有者和管理者,有权以行政手段分配或调配水资源。南水北调工程是政府优化配置水资源的一种重要手段,受水区的水资源承载能力的提高是基于调出区的水资源承载能力的降低,因此,调水工程的调水量一定不能造成被调水区的生态系统恶化,同时也要避免调水工程带来的流域各利益主体的冲突,所以需要以水权为基础,以水权配置为纽带,综合考虑受水区与调出区的利益关系。我们将以水权配置理论对南水北调水资源分配进行研究,探究在水权配置过程中呈现的区域利益分配格局以及区域利益关系的变化。

第一节 南水北调水资源分配与区域利益关系

一、水资源与水资源分配

关于水资源的定义,国内外有着各种各样的解释,目前比较公认的是1977

年联合国教科文组织给出的定义:"水资源应该指可利用或有可能被利用的水源,该水源应具有足够的数量和可用的质量,并能够在某一地点为满足某种用途而可被利用。"我国《水法》中界定的水资源概念,指陆地上每年可更新的淡水资源,包括地表水和浅层地下水。

水资源具有经济属性和社会属性。水资源既是自然资源,又是至关重要的经济资源,但与其他自然资源相比,其自然属性又比较特殊:水资源是"流动性"自然资源,以流域为单元,往往跨多个行政区域,在水资源的开发利用和治理活动中,不同地区之间容易产生利益冲突。水资源作为一种原始的公共物品,在一定区域内,每一用水群体和个人都享有平等的基本使用权,水资源的开发利用应充分体现公平和可持续原则,生存用水权优先于发展用水权得到保证,这是水资源的社会属性。同时,水资源作为生产生活中必不可少的资源,参与生产和消费的经济活动,使国民财富产生了增值,具有较大的经济利用价值和贡献,其稀缺性、质量及开发利用条件决定了水资源经济利用价值的贡献大小。水资源的经济价值是水资源对人类社会经济发展的作用和贡献份额,通过国民经济各部门行业的用水净效益得以反映。从广义上讲,水资源的质和量决定着价值的大小,因此,水资源的经济价值应从水质和水量两个方面加以计量和反映。从狭义上讲,水资源价值一般指水资源量的作用和贡献,而忽略了水资源质的作用和影响。本研究中的水资源专指水量水资源,关于水资源的经济贡献也是指水资源量的作用和贡献。

水资源的配置与普通经济资源的配置有非常大的差别。普通经济资源的配置,追求如何利用有限的经济资源获得更多的财富或效益,本质上是一种效率价值观。而水资源分配首先追求公平和安全,确保区域内用水群体的公平用水权和用水安全,这是由水资源的特殊属性决定的。水是基础性的自然资源,是不可替代的生活资源和战略性的经济资源,虽然水资源由于稀缺性而具有经济资源的特征,但这只是水资源众多特殊性中的一方面,这就决定了水资源分配只有在保障用水安全、公平分配以及社会可接受的前提下,才能最大限度地追求水资源的利用效率。当水被作为一种经济资源在区域间进行分配时,本质上反映了各种决策实体在水资源用益中相互的权利和义务关系,跨流域调水是水资源在区域间的再配置,这种再配置也要充分考虑各种权利和义务关系。

二、区域利益相关方及其利益关系分析

美国经济学家弗里曼(Freeman,1983)从企业管理的角度对利益相关者给出了一个广义的定义,他认为,利益相关者是"那些能够影响企业目标实现,

或者能够被企业实现目标的过程影响的任何个人和群体"。该定义将影响企业目标的个人和群体视为利益相关者，同时还将受企业目标实现过程中所采取的行动影响的个人和群体看作利益相关者，正式将当地社区、政府部门、环境保护主义者等实体纳入利益相关者管理的研究范畴，大大扩展了利益相关者的内涵。Freeman 的观点受到许多经济学家的赞同，并成为 20 世纪 80 年代后期 90 年代初期关于利益相关者界定的一个标准范式。根据这一范式，借鉴利益相关者的界定方法以及对利益关系的描述，本研究将区域经济活动中追逐利益的主体界定为区域利益相关方。区域经济活动中的利益主体众多，大致可以分为个人、企业、利益集团、地方政府与中央政府五个层次。这些不同主体均有各自的个别利益，区域内又存在共同利益，且共同利益是维系区域作为独立利益主体的关键。

（一）跨区水资源调配中不同层次利益主体

跨区水资源调配工程的实施，在实现水资源空间优化配置的同时，也在重塑着相关区域间的利益关系。就调水流域层面而言，源于水资源的共有性及利益的兼容性，虽然流域内各区域具有共享同一流域内水资源所带来利益的权利，但水资源所有权的国家属性，也决定了国家具有调配某一流域水资源于缺水地区的权利。因此，在国家采取行政力量配置水资源时，受水地区也有权利共享调出流域水资源带来的利益，这样，在调水流域与调水工程受水区形成的流域共同体内，调水区（上游水源区和中下游地区）和受水区之间因为调水而产生利益关系，他们代表各自权限范围内的区域利益，成为调水流域利益分割的基本单位。从受水区内部来讲，不同受水区之间因调水工程建设和调水量的分配而产生利益上的关联，投资分摊的多少、水量分配的公平及合理与否将直接影响受水区之间的利益关系。

南水北调水资源跨区域调配，将涉及众多的利益主体：水资源开发企业（水源公司）、调水公司、水资源输出区的地方政府、居民和用水企业、水资源输入区的地方政府、居民和用水企业、作为公共利益代言人的中央政府和作为流域利益代言人的流域管理机构。在这些相关的利益主体中，水源公司和调水公司通过对水资源的开发利用以及水资源的买卖分别与所在区域的政府、居民及企业等建立利益关系，中央政府则从全局协调水资源调配过程中的利益分配。

如图 7-1 所示，跨区水资源调配中的区域利益相关方是由多种利益主体组成的圈层式结构：核心层、紧密层和调控层。水源公司、调水公司和流域管理机构是区域利益相关方的核心层；调水区的地方政府、居民和企业，受水区的地方政府、供水公司及用水户构成区域利益相关方的紧密层，而中央政府作为社会整体福利的代表，对水资源跨区域分配行使宏观调控权，成为区域利益关系调整中的调控主体。

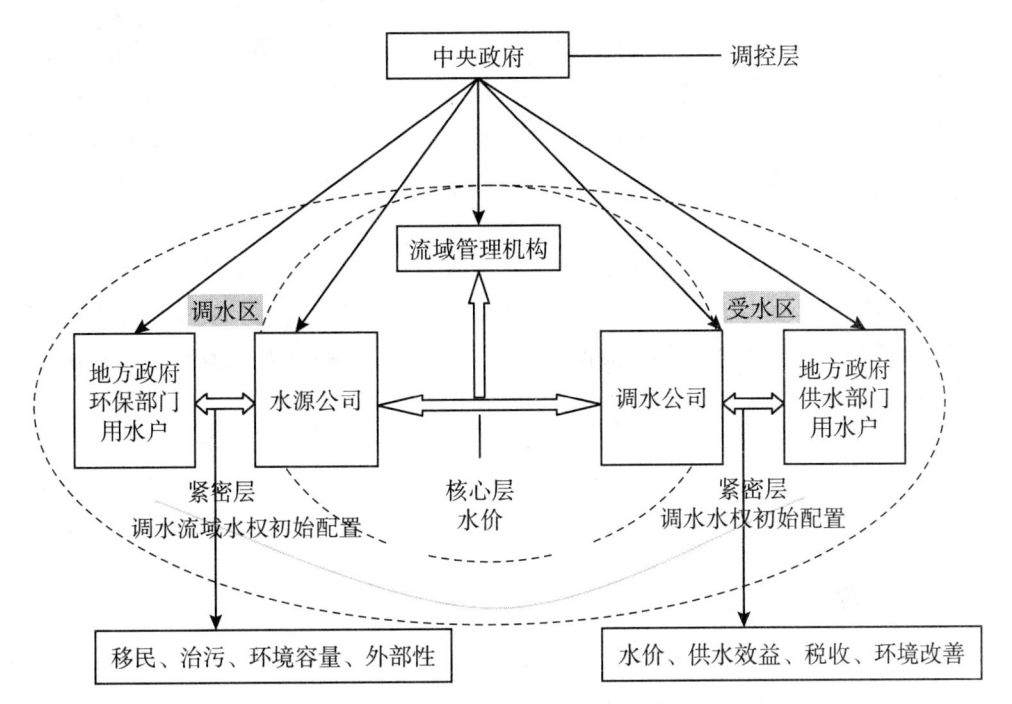

图 7-1 跨区水资源调配中不同层次利益主体

（二）水资源分配中的不同层次利益主体及利益关系

1. 核心层利益相关方利益取向及利益关系

根据南水北调工程建设与管理体制的总体思路以及中线工程的特点，中线成立由国家控股、地方参股的中线干线有限责任公司（简称调水公司）和中线水源有限责任公司（简称水源公司）。调水公司实行资本金制度，资本金由中央和地方分担，中央资本金大于沿线各地（河南、河北、天津、北京）的共同出资额，实现中央控股，负责干线主体工程的筹资、建设、运行、管理和还贷。中线水源公司与中线调水公司一样，是独立的法人公司，双方是平等的原水买卖关系，在流域管理机构必要的管理与指导下，通过供水合同等具有法律效力的手段，共同保证南水北调供水市场的稳定。由此可以看出，中线水源公司与中线调水公司是两个独立的利益集团，他们之间为水资源买卖关系，调水公司向水源公司提出买水要求，内容包括水量、水质、供水时间等，水源公司根据水源区水资源状况，与调水公司协商最终确定供水量、供水时间等。

从调水流域水权配置层面来讲，中央政府赋予水源公司调取汉江流域水资源的权利，水源公司与调水流域的水源区、中下游地区共同参与汉江流域水资源的分配，调水流域水权初始配置将水源公司与调水区的利益紧密联系起来。水源公司在调水工程水资源分配中起到总体控制的作用,它一方面需要保证水源区当地用水、生态环境需水不受调水工程影响,从汉江流域取得取水权;另一方面要充分发挥调水工程的作用,尽量满足调水公司的需水要求。从调水水权配置层面来讲,调水公司是调水水权初始配置的执行者,同时也是受水区利益关系协调的具体实践者。调水公司根据各受水地区的需水总量向水源公司购买水资源,再根据购买水量向各受水地区的供水公司分配水资源,起到水资源协调的作用。尤其是在枯水时期,水资源比较紧张,各省的购水需求比较大,水源公司无法满足各省的购水要求时,调水公司需要根据调水水权配置的比例协调受水区各省的分水量,做到公平、公正,使所调之水达到优化配置。

因此,南水北调水资源分配中,水源公司与调水公司是连接水资源供需关系的纽带,也是连接调水区和受水区之间利益关系的纽带,从而成为南水北调水资源分配中区域利益相关方的核心层利益主体。从宏观意义上讲,水源公司实际代表了调水区的利益,而调水公司则是受水区的利益代表,水源公司与调水公司的利益关系通过水价而体现。流域管理机构作为中央政府的派出机构,是流域内水资源的最高管理层,代表流域水资源的公共利益,其管理行为反映流域长远的、整体的利益。当跨流域调水改变本流域内水资源分配利益格局时,流域管理机构将从全流域利益出发,利用宪法和水法赋予的法律地位,加强对流域内水资源分配的管理,通过相关制度安排调节流域利益与区域利益以及不同区域间的利益关系。

2. 紧密层利益相关方的利益趋向

紧密层利益相关方包括调水区和受水区基于跨区水资源调配的利益相关者,即调水区的地方政府、用水户、环保部门以及受水区的地方政府、供水部门、用水户。随着我国市场经济体制的不断完善,地方政府被赋予了对所辖地区相对独立的行政、经济等方面的管理职能,使地方政府成为区域内经济活动的独立的控制主体,地方政府真正成为地区利益的代言人和实现地区利益的主体[①]。在现实生活中,区际关系的变化往往与地方政府的决策和行为有很大关系,原因在于其法定地位所决定的其所拥有的权力以及其代表的利益所决定的行为取向。调水区地方政府所关注的是如何使本地区因水资源调出而产生的利益损失降到最低,以及对本地区利益损失的补偿,而受水区地方政府所关注的是尽可能让调水满足其经济发展的缺水需求,以最大化地区利益。紧密层中的用水户利益主体是广义的概念,既指调水区的用水户,也指受水区的用水户,具体包括普通居民、市政、区域内的企业单位和用水集团,他们是南水北调水资源分配的直接受损者或直接

---

① 李新安:《中国区域利益冲突及经济协调发展问题研究》,河海大学博士论文,2003 年,第 17 页。

受益者。一方面，随着调水工程的实施和运营，水源地生态环境保护的标准提高，将使一些优势资源开发项目受到政策和环境容量的限制，污水的排放、垃圾的处理、工业废水的治理使经费投入加大，生产成本增加，失去企业发展的竞争优势；另一方面，受水区广大的用水户则是南水北调工程的直接受益者，具体体现在增量供水的区域利益增进，即增量供水对受水区内各用水户带来的经济效益以及环境效益。

3. 调控层的公共利益

在区域利益体系中，中央政府所代表的区域利益处于全局性和调控性的地位，从而成为具有调控性的利益主体。中央政府的调控性体现在两个层次：核心层利益主体的调控和紧密层利益主体的调控。对核心层利益主体的调控，不仅包括对水源公司取水行为和调水公司配水行为的规范，还包括对水源公司供水水价和调水公司主体输水工程口门水价的调控，以协调核心层利益主体的利益关系。对紧密层利益主体的调控，主要体现在调水流域水权初始配置中的利益转移和利益损失，通过生态补偿、移民补偿以及投资补偿等多种形式的补偿，协调调水区与受水区之间的利益关系。另外还体现在基于调水量分配方案的区域利益分配非均衡，通过建立调水水权配置制度，规范调水量的分配，调整受水区之间的利益关系，促进区域经济协调发展，实现国家实施跨流域调水工程的公共利益目标。当受水区各省在水资源分配中产生重大利益冲突时，中央政府需要采取干预措施，利用行政手段协调各方利益。

（三）南水北调水资源分配中区域利益关系变化

南水北调工程的实施和运营，对区域利益关系产生重大影响，无论是工程投资建设时期还是工程建成后的调水运营期，均对调水区与受水区、受水区之间的利益关系产生影响。水资源的调配功能是在调水运营期发挥作用，南水北调水资源分配对区域利益关系将产生深远的影响。市场经济条件下，区域与区域之间的利益关系日益多样化、复杂化。区域间的利益需求具有一致性，又存在共享的基础，这使得各区域间可以建立基于合作的水资源利用关系。同时，区域间的利益也存在差异性，因为各区域都有独立的利益要求，使得他们在追求利益过程中更多地以各自区域利益为导向，忽略了其他区域的利益诉求和流域整体利益的重要性。

南水北调工程调水引起区域利益关系的变化，体现在两个层面：一是既有的区域利益关系中不同利益主体所获得的利益绝对量的变化，它意味着可支配的利益量的变化，从而改变利益主体的支出函数；二是不同区域利益主体之间利益相对量的变化，即不同区域利益主体之间相对利益地位的变化。区域利益关系变化的两层含义决定了区域利益关系变化的两重性质：利益关系的量变与利益关系的质变。

区域利益关系的变化包含区域获利机会的变化和获利水平的变化。区域获利机会的变化，是与区域利益主体相关的各种规则、制度的变化以及引起区域利益变化的外部力量，比如重大工程的建设等外力冲击造成的获利机会的变化等。区域获利水平的变动，通常从不同区域利益主体的收入水平、福利水平指标的变化衡量，最直观的指标是区域 GDP 的变化。一般而言，由于区域获利机会的变化，导致区域获利水平的变化，而获利水平的变化可以定量分析和测算，从实证的角度来说，更有说服力。因此，我们将选择反映区域获利水平的数据来说明调水工程水资源调配对区域利益关系的影响。

三、南水北调水权配置及其层级结构

水权，即水资源产权。水权的概念是水权制度的核心和水权理论的基石，是研究水权问题的起点。因此，要运用水权理论分析南水北调工程的水资源分配问题，首先必须弄清水权概念的内涵和外延，对水权概念进行科学的定义。

（一）水权的内涵

水权是产权在水资源领域的体现，水权的内涵随着研究的深入不断地扩展，目前也没有统一的定论。沈满洪对目前国内关于水权内涵的阐述做了总结：水权的"一权说"——使用权；水权的"二权说"——所有权和使用权；水权的"三权说"——所用权、经营权和使用权；水权的"四权说"——所有权、占有权、支配权和使用权[1]。对"四权说"，还有不同的表述，如：占有权、使用权、收益权和处分权以及使用权、收益权、处分权和自由转让权[2][3]。这些关于水权内涵的不同表述，都是基于不同的研究需要做出的不同阐述，所谓水权的四种观点是不能涵盖水权的所有概念的。

一般而言，凡是涉及与水有关的权利和利益的拥有、转让、变更等方面的事项均可视为水权问题，即广义水权，反映各种决策实体在涉水事务中的权利义务关系。而狭义水权专指水资源产权，是与水资源用益（例如分配和利用）相关

---

[1] 沈满洪：《区域水权的初始分配——以黑河流域"均水制"为例》，载于《制度经济学研究》2004 年第 3 期，第 64～80 页。
[2] 张范：《从产权角度看水资源优化配置》，载于《中国水利》2001 年第 6 期，第 38～39 页。
[3] 宋元文：《资源节约型社会建设中水权优化配置研究》，上海交通大学硕士论文，2008 年，第 14 页。

的决策权，它反映各种决策实体在水资源用益中的相互的权利义务关系。经济学范畴的产权，反映的是人与人之间的关系，是根据一定目的对财产加以利用或处置以从中获取经济利益的权利。对于有限和稀缺的自然资源，产权可以理解为资源稀缺条件下人们使用和配置资源的权利与规则。因此，水权就是在水资源稀缺条件下，围绕一定数量水资源用益的财产权利。本书所采用的是狭义的水权：即水权是水资源在稀缺条件下，围绕一定数量水资源用益的权利的总和，包括水资源的使用权、收益权和处分权。

（二）南水北调水权的内涵界定

南水北调工程的论证中明确提出要引入水权理论研究水资源的分配问题，目前也已出现许多关于调水工程水权方面的研究成果，其中也提出了一些与南水北调有关的水权概念，概括起来，目前关于南水北调工程研究中所涉及的与水权有关的概念主要有：

1. 水利工程产权

水利工程产权是指对大坝、水库、输（引、提）水设施等水利工程拥有、占有、使用、收益、处分的权利。水利工程产权和水权有相似之处，都是指关于具体客体的一组权利，前者的客体是水利工程，后者的客体是指水资源，水权的行使一般来讲需要借助水利工程才能实现①。

2. 调水工程水权

调水工程水权是水权主体通过水资源的开发利用而得到的有权支配的一定水质的水量，是一个权利束，除具有国有属性外，在权利方面还包括投资权、管理权等，其中投资权、管理权等权利统称为经营权。由于我国水资源的国有属性很明确，所以调水工程水权主要指经营权和使用权②。

3. 调水工程取水权

调水工程取水权是由中央政府赋予调水公司对某流域取水的权利。根据崔建远（2003）的研究，南水北调工程中的水权，是用水单位引取长江水的法律资格。就南水北调中线工程来说，整个中线只有一个水权归一个主体享有，该水权产生于丹江口取水口。水权主体是中线调水公司，严格说应该是中线水源公司，而不是某一个或数个用水省份，也不是国家。之所以水权人不可以是某一个或数个用水省份，是因为这样会人为地制造用水省份之间的不平等，增加矛盾。之所

---

① 周晓平、郑垂勇、赵敏、朱东恺：《水权、水利工程产权及其关系辨析》，载于《水利经济》2007年第2期，第21~23页。

② 徐方军：《水资源配置方法及建立水市场应注意的一些问题》，载于《水利水电技术》2004年第10期，第25~27页。

以水权人不可以是国家,是因为国家以水资源所有权人的身份就足以解决水在各用水人之间的分配问题,不需要再另设水权。

4. 调水工程供水权

调水工程是水权实现的物质基础,调水工程供水权的实质是水资源的开发经营权,是水资源所有权和水资源使用权的复杂表现形式。南水北调中线工程中,丹江口水库是中线受水区取水口水权实现的必要条件,丹江口水库的加高以及从汉江取水必须要得到汉江水资源所有者——中央人民政府的授权,然后中线水源公司才能从水库取水并进行转让,向中线供水总公司出售取水权。

5. 调水水权

跨流域调水中的调水水权,是指跨流域调水工程沿线各地根据实际需水量,按比例投入建设资本金后获取的计划调水量的使用权。用水户的调水水权是指在特定的时间、特定的地点,以商定的价格获取一定水量(水质)的权利①。

上述关于南水北调所涉及的水权的描述,实际上可以归纳为两类:南水北调工程产权和南水北调工程水权。南水北调工程产权的客体是调水工程本身,而南水北调工程水权的客体是长江水资源,其他的权利诸如调水工程取水权、调水工程供水权等都是南水北调工程水权权利束中的一种,也就是说,南水北调工程水权是一组权利束。综合上述关于南水北调工程水权的描述,南水北调调水水权和南水北调工程水权从本质来看是相同的,水权主体都是调水公司,水权客体是长江水资源,水资源所有权属国家所有,因此,这两个概念可以不加区分地使用,南水北调工程水权也就是指南水北调调水水权,是工程沿线各受水地区依据水法和法律所取得的对调水的使用权。

综合上述分析,南水北调工程中的水权是在水资源稀缺条件下,由水资源的所有权衍生出来的并围绕一定数量水资源用益的一组权利束。如果将研究视野放置在南水北调工程的调水流域,水权是取水权,即调水流域内的区域以及调水工程的受水区对流域水资源的取用权利,是在水资源所有权国家所有的前提下,水资源所有权和使用权相对分离,赋予用水户依法享有对水资源使用和收益的权利。如果将研究视野放置在南水北调工程的受水区,水权则是南水北调工程调水水权,简称为南水北调调水水权,即水权主体通过调水工程措施而依法取得的有权支配一定水质的水量,是工程沿线各受水地区依法所取得的对调水的使用权。调水水权实际上是增量水权,即借助于调水工程而获取的增量水权,这种增量水

---

① 鄢碧鹏、刘超:《调水工程水权计算方法研究》,载于《南水北调与水利科技》2004 年第 6 期,第 17~19 页。

权是调水工程在各地区调水需求量和总调水规模确定后,按照一定的保证率确定的各地区的水量型水权。

(三) 南水北调水权配置的概念

南水北调工程是由国家运用宏观调控中的资源配置手段兴建的,由国家行使水资源配置职能的大型跨流域调水工程。由于南水北调工程调水,以前相对独立的水系统因调水的联系而成为在水资源分配利益上的要素,以前相对独立的区域,也因调水的联系而成为利益纷争的主体,调水所面对的实际问题是受水区与调水区对调水流域水资源的重新分配以及受水区之间对所调之水使用权的分配,即水权配置的问题。

南水北调水权配置与一般意义上的水权配置概念有所不同,在一般水权配置过程中,水权配置主体根据法律法规通过行政手段、市场手段或行政与市场相结合的手段对水权在不同流域之间、不同区域之间、不同用水部门之间或不同用水主体之间进行配置,配置的客体是一定范围内的水资源,一般来说也没有外力介入影响初始水权。而南水北调工程调水中的水权配置既涉及调水的工程建设,又直接与水权交易的市场经济行为相关,有其一定的特殊性,是一种在跨流域调水这一外力介入影响下的水权配置。由此可以给出南水北调水权配置的概念:南水北调水权配置是指在跨流域调水工程作用下,在特定的调水流域或区域内,利用行政手段、市场手段或者行政与市场相结合的手段对水权在不同区域之间、不同用水部门之间或者不同用水主体之间进行配置,以保证各方面利益协调的活动。

南水北调水权配置分为两个阶段,水权的初始配置和初始配置之后的再配置,初始配置是再配置的基础,再配置是水权行使环境变化后对初始配置结果的调整。水权配置的关键和难点在于初始水权的配置,即如何根据水资源配置原则将水资源的使用权公平合理地配置给各用水主体。

(四) 南水北调水权配置的层级结构

在跨流域调水这一外力介入的水资源配置活动中,调水流域的水资源配置现状被打破,国家从全流域利益出发,必须要在保障流域内原用水区域发展权的前提下赋予受水区取用该流域水资源的权利,对调水流域的水权进行配置,这是南水北调水权配置的第一层次,即调水流域水权配置。当调水工程取得调水水权后,要在受水区之间进行配置,这是南水北调水权配置的第二层次,即调水水权区域间配置。南水北调水权配置的层级结构如图7-2所示。

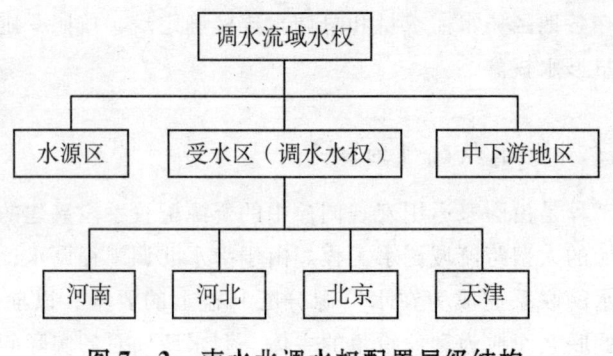

```
              调水流域水权
                  │
      ┌───────────┼───────────┐
     水源区    受水区(调水水权)  中下游地区
                  │
          ┌───┬───┴───┬───┐
         河南  河北   北京  天津
```

图 7-2　南水北调水权配置层级结构

1. 调水流域水权配置

调水工程作为一项水资源调配工程措施,首先是对调水流域的水资源配置现状的一种重新调整,流域内水资源的配置状况发生变化。调水工程之所以能够实施,是因为处于调水工程源头的调水流域存在着可供调往外流域的多余水量,也就是存在着可供转让的初始水权,通过调水工程,将调水流域富余的初始水权转让给其他流域的受让方,这实际上是调水工程对调水流域原有水资源配置状况的重新界定。

虽然我国法律规定流域水资源的所有权属于国家,但由于流域水资源的初始水权没有明确界定,理性的流域用水户可以自由使用流域水资源,可以自主决定从流域河道中取用多少水量用于生活、生产以及其他方面。而调水工程又强化了对流域水资源的取用能力,但流域可利用的水资源总量是有限的,这必然会导致流域水资源水量的过度利用,导致流域内各用水地区与调水工程受水区之间的利益矛盾,从而不利于调水流域的可持续发展和调水效益的发挥。

因此,由于跨流域调水这一外力的介入,调水流域水资源配置现状被打破,国家从全流域利益出发,对调水流域的水权进行配置,在保障流域内各区域发展权的前提下赋予受水区取用该流域水资源的权利,这就是调水流域水权配置。从这个意义上说,调水流域的水权配置实质是初始配置,是代表国家利益的国务院水行政主管部门根据调水工程所处的调水流域的历史水文资料以及该流域的降水量,在扣除了维护流域内生态环境和水资源的再生所必要的蓄水量的基础上,根据流域内各地区以及调水工程受水区国民经济发展的需要和居民生活的需要,核算各地的需水量和用水量,以确定各地区可以从该流域的取水量。

具体到南水北调中线工程,由于调水工程的实施,调水工程受水区域也作为汉江流域中的一个区域参与流域水资源的分配,汉江流域水资源将在原用水区域和调水工程受水区域之间配置,流域内原有的配置状态发生变化。从汉江流域整体来看,丹江口水库及以上区域可看作是水源区,水库以下的汉江中下游地区是由于水量减少而受影响的地区，为研究的方便，可将南水北调中线沿线受水区作为一个整体区域，即受水区，则南水北调中线工程介入的汉江流域就可以划分为三大区域：水源区、受水区和中下游地区，这三大区域将参与汉江流域水资源的分配，汉江流域水权将在水源区、受水区和中下游地区之间进行配置。因此，调水流域水权配置问题就是汉江流域水权在这三个区域之间的界定问题，水权初始配置主体是国务院水行政主管部门设立的长江流域委员会，水权初始配置的客体是汉江流域内处于天然状态下的水资源。水源区和中下游地区的取水权是用水地区对汉江流域河道内的取水权，即普遍意义上的取水权；而对中线工程受水区而言，中央政府赋予调水工程相应的取水权利，并规定其调水规模和取水量，给中线水源公司发放取水许可证，取水权的主体是中线水源公司，客体是汉江流域的水资源，取水权的量化指标是取水量，即南水北调工程的调水总量。

2. 南水北调调水水权配置

在第一层次水权初始配置后，调水流域的水源区、中下游地区和调水工程受水区都取得了初始水权，水源区、中下游地区包括不同的行政区，水权应该还要在这些行政区域之间进行配置。调水工程取得调水水权后要在受水区之间配置水权，这就是调水工程中水权配置的第二层次，即调水水权区域间的配置。

南水北调调水水权配置是指将调水工程所取得的一定的水资源使用权在不同受水区域、不同用水部门以及不同用水主体之间通过一定的手段进行界分的过程。调水水权配置既要考虑国家政策目标的实现，还要兼顾用水效益在不同区域之间的差异。水权配置的实质是提高水资源的配置效率，一方面是提高水资源的分配效率，合理解决各区域、各部门和各行业（包括环境和生态用水）之间的竞争用水问题；另一方面则是提高水资源的利用效率，促使各区域、各部门或各行业内部高效用水。南水北调水权配置正是从供需两方面着手：在需水方面，通过水权初始配置和再配置，用政府和市场相结合的手段调整产业结构与调整生产力布局，积极发展高效节水产业；在供给方面，通过水权制度协调各区域、各部门之间的竞争性用水，用水权价格机制激励水利工程设施的建设和水市场体系的管理。

调水水权配置包括初始配置和再配置。调水水权初始配置是按照一定的原则和模式对调水水权初始界定的过程，南水北调调水水权初始配置是调水工程沿线各地根据实际需水量，按比例投入建设资本金后获取的调水工程调水的使用权，该使用权的量化指标就是对工程调水的分水量。调水水权再配置是各受水区在取得调水初始水权后，所获得的调水水量大于当地社会实际的需水量，对多出的水资源进行水权再配置，即受水区域之间进行水权交易，不同的配置模式将导致不同的利益分配格局以及区域利益关系。

第二节 流域层面水权配置与区域利益分配格局

一、调水流域水权初始配置

由于南水北调中线工程的介入,汉江流域水资源配置现状被打破,流域水资源在政府的宏观调控下进行重新配置,从而也引发了流域内水资源利益分配的变化,为保证调水工程的顺利实施以及汉江流域原用水户的利益,国家需要从全流域利益出发,对汉江流域的水权进行配置,在保障流域内各区域发展权的前提下赋予受水区取用汉江流域水资源的权利。因此,调水工程受水区也作为汉江流域中的一个区域参与汉江流域水资源的分配,汉江流域水资源将在原用水区域和调水工程受水区域之间配置,流域水权配置的本质是初始配置。

水权初始配置模式的选择要结合调水及流域的具体情况。市场和政府是水权配置的两条基本途径。市场是在已获得水权的用水户之间通过交易进行配置,而政府对水权的配置(尤其是初始水权配置)起主导作用。南水北调工程是超大型调水工程,大规模的调水一般需要全流域的统一调度,需要行政力量的介入。在调水流域可利用水资源总量已定的情况下,水资源在调水区和受水区之间的分配必然涉及各地区的利益。因此,南水北调工程调水中,中央政府的介入是调水流域水权配置的有效途径。南水北调中线工程从汉江流域调水给北方缺水地区,是国家根据国民经济布局和发展的整体态势,按照水资源分布及流域水资源承载力调整水资源分布格局,并利用流域取水权的初始分配对区域经济发展实行的宏观调控。因此,南水北调中线工程调水水权的获取是在中央政府的介入下,从汉江流域取得调水取水权,流域水权初始配置模式采取政府主导的行政配置模式。但是政府主导的行政配置模式,由于政府介入的程度以及采取政策的不同,水权配置后的区域利益分配格局会有所不同。

1. 中央政府采取相关控制政策

在调水流域内,由于调水区具有先动优势,具有优先取水的权利,没有动机和积极性将水资源分配给调水工程的受水区使用,水源区更没有保护水源的激励,其直接后果是调水工程将无法正常运行,受水区的缺水需求得不到满足,调水的水质达不到规定的标准。此时,中央政府介入调水流域水权初始配置,采取一定的控制措施,比如对大耗水产业发展的限制以及污染控制、水源地生态环境保护等。

在中央政府采取一定的控制措施的情况下,调水区尤其是水源区是否会考虑到受水区的利益,适当放弃自己优先取水的权利,中央政府的控制措施就起到了关键作用。如果调水区将一部分水资源调配给受水区使用,水源区能够保护水质,就有可能带来调水流域共同体内更大的收益。但是,这种只对调水区尤其是对上游水源区采取控制措施的行为显然是不公平的,上游水源区在满足调水流域共同体内效益最优的水资源配置结果时是没有任何激励政策的,是非理性的配置结果,任何一个区域绝对不会在决策时将其他区域的利益作为自己的行动目标。可见,采取适当补偿受损区域利益的政策是实现调水流域水权合理配置的现实选择。

2. 基于补偿机制的调水流域水权配置模式

跨流域调水改变了正常的水资源分配秩序,从而影响水资源配置的公平性和有效性,需要建立合理的跨流域调水经济补偿机制来解决各方的矛盾冲突,以消除调水的不利影响。南水北调中线工程调水给缺水的北方地区带来了巨大的社会、经济和环境效益,但同时也给调水地区造成了一定的损失:水电站的发电效益损失、灌区的农业生产效益损失、调水带来的生态环境问题和社会问题。无偿的调水不仅违背水资源配置的公平性原则,也不利于水资源的高效利用。因此,调水需要建立相应的利益补偿机制,消除调水带来的负面影响。

如果中央政府通过适当的制度安排,采取受益者补偿的措施,使调水区为满足流域共同体内效益最大化而造成的部分损失由受水区受益者承担,即因调水而受益的受水区对受损区做适当的补偿,这样将有利于调水区和受水区之间的合作,有利于协调调水区和受水区之间的利益关系,改善非均衡的区域利益分配格局,达到帕累托利益改进的状态。这种由中央政府推动的受益区对受损区进行利益补偿的流域水权配置模式我们称为基于利益补偿机制的调水流域水权配置模式。这种配置模式需要中央政府建立一种有效的调水补偿机制并强制执行,使得各地区即使在追求自身利益的情况下,也能够达到调水流域效益最优的目标。

二、基于调水流域水权初始配置的区域利益分配格局

(一) 调水流域水权配置的利益分析

1. 水权配置中的利益矛盾

当人类把水资源转化为经济系统中的经济资源或物质财富,以不断满足社会发展的需要时,水资源便具有了经济价值。价值的本质是人类的物质利益。因

此，具有综合价值的水资源因能给人类带来巨大的利益而成为人类活动的追求目标，促使人们不断进行生产活动以满足自身的需求。这样，人对水资源的需求关系，通过生产关系的中介，就转化为人与人之间因对水资源的需求而发生的利益关系。

水权配置中的利益矛盾源于不同利益主体对水资源的占有数量和质量的差别。水资源从数量到质量上的分布均是不平衡的，并表现在时间和空间两个维度上。从本质上讲，对水资源占有就存在利益主体需求的无限增长与利益客体相对有限甚至缺乏之间的矛盾。这一矛盾使得人们不得不对有限水资源的产权进行界定和划分。在划分的过程中，由于利益的排他性，各主体间的矛盾由此产生。跨流域调水中，调水流域水资源所有权归国家所有，国务院水行政主管部门作为流域水资源公共利益的代表，行使公共权力来实现水资源的有效配置。调水流域水权配置的目的就是通过规范各利益主体行为，增进调水流域与区域、区域与区域的用水利益、协调主客体与主体之间的利益矛盾，进而实现水资源的可持续利用和经济的可持续发展。

2. 调水流域水权配置的利益特性及区域利益关系

跨流域调水中，流域水权配置的利益基本特性是流域利益的共享性和限制性共存。流域利益的共享性就是流域内各区域必须共享同一流域内水资源所带来的利益。这一特性源于水资源的共有性及利益的兼容性。在一个相对封闭的流域的初始开发阶段，水资源具有共有资源的性质，具有公开获取性与非排他性[1]，即不同区域必须共享同一流域内的水资源，而不能排除其他区域的同时利用。水资源所有权的国家属性，也决定了国家具有调配某一流域水资源于缺水地区的权利，以实现区域经济的协调发展。在国家采取行政力量配置水资源时，受水地区也有权利共享调出流域水资源带来的利益，尽管受水区需要付出一定的成本。而且调水流域共同体内各区域必须通过协商合作的形式才能最大限度地实现水资源的综合价值。

流域利益的限制性源于两个方面。一是水资源是有限、脆弱的自然资源，加之流域本身具有区段性和差异性，这使水资源的有限供给限制了主体需求的无限扩张，即利益获取受到限制。二是流域内行政区域的划分人为地限制了流域水资源利益的整体性，即在利益排他性的影响下，各区域均以本区域的利益最大化为行动导向，分化了流域的整体利益。区域利益不均衡将可能损坏流域的整体利益。

---

[1] 周霞：《我国流域水资源产权特性与制度建设》，载于《经济理论与经济管理》2001 年第 12 期，第 11~15 页。

在调水流域与调水工程受水区形成的流域共同体内，调水区（上游水源区和中下游地区）和受水区之间因为调水而产生利益关系，他们代表各自权限范围内的区域利益，成为调水流域利益分割的基本单位。市场经济条件下，区域与区域之间的利益关系日益多样化、复杂化。区域间的利益需求具有一致性，又存在共享的基础，这使得各区域间可以建立基于合作的水资源利用关系。同时，区域间的利益也存在差异性，因为各区域都有独立的利益要求，使得他们在追求利益过程中更多地以各自区域利益为导向，忽略了其他区域的利益诉求和流域整体利益的重要性。当调水区无视本区域的用水行为将影响受水区的用水时，就会选择不合作的水资源利用方式，此时流域及受水区利益的帕累托改进无法保障，反之则选择部分合作的水资源利用方式，这使得调水流域及各区域利益的帕累托改进成为可能。各区域对流域水资源的取用方式的合作形态的不同选择，将构成区域利益的不同分配格局。

（二）汉江流域水权初始配置后的区域利益关系

汉江流域水资源在跨流域调水外力作用下的合理配置，既不是牺牲汉江中下游人民利益从汉江超量取水，也不是不顾调水工程效益发挥的少量取水，合理的办法是把汉江流域的水资源进行重新分配，对丹江口水库上游、中下游地区以及调水地区的水权进行初始配置，明晰各区域的取水权。这是国家根据国民经济发展规划和区域经济发展布局对水资源的要求，按照一定的原则配置调水流域水资源，并利用取水权的初始配置对区域经济发展实行宏观调控的重要工具，对汉江流域水权初始配置的目的是协调各利益相关方利益，促进区域的协调发展。

汉江流域水权初始配置是区域利益的划分，调水对各区域都产生不同程度的影响，从总体上看，在没有利益补偿措施的情况下，汉江流域水权初始配置后，受水区是调水工程主要的受益者，水源区以及中下游地区是调水工程主要的付出者。

1. 调水区利益变化

调水流域水权初始配置不仅要按水资源的数量在各水权主体之间进行配置，而且要对所配置的一定量的水资源的质达到规定的水质要求。因为不同水质的水，其使用价值不同，水质的降低将会影响水资源功能的发挥，因此在实际的水权界定中，对水权量界定的同时，必须对水质进行界定，以使分配的水权能充分发挥其作用[①]。南水北调调水流域水权配置不仅是对水权量的界定，而且也要对水权质进行界定，对受水区和中下游地区来说，符合水质标准的水资源才是真正

---

① 刘斌：《浅议初始水权的界定》，载于《水利发展研究》2003年第2期，第6~28页。

具有使用价值的水资源,这就对水源地保护水资源水质提出了要求。由此可知,调水区的利益变化主要是由水资源量的减少和对水资源质的要求而引起的,调水区的利益受损主要表现在水权损失、发展权损失、排污权损失方面。

(1) 水权损失。

任何一个流域内所有用水户享用水资源的权利是平等的,即同一河流的上下游地区用水户具有同等的权利,不能剥夺流域内任何地区用水户的水资源使用权。如果出于国家宏观水资源调配的需要或是其他原因剥夺了用水户的水资源使用权,就应当给予补偿,以体现公民权利平等和公平竞争。从区域经济的角度看,水资源是区域资产的重要组成部分,由于目前缺乏资源的补偿政策,每年调走的水资源没有给水源区任何利益的补偿,而这些调走的水资源可能是今后水源区乃至汉江中下游地区经济发展的重要源泉[①]。由于国家宏观上对水资源调配的需要,使得水源保护区以及汉江中下游地区的用水户的水资源使用权受到限制,水资源使用权被部分剥夺,不能完全地享受水资源的效益。尤其是汉江中下游地区,水资源使用权的损失造成的经济和环境损失更大。

(2) 发展权损失。

发展权是参与和享有发展进程及其结果的权利。任何一个地区都有自主选择发展某种产业、开发某种产品的权利以及通过开发产品、发展产业来增加积累、提高居民收入水平的权利。而作为调水工程的上游水源区,却被赋予了保证受水区和下游地区供水安全的责任和义务。出于对水源地保护的需要,国家和地方政府必然对上游地区产品开发、产业发展做出种种限制。这实质上剥夺了上游地区传统产业的发展权,尤其是高耗水、高污染的产业发展方面表现得特别突出。

(3) 排污权损失。

我国的环境保护法赋予每个地区享受平等的污染物排放权的权利及享用自己本区环境容量的权利。但是,地处调水工程上游地区的工业企业为了保护水源水质必然要提高它的污染物排放控制标准和污染物总量控制标准,这就客观上把上游水源地、受水区和下游地区的排污权利放在了一个不平等的地位上。为保证"一库清水送北京",上游水源地的工业企业必然要提高污染物的治理标准和能力,增加污染治理费用,这就明显提高了水源地城市和工业企业的环境治理成本,使其处于一个不平等的竞争地位。而且,由于调水,汉江丹江口水库下泄量不足,使中下游水流量减少20%以上,流速变缓,即使在污染负荷不变的情况下,河流水质将明显变差。由于汉江下游干流水环境容量明显减小,下游江水的

---

① 郭庆汉:《南水北调:水源区面临的机遇与挑战》,载于《武汉交通职业学院学报》2008年第3期,第43~46页。

纳污能力将明显降低，从而加重汉江的污染，对沿江县市经济社会的发展产生极为不利的影响。

2. 受水区利益变化

南水北调工程给受水区带来的直接利益是区域供水量的增加，由水资源供给增加所带来区域利益增进，主要包括工业和居民生活供水效益、农业供水效益和生态环境效益以及增量供水对区域 GDP 的影响等。水量增加对受水区的影响不仅仅在于解决区域内居民生活用水的紧张、降低相关需水行业的企业发展用水成本，还可以改善当地的区域发展环境、调节生态环境状况。它一方面表现为区域水资源总量对当地社会经济长远发展的保障能力；另一方面还体现在当前对整个区域的水资源供给能力。水资源供给能力的提高，有效缓解了受水区严重缺水状况，为区域经济增长和产业发展创造有利条件。当工程建成调水后，受水区的水资源条件和水供求关系得到改善和调整，沿线受水地区产业发展的制约因素得以改变。工程建成前，沿线地区水资源短缺、水供求关系紧张，不同行业的用水受到限制，而工程建成调水后，水供给量不足的问题会得到解决，给沿线地区的经济增长及产业发展带来宽松的水资源环境。

南水北调工程调水对于调水区，意味着发展权的损失，而对于受水区，则意味着发展权的获得，极大地缓解受水区的水资源需求矛盾，水资源条件将发生质的变化。对于一个多年来一直严重缺水的地区来讲，这些水将深刻影响受水区区域经济发展战略的制定。以河南省为例，最终确定的受水区范围与河南省确立的中原城市群发展战略中所涉区域高度重合。根据河南省提出的中原城市群战略规划，中原城市群以郑州为中心，包括洛阳、开封、新乡、焦作、许昌、平顶山、漯河、济源共 9 个省辖市，14 个县级市、33 个县、340 个建制镇。区域土地面积为 5.87 万平方千米，占河南全省的 35.1%；总人口 4 012.5 万人，占全省的 41%。2005 年，区域实现生产总值 5 914.82 亿元，地方财政一般预算收入 336.09 亿元，占全省的比重分别为 56.1% 和 62.5%。2007 年，河南省政府常务会议审议正式通过的《河南省南水北调受水区供水配套工程规划》中，最终确定的南水北调中线工程河南省受水区范围包括 42 座城市，具体包括省辖市 11 座、县级市 7 座、县城 24 座。其中，平顶山、漯河、许昌、郑州、焦作、新乡等 6 座省辖市在中原城市群规划之列，且 6 市受水之和接近河南省总受水量的 60%。

3. 调水区与受水区之间的利益关系

实施南水北调中线工程调水时，缺水的北方受水区获得使用一定汉江流域水量的权利，这意味着调水区就必须放弃对这部分水量的使用权。调水流域水权初始配置后，受水区的供水能力增加，缓解了受水区的缺水情况，受水区获得经济、社会、环境收益,但却造成了调水区的资源损失以及保护水质的环境成本,受水区与调水区利益分配处于一种非均衡状态。调水区与受水区之间因调水而导致的水资源再分配会影响到两地社会经济的发展,但两地政府之间没有直接利益联系的表现,其利益关系也是隐性的。如果没有一个良好的利益补偿机制,上游水源区就没有保护水库水质与水环境的激励,还会从自身利益出发大力发展高耗水、高污染的产业,使下游受水区的水质、水量无法得到应有的保证,损害受水区的利益。因此,水源区与受水区之间的利益关系要通过中央政府的协调,建立有效的利益补偿机制,使得整体利益达到最大。

(三) 不同水权配置模式对区域利益分配格局的影响

由于水权初始配置是利益的分配,也是流域水资源利益格局的重新调整,因此,对调水流域的各利益相关者,尤其是对水权利益既得者产生极大的影响,利益的转出将使他们对调水充满抵触情绪,不利于区域稳定。因此在跨流域调水这一外力介入下,调水流域水权的初始配置,必须要求由具有国家强制力的政府出面主持,充分体现政治公平和国家的宏观调控意图。政府主导的行政配置模式,是调水流域水权初始配置的实现途径,中央政府有关职能部门采取的政策对这种配置模式起至关重要的作用。

南水北调中线工程汉江流域水权初始配置需要得到相关政策的支持或倾斜,区域之间利益的协调需要政府建立相应的合作和利益补偿机制,由此可以推动调水流域水权管理制度的变迁。调水流域内不同区域间的合作会提高整个流域的综合利益,在跨流域调水这一外力的介入下,流域内各区域之间的利益分配格局被打破,如果现有水资源配置体制下各区域的利益不能公平分配,则必然会要求新的制度和机制为其提供保障,从而引起调水流域水资源管理政策的改进,政策的改进促进各区域的合作,以实现区域利益的合理分配。

下面对两种政策安排下的水权配置模式对区域利益分配格局的影响加以分析。

1. 无补偿政策的配置模式对区域利益分配格局的影响

首先我们分析调水流域水权配置在没有实施补偿政策时的区域利益分配,假定各区域在中央政府协调下采取协商合作,而不是用政府强制手段来控制。调水流域各区域间合作的根本原因和动力,在于其可为各区域利益主体带来利益改善,即实现区域利益的帕累托改进。所谓区域利益的帕累托改进,是在至少不降低任何其他相关区域的利益的前提下的区域利益增进[①]。为研究的方便,将调水

---

① 张可云:《区域大战与区域经济关系》,民主与建设出版社2001年版。

流域的上游水源区和中下游地区视为调水工程的调水区，以便分析调水区和受水区参与下的利益分配格局（见图7-3）。

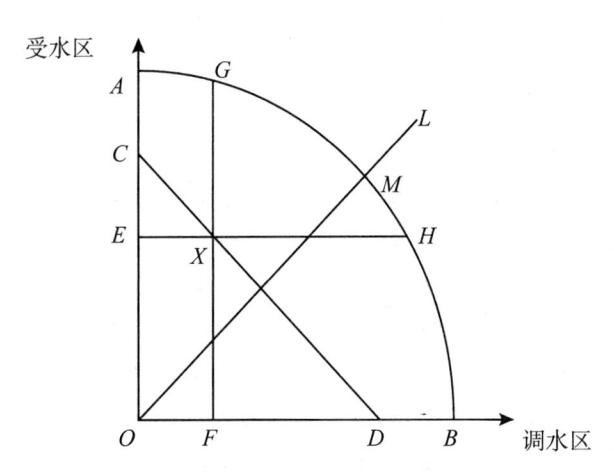

图7-3　无补偿政策的配置模式对区域利益分配格局的影响

在图7-3中，假定 AB 为现有制度（没有实施利益补偿机制）下的利益可能性边界，OL 为调水区和受水区两个区域的平均利益线，现状利益分布点为 X 点。图7-3中调水区和受水区之间的利益变化及分配格局有三种：

（1）区域利益帕累托改进区间：从 X 点到区域 XGH 中任何一点都可实现调水流域及调水区和受水区利益的帕累托改进，XGH 是调水流域综合效益增加的帕累托改进区。区域利益帕累托改进是一种高效率的状态，在提高经济效率的同时也改变了原有的区域利益分配格局。

（2）调水流域综合利益下降区：从 X 点到区域 OCD 中任何一点会使区域利益下降，或者至少一个区域利益下降，并且下降幅度超过另一区域的利益改进程度，即调水流域综合效益下降区。其中矩形区域 OEXF 为非区域利益空间分布区，由 X 点向该区中任一点的演变都意味着各区域利益与调水流域总利益的减少，作为理性利益者的政府职能部门不会采取导致这样结果的政策。

（3）政策利益空间分布区：区域 XEAG 与区域 XFBH 为政策利益空间分布区，即在此区范围内至少会是一个区域的利益增进，区域 XCAG 与区域 XDBH 中任一点会使一个区域利益增加，而另一区域利益减少，但会使调水流域综合效益增加。

在没有任何补偿措施的前提下，调水流域水权初始配置后，受水区由于增量供水产生的经济、社会和环境效益，使得受水区利益增加，而调水区由于水量的减少和保护水质导致区域利益受损，受水区的利益增进是在调水区利益受损的基础上获得的，也就是说，在没有任何补偿措施条件下，调水区和受水区的利益分配格局处于政策利益空间分布区,如果受水区在利益分配格局中占据绝对优势,则由该利益分布点进行的帕累托改进空间无法接近利益公平线 OL,或者如果调水区在利益分配格局中占据绝对劣势,那么由该利益分布点进行的帕累托改进空间同样也无法接近利益公平线 OL,此时对整个流域共同体来说,不但整体利益并没有达到最优,而且调水区和受水区的利益分化比较严重,这样的利益分配格局不利于区域的协调发展。

因此,在这种利益分配不均衡的情况下,如果中央政府不采取有效的政策措施,改变这种不公平的竞争,必然不会使区域利益变动进入帕累托改进区间。可见,调水流域水权配置必须要在区域之间共同协商、自愿参与的前提下,由中央政府制定相关政策措施来协调区域之间的利益,实现各区域调水利益的共同改善,促进流域共同体内各区域公平、协调、可持续发展。

2. 补偿机制下的配置模式对区域利益分配格局的影响

理论上,在区域利益帕累托改进区间,现有的配置制度能保证区域利益实现帕累托改进,中央政府无需介入。但是在跨流域调水中,由于调水改变了调水流域的水资源配置现状,由现有制度不能提供激励政策促使区域利益实现帕累托改进,只能由中央政府介入采取补偿措施来控制,促进区域主体合作,补偿机制下的水权配置模式就成为调水流域水权初始配置的主要形式。下面分析补偿机制下的调水流域水权初始配置的利益改进。

如图 7-4 所示,假定 AB 为现有制度下的利益可能性边界,如果 E 点为现状利益空间分布点,受水区在利益分配格局中占绝对优势,由该点进行的帕累托改进空间无法接近利益公平线 OL。如果 F 点为现状利益空间分布点,则调水区占优,帕累托改进仍然无法接近 OL。这种情况下,受水区和调水区既可能不合作,也可能合作。不合作是因为在此区间内无法既实现区域利益帕累托改进,又实现消除绝对区域差距的目的[①];合作则是依赖于政府通过制度创新将利益可能性边界外推至 $A'B'$,使 E、F 两点进入调水流域水权初始配置的合理空间范围内。虽然合作并不必然带来利益的帕累托改进,但从长远角度看,调水流域范围内的合作是实现利益增进的最为有效的途径。

作为具有调控性的利益主体,中央政府在跨流域调水中的主要作用是促进调水流域范围内各区域的有效合作,采取一系列优惠、倾斜政策支持调水流域水资源的合理配置,制定调水利益的受益受损经济补偿机制,以引导倾斜的利益分配格局趋向平衡,促进各区域关系的协调,实现水资源优化配置。

---

① 吕康银:《区域开放动力机制与区域经济协调发展研究》,东北师范大学博士论文,2004 年。

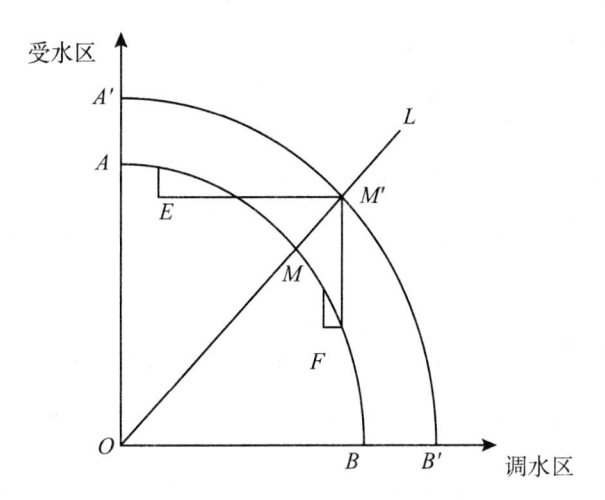

图 7-4　补偿机制下的配置模式对区域利益分配格局的影响

第三节　利益关系调整与区域协调发展

本节前面的分析表明，在跨流域调水背景下，从水权配置和水资源分配的角度出发，无论是在调水流域层面还是在受水区域层面，区域之间的利益分配格局是非均衡的。

一、基于调水的非均衡利益分配格局

1. 调水流域水权配置中的区域利益关系变化及利益分配格局

从调水流域层面来讲，调水流域水权初始配置是调水流域河流取水权的初始配置，在跨流域调水这一外力介入下，调水流域原有的取水权配置状态被打破，流域水资源在政府的宏观调控下进行重新配置，从而引发了流域内水资源利益分配的变化。在调水流域与调水工程受水区形成的流域共同体内，调水区（上游水源区和中下游地区）和受水区之间由于调水而产生利益关系，他们代表各自权限范围内的区域利益，成为调水流域利益分割的基本单位。

就南水北调中线工程而言，调水工程作为一种外生力量，外力冲击改变了区域获利的机会，对受水区而言，水资源的增加意味着经济增长的水资源瓶颈约束得到缓解，潜在的获利机会增加，直接表现是区域获利水平的增加，供水量增加将带来可供分配的利益总量的增加，即区域 GDP 以及供水效益的增加，并带来

相应的环境利益改善；而对调水区而言，调水意味着区域获利机会的减少以及区域获利水平的降低甚至是利益损失，表现在水源地非自愿移民的能力受损、发展权的损失、排污权损失以及产业发展限制的经济损失，由此形成了调水区利益受损、受水区利益增加的非均衡利益分配格局。调水区和受水区之间利益分配的非均衡将会导致区域利益关系的改变，如果利益分配出现严重的不均衡状况，日益扩大的利益差距就会使调水区和受水区之间的利益矛盾加剧，甚至发生利益冲突。

南水北调中线工程的受水区是经济发展比较好的地区，而调水区是经济发展较弱的地区，尤其是水源地，特殊的地理区位以及资源禀赋条件，使得其区域经济发展水平远落后于受水地区，调水区和受水区之间客观上存在区域差距。区域经济发展差距，也会造成水资源分配和利用中区域利益出现矛盾。水源地因经济欠发达，产业结构层次较低，大多发展一些高耗水、高污染的资源依赖性产业，调水对水质的要求限制了这些产业的发展，减少了当地的经济收益和居民收入，这势必会进一步拉大水源地与受水区之间经济发展差距。当区域获利规则不完善时，区域利益主体在区域经济差距较大时均有制造或激化区域之间利益矛盾的倾向，采取不合作的水资源利用方式，调水水质无法得到保障，受水区的调水利益受到损害，从而影响到调水效益的发挥。

因此，中央政府需要通过适当的制度安排，采取受益者补偿的措施，使调水区为满足流域共同体内效益最大化而造成的部分损失由受水区受益者承担，即因调水而受益的受水区对受损区做适当的补偿，这样将有利于调水区和受水区之间的合作，有利于调整调水区和受水区之间的利益关系，改善非均衡的区域利益分配格局，达到区域利益的帕累托改进。

2. 调水量分配方案下的区域利益关系与利益分配格局

南水北调工程调水量分配方案中每个受水地区的分水量是按照每个地区在规划水平年的缺水量来确定的，按照此方案分配调水量，每个受水区的缺水需求都得到了满足，每个受水地区的调水利益都能得以实现。而缺水量是规划预测的需水量与可供水量的差额，当一个地区可供水量增加有限或者不变时，规划预测的需水量越大，则缺水量越大，分配的调水量也就越多，也就越有可能从调水中获得更多的利益。由于需水量是由区域人口增长、区域经济发展潜力、用水定额、节水水平等因素决定，因此，南水北调工程的调水量分配方案，实际是受水区之间以经济实力为基础综合竞争的结果。

在调水量分配方案下，南水北调工程的增量供水使得缺水地区的水资源瓶颈问题得到了缓解，调水产生的供水效益，使得区域利益增加，但不同地区、不同部门获益的绝对量和相对量表现出非均衡性。调水对受水区利益分配的影响主要体现在受水区域之间经济利益、社会利益以及环境利益的差异上，尤其以调水产生的经济利益格局变化最为显著。调水产生的供水效益差异，来自于水量分配的大小和行业（或地区）用水效率的差异。任何经济发展都会受到一定生产力水平的制约，当一个区域在现有的生产技术水平下，用水效率水平提高有限时，增加供水量就成为现实的选择，因此，调水量分配的大小在一定程度上决定了区域利益增进的程度。

水量的分配本身就是一种利益分配，水量分配的影响因素、水量分配的方法以及具体的水量分配方案，都会影响受水区之间的利益分配格局，进而影响各受水区之间的利益关系。我们的实证分析表明：在南水北调中线工程河南受水区的调水量分配中，水量分配比较多的城市往往是那些发展基础比较好、经济实力相对较强的城市，从而在区域利益分配格局中处于相对较优的地位，而那些水量分配比较少、经济实力相对较弱的城市，在区域利益分配格局中处于相对较弱的地位，这样的结果将会进一步拉大区域发展的差距，不利于区域经济的协调发展。

二、区域利益关系调整及其途径

南水北调工程调水不仅使调水区与受水区之间的利益分配格局呈非均衡状态，而且也使受水区各地区之间的利益分配呈现非均衡，因此需要对这种非均衡利益格局加以调整，调整区域之间的利益关系，以促进区域协调发展。

调水区与受水区之间因调水而导致的水资源再分配会影响到两地社会经济的发展，但两地政府之间没有直接利益联系的表现，其利益关系也是隐性的。如果没有一个良好的利益补偿机制，上游水源区就没有保护水库水质与水环境的激励，还会从自身利益出发大力发展高耗水、高污染的产业，使下游受水区的水质、水量无法得到应有的保证，损害受水区的利益。因此，水源区与受水区之间的利益关系要通过中央政府的协调，建立有效的利益补偿机制，促进调水区和受水区的协调发展。

所谓利益补偿问题，是指在南水北调工程中受水区作为受益者应该向水源保护区进行利益补偿。补偿的原因在于水源保护政策可能使水源区的发展利益相对受损，或为了水源保护而使水源地的经济发展付出了更高的成本。南水北调中线工程调水对水质的标准要求水源区采取水源保护政策，这项政策的实施使调水区利益受损而受水区利益增加，但只要调水区的利益增进大于受水区的利益损失时，通过受水区对调水区的利益补偿，不但调水的整体利益能够实现，而且调水区与受水区之间的利益关系可以得以调整，通过受益地区对保护调水流域生态环境付出代价和做出贡献的地区提供应有的补偿，从而达到调水区和受水区之间的利益关系改善的目的。

1. 征收水资源租金

调水区可以通过向受水区收取相应的水费或受水区的经济补偿而获得收益，这部分收益可以用于维护生态环境、节水技术等多个方面，避免了单纯的因行政命令而变相无偿剥夺了调水区的利益，从而在满足受水区利益的同时兼顾调水区的利益。新制度经济学认为，在制度安排中，最重要的是财产权的界定。经济租金的获取与分配状况与产权制度安排有关。因此，国家对能产生租金的资源的产权界定和产权结构的设计，往往引导着经济租金的流向和分配[①]。

征收水资源费是水资源所有权和国家对水资源管理权的体现，也是国家利用价格杠杆实现水资源有偿使用、节约利用、建设节水型社会的重要措施，通过征收水资源费来合理配置水资源、协调调水工程中调水区和受水区的利益均衡。调水工程受益者要获取水权需要缴纳费用，支付水资源费，调水工程水资源费由水源公司统一向国家缴纳，水资源费作为成本计入调水水价中。因此，需在调水区和受水区之间建立合理的水价机制，受水区按照市场价格支付调水区水资源费，否则不能反映水资源的稀缺程度。同时提高受水区以及中下游地区的水价和污水处理费的标准，用于补助水源区为保护水资源而受到的传统工业和高耗水农业发展的损失。

2. 缴纳环境租金

环境租金源于经济活动的外部性，伴随环境产权的界定而产生的一种环境资源权利租金。在环境资源相对稀缺的情况下，环境租金的分配就是区域利益的分配，是对本区域发展权利的获取。当环境供给主体与受益主体不一致时，就发生了环境租金的转移。从水资源调配的区域间利益关系考虑，环境租金转移主要有发生在流域的上下游之间发生环境污染而形成的环境租金转移。具体有两种情况，一方面，环境自由使用，上游区域企业的发展受到鼓励，环境被过度开发，经济得到发展，环境质量下降，其结果是直接影响着上下游人们的生活质量，更重要的是下游区域的环境容量大大削弱，甚至不能支撑下游一般的生产需求。环境污染的成本由下游区域无偿承担。另一方面，如果政府对上游或者水源区实施环境管制，限制上游企业污染排放，并且建设生态防护林，上游区域为进行环境保护和水污染治理将付出经济成本，而其他的相关受益区域却可以无偿地享受生态环境的溢出效益。由于政府政策的强制效应环境租金被强行由上游转移到下游。由于资源环境租金的客观存在，单纯的市场机制调节难以实现资源配置上的帕累托最优，因此需要政府对环境问题采取相应的管制措施。

---

① 陈秀山、肖鹏、刘玉：《西电东送工程区域效应评价》，中国电力出版社 2007 年版。

环境租金将在调水工程水价的环境水价中体现，作为环境成本通过水价收取来支付。环境成本包括水源地生态环境保护成本（污水处理费）、汉江中下游四项治理工程及环境保护工程的运行费用（或采取中央财政转移支付的形式）。污水处理费是一种水价附加，是由于用水造成的污染处理成本。从使用方向上看，治污的责任主体是政府，环境水价则是对政府财政支付环境补偿费用不足部分的补充。广义上的水环境价值还应包括水生态补偿，是对由于过度用水造成的水环境破坏、水源供给区的水生态保护的一种价值补偿，这种补偿更适宜由政府以水环境税的形式征收。

3. 中央财政转移支付

中央政府和受水区政府着力于建立区域生态补偿专项资金用于补偿调水区水资源使用权损失，限制传统工业发展权益损失和高耗水农业发展权益损失，提高地表水环境质量标准的地方经济损失，提高生态功能区域标准的地方经济损失[1]。首先需要完善中央财政的一般性转移支付制度。目前我国的转移支付制度中没有包括生态补偿的内容，财政部目前正在对一般性转移支付制度进行完善，即把全国性的生态补偿纳入一般性转移支付范围，从而体现最基本的公共需要。其次，逐步建立中央政府协调监督下的利益相关方生态补偿的自愿协商制度，在中央政府的协调监督下，南水北调中线上下游利益相关的地方政府建立区域生态协调的专门机构，来为这些生态服务功能的提供地和受益地进行中介协调，促进地方政府间生态补偿的自愿协商。

4. 项目补偿或技术补偿

政府或补偿者运用"项目支持"或"项目奖励"的形式，将补偿资金转化为技术项目安排到被补偿地区，帮助利益受损区发展替代产业，或者对无污染产业的上马给予补助以发展生态产业，以增加利益受损地区的发展能力，形成造血机能与自我发展机制，使外部补偿转化为自我积累能力和自我发展能力。

---

[1] 刘桂环、张惠远、万军、王金南：《京津晋北流域生态补偿机制初探》，载于《中国人口·资源与环境》2006 年第 4 期，第 120~124 页。

第八章

工程移民的可持续生计分析

水库移民可持续生计是指水库移民在脆弱性生计背景下，面对非自愿迁移等外力冲击，为减轻对生计既有秩序的冲击，避免生计能力受损、生计资本断裂和生计策略失效而在开发性移民政策支持下进行的以生计为核心的移民经济、社会和环境的恢复和重建的能力、行为过程和策略，其最终目标是实现移民经济社会的可持续发展。

一般而言，水库移民不是简单地从迁出地移动到迁入地的机械过程，而是一个与社会、经济、环境等关系密切的复杂过程，是一种特殊的人口移动形式和系统。它受着迁出地和嵌入地的各种外在环境和迁移者自身的内在动机的影响和制约。如何构建移民生计，使其具有发展的可持续性和能力，历来是移民问题研究的重点议题。就移民可持续生计而言，能力、公平正义和可持续性是其基本内涵。

能力既是生计发展的手段，也是生计发展的必然结果。森认为，发展是增强个人参与经济、社会和政治活动的能力，也是个人能力在实践中得到检验和扩展。人们的谋生活动需要建立在一定的生计能力之上，教育赋予人基本的知识与技能，健康的心灵和人格，是人得以发展的动力。与此同时，生计活动的实践，也可以使人们的生计能力得到锻炼和提高。就移民来说，避免因非自愿迁移形成能力受损，形成对新的生计环境的适应和调整的动态生计能力尤为重要。

公平和正义不仅是一种理性原则和道义要求，更是一种现实的社会关系。公平正义是移民实现可持续生计的制度保证，也是实现移民顺利搬迁和生计重建的重要条件，它能使每个移民在追求自身生计目标的过程中都能得到相应的机会而避免权利的被剥夺。公平正义对于贫困移民群体来说,其重点就是在制定保存和保护资源的环境政策时,必须切实考虑到政策制度的改变对依靠这些资源谋生的人的深刻影响。就移民生计可持续发展的社会保障和公共服务而言,如何构筑"发展权利公平、发展机会公平、移民经济补偿公平"的公平保障体系具有重要的意义。

第一节 工程移民可持续生计分析框架

一、工程移民可持续生计:内涵、目标与主要特征

1. 移民可持续生计的内涵

可持续性是移民可持续生计实现的总方向,它强调了移民生计发展必须具有延续性。移民可持续性可以从三个维度进行分析:移民经济发展可持续、社会进步可持续和环境保护可持续。当移民在迁移后,一定的支出水平随着时间的推移而得到保持和提高,移民能够顺利实现消费平滑,就意味着实现了经济发展的可持续。社会进步的可持续强调要把非自愿迁移对移民生产生活的冲击降低到最低限度,防止移民生计的人文环境出现不平衡和严重断裂。环境保护的可持续意味着移民必须加强保护自然资源,以便能够保证当代和后代的使用。移民生计可持续必须坚持移民经济发展、社会进步和环境保护三个层面可持续的协调统一。

2. 移民可持续生计的目标

移民可持续生计至少应该达到以下三个目标:一是它必须能够使移民生计资本和生计能力得到恢复,帮助移民尽快摆脱移民生计风险,降低生计脆弱性。二是移民可持续生计必须使移民在生计重建和发展过程中实现"能力—资本—策略"相协调,保证移民生计发展、社区和谐和生态环境保护相统一,使移民生活质量得到提高,使生存空间实现优化。三是移民可持续生计在强调内源发展的基础上,应尽量地实现移民生计内源发展的基础与开发性移民政策所赋予的保障措施相辅相成,实现生计的可持续。

从具体实践来看,移民可持续生计的实现应该不以牺牲迁入地农民利益为代价,不以牺牲生态环境为代价,不以牺牲长远利益为代价。在移民生计恢复和重建上,应该以不低于移民现有生活水平、不低于当地经济发展平均水平、不低于可持续发展水平为标准。在移民生计发展上,应该以有利于国家重点工程建设,

有利于移民群众的生产生活，有利于当地经济建设与发展而进行规划建设。"坚持国家扶持、政策优惠、自力更生、各方支援，使移民的生产、生活达到或超过原有水平。"

3. 移民可持续生计的特征

总体来看，水库移民可持续生计是移民生计重建和发展过程中"动力、质量、公平"的有机统一。

(1) 可持续生计是移民生计发展的动力表征。

移民（家庭）的生计能力、生计资本、生计策略和生计恢复和发展的授能环境及其可持续性，构成了移民进行可持续生计建设的动力表征。在这其中，生计发展的内源动力支持主要包括移民所拥有的生计资产禀赋及其协调配置和结构优化，生计策略和生计行动的理性选择，移民的生计创新意识和生计竞争能力等。移民生计发展的授能环境主要体现在开发性移民政策所能够赋予移民生计重建和发展的支持措施和政策。另外，我国当前的新农村建设战略也可以为移民改进生计基础设施提供有力支持。

(2) 可持续生计是移民生计发展的质量表征。

移民生计及其可持续所依赖的内外条件是由一套复杂多样的经济、社会和生态环境策略构成。这些策略通过个体赖以谋生的能力、行动和物质基础去实践。兴建水库等水利设施，使移民原有的社会经济系统较为稳定和均衡的功能因外力冲击而受到极大的破坏和胁迫而呈现出不稳定性，形成移民生计风险和移民贫困，致使其生计呈现冲击性脆弱[①]。但是对于水库移民来说，其非自愿迁移形成的生计环境"突变演进"也孕育着生计模式创新的机遇。在开发性移民政策支持下，移民具有了实现生计结构优化和功能性调整的可能，移民在度过迁移初期的不适应之后，有可能实现生计资本积累、生计能力再造和生计环境设施以及生计文化的飞跃发展。

(3) 可持续生计是移民生计发展的公平表征。

移民可持续生计是对移民生计的实现基础进行细致入微分析的工具，强调移民经济、社会发展和生态环境保护的持续性、长期性、和谐性和公平性。最大范围实现生计发展环境和制度的公平、最大可能提高移民生计恢复、重建的效率和最小化生计活动对生态环境的外部效应是可持续生计坚持的主要原则，公平原则既要让所有移民都能够"搬得出、安得稳、富得起"，又要让那些移民中的弱势群体能够生计发展所必需的基础条件和服务，实现安居乐业。因此，在以"能

---

① 赵锋、杨云彦：《外力冲击下水库移民生计脆弱性及其解决机制——以南水北调中线工程库区为例》，载于《人口与经济》2009 年第 4 期，第 1~7 页。

力—策略—资产"组合为背景下,公平体现了移民(家庭)修复受损生计能力、防止生计资本断裂,制定有效生计策略,实现共同致富的梦想和对贫富差距的消除和克服。

二、工程移民生计脆弱性

1. 脆弱性

近年来,脆弱性这一术语频繁地出现在生态环境、灾害学和贫困问题研究的相关文献中。2001年,《科学》杂志将脆弱性研究列为可持续研究的七个核心问题之一,并指出,"对于那些特殊类型脆弱区、特殊的生态系统和人类生计系统",要分析形成自然—社会系统脆弱性的因素,找寻降低脆弱性的调整与恢复能力[①]。2002年,世界经济论坛大会以"保证安全和减少脆弱性"为主题,对脆弱性进行了专题研究。Janssen的研究表明,自1995年起,以脆弱性为研究主题的论文发表数量呈现出快速增长的趋势。其研究范围涵盖社会系统、自然生态环境系统和社会—生态耦合系统三大类[②]。由此可见,脆弱性作为揭示风险暴露状态下和面临外力冲击时所表现出来的反应能力和应对机制的研究分析框架,已成为近年来国际社会关于可持续发展研究的又一重要领域和焦点问题。

脆弱性一词来源于拉丁文"vulnerare",其基本含义是"受伤"。脆弱性研究最初集中于地学领域。随着世界环境和可持续发展问题的凸显,脆弱性被更多地应用于全球环境变化和环境与发展问题的研究中。全球环境变化人文因素计划(IHDP)将脆弱性作为核心概念,进行了专门讨论和澄清。但是,由于研究背景和研究对象的不同,对脆弱性含义并无公认的阐释标准。社会科学领域对脆弱性问题的研究,主要关注造成人类脆弱的政治经济、社会关系及其他权力结构。萨斯曼等认为,脆弱性是一种度,表征不同社会阶层所面临的不同危险程度[③]。博加德把脆弱性定义为人们无法采取有效措施减轻不利损失的软弱无能状态[④]。道认为,脆弱性是社会群体和个体处理灾害的不同能力,该能力由他们在社会或自

---

① 那伟、刘继生:《矿业城市人地系统的脆弱性及其评价体系》,载于《城市问题》2007年第7期,第43~48页。
② 方修琦、殷培红:《弹性、脆弱性和适应——IHDP三个核心概念综述》,载于《地理科学进展》2007年第9期,第11~21页。
③ Susman, *Global Disaster: A Radical Interpretation*, 1984, pp. 264 – 283.
④ Bogard, *Bringing Social Theory to Hazards Research: Conditions and Consequences of the Mitigation of Environmental Hazards*, Sociological Perspectives, 1989, pp. 147 – 168.

然范围内的地位所决定①。脆弱性是系统质量重建发生的状况,包括结构变化、行为变化以及自身发展的变化。世界银行则用更专业的术语将脆弱性描述为"度量对于冲击的弹力——冲击造成未来福利下降的可能性"。

上述有关脆弱性的概念阐释总是与危险、损失度、贫困、恢复力和能力等概念勾连在一起。可见,脆弱性是一个与风险有密切联系的术语,至少包含三层含义:一是脆弱性是一种敏感性,它表明人文系统、组织或者个体面对风险时具有内在不稳定性,对来自内部结构变化或者外在冲击比较敏感;二是脆弱性是一种度,表示在面临不利影响时相关主体能够响应的程度;三是脆弱性是一种状态,表征系统能力的大小,即在外力冲击或外部环境变化的裹挟下,系统处于风险暴露状态,其自身的适应和调整能力受到了制约。由此可见,人文系统对脆弱性的研究主要关注经济、社会系统对其内外扰动的敏感性以及因缺乏应对能力而使系统的结构功能容易发生改变等事实。

2. 生计脆弱性

以脆弱性内涵为依据,本书认为,生计脆弱性一般是指家庭和个体在生计活动过程中,因其生计结构变化或面临外力冲击时所具有的不稳定的易遭受损失的状态。这一状态基于以下两种角度解释:一是脆弱性使"能力受损"②,生计脆弱性被看做是谋生能力对生计环境变化的敏感性以及不能维持生计的软弱无能状态;二是脆弱性是"潜在损失"③,生计脆弱性就是由于生计资产不足或结构障碍而导致的生计风险。前者强调了生计能力在脆弱性形成及其解决中的重要影响;而后者则基于物质资源观,从生计保障的状况对生计脆弱性进行了界定。

3. 外力冲击与移民生计脆弱性

水库移民是典型的非自愿移民(involuntary resettlement)。非自愿迁移对移民生计带来了风险,具有很强的外部性,我们把这种外部性风险因素称为外力冲击。水库移民生计脆弱性具有结构性脆弱和冲击性脆弱双重因素作用的特征。

从水库移民生计脆弱性的原生角度来看,移民原有住所多处偏远农村,贫困面较大,赖以支撑生计的生态环境和物质基础比较脆弱。脆弱的生计环境直接导致了移民生计方式比较单一,社会资本和生计信息稀少而封闭。移民多数从事传统农业,对土地的依赖性很强。粗放的耕作方式,落后的生产技术,低收益的生计资产和生计活动,致使移民的生计风险较大,积累能力很差,很难审时度势、

---

① Dow, *Exploring differences in our common future (s): the meaning of vulnerability to global environmental change*, Geoforum, 1992, pp. 417-436.
② Kates, *Climate Impact Assessment*, The interaction of climate and society, 1985, pp. 3-36.
③ Cutter, *Vulnerability to Environmental Hazards*, Progress in Human Geography, 1996: pp. 529-539.

积极主动地以迁移为契机,改善生计条件,优化生计策略。因此,从某种意义上说,水库移民生计现状及其结构导致了其处理胁迫和冲击的能力严重不足,致使其发现、争取和利用开发性移民政策与机会的能力极为缺乏。我们把这种由于移民家庭(或个体)生计系统自身长期存在的低水平、非稳态的生计均衡,称为移民生计的结构性脆弱。

移民生计脆弱性的另一个显著特征是冲击性脆弱。所谓冲击性脆弱是指当面临强制型迁移等外力冲击导致的生计环境变化时,移民生计系统对外界的干扰极其敏感,在较短的时间内无法调整和适应,导致无法采取有效措施减轻不利影响。就迁移导致的移民生计冲击性脆弱而言,已有文献都是从移民生计风险和移民贫困的角度进行分析的。塞尼(Cernea)认为,水库移民等非自愿迁移会使移民面临失去土地、失业、失去家园、边缘化、食品无保障、健康水平下降、丧失共同物质财产以及社会网络破坏等风险[①]。施国庆等人认为,移民安置规划缺陷、利益分配机制不合理、经济基础薄弱、社会歧视、移民心理素质较差、移民文化知识和技能水平普遍偏低等方面因素容易导致移民陷入次生贫困[②]。我国1985年以前的1 000多万水库移民中,如今仍有300多万处于贫困状态。不少人即使经过30多年甚至40多年的努力,仍然未能摆脱贫困。就南水北调中线工程库区移民而言,由于多数移民家庭收入水平较低,很多家庭处于贫穷或者刚刚摆脱贫穷状态。面对迁移这一外力冲击,极易导致大多数移民生计技术和生计能力失灵,产生生计资本的脱域和断裂。许多移民家庭因迁移导致就业机会减少、生活成本增加,导致发展被边缘化。[③]

脆弱性在根本上与风险、不确定和缺乏保障相关。对于水库移民而言,一方面,移民贫困,迁移前贫瘠的生产生活条件、单一的生计方式和低下的生计能力等形成移民生计的结构性脆弱,并且脆弱程度较高;另一方面,在迁移等强劲外力冲击下,由于水库移民维系生计发展的经济基础、社会关系和自然环境被强制改变,使得其原有的生计技能、生计方式短时期内无法适应新的生计环境,再加上移民的高指靠性和消极被动性心理,外力冲击导致了移民原本脆弱的生计能力进一步受损,移民有生计脆弱状态深度化的可能。因此,南水北调中线工程库区移民生计脆弱性,既是移民结构性生计脆弱导致移民动态生计能力不足的使然,也是在迁移等高强度的外力冲击下新的生计脆弱性形成,移民生计能力受损的结

---

① Cernea, *The Private Sector, and Human Rights: Open Issues in Population Resettlement*, Economics, 1998.
② 施国庆:《非自愿移民:冲突与和谐》,载于《江苏社会科学》2005年第5期,第22~25页。
③ 张基尧:"张基尧副部长在全国水库移民工作会议上的讲话",http://www.mwr.gov.cn/zwzc/ldxx/zjr/zyjh/200105/t20010530 - 25543.html,2001年5月30日。

果。而且，两种脆弱性因素交织混杂，其导致的生计风险和生计损失更大，单靠移民自身努力无法实现生计恢复和重建。

三、移民风险与工程移民可持续生计

1. 工程移民生计风险的基本特征

水库移民生计风险是因水库建设而形成的移民迁移和安置所导致的各种不确定的总和，一般是指由于水库建设而移民个体和家庭带来的有可能导致损失的不确定事件及其相应后果。水库移民生计风险涉及经济、社会、环境和政治等各个层面，因而可以从经济学、社会学、发展学乃至于环境经济学的视角进行探讨。总体来看，水库移民生计风险具有以下特征：

（1）系统性和复杂性。

移民生计风险是一个复杂的系统。水库移民作为一项复杂的社会经济复合系统工程，涉及移民空间地域的转换，移民文化习俗的改变，生产力的重新布局和生产关系的变革，具有自然科学和社会科学的双重属性。水库移民数量巨大，移民地域集中但涉及面广，移民时限性强，移民需求和生计状况十分复杂。同时，移民不是物资的空间流动和转移，而是涉及移民生计地域空间结构转换、移民经济社会变迁、移民文化环境适应和调整等各个方面，如果处理不好，极易导致移民人力资本、物质资本等生计资本价值的流失、移民原有的社会结构解体，造成发展能力贬损。移民生计风险不仅是经济层面上的问题，而且还涉及社会、文化和环境等各个方面；移民生计风险不但会在迁移过程中存在，而且还在迁移后移民生计恢复、重建和发展中发生。移民生计风险因素既有显性的，也有隐性的。水库移民涉及迁出去和迁入区移民工作的对接和协调问题，若有脱节和遗漏，就可能造成移民工作的失误，带来巨大的经济损失，严重伤害移民的情感，给后续的移民工作带来困难[①]。因此，移民生计风险因素无处不在，具有很强的系统性和复杂性。

（2）累积性和渐变性。

水库移民是一次性的有计划的人口非自愿迁移过程，迁移时间短。因此有好多风险因素并不能被立刻识别和采取措施消除，容易隐藏在移民前期搬迁、后期扶持的整个过程。当移民的社会经济状况和资源环境条件被从熟悉的环境中连根拔起（Uproot）、发生迁移时，生计模式和生计发展路径的惯性使得移民对迁入

---

① 廖蔚：《当前我国水库移民的文化冲突与保护研究》，载于《农村经济》2005 年第 2 期，第 86~88 页。

区社会经济环境的适应具有滞后效应，移民群体自身并不能马上调整到与变化相适应的状态。这些因素使得移民生计风险具有积累性，风险因素的消除是一个长期的过程。与此同时，移民从原居住区迁移到迁入区，面对一个新的生存和发展环境，适应将是一个缓慢而复杂的过程。移民需要从心理活动和生计实践、精神和物质、内部和外部等诸多环节进行调整，风险的规避和消除不可能一蹴而就，将是一个渐变的处理过程。

（3）挑战性与机遇性。

风险是指不确定性，这种不确定性既有可能形成不利的风险结果，也有可能形成有利的风险结果。趋利避害是风险管理和控制的基本原则，没有风险就没有机会。因此，在移民生计风险问题上我们不能仅仅看到其悲观不利的一面，还应该从发展的角度看到移民生计风险中蕴涵的发展机遇。当政府不再把移民看作问题去处理而当做机遇来对待时，这便是一个极佳的信号（世界银行后评价局，2002）。当前，"以人为本"作为一种发展理念和价值导向越来越受到人们的重视，成为政府制定一系列开发性移民政策和措施的基石。在消除不利的风险因素的同时，抓住机遇，促进移民生计科学合理的恢复、重建，通过发展来实现对移民生计风险的控制和管理极其重要。在以土地为本的移民安置策略与形形色色的方法结合过程中，在政府与非政府组织、私人部门合作的基础上，在移民迁移过程中动态生计能力培育和提高的基础上，降低移民生计风险的负面效应，增强移民发展能力的可能性极大。

开发性移民政策高度关注移民生计系统的重建和恢复，重视移民从经济、社会、文化和环境诸方面实现协调发展，主张因地制宜地用符合社会发展的新思路去规划和建设移民安置区的社会经济系统。其核心问题是为移民的重新就业创造机会。因此，水库建设给移民带来了开发资源、发展经济、建设新社区的机遇，在充分调动和发挥包括移民在内的各方人员积极性的基础上，有利于移民在开发性移民这一政策平台支撑下，实现人口、资源、环境的可持续发展。

2. 工程移民生计风险的类型

移民生计风险具有系统性和复杂性。移民生计风险充满整个移民搬迁、重建的整个过程。就移民生计风险来说，可从经济、社会、生态环境等多个角度进行观察，由于观察的视角和研究目标的不同，有关移民生计风险的分析也是多种多样。从系统论视角看，移民生计风险主要分为四种类型：移民经济风险、社会风险、环境风险和政治风险。

移民经济风险是从成本—收益的角度分析移民在迁移过程中的成本支出和收益的变化状况。无论是自愿移民还是非自愿移民，经济因素通常被看做是影响移民行为决策的决定性因素。舒尔茨（T. W. Schulz）认为，移民迁移是能带来某种收益的投资或成本，迁移者做出迁移决策时都会慎重考虑迁移的成本收益。杰斯杰拉德（L. A. Sjasstad）等人以此为基础建立了有关移民的成本—收益模型。成本—收益模型假定移民选择迁移的基本条件是通过迁移将能获得的货币收益的现值总和将大于迁移的成本支出，移民选择迁移是收益理性预期的结果。但是，迁移是风险决策，并非所有的迁移都能随移民所愿实现收益的理性预期。当这种收益预期无法实现时，移民经济风险所导致的损失将成为一种事实。

移民社会风险是从社会学视角研究迁移行为的社会影响和风险。水库移民从总体上来看是社会问题，因而移民的社会风险也是讨论的焦点问题。移民迁移涉及移民就业、子女教育、健康维护、文化传承、社会网络和社会地位等多方面问题。由非自愿移民引发的社会问题层出不穷：失去土地、贫困、失业、社会网络解体、边缘化等。非自愿移民是一个社会分离与重建的过程。迁移使移民离开了世代居住的家园，移民与其原所在社区、亲邻分离，使移民原来的生产生活系统和社会网络解体。非自愿移民具有利益相关人群的不可选择性，由于年龄、性别不同，社会阶层多样化的人群，其素质、观念、谋生能力各不相同，社会整合难度大。移民社会风险若不能顺利消除，则可能引起更大的社会矛盾，影响社会安定，阻碍社会发展。

随着人口不断增加，土地、森林、水资源的稀缺性日趋严重，人地关系紧张，地区和社会阶层差异加大，非自愿移民的迁移与妥善安置也越来越困难，形成了移民环境风险。

移民生计风险容易引发复杂的社会问题。非自愿移民涉及社会公平与正义、贫困与发展差距、社会稳定与和谐等一系列有关经济社会发展的重大政治问题。在社区重新建设的过程中，不同移民群体由于其政治、经济和社会影响力的不同，从而其可能获得的利益也是不同的。社区内部的贫富差距会因为不同移民家庭的经济基础、劳动力能力和社会关系不同而加大。强势群体可能会比弱势群体获得更多的就业机会和增加经济收入的机会。当移民分散安置在社会、经济发展水平更高的社区中时，移民户与当地居民的相对贫富差距在短时期内很难改变，有可能成为相对贫困的群体，从而加大安置区社区内部的贫富差距[1]。

---

[1] 施国庆：《非自愿移民：冲突与和谐》，载于《江苏社会科学》2005年第5期，第22~25页。

第二节　工程移民可持续生计状况

一、南水北调中线工程移民概况

南水北调中线工程开工后，丹江口水库作为调水工程的龙头工程首先开建，为此水库将改建扩容，大坝将增高至176.6米，新增库容116×10^8立方米，淹没区将新增307.7平方千米（其中直接淹没区302.5平方千米，受影响区5.2平方千米）。在移民问题上，由于丹江口水库大坝加高淹没涉及湖北、河南两省的丹江口、郧县、郧西、张湾和淅川县78个乡镇。据2003年库区淹没实物指标调查统计，淹没总人口22.35万人，其中农村20.15万人，城镇2.2万人。房屋621.21万平方米，其中农村房屋448.29万平方米。根据淹没耕园地的数量，以及淹没区人均耕园地占有量，计算出全库区规划生产安置人口为26.74万人（不含防护区）。经对淹没涉及县的环境容量分析及安置平衡，县内可生产安置6.25万人，需出县外迁安置20.49万人，其中河南省12.29万人，湖北省8.2万人。这些外出安置人口将分别被安置在河南郑州、南阳，湖北襄樊、荆门、武汉等地。[①]

20世纪五六十年代，丹江口水库初建时迁移的38.2万人中大量移民就近后靠在库区周围安置，造成南水北调中线工程库区四周老移民点比较密集。新老移民并存，增加了移民工作的难度和复杂程度。首先，由于新老移民在不同时期的移民政策影响下，造成如移民补偿标准、补偿期限、补偿范围等都会不同，这会导致新老移民政策的经济效果差异较大，容易造成移民心理失衡。而且，很多人属于二次迁移，承受的损失和移民风险更大。如果处理不好，会直接影响库区的社会稳定。其次，丹江口水库作为南水北调中线工程的水源地，必须以保护好水源区的生态环境为前提。因此，在库区发展规划上不仅考虑了土地资源容量问题，还要考虑环境容量问题，而且这些方面的考虑早在很多年前就已经开始。由于库区建设多年受到政策限制，投入较少。我国目前的移民补偿标准中，一个最基本的原则是按原规模、原标准、恢复原功能进行补偿。这样，库区移民不仅过去丧失了许多发展机会，现在也不能从中线工程建设中得到过去发展受限的补偿，对于维权意识逐渐增强的移民群体来说，肯定会向有关部门讨个说法，解决

---

① 长江水利委员会：《南水北调中线工程规划（2007年修订）》，2007年。

这些问题，将会非常棘手。总体来看，由于历史和现实原因，南水北调中线工程库区新老移民问题并存，有可能是全国水库移民问题最多、最严重、最复杂的地区之一。移民历史遗留问题，加之国家投资又十分有限，造成了库区贫困面较大，库区贫困人口较多。库区移民长期无法安心生产，生计脆弱，形成依赖政府的心态，致富创业步履维艰。

二、南水北调中线工程库区移民生计资本调查

1. 库区农村移民家庭生计资本测量指标的设定

库区农村移民家庭生计资本是库区即将迁移的农户家庭所拥有的具有经济价值的生产能力与可依赖的物质基础。生计资本是库区农户生计的基础和保证，我们按照可持续生计分析框架，将农户的生计资本划分为人力资本、自然资本、物质资本、金融资本和社会资本五种类型。

在农户生计资本指标的设定和测量方面，由于农户生计资本涉及面广，零碎而复杂，不仅包括各种物质资本和金融财产（如存款、土地经营权、生意或住房等），还包括个人的知识、技能、社交圈、社会关系和影响其生活相关的决策能力等。因此，在实地调查过程中，对于生计资本的衡量通过界定可量化指标和主观评估指标来获得其相关数据。所谓可量化指标就是可以通过实地调查直接获取相应数据，如农户拥有的耕地数量、住房状况等；主观评估指标是在无法直接获取客观数据的情况下，由农户根据生计实践进行评价的方式间接获取相应生计资本信息，如农户享有的基础设施，对耕地质量的判断，对金融服务的评价等。由于调查所取得的数据具有不同的量纲、数量级和变化幅度。我们采用极差标准化的办法进行处理。这样，所有测量指标标准化后的值都介于0和1之间，便于不同生计资本类别的对比分析。

在调查过程中，对于生计资本和生计资产的概念未做严格区分，按照其形态和习惯赋予资产或者资本的称谓。另外，部分生计资本的技术差别也无法进行细分和差异比较，比如对于农用拖拉机，无论它使用了2年还是8年，均假定其在功效上具有无差异性。

（1）人力资本的测量指标。

人力资本是农户生计的重要基础，这不仅因为其在粗放型农业生计活动中具有"人多力量大"的作用，更重要的是，人是社会生产力中最具有创造性的因素，人力资本的质量和数量直接决定了人们驾驭其他资本从事生计创造的能力。就人力资本而言，包括了健康、知识和技能、劳动能力、适应能力等。人力资本的不同，人们能够采取的生计策略也不同，其生计目标定位也会随之有个体差

异。因此，在农户生计资本中，人力资本的数量和质量直接决定了农户驾驭其他资本的能力和范围，它表征农户家庭的生计技能水平。

对人力资本的测量设定了两个指标：一是以年龄和健康状况为主要标志的农户家庭成员生计活动能力指标。测量时首先将每一个家庭成员的年龄结合其健康状况赋值（见表 8 – 1）；二是以家庭成年劳动力的文化程度所体现的劳动能力测量指标。对这一指标的测量以接受学历教育情况为准，划分为 6 种类型进行赋值（见表 8 – 2）。

表 8 – 1　库区待迁移民家庭以年龄、健康因素为特征的生计活动能力赋值

家庭成员类别	类别标志	赋值
学龄前儿童	年纪太小，几乎不能帮助家人从事劳作	0
受教育阶段儿童、青少年	可以从事一定的辅助性生计劳作	1
待业或赋闲在家的青少年	具有劳动能力，可以从事相应劳动	3
打工青年	具有劳动能力，能为家庭创造收入	4
成年人	生计成果的主要创造者，能从事全部劳动	5
60~75 岁的老年人	只能从事部分生计活动	2
75 岁以上的老年人	年纪太大，不适合从事劳动	0
丧失劳动能力者	因伤、因病丧失劳动能力，不能从事劳动	0

表 8 – 2　居民家庭主要成员以学历教育为特征的生计活动能力赋值

受教育程度	赋值
文　盲	0
小　学	1
初　中	2
高中或中专	3
大　专	4
大学本科及其以上	5

注：这一指标只针对户主和主要劳动力（18~65 岁）进行测算。

（2）自然资本的测量指标。

自然资本是指库区农户拥有或可能拥有的自然资源或储备等。具体包括土地及其产出、水和水资源、森林及其林产品、野生动植物、环境质量等等。自然资本是库区农户重要的物质源泉和条件，它的数量、质量、结构和分布特点对库区经济发展有着重要影响。自然资本状况影响着农户生计发展的速度和质量以及方式。资源越丰富，利用越容易，则一定产品所消耗的劳动就越少。或者说，以同样的劳动消耗所能获得的产品就越多。马克思曾把自然资源的差异所形成的劳动生产率称为劳动的自然生产率，这种劳动的自然生产率无疑会对农户的生计成果

产生重要影响。

在南水北调中线工程库区,农户的自然资本主要是指农户拥有或可长期使用的土地。土地为农户提供了最基本的生存保障,也是农户最重要的自然资本。调查中我们将土地这一自然资本分别用农户家庭拥有耕地亩数(见表8-3)和家庭耕地质量好坏(见表8-4)两个指标来衡量。前者可以反映农户使用的土地资源,后者可以反映该农户使用土地的效率。由于耕地质量受地形、气候、灌溉条件、土壤习性、土地耕作技术和土地投入等多种因素的影响。因此,我们对耕地质量的测量由农户根据自身耕作实际经验来评价(分为非常好、比较好、一般、中下等和下等五个等级)。

表8-3　　　库区待迁移民农户拥有耕地面积指标赋值及其标准化

户有耕地面积数值指标(亩)	耕地面积指标标准化后数值(N_1)
户有耕地面积最大值:30	1.00
⋮	⋮
户有耕地面积最小值:0	0

注:户有耕地面积指标可以近似地看做是一个连续变量,这里给出的只是最大值、最小值。

表8-4　　　　库区待迁移民农户对耕地质量的评价

农户对耕地质量判断	判断得分
非常好	5
比较好	4
一般	3
中下等	2
下等	1

(3)物质资本的测量指标。

物质资本是指农户用于生产和生活所需要的基础设施和生产手段。前者包括农户负担得起的交通条件、道路、运输工具、安全的住所,足够的饮水与卫生设施,清洁的、负担得起的能源和通讯、信息服务等。而后者包括生产工具、设备、种子、肥料、农药等、传统与先进技术等。物质资本的意义在于可以直接体现农户的现实生产能力基础。一些物质资本如基础设施属于公共财产,其使用不需要直接付费。而另一些物质资本如生产生活用具是农户私有的,还有一些物质资本也可能属于合作组织、农户共同维护、共同使用。

对库区农户物质资本的测量设定了三个指标,分别赋予0.4、0.3和0.3的权重。第一个指标是家庭住房情况,以农户住房类型和住房面积(其权重各占50%)和住房使用年限为准进行测算(见表8-5)。例如,若某农户家庭住房情况为人均 25 平方米砖瓦房，已使用 8 年，则这一农户家庭住房指标赋值得分为 2.8，即 $0.8 \times (4+3)/2$，以农户为单位进行赋值标准化后为 0.56。第二个指标是农户的自有物质资本（住房除外）。考虑到农村家用资本种类多样，本次调研在预调研的基础上列举了 27 种农户自有物质资本，农户自有物质资本指标的数值就是调查农户所拥有资本的种类数占所有选项的比例。例如，若某农户家庭有 1 头耕牛和 1 台手扶拖拉机，则这一农户的自有物质资本指标数值为 0.074，即 2/27。第三个指标是库区农户对享有的公共基础设施条件的评价，从市场条件（如买卖种子化肥的方便程度等）、医疗卫生设施条件、道路交通设施条件、儿童受教育条件四个方面由农户进行评价，分别给予 0.25 的权重，评判标准、赋值方式与农户对耕地质量的判断相同。

表 8-5   库区待迁移民农户家庭住房测量指标及其赋值

住房类型	赋值	人均住房面积（m²）	赋值	住房使用年限（年）	赋值
混凝土构造	5	50m² 及其以上	5	5 年以内	1
砖瓦构造	4	30~50	4	5~10	0.8
砖木构造	3	20~30	3	10~20	0.6
土木构造	2	10~20	2	20~30	0.4
其他	1	10m² 以下	1	30~50	0.2
				50 年以上	0

注：其他是指比上述四种类型性状比低的住房类型。

(4) 金融资本的测量指标。

金融资本是消费和生产所需要的积累和流动，它是人们用来实现其生计目标的货币资源。包括农户的储蓄存款、经常性的收入和报酬、汇款以及救济金等。

就库区农户而言，金融资本主要是指农户可自主支配和可筹措的资金，包括三个部分：农户的年货币收入、农户从各种渠道筹措的资金、农户获得的政府救助和补贴。农户的年货币收入主要是库区农户通过出售自己种植农作物和外出务工而获得的收入，这是大多数库区农户金融资本的主要来源。我们在实地调查获取待迁移民农户年货币收入的基础上，采用五等分法对农户的年货币收入进行类别划分并以此作为赋值评分的基础。农户从各种渠道筹措的资金包括农户从正规渠道（农业银行、信用社）和非正规渠道（亲朋好友等）筹措的资金。由于大多数农户可抵押物少，银行等金融机构对其不重视，农户从正规渠道融资很困难；同时，农户从非正规渠道获得的资金涉及家庭隐私，也难以获取准确数值。因此，在研究中以农户对融资渠道的评价来间接体现获取金融支持的实际情况。政府救助和补贴主要是指库区农户获得的政府种粮补贴款和老移民补贴款等。通过调研得知，从 2006 年起，国家开始向库区的老移民户发放移民补助款，每人 600 元/年。种粮农户也得到了数量不等的种粮补贴；另外，部分贫困农户享受有农村低保。这些共同构成了库区农户通过政府支持获得现金的重要途径（见表 8-6、表 8-7）。

表 8-6　　　　　　库区待迁移民农户的年货币收入及其赋值指标

待迁移民农户年货币收入群组		收入标准化后数值（N_1）
类型	年货币收入（元）	
高收入富裕农户	4 万 ~ 80 万	5
富裕户	2 万 ~ 4 万	4
中等收入农户	8 000 ~ 2 万	3
低收入农户	1 800 ~ 8 000	2
贫困户	1 800 以下	1

注：鉴于实地调查数据的截面性质，对库区农户年现金收入测量以调查获得的 2006 年农户家庭现金收入为准。

表 8-7　　　　　　库区待迁移民农户对融资渠道的评价及其赋值

农户对融资渠道和资金可得性的评价	判断得分
融资渠道宽广、很容易融资	5
融资渠道畅通、融资较容易	4
融资渠道较单一、融资有难度	3
融资渠道单一、融资较困难	2
融资渠道稀少、融资很困难	1

（5）社会资本的测量指标。

社会资本是指农户为了实施生计策略而利用的社会资源，如社会关系网和社会组织。一般而言，社会资本的渠道包括纵横交错的社会关系和联系。纵向的如捐助者和客户，横向的如享有共同利益的个人或机构。社会资本能够使农户之间形成生计活动的相互协作和相互支持，也能使农户与相应的组织机构之间建立起互信机制，使他们互帮互助，增强信任感和协同工作的能力。社会资本可以通过合作来渡过困难、减少成本，并可能成为农户之间非正式的安全网络。社会资本还可以加强人们之间的联系，扩展信息来源，增强人们为实现共同目标和对外的集体诉求的能力。

库区农户社会资本网络具有非规则性，一方面，除了行政组织外，库区农村社区组织缺失，农民参与某种协会或组织的自我组织程度不高；另一方面，农民社会网络主要表现为基于血缘关系的家庭亲戚网络、基于地缘关系的乡邻网络和基于行政隶属关系的行政组织网络等。因此，对农户社会资本状况结合实际用两个指标来衡量：一是农户在生产生活中获取支持的状况。测量指标分别为农户在资金、重大决策事项以及劳动力方面得到支持的情况。二是农户与村干部、乡邻和亲戚的关系状况。这一指标可以大体反映农户在面临风险和困难时获得支持的强弱。

2. 库区待迁农户生计资本测量结果及其特征

在对库区农户五大生计资本测量指标量化后,结合设定的每类生计资本中各个指标所占比重,最终利用 SPSS 统计软件可以计算出库区农户各类生计资本量化后的数值,这些数值可以形象地反映出库区农户生计资本的结构和总体状况。

生计分析是以人为本的,它首先要求客观、实事求是地理解人们生计活动可依赖的资产或资本的禀赋以及能力之所在。以此为基础再来分析人们如何通过生计活动把这些资产或资本转化为生计成果。因此,就生计而言,资产和资本是进行生计活动的重要物质基础,要想取得积极的生计成果,必须由不同类型的资本并在具体的生计实践中加以运用。单一的资产在风险性环境下是不可能产生多样化的生计成果的。这对资产和运用能力有限的人们来说,尤其如此。

表8-8中有关生计资本测算的结果可直观地反映出库区农户拥有的各类生计资本的状况,形象地体现出目前待迁移民农户各类资本结构以及农户之间生计资本的差异。通过表8-8可以反映出库区农户生计资本具有以下特点:

表8-8   南水北调中线工程库区农户生计资本测量表

资本类型	测量指标	指标符号	指标值	计算公式	测量值
人力资本[①]	农户家庭成员生计活动能力 家庭主要成员文化程度	H_1 H_2	0.403 0.281	$0.6 \times H_1 + 0.4 \times H_2$	0.354
自然资本	户有耕地面积 耕地质量	N_1 N_2	0.19 0.61	$0.5 \times N_1 + 0.5 \times N_2$	0.40
物质资本	农户住房[②] 农户自有物质资本 农户对基础设施和公共服务的满意状况	P_1 P_2 P_3	0.246 0.901 0.731	$0.4 \times P_1 + 0.3 \times P_2$ $+ 0.3 \times P_3$	0.588
金融资本	农户年现金收入 农户对融资渠道的评价 农户获取的政府救助和补贴	F_1 F_2 F_3	0.094 0.535 0.651	$0.5 \times F_1 + 0.3 \times F_2$ $+ 0.2 \times F_3$	0.339
社会资本	农户获取的社会支持 农户社会关系	S_1 S_2	0.448 0.773	$0.6 \times S_1 + 0.4 \times S_2$	0.578
生计资本测量值总计					2.259

注:①对于人力资本指标测定标准,参考了夏普的指标设定比例,同时参照了李小云等在中国农户脆弱性分析中对农户人力资本量化的研究。

②P_1按照"住房使用年限赋值×(农户住房类型分类赋值+农户人均住房面积分类赋值)/2"计算。

第一，人力资本是农户家庭收入增长、生计模式创新的主要推动因素，其数量和质量决定着农户对其他资本的运用。库区农户人力资本指标的分值为0.354，其中家庭主要成员文化程度测量的分值仅为0.281，反映出库区农户人力资本积累整体薄弱。特别是，通过学历教育获得大专以上学历的人员毕业后大都离开农村到城镇工作。大部分仍然属于库区农村户口、富有朝气和活力的年轻人也去外地打工，成为了农民工。因此，库区农村常住人口老弱病残和妇幼儿童居多，普遍缺乏一种有利于生计创新的人文环境和人力资本基础，对库区农户生计模式的创新和生计效率的提高形成抑制。从生计能力培育来看，库区农户大多缺乏对现有人力资本进行较大规模投入和通过投入进行人力资本结构转换的资本基础。他们绝大部分人既没有系统地接受过相应的技能教育，也没有参加过必要的技能培训。还有相当一部分农户缺乏足够的资金支持孩子顺利完成学业，家庭成员有病也不能去大医院看病，生计实现可持续的能力塑造和潜能积累受到了很大的制约。

第二，库区农户自然资本的分值为0.40，人均自然资本数量较少，反映出农户传统生计的实现基础比较薄弱。库区农户户有耕地最大值为30亩，最小值为0，户均耕地为5.95亩（含部分农户耕种的库区落差地）。库区农户对土地的利用比较单一，主要从事粮食作物的种植，很少从事多种经营。从耕种土地能够获得的收益看，虽然国家从2006年取消了农业税，有利于农户增加收入，但地块的细碎化和分散经营导致土地利用的规模化效应缺失，在农业生产资料价格不断上涨的大背景下，农业的比较收益仍然低下。而且，库区耕地受自然地理、气候条件等不可抗拒力影响，导致灾害较多，其生计成果的实现具有很大的风险。特别是农户对于库区落差地的利用，处于一种对风险听之任之、听天由命的状态。以种植业为主体的生计活动和结果暴露于不可控风险因素之下，多数农户面临较大的经营风险而缺乏可行的补救措施。自然资本及其产出表现出极大的脆弱性。

第三，库区农户物质资本测量的分值为0.588，农户自有物质资本的测量的分值达到了0.901。这说明大部分库区农户生产生活的物质条件基本具备，差异不大。但结合实地调查可以发现，多数农户自有物质资本多限于维持简单生产和生活等基本生计的需要，在面临风险的时候不具有转换性，不能转变为可以交换的资本来降低生计脆弱性。而且，在生计能力提升和生计途径创新上的技术支撑条件尚不具备。由于库区老移民户居多，住房多为丹江口水库建设时移民搬迁建造而成，虽然多数农户家庭人均住房面积尚可，但房屋历经数十年而破旧不堪，舒适度和环境卫生很成问题。在基础设施等公共物质资本方面，农户对交通基础设施等物质资本的满意度不高，存有很大的发展期望。

第四，库区农户金融资本的测量的分值仅为0.339，在5类生计资本中得分最低。特别是库区农户年现金收入评价的分值仅为0.094。这说明一方面大多数库区居民极少有交易性较强的货币资本积累，如何实现收入的货币化仍然是库区农户经济在发展中面临的突出问题；另一方面这一数值也间接体现出库区农户现金收入的巨大差异性。由于农村正规金融组织的服务严重滞后于农户的实际需求，农户对正规金融组织的金融服务评价普遍不高。农村的非正规金融方式，如民间高利贷、亲朋好友的互借互助等虽然可以一定程度地满足农户对资本流动性的需要，但该种方式依然具有很大的不确定性。它不但受制于库区农户社会资本网络的疏密程度，而且还限定于农户亲朋乡邻的家庭经济实力和闲余资金的多少。政府的移民补助款和农业补贴等转移性收入虽然数额不大，但却能够形成对库区居民金融需要的稳定支持。对于兼业农户而言，通过外出打工从形式上实现了抵御生计风险的手段多样化，打工收入成为库区居民现金收入的重要来源。但是由于市场竞争激烈，打工者仍然在市场机会获取方面具有不稳定性。因此，库区农户既没有足够的金融资本积累，又缺乏必要的现代金融支持，农户金融资本积累的生态环境具有脆弱性。

第五，库区农户社会资本的测量值在所有生计资本中是最高的，达到了0.578，由于这一指标的计算主要是基于农户自身对社会关系的评价，这说明农户对于因地缘、血缘关系而形成的社会网络大多持肯定的态度，它们是农户规避生计风险，实现私力互助的坚实基础。而且，这一数值也从另一个侧面印证了这样一个事实：丹江口水库扩容建设导致的移民搬迁使农户传统的社会联系断裂，致使其社会资本效能被分散和弱化，农户社会资本流失加剧。与此同时，由于农户很少参与各种社会组织，也很难拥有社会权威，而相对封闭的狭窄的家庭网络和地缘网络对于农户抵御生计风险有时是非常无力的。

总的来看，库区农户生计资本的分值为2.259，呈现出生计资本规模有限、整体脆弱，生计资本社会融合度低的特征。不同收入水平农户的生计资本差异较大，大多数农户对各类生计资本的开发利用处于较原始的状态。在生计活动中，依据市场原则形成规模化经营的农户极其稀少，市场元素在库区农户的日常生计中仅限于因生产和生活的交易需要，很少有以市场价值实现为目的的企业组织化运营形式。

3. 非自愿性迁移对移民生计资本的冲击

库区农户在迁移时，生计资本和生计活动将会在非自愿迁移这一外力作用下，形成结构上的变化。这种变化将会因移民迁入区的生计模式和生计规划呈现出很大的不同。当前我国水库农村移民存在以土为本的大农业安置模式、城镇化的移民生计重建和发展模式以及货币化补偿自主择业模式。不同的移民模式将导致移民生计资本在结构上发生深刻的变化。以土地为例，随着赖以生存的土地被征用，农民将失去投资和经营多年的自然资本，同时以土地为依附使用的物资资本也基本上无法发挥作用，基础设施不存在，生产资料再无用途，可以说待迁移民在迁移时失去原有自然资本的同时，也失去了物化资本。在这其中，个别生计资本的调整和变化将是根本性的。比如在城镇化移民安置和生计发展模式下，自然资本在外力作用下，其功能和作用将被逐渐弱化，自然资本仅仅形成移民定居和生计活动的外围空间，很少直接参与生计成果的形成和创造。而在货币化补偿自主择业模式下，金融资本会随着移民得到移民补偿后，其数量在短期内会迅速增长，形成移民在市场上找寻生计机会的重要资本和条件。总体来看，待迁移民在最终迁移后，其生计资本将会因生计模式的不同而形成不同变化。

三、移民生计风险与库区农村移民生计策略

如前所述，生计及其可持续所依赖的内外条件是由一套复杂多样的经济、社会和生态环境策略构成。这些策略通过个体赖以谋生的能力、行动和物质基础去实践。就库区待迁移民来说，一方面，策略的采取是与库区社会经济及其生态环境密切相关，因地制宜地发展生产、创造收入是任何农户所必须做的，也是其生计理性的体现；另一方面，由于每一待迁移民农户的个人偏好以及所处地域的具体情况不尽相同，因此，生计策略的选取与运用也各有差异，特别是受心理、年龄等因素影响，农户对风险的态度迥异。结合库区实地调研，依照 SL 分析框架中的基本原则和具体操作方法，可将库区待迁移民农户生计策略总结归纳为 4 种类型（见表 8-9）。

表 8-9　　　　　　库区待迁移民农户的生计策略

类型特征	创业型生计策略	进取型生计策略	自足型生计策略	等待型生计策略
风险态度	风险偏好型	风险规避型	风险中立型	风险回避型
生计方式	市场化、专业化	多样化	较单一	单一
投资重点	以实现利润为重点的多元化投资与资本运营	人力资本投资物质资本投资	以粮食作物为主的农业生产	平滑基本消费
生计活动状态	创办乡、村企业、承包种养殖，经营商业、服务业，外出承包工程	供子女上大学、传统种养殖、外出务工、小规模承包种养殖	传统种养殖业、家庭手工业、本地务工	家中有老、弱、病、残等困难，创造收入的能力极度有限
生计结果	富裕收入高，生活富足	小康生活自足	温饱生活基本自足	贫困生活靠救济

1. 创业型生计策略

在市场经济浪潮中，库区一部分富有竞争意识和商业头脑的农民转化成农场主、企业创办者、包工头进行创业已经成为一种突出的现象。创业者通过创业活动，打破了原有的生计模式，进行了较大幅度的融资和资本投入，实现了生计组织结构的转型并对相关要素按照市场化形式组合，把对生计资源和生计资本的配置和利用提高到了一个新的高度，积累了专业化经营所必需的资本、技术和市场资源，使生计资源和生计活动成果借助企业化运作具有了更高的价值实现形式。创业型生计策略虽然在库区农村仍然是极为个别的现象，也具有较大的市场风险。但是，这一策略代表了一部分农业个体和家庭从传统生计方式向现代市场经济经营方式的转变，也体现了由生存需要的生计形式向以发展为目标的生计形式的升华，具有吐故纳新的意蕴。

2. 进取型生计策略

"耕读传家"是千百年来我国广大农村居民自力更生、艰苦奋斗的优良传统，也是国人特有的以农业耕作与研读延续后世的生计策略所形成的人文精神。"耕"是生计得以实现的基础，"读"是生计实现升华的条件。以勤于耕种和善于学习为主要内容的家庭美德思想是中国儒家在文化士农工商诸业选择中基本的价值追求和对家庭建设和社会风气建设的理想，具有深刻的伦理文化意蕴。在库区的实地调研中我们发现，虽然库区自然条件较差，许多家庭家境贫寒，农户谋生手段有限，但是许多农户依然供孩子读书，将读书上大学看做是谋取更好生计环境、"跳"出农门的重要途径。在今天看来，"朝为田舍郎，暮登天子堂"，通过读书实现从农村到城市的梦想仍然是库区农村居民重要的生计文化和精神追求。

3. 自足型生计策略

自古以来，农民是非常容易满足的个人主义者，"两亩地、一头牛，老婆孩子热炕头"是传统小农自认为幸福指数最高的生计方式。轻物重生，不以物累形，是传统农民最大的生计成果和快乐。这种幸福观承袭了几千年中国农耕文明的精华，把家庭温暖和生计上的自给自足看做是最大的幸福，不特别苛求物质上的追求，生活温馨而和谐，悠然自得。但是，在充满紧张冲突的"力"的世界中，在现代工业文明和市场经济浪潮的冲击下，世界万物都为生存和发展而激烈竞争，而这样的幸福充其量只能是昙花一现。毕竟在激烈的市场竞争和物质追求中，任何农户要想维持生计的可持续，必须积累足够殷实的生计成果，靠这样的生计方式只能独善一时，很难完善一生。

4. 等待型生计策略

等待型生计策略是贫困人口在内外交困的窘迫生计状态中经常采用的生计策

略。改革开放以来,在我国综合国力显著增强的情况下,通过实施一系列行之有效的减贫和扶贫政策,极大限度地减少了贫困人口的规模和贫困程度。以农村人口为例,从1979年到2006年,我国农村的贫困人口的规模已从2.5亿迅速减少为2 146万。贫困人口占农村人口的比例从1978年的30.7%下降到2006年的2.4%。中国在消除贫困方面的努力及其取得的巨大成就为世人瞩目。[①] 但是,贫困问题在我国并没有被完全消除和根治。而且,我国目前的贫困问题呈现出极强的区域特征,山区、高原等生态自然环境脆弱的地域和经济发展总体水平落后的我国中西部地区,其贫困人口的比重依然较高。在南水北调中线工程库区农村,大多数贫困人口通常是那些老、弱、病、残者。家庭陷入贫困或持续贫困主要是因为缺乏劳动力、不良的耕种条件、自然灾害、重大疾病或意外伤害。由于上述原因,贫困人口通常缺乏基本的知识和技能来改善他们的生计,也鲜有相应的生计机会。此外,由于社区往往缺乏风险管理的能力,并且贫困家庭不能获得以社区为基础的金融资源。他们面临着被排斥和被边缘化,唯有等待政府救济和社会援助,聊以谋生。

四、移民生计的非持续性是工程移民的突出问题

对于移民而言,可持续生计实现的主要问题是解决外力冲击下的生计能力受损、生计资本断裂和在开发性移民政策的支持下找寻实现生计结构的优化、生计的地域融合和生计效率提高的。

生计策略是居民家庭通过对生计资产的有效配置和生产经营活动的选择,实现既定的生计目标的过程。生计策略包括了生产活动、消费平滑、家庭投资策略和生育安排等。这些策略、手段和方法既包括生计安全受到威胁的个人、家庭和群体采取的短期措施,也包括个人、家庭、社区、政府以及国际社会所制定和实施的长期发展规划。一般而言,理性的生计策略是根据家庭、个人当前的处境、短期与长期前景而采取的,其目标不仅是维持当前的生产、消费模式,而且也是为了回避未来的生计风险,防止生活标准的降低或陷入贫困而采取的。更为重要的是,成功的生计策略要有利于生计主体形成生计可持续发展的能力。

生计策略由是生计活动组成,通过系列生计活动来实现。在不同的生计资产状况下,生计活动呈现出形式多样性,并且通过这些多样性的生计活动来有效规避生计风险,实现生计策略。斯库恩斯(Scoones)认为,实现不同的生计策略的能力依赖于个人拥有的物质资本、社会资产和其他资产。他把生计策略分为三

[①] 吴理财:《中国农村治理60年:国家的视角》,载于《探索与争鸣》,2009年第10期。

种类型：一是农业生产的集约化或是粗放化；二是生计多样化；三是移民。农业生产的集约化或是粗放化是以土地耕作为主要方式，以维持和增加农业生产的恢复力核心的生计策略。生计多样化主要关注非农就业，通过多种形式开辟增加收入的就业门路。移民作为生计策略是指生计群体受生计目标指引，从低收入区域向高收入区域流动的过程。移民有自愿性和非自愿性移民两种形式[①]。埃利斯（Ellis）以农户为研究对象，将生计活动归纳为两类：一类是建立在自然资源基础上；另一类是非自然资源基础上的生计活动。建立在自然资源基础上的活动包括采集野生自然物品、作物种植和养殖牲畜。与此相对应的建立在非自然资源基础上的生计活动有农村贸易农业生产资料、农产品和消费品、农村服务业和农村加工制造业[②]。由此可见，自然的和非自然的生计资源是农村人口从事生计活动所依赖的最主要的基础。个人或家庭实施不同生计策略的能力取决于所拥有的资产状况。生计资产被认为是构建生计的基础和平台。

生计策略是动态的，随着"风险环境"条件的变化而调整，改变着对资产利用的配置和生产经营活动的种类、比例的构成。从居民拥有的生计资产状况到采取什么样的生计策略，是在特定的背景条件下实现。斯库恩斯认为，为了研究和制定政策需要，把这种背景分为两类：一类是外部条件和趋势；第二类是组织和制度。外部条件和趋势主要指历史、政治状况、经济发展趋势，农业生态环境和气候等[③]。卡尼（Carney）把这种背景称作脆弱性背景。"风险环境"和脆弱性背景作为外在条件，主要由社会经济、政治、人口、自然环境等因素的发展现状和发展趋势决定。个人和家庭的生计策略深受该环境影响。比如土地制度的变化、发展政策的变动、气候条件的改变和市场形势的转化等都可以对个人和家庭的生计策略构成影响。一般而言，个人或家庭的生计基础是一个动态变化的过程，会受到社会因素和外部冲击的影响，随着时间推移而发生变化。个体和家庭对于这些变化是无法直接控制的，只能通过对生计资本（包括自然、物质、资金、人力和社会资产）的再调配、生计活动方式的调整来适应。

在生计策略研究方面，埃利斯认为总结认为影响农户获得资产实现生计策略受到两类因素限制，一类是社会关系、制度和组织；另一类是趋势人口增长和流动、技术变化、相对价格和经济发展趋势和冲击因素干旱、洪水、疾病等。他解释到社会关系是指个人和家庭在社会中所处的位置。制度是正式规则、传统规范和非正式的行为准则，如法律。组织与制度的区别在于拥有共同目标而为了实现其目的个人结合在一起的群体，如政府机构、非政府机构、协会和公司等。同时

[①] Scoones, *Sustainable Rural Livelihoods: A Framework for Analysis*, Working Paper, 1998.
[②] Ellis, *Rural livelihoods and diversity in developing countries*, Oxford University Press Inc, 2000.
[③] Scoones, *Sustainable Rural Livelihoods: A Framework for Analysis*, Working Paper, 1998.

认为，社会关系、制度和组织是影响农户生计的关键调节因素。

能力受损是指移民因迁移致使其原有的生产经验和生产技术可能会变得不适用，移民原有社会资本和社会网络因迁移而解体，移民对新的生计环境有一个从不适应到适应的调整重构过程，致使移民的生计效率降低，移民面临发展的边缘化和贫困的风险[①]。能力是解决生计发展动力的核心问题。如何修复受损的生计能力，加快移民对新的生计环境的适应，是所有移民开发政策策略必须考虑的重要课题。

生计资本对每个移民家庭来说具有极为重要的支撑和保障功能，但是，大型水利工程的建设，由于非自愿性迁移使得农村移民这一转变过程形成了外力干预，部分生计资产因迁移而被迫放弃，还有一部分生计资本（例如社会资本）的功能被弱化和降解，居民家庭生计资本也必须从结构上进行整合转变。居民生计资本供给和需求之间的缺口进一步拉大，生计的脆弱性进一步增强，必须对其加以修补。

移民可持续生计包含了农村移民为消除外力冲击的负面影响，降低生计脆弱性，实现收入创造，增进家庭福利所需要的能力（包括动态能力在内的一切生计能力）、资本（包括物质资本和非物质资本）和外在的辅助力量（社会保障、政府扶持政策等）。只有当居民生计能够应对压力，并在压力下成功实现适应和调整，能在当前和未来保持乃至加强其能力和资产，同时又不损坏自然资源基础，这种生计才是可持续的，才是一种正确的"压力—状态—反应"机制。在这其中，尽量减低移民生计能力和生计资产的受损程度，培养移民动态生计能力尤为关键。

人类"应享有与自然相和谐的方式过健康而富有生产成果的生活的权利"，"使所有的人都享有较高的生活素质"。要实现移民生计的可持续发展，就要对移民生计的脆弱性和不可持续的生产、消费现象和观念进行剖析研究，分析其对移民收入实现、家庭福利和生计资本积累带来的负面效应，从社会、经济、文化、技术甚至文化和心理等方面寻找问题产生的原因，研究移民生计实现可持续的路径，运用经济的、行政的、法律的机制，来保证移民可持续生计的实现。移民可持续生计实现首要任务是促使移民生计重建和发展的观念更新，树立起生计可持续发展和生计依靠内源发展的意识。其次要构建移民可持续生计实现的"动机控制"，培育移民动态生计能力，防止移民生计脆弱性的形成，避免移民人力资本积累受损，提高移民的生计质量。再次要推动移民生计发展迁入地结网的形成，减少不确定性，降低移民成本，增强移民生计地域的根植性。从根本上保证移民落地生根，贯彻和执行可持续生计发展战略。

[①] 杨云彦、徐映梅：《外力冲击与内源发展——南水北调工程与中部地区可持续发展》，科学出版社2008年版。

第三节 工程移民可持续生计脆弱性

移民可持续生计与脆弱性紧密相连。外力冲击下的生计脆弱性是一个动态概念,往往以各种冲击对移民家庭(个体)造成的福利损失为基础,结合外力冲击发生时移民家庭的应对能力,综合判断移民家庭今后的福利水平。从现实角度看,温饱问题已经不再是南水北调工程中线库区移民生计的主要掣肘因素。但在市场经济体系背景下,迁移使移民不得不直面更多的生计不确定性。移民生计脆弱性的降解和消除必须具备一定的内部基础和外在环境,要依托开发性移民政策,切实发挥移民主体能动性,通过移民补偿和移民后期扶持计划,以受损的生计能力修复和建设为核心,形成降解乃至消除生计脆弱性的基础。

从脆弱性的角度考察移民生计,有助于深刻分析移民生计风险的历史成因、现状及发展变化趋势。大量的实地调查结果表明,南水北调中线工程库区移民生计脆弱性涉及农户生计能力、生计资产和生计活动的方方面面,内部因素导致的结构性脆弱和外部因素导致的冲击性脆弱是一种客观的存在。迁移既有可能使移民在外力冲击下生计脆弱性程度加深,也有可能使移民生计在开发性移民政策扶持下,通过生计资本存量重组和增量投资,降解乃至消除生计脆弱性。在这其中,移民自身受损的生计能力能否得到修复和再造是关键因素。

一、生计脆弱性的研究现状

阿杰(Adger)对有关脆弱性的研究领域、研究对象和主要文献进行了梳理[1],从中可以看出,对脆弱性的研究,自然科学领域和人文社会科学领域形成了交叉与融合。其中,无论是早期的研究,还是新近的研究,生计脆弱性都是重要的议题之一。研究者从经济福利、健康和营养、教育、基础设施、制度与治理、冲突和社会资本、地理和人口因素、农业依赖性、自然资源和生态系统、技术和能力等方面对生计脆弱性进行了刻画与剖析。其研究主要从三个层面展开:

一是基于消费平滑理论对脆弱性和贫困之间的关系分析。国外学者在论生计脆弱性与贫困的关系时,往往以家庭和个体追求消费平滑为假设条件,西格尔、阿拉旺(Siegel, Alwang)认为脆弱性是与陷入贫困的可能性密切联系的事前和

---

[1] W. Neil Adger. Vulnerability [J]. *Global Environmental Change*, 2006, 16, pp. 268–281.

事后状态①。脆弱性在一定程度上表征了未来贫困和福利受损的可能。如果一个家庭的消费水平依照时间路径围绕贫困线波动，该家庭生计就是脆弱的②。低收入家庭消费平滑的可能性很小③，而且其追求消费平滑会形成未来贫困。也就是说，生计脆弱性可以通过家庭一定时期低水平的、不稳定的消费流来具体体现，并且这一状态的延续将会导致家庭贫困和福利受损。

二是从生计风险角度对生计脆弱性问题的分析。生计脆弱性就是个人、家庭和社区由于缺乏一系列资产而面临的生计风险增加④。德尔肯建立了一个关于农户家庭生计脆弱性的分析体系。在该分析体系中，德尔肯将生计资本风险与农户的收入风险与福利风险并列，共同作为家庭生计脆弱性的主要原因。这一方法把农户的各类生计资本、收入实现、生产和消费以及相应的外部性制度安排，很好地纳入同一分析体系之中⑤。

三是将生计脆弱性作为可持续生计发展的背景/环境进行研究。在可持续生计分析框架（SL）中，脆弱性被解释为家庭和个体的生计由于外部冲击、压力、趋势和季节性等因素影响，导致生计对环境变化极为敏感性并呈现出不稳定的状态。脆弱性生计易形成生计风险，导致贫困问题，致使可持续生计无法实现。可持续生计分析框架试图帮助人们降解生计脆弱性，在手段上，借助于体制—政策—过程（Policy-Institution-Process，PIP）工具，"组织建立起恢复力的应付和适应策略非常关键"⑥。埃利斯认为，人口迁移是解决生计脆弱性，实现生计可持续的一种重要方式⑦。

总体来看，当前国际上关于生计脆弱性问题的研究尚处于探索阶段。在研究思路上，无论将生计脆弱性看作无法实现消费平滑的状态，还是看作"能力受损"抑或生计资本匮乏等现象，或者把打击、压力和市场风险因素等作为生计脆弱性的背景，都意在揭示生计风险的形成原因及其结果特征。在研究方法上，已有研究仍以定性为主。一方面，研究者利用脆弱性对外力冲击、生计结构与贫困等生计风险问题之间的关联性进行了多层次分析，借此分离威胁生计发展的不利因素；另一方面，研究者关注了人在脆弱性形成以及降低脆弱性中的作用，研究生计能力与生计脆弱性的交互式影响，寻求如何将人对环境的消极被动接受变为积极调整与适应的

---

① Siegel、Alwang，*Vulnerability：A View from Different Disciplines*，Social Protection Discussion Paper Series，1999.

② Thorbecke，*Multi-dimensional Poverty：Conceptual and Measurement Issues*，2005.

③ Dercon，*Income risk，coping strategies and safety nets*，World Bank Research Observer，2002.

④ Moser，*The asset vulnerability framework：Reassessing urban poverty reduction strategies*，1998.

⑤ 陈传波、丁士军：《对农户风险及其处理策略的分析》，载于《中国农村经济》2003年第11期，第66~71页。

⑥ Roberts、杨国安：《可持续发展研究方法国际进展——脆弱性分析方法与可持续生计方法比较》，载于《地理科学进展》2003年第1期，第11~20页。

⑦ Ellis，*A Livelihoods Approach to Migration and Poverty Reduction*，2003.

具体措施。就生计脆弱性而言，我国国内在这方面的研究并不多见。在这种情况下，如何运用脆弱性理论来研究我国特定人口群体的生计风险问题，分析其生计脆弱性原因，探寻降解生计脆弱性、实现生计可持续发展的方法，探索性意义重大。关于这一点，在水库移民生计恢复和重建过程中体现得尤为明显（见表 8 – 10）。

表 8 – 10　　　　　　　　　脆弱性研究领域与研究对象

脆弱性研究领域		研究对象	主要文献来源
早期的研究领域	饥饿与食物安全中的脆弱性	解释粮食歉收和食物短缺对饥饿问题的影响，把脆弱性描述为权利的丧失和缺乏能力	森（Sen，1981）；斯威夫特（Swift，1989）；瓦茨和博勒（Watts & Bohle，1993）
	灾害学中的脆弱性	通过已经发生的和可能发生的灾害情景识别脆弱人群和灾害危险地带。经常用于气候变化影响研究	博尔顿等（Burton et al.，1978，1993）；斯密斯（Smith，1996）；安德森和伍德罗（Andson & Woodrow，1978）；帕里和卡特（Parry & Carter，1994）
	人类生态学中的脆弱性	从社会结构的角度分析人类社会对自然灾害的脆弱性及其潜在原因	休伊特（Hewitt，1983）；欧基菲等（O'Keefe et al.，1976）；穆斯塔法（Mustafa，1998）
	压力和释放模型	在人类生态模型之下进一步把风险、资源、政治经济、规范的灾害管理和政府干预连接起来	布莱基等（Blaikie et al.，1994）；温彻斯特（Winchester，1992）；培林（Pelling，2003）
新近的研究领域	气候变化中的脆弱性	用更广泛的方法和传统研究揭示目前社会、物力或生态系统对未来风险的脆弱性	克莱因和尼柯尔斯（Klein & Nicholls，1999）；斯密特和费里夫索瓦（Smit and Pilifosova，2002）；斯密斯等（Smith et al.，2001）；福特和斯密特（Ford & Smit，2004）；欧布莱恩等（O'Brien et al.，2004）
	贫困和可持续生计中的脆弱性	从经济因素和社会关系等方面解释为什么人们变得贫困或难以脱贫	默多克（Morduch，1994）；伯宾顿（Bebbington，1999）；埃利斯（Ellis，2000）；德尔肯（Dercon，2004）；里根和切科特（Ligon & Chechter，2003）；德尔肯和克利士南（Dercon & Krishnan，2000）
	社会—生态系统中的脆弱性	解释人类与环境耦合系统的脆弱性	蒂莫等（Tumer et al.，2003）；吕尔斯等（Luers et al.，2003，2005）；欧布莱恩等（O'Brien et al.，2004）

二、工程移民的生计脆弱性

1. 南水北调中线工程库区移民生计脆弱性现状

水库移民是指因水利水电资源开发建设或大江大河治理而引起的非自愿人口迁移过程及由其引发的经济社会系统重建活动。水库移民是典型的非自愿移民（involuntary resettlement）。对于水库移民而言，非自愿迁移彻底打破了移民原有的生计均衡，致使移民生计发展的自然秩序中断。这一过程虽然具有一定的生计模式革新的可能。但是，非自愿移民是一个复杂而艰难的过程，如果处理不好，必然导致移民陷入贫困，生计脆弱性将长期存在。世界银行在水库移民研究报告中指出，"移民总是一个带有很大破坏的痛苦过程，不管是经济上，还是精神上都遭受了巨大的损失。它摧毁生产体系，使一些社区解体，把长期建立起的社会网络彻底破坏。由于它摧毁生产资料并使生产体系解体，因此就带来了长期贫困的危险。"由此可见，非自愿迁移对移民生计带来了风险，具有很强的外部性，我们把这种外部性风险因素称为外力冲击。

南水北调中线工程水源地——丹江口水库是我国20世纪50年代动工，70年代建成的一座大型水力发电枢纽，当时移民38.3万人[①]。2003年，南水北调中线工程库区建设开工后，丹江口水库范围扩大，淹没区波及湖北、河南两省4县1区78个乡镇。据2003年库区淹没调查统计，淹没区总人口22.35万人。全库区规划移民26.74万人（不含防护区）。其中，库区内通过后靠等方式实现移民安置6.25万人，另外20.49万人需异地迁移。在南水北调中线工程库区移民中，很多都是原丹江口水库建设时迁移的老移民，承载了很多历史遗留问题，移民贫困面较大，生计能力积贫积弱，生计重建和发展的难度很大[②]。

根据"南水北调工程与中部地区经济社会可持续发展研究"课题组对南水北调中线工程库区农村的实地调查研究，发现库区移民生计存在不同程度的脆弱性。

（1）人均收入低，贫困发生率相对较高，消费平滑难以实现。收入水平及其稳定性对于家庭和个体通过消费平滑实现风险的规避至关重要。2003年，丹江口库区移民（仅限湖北省境内）人均纯收入只有1 440元，与丹江口全市平均水平相差368元，近几年随着库区限制开发政策的实施，差距进一步被拉大。在

---

① 张弛：《中国库区移民研究述评》，载于《理论月刊》2006年第12期，第75～77页。
② 杨云彦、徐映梅：《外力冲击与内源发展——南水北调工程与中部地区可持续发展》，科学出版社2008年版。

实地调查中,以 2006 年家庭收入为基准,库区移民调查总样本贫困发生率为 28.09%,而曾经经历过丹江口水库移民的家庭贫困发生率更是高达 31.5%[①]。非稳态的低收入水平和较大的贫困面使得库区移民在消费平滑和生计风险的规避上虽然尽可能地实施节衣缩食、省吃俭用的消费策略,但却容易使移民陷入"生计脆弱—低水平消费—健康和教育水平下降—人力资本等生计资本积累受限制—生计能力受损、机会缺失—收入减少—贫困—生计脆弱性加深"的恶性循环。

(2) 生计方式单一,收入不稳定。根据实地调查,种庄稼和打工是库区移民家庭主要的生计方式,两者创造的收入占移民家庭总收入的 80% 以上。从种植业收入看,国家取消了农业税和实行种粮补贴,有利于移民提高收入,但地块的细碎化和分散经营导致土地经营的规模化效应缺失,在农业生产资料价格不断上涨的大背景下,农业比较收益仍然低下,多数家庭的农业收入仅能解决温饱问题。打工收入虽然是库区移民家庭重要的货币化收入来源,但是由于近年来打工者在外生活成本的上升,其打工净收入对家庭的贡献呈现出下降趋势。移民家庭收入来源很不稳定,如果遇到农业歉收,或者孩子上大学和意外事故等大额支付时则一筹莫展,缺乏应对的能力和基础。

(3) 农业生计活动和生计成果处于风险暴露状态。根据实地调查样本户数据,库区户均家庭人口规模为 4.4 人,户均耕地面积 1.9 亩,人均耕地 0.43 亩(含库区落差地)。库区耕地受自然地理、气候条件等不可抗拒力影响,导致灾害较多,其生计成果的实现具有很大的风险。特别是耕种库区落差地的生计活动及其成果,处于一种对风险听之任之、听天由命的状态,完全暴露于自然风险之中。由于以市场机制为基础的自然灾害风险控制机制和补偿机制尚未建立,多数家庭面临较大的经营风险而缺乏可行的补救措施。以农业为主的生计活动及其成果暴露于不可控风险因素之下。

(4) 移民生计具有"刚性"的路径依赖,再次迁移有可能导致移民生计能力受损甚至失灵。通过实地调查发现,待迁移民中有 79% 的家庭认为目前所掌握的生产技能或手艺对增加家庭收入很重要。也就是说经过长期实践,移民在种植经济林、经济作物、养殖等方面经过长期积累而形成的生计能力对于创造收入作用极大。而一旦生产生活环境发生改变,长期实践得来的生计能力和积累的生计资本对实现收入或缓解贫困的贡献就会大幅度下降,生计能力失去了其发挥效用的环境,移民生计资本存量得不到有效开发和利用,原有的生计能力将会严重

[①] 杨云彦、徐映梅:《外力冲击与内源发展——南水北调工程与中部地区可持续发展》,科学出版社 2008 年版。

受损,甚至会完全失灵。

2. 水库移民生计脆弱性:结构性脆弱与冲击性脆弱

从南水北调中线工程水库移民生计脆弱性的原生角度来看,移民原有住所多处偏远农村,贫困面较大,赖以支撑生计的生态环境和物质基础比较脆弱。脆弱的生计环境直接导致了移民生计方式比较单一,社会资本和生计信息稀少而封闭。移民多数从事传统农业,对土地的依赖性很强。粗放的耕作方式,落后的生产技术,低收益的生计资产和生计活动,致使移民的生计风险较大,积累能力很差,很难审时度势、积极主动地以迁移为契机,改善生计条件,优化生计策略。因此,从某种意义上说,水库移民生计现状及其结构导致了其处理胁迫和冲击的能力严重不足,致使其发现、争取和利用开发性移民政策与机会的能力极为缺乏。我们把这种由于移民家庭(或个体)生计系统自身长期存在的低水平、非稳态的生计均衡,称为移民生计的结构性脆弱。

移民生计脆弱性的另一个显著特征是冲击性脆弱。所谓冲击性脆弱是指当面临强制性迁移等外力冲击导致生计环境变化时,移民生计系统对外力冲击极其敏感,短时间内无法调整和适应,导致无法消除迁移带来的不利影响。就南水北调中线工程库区移民而言,由于多数移民家庭收入水平较低,很多家庭处于贫穷或者刚刚摆脱贫穷状态。面对迁移这一外力冲击,极易导致大多数移民生计技术和生计能力失灵,产生生计资本的脱域和断裂。许多移民家庭因迁移导致就业机会减少、生活成本增加,导致发展被边缘化[①]。

对于水库移民而言,一方面,移民贫瘠,迁移前贫瘠的生产生活条件、单一的生计方式和低下的生计能力等形成移民生计的结构性脆弱,并且脆弱程度较高;另一方面,在迁移等强劲外力冲击下,由于水库移民维系生计发展的经济基础、社会关系和自然环境被强制改变,使得其原有的生计技能、生计方式短时期内无法适应新的生计环境,再加上移民的高指靠性和消极被动性心理,外力冲击导致了移民原本脆弱的生计能力进一步受损,移民生计脆弱状态有深度化的可能。因此,南水北调中线工程库区移民生计脆弱性,既是移民结构性生计脆弱导致移民动态生计能力不足的使然,也是在迁移等高强度的外力冲击下新的生计脆弱性形成,移民生计能力受损的结果。而且,两种脆弱性因素交织混杂,其导致的生计风险和生计损失更大,单靠移民自身努力无法实现生计恢复和重建。

---

① 杨云彦:《南水北调工程与中部地区经济社会协调发展》,载于《中南财经政法大学学报》2007年第3期,第3~9页。

第九章

外力冲击、能力受损与移民的介入型贫困

改革开放以来,随着全球化加深,技术进步加速,以及市场导向的改革不断深入,我国正在经历着深刻的社会变迁。转型时期的社会变迁是急剧的,一方面通过经济、社会、文化等多种形式的转变影响着人们的生活;另一方面又通过利益关系的调整,影响着不同行业、地区的社会群体。社会变迁加速了利益关系的调整,在新一轮的利益分配过程中,形成了新的社会弱势群体,产生了新的贫困问题和社会问题。因此,在社会快速变化的过程中,有必要从利益关系调整变化的角度对边缘化人群的形成进行系统研究,以便更好地对受影响群体和相关问题进行识别、对公共政策定向进行有针对性地设计。

第一节 社会变迁、能力受损与贫困

一、社会变迁中的贫困

(一)社会变迁中的分化过程及边缘化现象

社会变迁是社会发展中一个不断进行着的过程,表现形态则是多样化的,既

有外来力量强力干预的类型，也有内部自我发展的类型。在内部自我发展的类型中，有渐变的过程，也有体制机制变革导致的急剧变动。大多情况下，社会变迁是一个缓慢渐变的过程，是一个从较低水平的稳态向较高水平稳态转变的过程。我们如果将社会变迁的主要力量概括为经济因素和社会因素的话，则大致可以将社会变迁的过程归纳为四个阶段。第一和第四阶段对应两种水平的稳态，第二和第三阶段则是社会变迁速度较快和特征改变较明显的两个连续阶段，我们分别称其为转变前期和转变后期。转变前期的经济社会矛盾有不断扩大的趋势，经济快速发展导致了利益关系比较剧烈的调整，而社会和制度的调适没有及时跟上，社会处于一个分化和矛盾加剧的时期；在转变后期，如果社会发展步伐加快，使得人们能更好地调适利益关系的变动，则可以实现向一个高水平的稳态过渡，如果这个过渡不能有效完成，则可能影响到发展的持续性（见图9-1）。

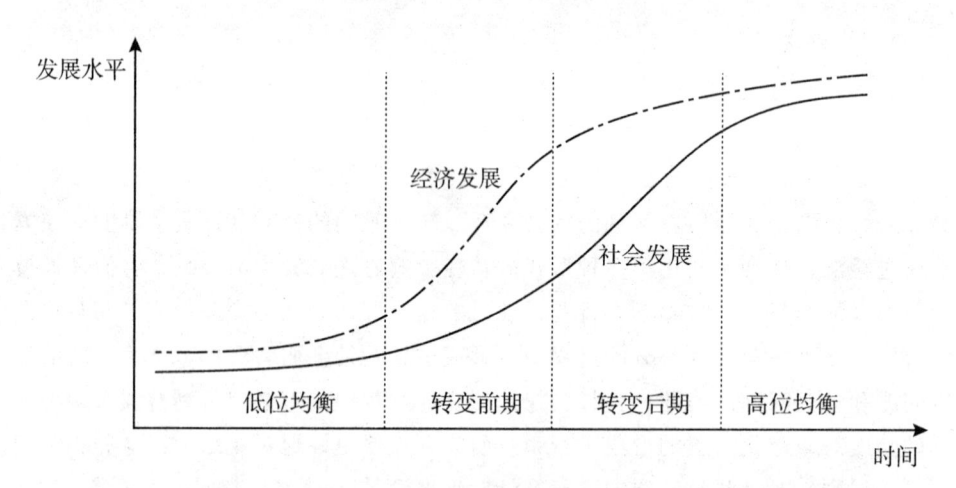

图9-1　社会变迁的阶段：从传统的可持续到高发展水平的可持续

我们可以从全球化与地区发展的关系上看社会变迁的影响。经济全球化是当代世界经济发展的主要趋势之一，它使各国各地区之间经济和贸易活动的联系不断加强，有利于新知识和高科技的迅速交流和广泛应用，有利于促进各国各地区经济要素在全球范围内实现优化配置，从而提高各自的经济效益，伴随经济全球化，全球产业正以全球价值链的新形式进行经济空间的重构。经济全球化在本质上是非均衡的，悬殊的地位和作用导致发达国家（地区）和发展中国家（地区）在经济全球化进程中产生经济收益的巨大反差，同时经济全球化促使各种生产要素向优势地区集中，人才、资金、技术等向发达地区转移，区域间发展呈现不均衡状态。从区域层面看，价值链的片段化也使不同区域出现分异，从而形成了地位不同、功能各异的等级产业空间。发达国家的优势区域在经济全球化中获益较多，并可能呈现出"极化效应"。发展中国家一些新兴的区域由于被纳入全球经济体系，获得的机遇相对较多，而广大的内陆地区则更多的是面临着经济全球化的冲击和被"边缘化"的威胁。

从改革开放以来我国经济空间的重构过程看，对外开放使得我国劳动力密集的比较优势得到充分凸显，大量外商直接投资涌入我国，在这个过程中，沿海地区的区位优势显现，外商直接投资高度集中于沿海地区，这些地区也就成为收获人口红利的主要区域。近年来，我国沿海地区和内地在发展水平上的差距，很大程度上就是经济全球化带来的国际分工变化的结果。在这种开放型的国际分工中，由于内地没有有效融入全球生产体系，使得原先在封闭发展格局中占有区位优势的状况发生逆转，出现被边缘化的状况[1]。

社会变迁的内在因素也是重要的决定力量。改革开放以来，我国的社会活跃程度不断加深[2]，一个具体表现就是人口的大规模迁移和流动，重塑着我国转型社会的经济和社会格局。在人口迁移和流动加速的同时，人口迁移的宏观流向也不断集聚，中西部人口密集的农业省份全部成为净迁出省份，形成连片迁出地区，如安徽、江西、河南、湖北、湖南、四川等。沿海省份成为人口聚集的区域。人口迁移和劳动力流动的模式实际上是我国就业岗位的空间分布不平衡的结果，全球化以及因此导致的经济活动空间格局的深刻变化则是出现这种结果的重要成因。在迁移过程中，主体是务工经商的人群，他们是主动迁移的社会群体，面对社会变迁，他们选择了主动去适应，并在务工经商的过程中实现了能力的再造。

在社会变迁过程中还有一类受到直接冲击和影响的人群，如大型项目的建设，改变了不同地区和不同群体的利益分配格局，并直接造成大量的工程移民，如水库移民、生态移民、大型企业和基础设施建设移民、城市拆迁失地移民等，这些受到直接冲击的人群和其他受到重大经济社会政策影响的人群如下岗职工类似，经历了职业、环境等多方位的改变，并承受着因为社会政策和外来力量的介入导致的失业、贫困等问题，成为社会的边缘化人群或弱势群体。在当前的研究成果中，人们对主动外出务工经商的人群有很多关注和了解，但对工程移民的研究和了解，还是更多局限在工程和技术层面，缺乏应有的研究。

事实上，经济社会的发展，无时无刻不在改变着我们的生活状态，只不过大型工程的外力冲击在强度上更大、在转变时间上更短，因此，如何解决好外力冲击条件下的利益相关方协调问题和实现人的全面发展问题，是实现区域可持续发展的关键因素和带有普遍意义的研究课题。

---

[1] 杨云彦、徐映梅、向书坚：《就业替代与劳动力流动：一个新的分析框架》，载于《经济研究》2003年第8期，第70~75页。

[2] 杨云彦：《中国人口迁移的规模测算与强度分析》，载于《中国社会科学》2003年第6期，第97~107页。

(二) 社会变迁与介入型贫困

工程移民是贫困高发的人群。20 世纪 50 年代以来，我国因修建大型水利工程而涉及的工程移民达 1 200 多万人，但是，移民搬迁后的生活情况却没有很大的改善，移民因迁移致贫、返贫的现象比较突出。因为水库项目多处偏远农村，淹没区大多属于河谷地带，人口相对密集，征地、拆迁涉及的移民数量都比较大，往往涉及整村、整乡甚至整县的居民集体搬迁，因而移民问题构成了工程项目的重要组成部分，移民问题解决的好坏也就成为评价工程项目成败的关键指标之一。而在今天，库区移民能否摆脱贫困、维持其可持续发展不仅关系到移民个人的切身利益，而且关系到移民地区经济发展和社会稳定，关系到移民区"三农"问题的合理解决，更与实现小康社会，全面构建和谐社会紧密相关。

工程项目的这种外力对移民的影响是巨大的，移民赖以生存的土地和房屋被征用或淹没，他们被迫离开家园，原有生产体系、各类相依的组织和社会结构被打破，必须在陌生的异地白手起家，重建家园。世界范围的研究结果表明，工程移民不可避免地会带来贫困问题。已有众多的学者对工程移民的贫困问题有了深入的研究，塞尼认为工程移民会导致移民面临失去土地、失去工作、失去家园、向边缘地区搬迁、食品无保障、健康水平下降、丧失共同物质财产以及社会网络的破坏等风险，从而加大移民贫困的风险。[1] 马思尔（Mathur）[2] 认为移民搬迁所产生的社区的破坏、家庭的分离、生计的毁灭是无法用货币来衡量的。对于工程移民贫困的形态及其影响因素，国内学者在对移民的调查分析中也得出了类似的结论。如在中国 20 世纪 80 年代以前 1 000 多万水库移民中，约有 1/3 的移民重建了家园，恢复和改善了生活水平；1/3 的移民勉强可以维持生计；还有 1/3 的移民处于绝对贫困之中[3]。有学者认为水库移民过程中，移民面临着贫困风险，主要体现在土地面积减少、质量恶化、原有职业丧失、社会经济地位区域边缘化以及其他诸如失去公共资源权利等。但这种贫困是因修水库而发生的，因此水库移民的贫困属于"次生贫困"[4]。可以看出，大型工程项目以发展经济、合理利

---

[1] Michael M. Cernea. *Involuntary Resettlement and Development: Some Projects have Adverse Social Effects. Can these be Prevent? Finance and Development*, 1988, (3): pp. 44 – 46.

[2] Mathur, H. M. The Resettlement of People Displaced by Development Projects Issues and Approaches [C] //H. M. Mathur. Development, Displacement and Resettlement: Focus on Asian Experiences. Delhi: Vikas Publishing House, 1995.

[3] 余文学、高渭文、张云：《水库移民问题社会经济分析》，载于《河海大学学报》（哲学社会科学版）2000 年第 4 期，第 1~5 页。

[4] 张绍山：《水库移民的"次生贫困"及其对策初探》，载于《水利经济》1992 年第 4 期，第 25~28 页。

用资源和改变贫困为目标，在改变了大多数人的生活方式、提高了他们的福利的同时，也使得相当一部分人原有的生活体系、社会体系遭到破坏，不仅无法恢复到原有的生活水平，更谈不上发展和分享项目所带来的收益。

对南水北调中线工程库区农村的调查研究发现，这些地区居民的贫困发生率相对较高，总样本贫困发生率为28.09%，而曾经经历过一次非自愿搬迁的二次移民的家庭贫困发生率更是高达31.5%，并且收入分化现象严重[①]。

工程移民贫困的发生，和原住民贫困发生的原因以及表现形式上有较大的不同。原住民贫困的发生，更多的是与贫瘠的生产生活条件、自然灾害以及疾病的影响等有关。而工程移民贫困的发生，主要是由生活环境的改变，使得原有的生产技能、生活习惯发生被迫的改变，原有的维系社会可持续发展的人文与社会基础被破坏，以及个人心态上因抵制而转变成为的消极、被动情绪以及依赖心态引起的，水库移民的贫困属于"次生贫困"。从本质上讲，这类贫困是因为外力的短期和高强度作用引起的贫困，因此我们称之为介入型贫困。

（三）介入型贫困与能力受损：一个假说

移民动迁后，不论是近迁还是远迁，都有一个生存环境重新构建的过程，同时也是原有的发展能力对新环境的适应缓冲，面对新的自然环境，移民原先所积累的生产经验和生产技术可能已经变得不适用，对新的生产资料和生产工具的熟悉也需要一个过程，移民首先遇到的问题是原有社会结构的瓦解。此外可能还要对当地的语言、礼仪风俗、文化背景、生活方式进行接受和习惯，这个过程对于大多数移民来说是漫长的，而在一个相对陌生的环境里，移民的可用的社会资源和信息渠道在急剧减少，其信息获取能力、社会交际能力以及其农闲期生产积极性都在被限制和压缩。国内外大量的实证研究都证明了这一现象。

搬迁对移民心理状态和情绪的影响也是不容忽视的。行为学研究表明，能力很大程度上是由态度决定的，消极的、否定的态度会扼杀良好的思想，阻碍原有能力的发挥和改善。

也就是说，介入型贫困作为一种表象，其内在的成因则是能力受损。阿玛蒂亚·森认为，贫困可以用可行能力（capability）的被剥夺来合理识别，贫困是基本"可行能力"的绝对剥夺，提出了"能力贫困"的概念[②]。能力贫困的内涵十分丰富，森的表达是"相关的能力不仅是那些能避免夭折，保持良好的健康状况，能受到教育及其他这样的基本要求，还有各种各样的社会成就"。他的这

---

① 胡静：《非自愿移民、介入型贫困与反贫困政策研究》，中南财经政法大学博士学位论文，2008年。
② 阿玛蒂亚·森：《贫困与饥荒》，商务印书馆2001年版。

种绝对贫困思想不同于传统的对绝对贫困的理解。传统的绝对贫困概念核心往往是"收入低下"。森认为尽管低收入与"能力"之间有密切的联系，但贫困的实质不是收入的低下，而是可行能力的贫困。收入的不平等、性别歧视、医疗保健和公共教育设施的匮乏、高生育率、失业乃至家庭内部收入分配的不均、政府公共政策的取向等因素都会严重弱化甚至剥夺人的"能力"，从而使人陷入贫困之中。当然在森看来，尽管能力是绝对的，但获取某些重要能力所需的商品，财力和收入却是相对的，而且这些重要能力不仅仅涉及基本生存需求方面，还包括遵守社会习俗，参与社会活动以及维护自尊等。所以森的绝对贫困观就与以往对绝对贫困的定义有了一定的区别，是一种"相对的绝对贫困"理论。

以上研究及库区现实为我们研究提供了理论视角。计量分析的结果表明，家庭和个人的能力禀赋是决定农村居民贫困与否的显著因素。而二次移民的家庭相比原居民的家庭而言，其贫困的原因主要来自于能力的受损。这种能力的受损是来自于外力的冲击和介入，即政府主导和完成的资源重新分配，强行使工程移民离开原有的熟悉的生产和生活环境，造成其资产受损、就业能力受损、应付风险能力受损以及人力资本积累能力受损，并且以上各种能力受损互为因果导致主体的自我发展能力受损，极易陷入贫困之中难以依靠自身的力量摆脱贫困[①]。

能力是一个综合概念，影响因素复杂。行为学研究表明，能力很大程度上是由态度决定的，积极的、肯定的态度会将想法落实在行动上，进而改善能力，反之，消极的、否定的态度不仅会扼杀良好的思想，甚至根本不可能去行动，因而也难以有能力的改善与提升。这样，我们就可以通过态度的测量，来反映被综合在可持续发展能力中的各种不便直接测量的要素。

关于能力，可以用获得收入的影响因素来测度，其中，生产技能我们可以通过耕地数量和质量来体现，一般而言，生产技能较高，耕地数量会不断增加，耕地质量会不断改善，而在耕地扩展严格受限的条件下，也会保持其耕地的数量和质量不下降。生产技能的获得可以通过自学和外力帮助获得。信息交流与信息获取能力，采用对生产技能交流的主动性进行衡量。因为主动的交流才能保持开放的心态和开放的学习环境，自觉和不自觉地获得大量信息，可以使人的能力得到改善与提高。学习新技术与接受新事物的能力采用面对新品种或新工艺或新技能使用的速度来衡量。接受新事物的快慢，不仅表明了一种强烈的求知欲与学习能力，而且很多时候都表明了一种风险和先机，往往高回报率也孕育其中。移民参与培训的态度也可作为衡量学习新技术和接受新事物能力的一种测度。社会资源

---

① 杨云彦、徐映梅：《外力冲击与内源发展：南水北调工程与中部地区可持续发展》，科学出版社2008年版。

覆盖率则是一个内容上更宽泛的概念，人际交往之间有本地网与亲缘、血缘网，前者比后者需要更多的维护成本。而在农户调查中，亲缘及血缘网是最重要和最基本的。可以采用与其有亲缘和血缘联系的规模来衡量，规模越大，关联越强，社会资源覆盖率越宽，各种机会也就越多，一定程度上更有利于财富的积累。信息交流与信息获取能力、学习新技术与接受新事物的能力、参与培训的态度和缘于地缘、非亲缘和血缘的社会资源等的获得可通过提高受教育水平、构建信息交流平台、低成本高效率的社会组织结构和强烈的致富动机来获得，是外力和自身努力的综合结果。

二、社会变迁与可持续发展能力

（一）人力资本与社会资本的经济效用

工程移民的核心问题之一是保障移民的经济收入有所增长，或至少不下降。经济收入的持续增长不仅带来经济资产的积累，更重要的是带来更多的发展机会和人生梦想的实现。只有能够保持经济收入的持续增长，移民才能够摆脱贫困，也只有在其财富积累到一定水平时才能够经受住因各种不确定性而招致的贫困。对于以农民为主体的移民群体来说，他们可以依靠五种资本或资源来实现家庭经济水平的提高，即物质资本、人力资本、自然资本、社会资本和金融资本。移民通过使用、转换和再生产这些资源来增加他们的物质财富和可持续发展的能力。移民的可持续发展就是不断重复上述过程，使财富和可持续发展能力不断提高的动态过程。如果是城市居民，他们不一定同时拥有以上五种资源，可以主要依赖其中一种或几种资源就可以谋取一份稳定的工作，维持家庭成员的生计。而对于农村移民家庭来说，仅仅有自然资本、社会资本或者人力资本一般并不能维持家庭发展需求。对于自我结构完整的小农经营，自然资源、人力资源和社会资源同等重要。在发展过程中，之所以有些家庭发展较快、生活富裕，而有些家庭这陷入贫困的恶性循环中，往往是由于以上五项资本中某一项先天不足，或者后天发生了损失。有些个人或家庭由于在初始阶段所获得某项发展资本缺少或者不足，如家庭劳动力较少，并且常年有家庭成员生病等，或者家庭在土改中所分得的土地较少，劳动力和消费人口大量闲置等等，那么他们的收入、财富水平就比较低，这是导致农村第一种贫困的原因。另一种则是个人或家庭使用、转换或再生产这些资源的环节发生问题，即使有些个人或家庭初始获得或可以接触的资源较多，并充分利用和转换这些资源，使其收入、财富处于一个较高水平，但是在下一个阶段，由于受强大外力的作用，或者他们自身没有很好的转换和再生产这些资源，原有的资源部分或全部丧失，导致他们的财富不能进一步提高，甚至大大消减，而无法实现其可持续发展。这是导致第二种移民贫困的原因。由后一种方式所导致的贫困也就是前面我们所定义的介入型贫困。

从以往的大量研究结果来看，工程移民家庭的经济恢复受诸多内外因素的影响，人力资本和社会资本无疑是两个重要的方面。

自西奥多·舒尔茨（Theodore W. Schultz）创立人力资本理论以来，国内外对于人力资本与收入关系展开了大量的研究，并且取得了丰硕的学术成果。如明塞尔（Mincer）运用收入函数对工人教育投资收益率、职业培训收益率等进行求解和估计，全面系统地考察了人力资本投资与收入分配间的内在联系[1]。孟研究了改革后中国农村工业部门的工资决定，发现教育水平是提高劳动生产率从而促进工资增长的一个重要因素[2]；周逸先、崔玉平通过问卷调查进行的实证分析，发现农村劳动力的文化程度与农户家庭收入有显著的正相关关系，并且认为影响农民家庭收入的主要因素已不是耕地和劳动力数量，而是劳动力的文化素质[3]。张、黄和罗泽尔的研究发现，较高的文化水平可使劳动力在经济衰退期保持他们的工作，并获得更高的报酬[4]。霍夫曼（Huffman）研究认为，教育能够有效提高人们利用和获取信息的效率，因此在"易变"的环境中，比物质资本更加能够获取高的回报率。另外，人力资本对于农民外出务工的职业获得和工资收入也有着重要的影响。侯风云运用全国15个省市的农民调查样本，估计了不同形式人力资本的收益率，发现培训对于非农收入的影响是显著的，参加培训比不参加培训可增加27.89%的收入[5]。张艳华和李秉龙通过在山东、安徽、四川三省所作的实际调查，研究结论为，教育、培训、技能等人力资本的回报率不仅显著提高了农民的非农收入，而且体现在增加了劳动力的非农参与机会[6]。

介入型贫困的一个重要原因是由于移民群体资源的可获得性受到限制，而使得人们生存和生活水平受到影响。这种状况并不是不可改变的，资源的可获得性

---

[1] Mincer, J. *Investment in Human Capital and Personal Income Distribution*. *Journal of Political Economy*, Vol. 66. 1958.

[2] Meng, X. (1995), The Role of Education in Wage Determination in China's Rural Industrial Sector, *Education Economics*, 3 (3): pp. 235 – 247.

[3] 周逸先、崔玉平：《农村劳动力受教育与就业及家庭收入的相关分析》，载于《中国农村经济》2001年第4期，第60~67页。

[4] Zhang, L. X., Huang, J. K. Rozelle, S. (2002), Employment, Emerging Labor Markets and the Role of Education in China, *China Economic Review*, 13 (2 – 3): 313 – 328.

[5] 侯风云：《中国农村劳动力剩余规模估计及外流规模影响因素的实证分析》，载于《中国农村经济》2004年第3期，第13~21页。

[6] 张艳华、李秉龙：《人力资本对农民非农收入影响的实证分析》，载于《中国农业观察》2006年第6期，第9~22页。

是可以拓展的，主要是通过市场、政府和正式、非正式组织的介入、搭桥来获得资源并对其进行转换[①②③]。虽然说人们初始获得的资源多寡会大大影响人们在下一阶段接触市场、政府和社会组织的机会，并且影响人们在社会竞争中的资源获取能力。但是，拥有丰富社会资本的人，即使只有较少资金和较低的学历，也可以通过接触市场、政府和社会组织的重要人物而获得其他资源。社会资本是人们所拥有的无形资产，它可以通过自身的关系网络来为行为者提供资源可及信息，增加他们与其他资源的接触机会，拓宽人们的发展空间。从某种意义上说，"社会资本"和"资源可获得性"是人们可持续发展要素体系中的核心环节。对于处于贫困状态的移民可通过加强社会资本来获得并充分利用资源进而维持可持续发展。社会资本存量及其利用程度直接关系到移民能否增加财富，摆脱贫困，维持其家庭的可持续发展。

　　从我们库区调查资料的实证研究结果也可以看到，社会资本是移民家庭收入的重要影响因素，其中，工具性社会资本的回报主要表现在经济方面，而情感性社会资本的回报主要体现在提高人们的生活满意度。如财务支持网社会资本每提高1个百分点，会导致家庭收入水平增加6.6个百分点，而情感性社会资本的经济回报并不明显。情感性社会资本可以明显提高库区移民对商品销售渠道、社会治安状况、道路交通和购物便利条件等生活各方面的满意度，而工具性社会资本虽然会提高人们对生活某些方面（社会治安状况和道路交通）的满意度，但同时也会降低对另一些方面（基本生存需要和购物便利条件）的满意度[④]。并且，社会资本的经济回报具有"溢出性"，这体现了社会资本的"社会属性"。不仅自家社会资本对自家收入有正影响，而且同村其他农户的社会资本对自家福利也会有影响。但社会资本的经济回报远小于人力资本的经济回报。

　　社会资本还有助于减少贫困发生率，而且社会资本对减少贫困发生率的影响作用与人力资本的影响作用基本相同。尤其是财务支持网社会资本总量和社会关系紧密度可以显著减少贫困的发生率。财务支持网社会资本为零的家庭贫困的发生比是财务支持网社会资本平均值的家庭的1.19倍，社会关系紧密度最弱的家

---

① Lehmann, A. D. *Two paths of agrarian capitalism, or a critique of Chayanovian Marxism*, Comparative Studies in Society and History, 1986, 28 (4), pp. 601 – 627.

② North, L. and Cameron, J. *Grassroots based rural development strategies: Ecuador in comparative perspective.* Paper prepared for the Latin American Studies Association annual meetings, Chicago, 1988, September, pp. 24 – 26.

③ Sinergia, *Grassroots Organizations and Local Development in Bolivia.* World Bank, Washington, DC. 1998.

④ 财务支持网社会资本、情感性社会资本这两个概念分别定义为，移民财务支持网社会资本数值等于移民财务支持网关系种类乘以其社会关系紧密度，情感性社会资本数值等于情感支持网关系种类乘以社会关系紧密度。具体见第十章第三节中社会资本的衡量。

庭的贫困发生比是社会关系紧密度为均值的家庭的2.09倍。没有受过教育的家庭是受教育年限为平均值的家庭贫困发生率的2.16倍。最穷的家庭从社会资本总量、社会关系紧密度和社会关系种类中受益最大。

(二) 人力资本和社会资本在社会变迁中的局限

1. 人力资本的局限

人力资本对于经济发展的重要作用,已经得到了广泛的证实和认可,但是针对移民这一群体,人力资本所发挥的作用受到一定的局限,尤其是像中国这种分散经营的小农户。一方面,人力资本只是影响农户家庭收入的重要因素,但是并不能提供全部的解释力;另一方面,对于我们所选定的移民这一研究对象,一部分人力资本作用因素失去了效用,例如,从本书的实证分析中我们可以看到,家庭劳动力平均年龄对于移民家庭收入的增加并没有显著的影响,而劳动力平均文化程度对家庭收入有显著的影响,但是其回归系数是负值,也就是说家庭劳动力受教育的多少和家庭的经济发展并没有正向关系。肯恩等人利用人力资本理论为里昂惕夫之谜提供了比较成功的解释和验证,但是他们的研究对象是市场化程度较高的美国,并且研究的是进出口贸易领域。人力资本经济效用的发挥是要以劳动力分工和生产的市场化和规模化为基础的。对中国工程移民来说,他们绝大多数都是农民,并且是生活在较贫困山区的农户,以分散的小农经营为主,其特征为小规模生产,市场化程度不高,至今还沿用着传统的精耕细作的生产方式,甚至有些地区还处在半自给自足的封闭落后状态。

在中国的农村,农户是一个小但结构完整的基本生产单位。农户家庭的经济发展需要综合利用所拥有的物质资本、人力资本、自然资本、社会资本和金融资本,以组织有效的生产或经营。在这种情况下,农村劳动力就难以形成专业化的人力资本。受非灵活的农地制度、歧视性的公共财政制度、滞后的金融制度和农村教育体制等方面的影响,农民生产规模较小,融资渠道不畅,信息资源缺乏,大部分农民专业化人力资本水平较低,这些因素导致了农民高水平的专业化人力资本积累并不能实现其高收益的回报。同时,这个基本规律也解释了农民低水平、多样化的人力资本积累现状。

工程移民群体绝大多数是因工程建设被迫搬迁的农民。工程移民的搬迁对移民生产、生活的影响是巨大的,长期形成的社会经济系统解体,原有的居民社区被拆散,固定资产损失严重,生产性的财产和收入来源丧失。异地搬迁还导致移民种植结构的变化,种植结构的变化又引起生产劳动方式的巨大转变。如对于搬迁到湖北宜昌的三峡移民,迁移前有72.3%的移民主要以种植果树(柑、橙等)为生,只有23.7%的移民主要种植水稻、小麦等粮食作物,极少数人主要种植蔬菜、棉花和油菜等经济作物。而在搬迁后，由于安置区各种条件的限制，只有14%的移民仍然是果农，种植粮食作物的移民达到72.0%。粮食、经济等作物的种植与水果种植在劳动强度、劳动技能的要求等方面都有很大的差异，种植结构的变化必然带来生产劳动方式的变化①。在新迁的环境中，移民长期积累的人力资本失去了原有的经济效用。

另外，移民搬迁还会带来人力资本的投资中断，包括中断孩子的学业、减少家庭健康投资以及不再参与技能培训等。比如，在很多针对移民的调研中发现，移民搬迁后为了增加家庭经济收入，而选择让家里的未成年子女辍学，中断了儿童的人力资本投资，使他们提前进入劳动力市场，从事一些简单的，不需要太多技能的劳动。

2. 社会资本的局限

工程移民在搬迁过程中，其原有的社区结构和社会网络会受到严重的冲击，尤其是对于分散外迁的移民，在陌生的环境中常常产生"孤立无援的感觉"。在移民群体中，社会资本的经济效用受到了一定限制，甚至有时候会产生负效应。这个需要展开进一步的分析。

第一，社会资本的非公共物品性质的排他性。社会资本有整体的，也有局部的。共同体的规模不同，导致了社会资本覆盖面的不同以及效力的差异。在这里，只有整体的社会资本才具有公共物品的性质，才能对整个社会产生正功能；而大量的局部社会资本更多的是一种"俱乐部物品"或私人物品，具有封闭性和排他性，它在给共同体内部成员产生正功能的同时，也会排斥"圈外人"，给后者产生零功能或负功能。或者说，对一方来说可能是正功能的社会资本，对于另一方来说却可能是零功能或负功能的。而局部社会资本在不同区域不同群体之间的分布是不均衡的，比如在城乡之间，当地人和外来人之间。拥有较多和质量较高社会资本的群体相对于其他群体来说拥有较多的优势，甚至有一定的支配权，他们可以凭借自身的优势优先获得和使用有限的资源，并且出于长远利益的考虑和阶层内强关联的限制而保证资源在群体内的优先流通。移民在新搬迁安置的环境中，开始新的生产和生活，融入到当地社会系统中还需要比较长的一段时间，新的社会网络构建前会一直处在当地人局部社会资本的外缘。

第二，消极、低质社会资本的负效应。消极和低质的社会资本会把某一社会群体局限在自己狭隘的小圈子里，从而形成贫困的自我复制。威尔逊等人在对美国城市贫民区居民的研究中发现，这些处于社会底层的人们由于自身条件的限

---

① 罗凌云、风笑天：《三峡农村移民经济生产的适应性》，载于《调研世界》2001年第4期，第21~23页。

制，难以通过正式途径（即市场途径）找到工作。因此，他们只有更多地依赖于自己的社会关系网络来获取工作机会，但由于居住在贫穷的社区，他们周围的邻居及其他社会网络成员多是与其本人一样的贫穷无业人员，因此他们很少能通过社会网络获得质量更高的工作。这样最终形成了一种恶性循环的"社会隔离"（social isolation），也就是我们常说的"穷帮穷，越帮越穷"现象。

在中国也有这样的案例。赵延东通过对职工再就业过程的研究发现，在劳动力市场制度得到确立后，那些在求职过程中"使用过网络途径"的职工反而获得了质量更"差"（工资收入更少、职业声望更低）的工作。也就是说，社会资本的使用不但没有给下岗职工带来"好处"，反而使他们陷入了更为窘迫的境地而难于自拔[1]。

工程移民的情况有着更为明显的特征。他们长期生活在社会的底层，在搬迁后原来积累和使用的低质与无差异的社会资本又进一步发生损失，在新的环境中他们会把自己局限在共同移民的小群体里，这种社会资本会对其新就业岗位的获得和收入的提高产生消极影响，妨碍移民与当地居民生产生活的融合，许多移民陷入贫困的恶性循环而不能自拔，于是反复搬迁，越搬越穷，与此有极大的关系。

（三）社会变迁中的可持续发展能力

1. 从人力资本、社会资本到可持续发展能力

我国正经历着高速的发展，社会变迁会改变很多个体的命运，对非工业化区域的传统农村发展也带来很大影响。一些大型工程如南水北调工程等的实施，为相关区域的农村发展提供了机遇，工程建设也会导致大量非自愿性移民陷入贫困的境地。我们研究介入型贫困的原因不仅仅是为了如何避免工程建设带来的贫困风险，而且要实现搬迁后陷入贫困境地的移民如何重新发展。关于贫困无法救治的悲观观点在当前是完全站不住脚的，尤其是对于介入型贫困，对于那些由于国家政策的不公平介入而带来的区域性贫困。在缓解贫困问题上政府可以有所作为，贫困的社会成员也应该去寻找出路，但是如何摆脱贫困，什么样的政府政策才是合适的，一直是困扰着大家的难题。关于人力资本积累对缓解贫困的研究已经很多，但是其研究成果多集中在城市居民的贫困消除上，我们应该看到对于作为工程移民主体的农户来说，人力资本发挥作用有一定的限制。社会资本也是如此。我们研究社会资本对移民发展的影响，就是尝试着用更宽阔的视角来审视介入型贫困，而不仅仅去考虑某一种因素对移民的影响。从实证结果可以看到，社

---

[1] 赵延东：《再就业中的社会资本：效用与局限》，载于《社会学研究》2002年第4期，第23~54页。

会资本对移民发展的影响效用是明显的。但是依然不足以完全解释介入型贫困的致因,更不能解决这一群体的重新发展的问题。农户是一个小而全的结构,农户家庭的发展不仅需要人力资本和社会资本,还需要物质资本和金融资本的投入,尤其是对于中国这种比较传统的小农户结构。

为了摆脱贫困实现移民的再发展,我们需要更为宽广的视野,不仅仅是从人力资本或者社会资本的损失去理解贫困的致因,而是去寻找体现在移民个体和移民家庭身上的那种综合因素,它包括个人和家庭所拥有各种有形的和无形的资源。在当代世界上,贫困的原因绝对不仅仅是没有粮食,饥饿也只是贫困的一种表现形式。如果是暂时的粮食短缺,只能带来贫困的假象。例如对于贫困地区的粮食救济,无数次事实结果表明,这一方式难以从根本上解除贫困,并且有时候还会带来相反的结果,让一部分人产生了可怕的依赖心理。真正的贫困是发展能力的贫困,发展能力的缺乏会在很长一段时间内限制和缩小一个人和家庭的发展空间,并且会循环累积到更糟糕的境地。介入型贫困一个关键致因是在外力冲击下,一部分群体的可持续发展能力发生了损失,并且在短时间内依靠他们自己的力量很难恢复。在本节中我们就重点探讨人的可持续发展能力及其特征。移民搬迁,为我们研究介入型贫困群体的可持续发展能力打开了一扇窗户。

2. 可持续发展能力的内涵与特征

森阐述了人的"可行能力"这一重要理念。他认为,发展是增强个人参与经济、社会和政治活动的能力,也就是个人的可行能力的扩展。可行能力是"一个人选择有理由珍视的生活的实质自由",是"个人追求自己目标的真实机会";这些能力体现在各种功能性活动上,如有良好的生存条件、基本医疗、教育、社会保障、参与市场交易和社区生活以及拥有自尊等等。他还进一步说贫困可以用可行能力被剥夺来合理地识别,可行能力被剥夺所带来的"真实贫困",比收入低下表现得更为严重。森所提出的人的能力更多的是哲学意义上的能力,涉及特定人群中微观领域的个人时,则需要将这种持久发展的力量具体化。曾艳华则提出了农民发展能力的概念,她认为农民发展能力,是农民利用自然、改造自然、不断谋求自身生产生活改善的能力。农民发展能力的获得,一方面是基于农民内在素质,在教育、培养并在实践活动中吸取别人的智慧和经验逐步形成并发展起来;另一方面是基于外部条件,在自然、社会、经济宏观环境条件的支持与辅助下逐步增强和提高。但最终起决定作用的是农民自身因素。农民发展能力由三大部分构成:一是内力,即农民自身所具有的能力,包含了农民的体力、脑力、心智等;二是外力,即外部条件赋予农民的能力,包含了农民所处的自然资源环境、社会经济条件、政治法律环境、竞争程度等;三是综合能力,即由农民内在素质与外部条件相互作用而形成的能力,包含了劳动技能、经营方式、业务力量、赚钱能力、对社会的贡献能力等①。

我们认为，人的可持续发展能力是人们利用可用的自然和社会资源谋求自身发展和改善生活状况的综合能力，它不仅包括人们自身所拥有的内在素质，也包括成长过程中可学习和可积累的能力，具体来说应该由六部分组成：身体素质、受教育程度、生产能力、学习能力、外部信息处理能力和社会资源可用能力，且各种要素之间呈现相生相克的作用。由此看来，能力是一个综合概念，影响因素复杂。行为学研究表明，能力很大程度上是由态度决定的，积极的、肯定的态度会将想法落实在行动上，进而改善能力，反之，消极的、否定的态度不仅会扼杀良好的思想，甚至根本不可能去行动，因而也难以有能力去改善与提升。这样，我们就可以通过态度的测量，来反映在可持续发展能力中的各种不便直接测量的要素。

以往学术界对于移民问题的研究多集中在移民生产性资源的损失、生产和生活方式的改变、社会结构的破坏、文化心理上的不适应以及贫困的风险等，并强调移民搬迁前和搬迁后经济收入恢复的重要性，而对于移民来说经济收入只是实现人的发展的工具性手段，能力的贫困才是真正的贫困。工程移民可持续发展能力理论的提出对移民问题研究的贡献是把研究视角从外因转向内因，从对中介手段的研究转向对移民发展本质意义的探索，这更有利于对移民搬迁引致贫困的性质和作用机理的认识。

本书中，我们引入人力资本概念以及对非正规人力资本的扩展，都是在探究社会变迁过程中介入型贫困的致因，并借此寻找工程移民搬迁后实现其家庭经济发展的决定因素。可持续发展能力概念的提出是在人力资本理论的基础上，对经济发展理论的进一步发展和完善。这一概念和《21世纪议程》中的可持续发展能力有着一定的差别。后者重点在于强调宏观层面上一个区域的可持续发展能力，而我们所论述的可持续发展能力是指家庭或者个人在维持自己社会生活中的经济水平时所表现出的综合素质，是一个影响经济发展的微观因素。

3. 能力受损的外力介入方式

社会变迁过程中，由于强制性外力的介入会导致一部分社会群体可持续发展能力的损失，能力受损的结果通过以下四种外力介入方式来完成。

（1）社会剥夺。

剥夺（deprivation）是社会学的一个重要概念。社会剥夺（social deprivation）一词最早由英国的汤森（Townsend）用于研究贫困的定义和变量。该理论认为，当个人、家庭和社会集团缺乏必要的资源，不易获取食物、参加活动、拥

---

① 曾艳华：《农民发展能力的问题与对策》，载于《改革与战略》2006年第6期，第29~33页。

有公认的居住和生活条件,并且被排除在一般的居住条件、社会习惯和活动之外时,即为贫困。从这一角度来看,社会剥夺是一个可以和贫困相互替代的词汇。在本书中,我们定义的社会剥夺表示的是一个动作,是一个群体的收益小于其为社会所做的贡献或者牺牲的时候,就形成了对这一弱势群体的社会剥夺。很多时候,这一社会收益和个人收益之间的落差是需要国家政策的强制维持。工程搬迁移民和城市失地农民就具有社会剥夺的明显特征。移民作为受工程建设直接影响的社会群体,是处于被动、非自愿的地位,工程的兴建与否不以他们的意志为转移,而且移民补偿的确定他们也无话语权,他们的参与还只是限于安置方式上,但是对他们利益的影响却是具有决定意义的。搬迁导致移民家庭贫困的发生,在现有制度体系下又不可以通过合法途径获得补偿,移民在工程建设中所做的牺牲远小于整个社会的收益[1],于是就产生了政策性社会剥夺。

(2) 资本损失。

这里的资本是一个广义的概念,包括社会居民所拥有的物质资本、人力资本、社会资本、自然资本和金融资本。搬迁过程中的资本损失是导致移民群体贫困的一个直接作用因素。移民搬迁就是居民从原来生活的地方搬迁到另一个地方,长期居住,并进行生产和生活。在这样一个空间变迁中,资本会发生"摩擦损失"。首先,自然资本是不可以人为转移的,你原来居住地方的山、水、道路和气候等是不可以随身带走的。其次,物质资本也是不可完全搬迁的资本要素,生产工具和生活用品等可以运送到新居住地,但是房屋、树木等即使可以带走也会有很大的损耗,并且运输成本比较高。从表面上看,人力资本和社会资本不会在搬迁过程中发生损失,但是如果是异地搬迁这两类资本的损失其实是非常严重的,并且这一部分资本的损失是造成移民家庭陷入长期贫困的主要原因。比如,异地插迁安置,由于生产方式的改变,移民原有的生产技能可能就失去了作用,只能重新学习和积累;另外由于是远距离搬迁,移民原有的社会结构因为空间成本的增加而趋于崩溃。而这种损失,在短时间内很难恢复。金融资本的损失主要是指移民在搬迁过程中的搬迁费用,以及安置地的资金花费。

(3) 社会排斥。

社会排斥研究起源于20世纪初至20世纪五六十年代西方国家对贫困以及剥夺的概念与理论的探讨。中期在欧盟(特别是法国、英国)的官方文件与学术会议中开始出现社会排斥(social exclusion)一词,作为贫困(poverty)、社会剥夺(deprivation)、边缘化(marginalization)等的代名词。社会排斥假说最初用

---

[1] 在当前制度不健全的情况下,有些社会剥夺是人为造成的,高于个人收益的那部分利益也会是被一部分社会强势群体所占有。

于针对大民族完全或者部分排斥少数民族的种族歧视和偏见的,这种偏见和歧视建立在一个社会有意达成的政策基础上。但是在此基础上延伸到对特定的社会群体的排斥。目前社会排斥还没有统一认可的定义。西尔弗（Silver）将社会排斥划分为三种不同范式:"团结型"、"特殊型"和"垄断型"。"团结型"范式认为,社会排斥是指个人与整个社会之间诸纽带的削弱与断裂过程。"特殊型"则认为排斥是一种歧视的表现,是群体性差异的体现。这种差异否定了个人充分进入或参与社会交换或互动的权利。市场失效以及未意识的权利都可能导致排斥。"垄断型"则认为群体差异和不平等是重叠的,它将社会排斥定义为集团垄断所形成的后果之一[①]。权力集团通过社会关闭限制外来者的进入。社会排斥是部分社会成员在社会转型过程中,由于社会体制和社会政策以及其他原因,使其被排除在主流群体之外的一种系统性过程,其结果是这一部分群体丧失参与主流社会的基本权利和社会机会,从而处于一种被孤立、被隔离的状态。从排斥形式来分,可分为经济排斥、政治排斥、制度性排斥、居住空间排斥和社会关系网络排斥等。

一个人被隔离于某些社会关系之外可能会导致其他的剥夺,因而进一步限制了其生活机会,社会排斥本身就是能力贫困的一部分,而且也是造成各种能力不足的原因之一。

工程移民在新迁入的社区环境中,需要一个较长时间的适应缓冲期,在这一期间,移民在当地人中都是一个"外乡人",很难短时间内融入到当地的文化和社会生活。移民安置到当地人居住的社区,就要分摊当地的社会和经济资源,当地利益群体"对资源和社机会有着不同的权利和支配,"为了维护这种独特的权利和支配权,会"通过一系列的机制生成和维护社会分化。"以及"试图运用各种已有的权力,资源排斥着其他竞争集团,以免对自身利益造成损害。"

（4）权利贫困。

"权利贫困"是国外一些学者在研究经济贫困现象时提出的一个概念,他们发现经济贫困的深层原因不仅仅是各种经济要素不足,更重要的是社会权利的贫困,所以治理与消除经济贫困的治本之道,是强化社会权利的平等和保障社会权利的公正。

目前我国权利贫困现象广泛存在于工程移民、下岗、待岗、停产半停产、提前解除劳动合同、企业破产安置、开除、强制提前退休、提前因病退休、拖欠退休人员的养老金等各个方面。从本质上说,这些贫困群体之所以成为"弱势群

---

① Silver,（1994）, Social Exclusion & Social Solidarity: Three Paradigms. *International labour Review*, 133: pp. 5-6.

体",并非全部由于他们的"无能",还由于政府在推行社会改革的过程中,对弱势人群的多项社会权利保障不够、救济不力。由于现有保障体系的落后,使得在很多方面都存在保障权利的缺失,再加上社会保障体系覆盖面较低,以及救济和补助标准较低,从而使得社会保障并没有真正发挥应有的作用与功能,特别是对于那些有疾病人口和受教育子女的家庭,这种保障不能使得他们真正走出贫困。相反,由于收入的缺乏,甚至会使他们丧失受教育和医疗的机会,陷入一种贫困循环之中。

三、人力资本、社会资本与能力形成:一种解释

(一)人力资本在能力形成中的作用

李培林等在对下岗职工的研究中注意到人力资本对收入地位解释的失灵现象,他们的研究推断在知识技能系统的大转变时期,人力资本积累过程发生了断裂[1]。这种现象事实上在当前我国正在经历的社会转型中普遍存在,例如,因为工程建设而形成的大量非自愿移民、包括水库移民、生态移民、大型基础设施建设移民、城市拆迁失地移民等,都经历着直接的职业、环境和多方位的改变,工程移民在迁移的过程中,人力资本积累的过程中断,人力资本的形成基础受到根本影响,致使人力资本失效,进而导致能力受损和相对剥夺的感觉,产生对外界的期望和依赖,丧失自我发展能力。这类因为社会政策和外来力量的介入导致的失业、贫困等问题,一方面带有普遍意义;另一方面还缺乏足够的了解和深入的研究。

我们在调查中发现,待迁的移民有79%的人认为目前所掌握的生产技能或手艺对其家庭经济收入的增加很重要。也就是说经过长期实践种植经济林、经济作物、养殖等而积累形成的人力资本对于家庭收入的贡献起着积极的作用。而一旦生活生产环境发生了根本的改变,基础教育和技能培训所积累的人力资本对收入或缓解贫困的贡献大幅下降,人力资本存量得不到有效的利用,甚至原有的生产生活技能、人力资本一夜之间可能会完全失灵。通过二次移民和原居民的比较,二次移民的家庭平均受教育年限对贫困的缓解没有显著作用,积极使用新技术不仅对贫困没有缓解作用,相反加剧了贫困。这些都是不符合人力资本理论的反常现象,却在二次移民身上发生了,其解释只能是因为外界环境的改变,生产

---

[1] 李培林:《走出生活的阴影——失业下岗职工再就业中的"人力资本失灵"研究》,载于《中国社会科学》2003年第5期,第86~101页。

生活环境不具备一致性和连贯性，原有的人力资本存量无法再次发挥作用①。

在很多针对移民的调研中发现，由于移民应付风险能力的损失，一部分遇到重大困难的移民会选择"童工"的方式来面对难关，也就是中断儿童的人力资本投资，使他们提前进入劳动力市场，从事一些简单的，不需要太多技能的劳动如家务劳动、农业劳动以及非技能的非农劳动来减轻家庭的负担，但这也会产生贫困的代际传递、慢性贫困等一系列问题。

我们将二次移民的这种贫困归纳为介入型贫困包括大型工程非自愿移民以及各种类型的失地农民所产生的贫困。这种类型的贫困来自于社会经济发展进程中由政府介入和主导的资源的重新配置，使得移民这一脆弱群体的能力受损，包括资产受损、就业能力受损、应付风险能力受损以及人力资本积累能力受损，并且受损者无法得到他所损失的资源在社会发展中所产生的超额收益。并且这类贫困还具有原生性的一面，从原生的贫困中又衍生出文化贫困、权力贫困等，这些衍生的贫困又使得他们在面对介入贫困时处于绝对的弱势地位。

库区人力资本存量损失和人力资本投资中断主要还是对正规教育而言的。长期以来，有关人力资本的研究重要集中在正规教育及其投资回报等问题上，事实上，在不发达的农村地区，作为一种重要的人力资本形式，社会资本起着非常重要的作用。社会资本作为一种非正规人力资本，其形成的过程以及投入—回报机制，对我们理解农村地区规避风险、缓解贫困、增强社会经济的可持续发展能力，具有很强的现实意义和学术价值。

（二）社会资本在能力形成中的作用

一般认为，人们主要依靠五种资本或资源来维持生存，即物质资本、人力资本、自然资本、社会资本和金融资本②。人们通过使用、转换和再生产这些资源来增加他们的物质财富和可持续发展的能力。人们的可持续发展就是不断重复上述过程，使财富和可持续发展能力不断提高的动态过程。个人或家庭不一定同时拥有这五种资源，依赖其中的一种或几种资源就可以维持生计。对有些个体或家庭来说，自然资源是他们最重要的资源；而对有些个体或家庭来说，社会资源是他们最重要的资源。

许多研究结果表明，由于资源的可获得性受到限制，而使得人们的生存和生活水平受到影响。这种状况并不是不可改变的，资源的可获得性是可以拓展的，

---

① 黄瑞芹：《中国贫困地区社会资本与家庭收入》，中南财经政法大学博士学位论文，2008年。

② Scoones, I., *Sustainable Rural Livelihoods: A Framework for Analysis.* Working Paper 72, Institute for Development Studies, Brighton, UK. 1998.

那么通过什么途径才能增加个人或家庭的资源可获得性呢？现有研究结果表明，主要是通过市场、政府和正式、非正式组织的介入、搭桥来获得资源并对其进行转换。虽然初始获得的资源反过来会大大影响人们接触市场、政府和社会组织的能力。比如，一般认为拥有土地质量好（自然资源）、资金雄厚（物质资源）、社会网络强（社会资源）、具有大学文凭（人力资源）的人，更可能接触到政府机构和市场，进而更可能获得各类资源。但是拥有较少资金的人可以通过接触市场、政府和社会组织的重要人物而获得资源，即社会资本对人们是否能获得资源起着非常重要的作用。社会资本作为一种资产可以拓宽人们与资源和其他行为者的接触。因此，"社会资本"和"资源可获得性"是人们可持续发展框架的核心[1]。

工程移民的贫困可以分为两种情况：一种情况是移民搬迁前就处于贫困状态，搬迁后他们的生产生活水平没有得到改善，依然处于贫困状态，即前文所说的原生性贫困；另一种情况是移民搬迁前生产生活水平较高，由于搬迁使得他们的生产生活产生恶化而陷入贫困状态，即我们所说的介入性贫困。无论要消除哪种类型的贫困并找到有效的策略，需要先了解移民维持其生计和可持续发展的内在机理（见图9-2）。

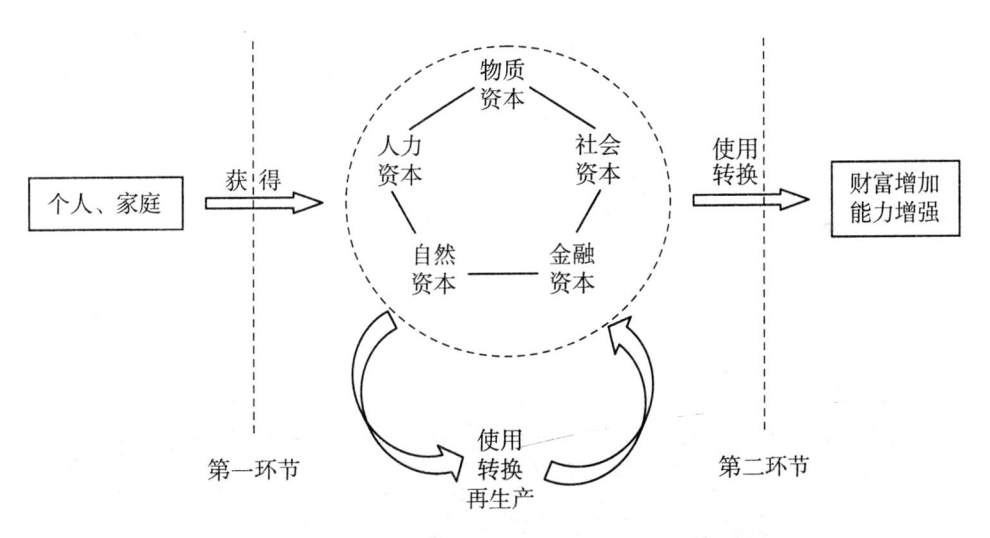

图9-2 可持续发展能力形成的内在机理

这两种贫困的发生出在两个不同的环节上。首先，导致非自愿原生性贫困的原因出在第一个环节上，即个人或家庭资源的可获得性环节。有些个人或家庭由

---

[1] Bebbington, A. J., *Capitals and capabilities: a framework for analyzing peasant viability, rural livelihoods and poverty*, World Development, 1999, 27 (12), pp. 2021-2044.

于在初始阶段获得的资源就很少,那么他们的收入、财富水平就比较低。其次,导致工程移民介入型贫困的原因出在第二个环节,即个人或家庭使用、转换或再生产这些资源的环节。即使有些个人或家庭初始获得或可以接触的资源较多,并充分利用和转换这些资源,使其收入、财富处于一个较高水平。但在下一个阶段,由于受强大外力的作用,或者他们自身没有很好的转换和再生产这些资源,原有的资源部分或全部丧失,导致他们的财富不能进一步提高,甚至大大消减,而无法实现其可持续发展。

无论是处于哪种贫困状态的工程移民都可以通过加强社会资本来获得并充分利用资源进而维持可持续发展。社会资本存量及其利用程度直接关系到移民能否增加财富,摆脱贫困,维持其可持续发展。

社会资本与自然资本、物质资本、人力资本等其他资本一样,是库区移民生活、生产不可或缺的要素。一旦搬迁,库区移民的这些资产都会遭到破坏,甚至完全毁灭。目前国家已经意识到了这一点,并制定了相关的政策。如 2006 年《国务院关于完善大中型水库移民后期扶持政策的意见》,对土地和房屋等有形资本都有了明确规定。同时,对移民生产技能等也制定了相应的培训计划。虽然这些政策规定及其具体实施过程还不够完善,但至少在一定程度上给移民的自然资本、物质资本和人力资本的损失进行了补偿。到目前为止,国家出台的移民补偿政策中并没有涉及对社会资本损失的补偿。一方面由于社会资本——这种无形资产还没有引起政府足够的重视;另一方面是由于社会资本本身也很难衡量。与自然资本、物质资本、人力资本等其他资本不同,社会资本的积累需要很长的时间才能完成,一旦遭到破坏,很难在短时间内恢复。这也是为什么移民经过了十几年甚至几十年的发展依然贫困的重要原因之一。

当前中国正处于社会转型时期,计划经济体制下实施的大型工程项目重工程轻移民,导致较多历史遗留问题,移民返迁、上访等现象时有发生,2/3 以上移民处于贫困状态。而新的移民扶持体系尚待完善。在这样一种"制度缺位"期,移民会更多地依赖社会资本这样的非正式制度资源来重建家园。因此,了解社会资本形成的内在机制,衡量移民的社会资本,将有助于移民加强认识并充分运用社会资本,获得更多的资源,为摆脱贫困、维持可持续发展奠定良好基础。

第二节 社会变迁中的介入型贫困:理论与现实

贫困是社会发展过程中的一个普遍现象,不仅有绝对贫困,也有相对贫困。

随着社会经济的发展,绝对贫困也许是可以消除的,但是相对贫困现象则是难以根除的。如何缓解贫困是经济学研究的一个基本课题之一,也是各国政府所关心的重点问题。在这种背景下,学者和政府都开始关注贫困问题。工业革命以前,人们普遍认为贫困主要是由个人因素所导致。由于个人的疾病、伤残和懒惰等原因而导致了贫困。因此,解决贫困问题主要是靠个人和家庭,以及少量的社区救济。工业革命以来,人类社会发生了很大的变化,其中最主要的一点就是工业化的生产方式在普遍提高了劳动生产率和创造了极大社会物质财富的同时,也带来了明显的贫困现象。部分人群的生活水平不仅没有随着经济的发展而有所提高,反而由于不平等的分配制度和都市化的生活方式而导致了他们相对的甚至是绝对的贫困。另外,在社会变迁过程中,由于外力介入而导致的利益分配不均会形成一种局部群体的贫困。

由外力介入导致的贫困并不局限于工程移民。我国正在经历重大社会转型,社会变迁形成了很多边缘化人群,包括水库移民、生态移民、大型基础设施建设移民、城市拆迁失地移民等,这些受到直接冲击的人群和其他受到重大经济社会政策影响的人群如下岗职工类似,他们都经历着直接的职业、环境等多方位的改变,并承受着因为社会政策和外来力量的介入导致的失业、贫困等问题。介入型贫困是社会变革中普遍存在的现象,社会变迁通过影响正规和非正规人力资本失效,致使受影响人群可持续发展能力受损,进而导致介入型贫困,由此这一群体逐渐被排挤出社会发展的利益分配阶层,成为社会边缘化的弱势群体。外力冲击下,社会群体可持续发展能力的损失,是通过社会剥夺、资本损失、社会排斥和权利贫困四种方式实现的,他们作用的角度和层次是不同的,从社会群体自身发展的角度来看,社会剥夺和资本损失影响的是其发展的内因,社会排斥和权利贫困是影响的外因。

一、贫困理论回顾

从理论渊源上讲,最早对贫困问题进行探讨是从英国政治经济学的鼻祖马尔萨斯开始的。马克思则是最早从制度层次上揭示贫困根源的经济学家。19世纪末期以来对贫困问题的研究,逐渐放弃了将贫困简单归结为个人原因的思路,而转向从社会根源方面去寻找导致贫困的各种经济与社会因素。在当代经济学中,主流经济学在探讨效率和平等关系时阐述了贫困问题和社会福利;发展经济学针对贫困恶循环、低水平均衡陷阱以及循环积累因果论等,提出平衡增长和不平衡增长等多种贫困和反贫困的理论和对策;森则从人的"可行能力"视角来研究贫困,深刻分析了隐藏在贫困背后的生产方式的作用。

(一) 贫困代际传递理论

贫困代际传递概念是从社会学阶层继承和地位获得的研究范式中发展出来的。美国的经济学家在研究贫困阶层长期性贫困的过程中发现贫困家庭和贫困社区存在贫困的代际传承现象，于20世纪60年代初提出了"贫困代际传递"概念。贫困代际传递就是指贫困以及导致贫困的相关条件和因素，在家庭内部由父母传递给子女，使子女在成年后重复父母的境遇——继承父母的贫困和不利因素并将贫困和不利因素传递给后代这样一种恶性遗传链；也指在一定的社区或阶层范围内贫困以及导致贫困的相关条件和因素在代际之间延续，使后代重复前代的贫困境遇。"代"的概念本来是一个生物学概念，借用到社会学中，便具有了自然和社会的双重属性。其自然属性表示人类自身繁衍过程中祖辈、父辈、子辈等代际之间的关系；其社会属性是指一定社会中具有大致相同年龄和类似社会特征的人群。不同代人由于所处的社会文化环境不同，在价值观念和行为方式上存在一定的差异性，这种差异就是人们通常所说的"代沟"。在后代与前代之间存在着一定差异的同时，更多地表现在思想观念、文化习俗和行为方式等方面具有明显的继承性。这种继承性就是"代际传递"。

对贫困代际传递概念也存在多种解释。斯坦因伯格（Stenberg）就提出了三种相关性解释，即：与文化行为相关、与政策相关、与经济结构等因素相关[1]。第一种解释强调文化行为因素，与奥斯卡·刘易斯（Oscar Lewis）的观点相类似。刘易斯在提出贫困文化概念后认为，贫困代际传递以具有各种相互作用的经济的和心理的特征为表征。例如，缺乏适当的学校教育，穷困的经济境遇，猜疑和缺少社会活动的参与，或者缺乏除了家庭以外的其他任何社会资源，构成贫困文化的一个基本特征——代际传递。一个坚固的核心家庭其家庭成员之间可产生强烈的相互依赖和信任关系，这样可以使年轻一代从年老的一代那里继承其价值观、态度和习俗，从而确保贫困文化代际传递。与社会政策相关的解释特别强调了福利依赖的代际传递性。依赖福利的家庭陷入贫困陷阱是因为长期接受福利救济已经使这些家庭的父母和孩子改变了价值观。第三种解释强调了经济结构因素对贫困代际传递的影响，其中人力资本具有关键性的作用。如贝克尔等人的研究（Becker, Tomes）强调了贫困与劳动力市场的关联[2]。他们的研究显示，缺乏经济资源阻碍了儿童人力资本的发展，也由于人力资本低，孩子们缺少找到好工作

---

[1] Sten-Åke Stenberg, *Inheritance of Welfare Recipiency: An Intergenerational Study of Social Assistance Recipiency in Postwar Sweden*, Journal of Marriage and Family 62 (1), 2000, pp. 228–239.

[2] Becker Gary, Nigel Tomes, *Human Capital and the Rise and Fall of Families*, Journal of Labor Economics 4 (3), 1986, pp. 1–39.

的能力。同时，贫困父母与非贫困父母相比缺少与劳动力市场的联系①。威尔逊（Wilson）指出，贫困代际传递和城市下层阶级形成的一个重要因素就是由于大批制造业迁出城市中心区，使他们失去了城市中心制造业的工作，这使他们减少了摆脱贫困的机会②。也有研究表明，贫困父母存在与贫困代际传递相关的非经济资源。如学校教育和家庭结构。由于父母受教育水平低影响他们鼓励和帮助自己的孩子完成适当的教育。家庭结构也是造成贫困本身及其代际传递的一个基本因素。如家庭中兄弟姊妹多，或父母离异等都可能导致孩子贫困、缺乏营养和监管甚至缺乏行为榜样等，这些因素都有可能导致儿童成人后的贫困。在贫困代际传递研究中，儿童贫困也是一个核心概念。儿童贫困意味着儿童在成长过程中缺乏接近资源的机会，而这些资源对他们的成长和摆脱贫困来说恰恰是至关重要的。这些资源主要包括经济、社会、文化、物质、环境和政治等资源。儿童贫困也不仅仅是因家庭经济困窘而不能享有适当的物质生活，同时，还包括人力资本发展机会的匮乏、家庭社会网络资源的贫乏、表达自己要求和希望的权利缺乏以及参与权利的缺失等。儿童贫困既是贫困代际传递产生的重要原因，也是贫困代际传递的结果。

（二）贫困的文化论

1959年美国著名人类学家奥斯卡·刘易斯在《五个家庭：关于贫困文化的墨西哥人实例研究》一书中，首先提出了"贫困文化"（the culture of poverty）的概念，并从社会、社区、家庭、个人等层面对其作了系统研究。他在对贫困家庭和社区的实际比较研究中，发现社会文化是贫困问题产生的重要原因。他认为，贫困是一种自我维持的文化体系，穷人与其他社会成员在社会文化方面是相互隔离的。在长期的贫困生活中，穷人形成了一整套特定的文化体系、行为规范和价值观念体系。如贫民窟中会形成特有的群体意识和归属感，还使生活于其中的人形成特殊的生活方式（如赌博、举债、靠典当度日等）和行为方式（如自我控制力较弱、自暴自弃等）。这是一种脱离社会主流文化的贫困亚文化。贫困文化一旦形成，便会对"圈内"的人甚至周围的人产生影响。贫困文化使生活在其中的人逐渐脱离社会生活的主流，在封闭的状态下，不断复制着贫困。贫困文化论者试图从穷人自身的因素中寻找原因，把贫困归咎于穷人在智力上和文化上的缺陷；将贫困的主要责任推给穷人，认为穷人应该对自己的贫困负

---

① James S. Coleman, *Foundations of Social Theory*, Belknap Press, Cambridge, 1990.
② William Julius. Wilson, *The Truly Disadvantaged: The inner City, the Underclass and Pulic Policy*, University of Chicago Press, Chicago, 1987.

责,从而完全忽视了结构性因素的影响,为一些社会强势集团谴责穷人提供了口实。

(三) 森的能力贫困理论

1. 能力的提出

森的贫困理论主要体现在具有里程碑意义的代表作《贫困与饥荒》和《以自由看待发展》两本书中。和西方学者的贫困理论相比,森理论的独特魅力在于深刻分析了隐藏在贫困背后的生产方式的作用,以及贫困的实质。他认为:"要理解普遍存在的贫困,频繁出现的饥饿或饥荒,我们不仅要关注所有权模式和交换权利,还要关注隐藏在它们背后的因素。这就要求我们认真思考生产方式,经济等级结构及其它们之间的相互关系"。[①] 他认为,贫困的实质是能力的缺乏。在这里我们需要强调的是,森在这里主要研究的是贫困的特殊形态饥饿。森认为,要理解饥饿,必须首先理解权利体系,并把饥饿放在权利体系中加以分析。他认为,一个人避免饥饿的能力依赖于他的所有权(所有权是权利关系之一),以及他所面临的交换权利映射,饥饿的直接原因是个人交换权利的下降,一个人所具有的交换权利就其本质而言取决于"他在社会经济等级结构中的地位,以及经济中的生产方式",但同时依赖于"市场交换"以及"国家所提供的社会保障"。从微观层次上讲,一个人之所以饥饿,是因为他没有支配足够食物的能力,被赋予取得一个包含有足够食物消费组合权利的结果。假设 E_i 代表一个社会中 i 个人的权利集合,在特定的情况下,这一权利集合就是可供选择的商品组合所构成的集合,其中的每个商品组合都是这个人可以拥有的。在一个私有制经济中,存在交换和生产的情况下,E_i 取决于两个参数,即个人的资源禀赋(所有权组合)和交换权利映射(个人的每一资源禀赋组合规定他可以支配的商品组合集合的函数)。如果满足第 i 个人对食物的最低需要的商品组合所构成的集合为 E_i,那么给定这个人的资源禀赋和交换权利映射,而且仅当他无权得到 E_i 中的任何一个时,他才会因不利的权利关系而遭到饥饿。

森贫困理论的另一主要特点是突破传统流行的将贫困等同于低收入的狭隘界限,提出用能力和收入来衡量贫困的新思维,拓宽了对贫困理解的视野。森认为:第一,贫穷是基本能力的剥夺和机会的丧失,而不仅仅低收入;第二,收入是获得能力的重要手段,能力的提高会使个人获得更多的收入;第三,良好的教育和健康的身体不仅能直接地提高生活质量,而且还能提高个人获得更多收入以及摆脱贫困的能力;第四,用人们能够获得的生活和人们能够得到的自由来理解

---

① [印] 阿玛蒂亚·森著,王宇、王文玉译:《贫困与饥荒——论权利与剥夺》,商务印书馆2001年版。

贫困和剥夺。森贫困理论的落脚点在于：通过重建个人能力来避免和消除贫困。

2. 能力的基本范畴

联合国开发计划署在 1996 年的《人类发展报告》中专门提出了，收入的匮乏只是贫困的一部分，就像人类发展围绕着生活的各个方面远比收入宽泛得多一样，贫困也应该被看做有多个角度的。而为了更好地反映这一理念并多层次的度量人类的发展程度，该报告引入了一个新的综合指数——能力贫困指标，用于考察人口中缺少基本发展能力的人类及比例的情况。在这份报告中，能力贫困指标，所定义的能力集中体现在三个方面：一是基本生存的能力（获得营养和健康的能力）；二是健康生育的能力；三是接受教育和获得知识的能力。

3. 能力范畴的扩充

《人类发展报告》通过能力贫困指标所反映和度量的还只是人类发展能力中非常有限，也是最为基础的一部分。许多社会学家、经济学家在对能力的理解和界定上都要比以上的界定更为广泛和深刻，许多人认为除了联合国开发计划署所提出的三个方面之外，还应该包括经济发展能力（能够赢得收入）、参与决策的能力、合理利用资源的能力、社会认知能力以及支配个人生活的能力等诸多方面。能力贫困是一个有着多层次内涵的丰富范畴，它是一种更深层次的、综合性的社会贫困现象是相对于社会发展、进步及其要求而言的动态范畴。而且能力贫困本身并不特指某一个体或某一现象，而是总体意义上的一种集合性概念。它所关注的是一个人口中能力贫困者所占的比重，反映的是人口综合能力的欠缺情况。能力贫困往往不是外在的显性化的，它是通过影响人们的观念、信仰、行为、习俗以及生产、生活方式，来作用于个人、家庭、社区乃至整个地区的社会、经济文化发展，对社会的变革与进步形成阻碍。

4. 能力的意义

随着能力理论的不断拓展，能力贫困理论已经成为贫困问题分析中的重要范式，能力贫困的概念对于广泛的减贫政策具有非常重要的意义。世界银行《1990 年世界发展报告》中也将贫困定义为"缺少到达最低生活水准的能力"。

二、工程移民与介入型贫困

（一）工程移民介入型贫困的研究背景

1. 现实背景

随着经济社会的发展，各种旨在改变现有福利的工程建设项目在世界的范围内蓬勃兴起，与此相伴产生了大量因项目征地所造成的陷入贫困危机中的工程移民。根据世界银行的统计资料表明，从 1980~2000 年的 20 年内，全世界由于水利、交通、机场、港口等工程建设产生的移民多达 2 亿人，平均每年 1 000 万人。这些工程项目以发展经济、合理利用资源和改变贫困为目标，在改变了大多数人的生活方式，并提高了他们福利的同时，也使得相当一部分人原有的生活体系、社会体系遭到破坏，不仅无法恢复到原有的生活水平，更谈不上发展和分享项目所带来的收益。世界各国的实践和经验表明，因工程建设被迫迁移而致贫和返贫的现象为数众多[①]。工程项目的兴建一方面努力消除贫困带来发展的机遇；另一方面却又带来了新的贫困，成为有悖于建设初衷的难题。

特别是水利水电工程移民，由于水利工程的特殊性，项目选址和施工地大部分是我国的生态脆弱区或是发展落后闭塞的农村贫困地区。移民在被迫迁移之前大部分具有贫困人口的特征，收入低下，没有资本积累，缺乏就业机会，缺乏自我摆脱贫困的能力，面对冲击的抵御能力差。而和普通贫困人口不同的是，他们需要以这种脆弱的生存状态面对生活体系和社会体系被彻底颠覆的冲击。这种冲击不是潜在的，而是在已知的时间内必定会发生的。

2. 理论背景

移民和贫困是当今社会发展所面临的两个极为特殊和棘手的问题，对于这两个主题的研究国内外学者已经做了大量的理论和实证的研究，但两类研究各自为政，几乎没有交集。大型工程非自愿移民的研究主要在移民的补偿、制度的制定、移民的安置模式和后期扶持等领域。而关于贫困的研究主要从贫困的识别、贫困的准确度量以及反贫困的战略选择三个方面展开。

世界银行对贫困给出了一个描述性的解释：所谓贫困就是一种人们想逃避的生存状态，贫困意味着饥饿，意味着没有栖生之地。贫困就是缺衣少药，没有机会上学，也不知道怎么获得知识。贫困就是失业，害怕面对未来，生命时刻受到威胁。贫困就是缺少清洁的饮用水而导致儿童生病甚至死亡。贫困就是权力和自由的丧失[②]。国际上关于贫困的划分，有绝对贫困和相对贫困、群体贫困和个体性贫困。绝对贫困的概念最早由英国的朗特里和布思（Rowntree & Booth）提出，即认为一定数量的货物和服务对于个人或者家庭的福利是必需的，缺乏获得这些物品和服务的人被认为是穷人。对绝对贫困概念的主要批评是，它忽视了人的社会、心理和文化需要。相对贫困是指当一个人的收入比人口平均收入少到一定程度时他就是穷人。它不是根据低于维持生存水平的固定标准来定义穷人，而是根据他的收入与社会其他成员收入的差距来定义。实际运用中通常把 5% 的最低收

---

① 迈克尔·M. 塞尼：《移民·重建·发展》，河海大学出版社 1998 年版。
② 世界银行：《中国战胜农村贫困》，中国财政经济出版社 2001 年版。

入者作为穷人或者把低于平均收入水平的 1/2 或 1/3 作为穷人。

中国学者对贫困种类的划分主要是依据贫困的表现和成因，主要有以下的观点：

李实认为，贫困可分为暂时贫困、长期贫困和自愿贫困三种类型。暂时贫困是指处于这种状况的一部分人从收入上看低于贫困线，但他们由于有储蓄或能够借钱，因此消费水准却高于贫困线；长期贫困是指处于这种状况的这部分人，无论是收入还是消费都低于贫困线，他们没有储蓄也无法借钱来维持高于贫困线的消费水平；自愿贫困是指一部分人的家庭收入虽然高于贫困线，但仍选择或必须把消费水平控制在贫困线以下。这种分类的最大优点是便于对贫困进行统计、监测和比较①。

康晓光将决定生活质量的因素定性为制度因素、区域因素和个人因素，据此将贫困划分为制度性贫困、区域性贫困和阶层性贫困三种类型。制度性贫困是指由于政治权利、分配制度、就业制度、财政转移支付制度、社会服务和分配制度、社会保障制度等因素决定的生活资源在不同社区、不同区域、不同群体和个人之间的不平等分配造成的某些社区、区域、群体或个体处于贫困状态；区域性贫困是由于在相同的制度背景下，不同区域之间由于自然条件和社会发展水平的差异，致使某些区域生活资源的供给相对贫乏，贫困人口相对集中从而陷入贫困；阶层性贫困是指在相同的制度环境中，在大约均质的空间区域或行政区域内，某些群体、家庭或个人由于身体素质较差、文化程度较低、家庭劳动力较少、生产资料缺乏、可以利用的社会资产少，竞争有限的生活资源的能力差，从而处于贫困状态②。

吴国宝等将贫困归结为两种类型：一种是资源或条件制约型贫困，通常表现为宏观上的区域性的贫困；另一种是能力约束型贫困，通常表现为个体贫困。此外，这部分学者还根据两种贫困的制约程度的不同，又将贫困细化为若干亚贫困类型。其中的资源型贫困分为边际土地型贫困和资源结构不合理型贫困。边际土地型贫困（通常是生态脆弱地区）是指私人对土地的投入形成的收益难以弥补其支出。资源结构不合理型贫困主要是指由于资金缺乏或交通、通讯、能源等基础设施落后导致的贫困；能力型贫困又可分为丧失劳动能力导致的贫困和缺乏专业技能引起的贫困③。

蔡昉从历史推演的角度对贫困做了另一种划分。他认为，在改革开放前，中国处于整体贫困状态，属"整体贫困"。在改革开放后，由于实行大规模的扶贫

---

① 李实：《九十年代末期中国城市贫困增加及其原因》，中国扶贫网，2001 年。
② 康晓光：《中国贫困与反贫困理论》，广西人民出版社 1995 年版。
③ 吴国宝：《对中国扶贫战略的简述》，《中国农村经济》，1996 年第 8 期。

政策，贫困人口大幅度减少，但一些"老、少、边、穷"地区，由于自然、历史、经济和社会政策等方面的原因，仍处于贫困状态，他将这种贫困定义为"边缘化贫困"。20世纪90年代以来，在城市地区一些改革发展中的弱势群体由于在竞争中处于不利地位，又因未得到社会救助而被边缘化，从而出现了"第三类贫困"，即冲击型贫困①。

叶普万在对贫困经济学的研究回顾和总结中认为，贫困是一个十分复杂的概念，视角不同类型的划分也会不同。在人类历史的发展里程上，大致有四种类型的贫困，当然，在每一种类型的贫困中又细化为若干亚贫困类型。四种贫困分别为：第一，古典贫困（老式贫困），主要是指由于饥荒和生产能力不足而引起的贫困，应该说资本主义社会以前的贫困就属这种类型。第二，稀缺中的贫困或者经济不发展而导致的贫困，主要是指由于经济不发达而导致的贫困，它主要表现为：区域性人均收入水平低下，基本生活必需品供应不足，经济生产活动中抵御自然灾害的能力很差，社会能提供的公共医疗和教育等社会服务水平低下，婴儿死亡率较高，人口平均预期寿命较短等。发展中国家特别是高度集中计划管理的发展中国家的贫困就属这种类型。第三，经济高速发展的贫困，是许多发展中国家在经济高速发展中，大量农村劳动力涌入城市，导致城市就业水平和下层劳动者收入水平下降而产生的贫困。发展中国家城市普遍存在的贫困就属这种类型。第四，富裕中的贫困，是许多发达国家普遍存在的贫困。究其原因，一是由于现代科学技术的应用和经济全球化背景下产业结构的变迁，导致夕阳产业衰落、失业人数增加；二是在相对稳定的市场经济制度和不平等的社会结构中，劳动力市场、教育机构和其他重要的社会参与机会对某些劳动者和社会成员的排斥或歧视，导致穷人缺乏同等的机会，即机会不足；三是政府和社会在教育和劳动力市场中采取的社会保障和增大福利供应的一系列反歧视政策，引起穷人对政府和社会福利的过分依赖，导致通过自身努力摆脱贫困的动机不足②。

贫困的定义虽然还没有达到完全意义上的统一，但有关贫困的表征和描述却已经得到大多数人的认可。根据国内外有关贫困的表述，目前大型工程的非自愿移民大都具有贫困人口的种种特征，但是对于它的起因、类型以及是否还有自身独有的特征却没有归纳，也就是说中外学者在对贫困的定义和分类中，忽视了移民贫困这一特殊的类型，这也使我们的研究有了一定的空间。我们暂时将移民的贫困归纳为介入型贫困包括大型工程非自愿移民和各种类型的失地农民。这种类型的贫困来自于社会经济的发展进程中由政府介入和主导的资源的重新配置。一

---

① 蔡昉：《转轨中的城市贫困问题》，社会科学出版社2003年版。
② 叶普万：《贫困经济学研究：一个文献综述》，载于《世界经济》2005年第9期，第70~79页。

部分人成为资源的受益者;另一部分人成为资源的受损者,并且受损者无法得到他所损失的资源在社会发展中所产生的超额收益。一方面他们失去了自有的资源;另一方面又得不到长久的收益,使他们陷入了长期的贫困泥潭中。并且这种类型的贫困还具有原生性的一面,从原生的贫困中又衍生出文化贫困、权力贫困等,这些衍生的贫困又使得他们在面对非自愿移民时处于绝对的弱势地位。

(二) 工程移民贫困治理的现存问题

1. 库区移民贫困问题突出

我们对库区移民一直采取的是前期补偿、后期扶植的政策。在移民的安置规划中是以农业安置为基础,就近后靠安置为主的方式,通过强有力的政府行政手段将大量的库区移民移植到附近的村社生产生活。许多库区移民至今仍生活在贫困中,甚至有部分移民因移致贫,无法恢复。大型水利水电工程的建设并没有改善他们的贫困处境,甚至还有恶化的趋势。移民的贫困问题日益成为关系到局部或区域的社会稳定的大事。工程项目在多大程度上引起贫困,目前尚无全面的调查研究,据有关部门的统计,中央直属水库移民 1992 年人年均收入只有 441 元,2000 年增加到 1 059 元,年增长 11.6%。而同期全国农民人均年收入从 784 元增加到 2 253 元,年均增长 14.1%。中央直属水库移民 2000 年人年均收入仅是全国农民当年人均收入的 47%,其中年人均收入低于 530 元的贫困人口达 148 万人,占移民总数的 28.79%,地方水库大约有 300 多万移民仍生活在温饱线以下[①]。相对于这些数据,对移民贫困的专门研究却较少。

2. 移民贫困的类型、特征和致因有别于普通贫困人口

对于普通贫困人口的类型和致因在以上的文献综述中已总结和归纳。而移民的贫困属于介入型贫困,有其原生性,但更多的来自发展过程中外力介入时的强迫剥夺,并且发展中的外力也造成移民微观个体的能力贬损使得其更加难以靠自己的力量摆脱贫困。因此,介入者完全有责任和有义务帮助移民以工程为契机摆脱贫困。

3. 库区移民反贫困政策缺乏前瞻性和长远效果

中国移民政策的最高目标是工程建设尽量减少占地和搬迁人口,一旦占地和移民问题不可避免,就把失地农民和移民妥善安置好,并负责到底,兼顾国家、集体和个人三者利益关系,逐步使移民生活达到或超过原有水平。主要政策有:节约用地、依法用地、经济补偿、拆迁许可、拆迁补偿、拆迁安置、参与协商、开发移民等通用政策,后期扶持等行业政策。移民工作没有具体的反贫困政策,

---

① 杨文键:《中国水库农村移民安置模式研究》,云南美术出版社 2004 年版。

反贫困的思想主要体现在移民拆迁补偿、安置和后期扶持政策中，移民安置和后扶结束后纳入地方的扶贫范畴。对于移民贫困的类型和致因相对研究不足，使得移民的扶贫政策只是事后的弥补缺乏前瞻性，并且没有针对移民贫困的致因对症下药，缺乏长远的效果。

4. 移民扶贫管理的"边缘化"

库区移民的扶贫有移民部门的安置后扶贫管理，也有地方政府职能部门的社会化扶贫管理。正是如此，移民的扶贫管理存在边缘化的问题。移民部门认为在后期扶持到位后，出现的贫困属于社会问题，应纳入地方扶贫管理范围，地方政府认为，库区移民的贫困问题是工程建设引起的，应由国家和工程建设单位承担扶贫责任。

因此移民的贫困有其自身的天然性，也存在着制度和发展的原因，与其他类型的贫困相比有其独有的特征。移民的反贫困固然可以参照扶贫办法，但有效的反贫困政策首先需要对贫困的风险因素和反贫困的政策工具功能有充分的了解，然后在此基础上根据贫困的类型和特征而选取不同的政策工具或是在原有的政策基础上有所创新，只有这样才能使移民的反贫困政策更具有针对性，效果也更持久。

（三）工程移民贫困的特征

1. 贫困的原生性

我们所选取的调查地区的居民即是南水北调中线工程的待迁移民，也有相当一部分居民，曾经是丹江口水库的移民，此次属于二次移民。无论是否二次移民，调查区的贫困状态是显而易见的。这是因为水利工程的选址一般在深山峡谷，这里地形、地貌及地质条件复杂，自然资源贫乏，生产条件差，生产力水平低下，基础设施落后，且村落零星，人口居住分散，基础设施建设难度大。水库形成后，原有的交通系统被破坏，淹没了当地的良田好地，使水库移民安置后的生存环境更加恶劣。库区周围多是山峦陡峭，有的地方虽有山场，但山上有石无土，严重缺乏耕地资源。库区自然资源的匮乏和交通等基础设施的低下，决定了该地区的经济只能是单一的农业经济，而且以种植业为主。由于土地的贫瘠和生产条件的限制，使农业产出十分低，经济发展十分缓慢。这种原生性的贫困与中国其他区域的普通农村一样，主要是由以下因素造成的：

（1）自然原因。

从某种意义上说，贫困问题是一个生态环境问题，贫困状态的发生和贫困程度的大小与生态环境状况存在极为密切的关系。美国经济学家迈克尔·P. 托达罗在《第三世界的经济发展》中曾经提出地域差异理论来解释贫穷国家经济发展缓慢的原因。他认为从总体上看，当代第三世界国家同发达国家开始其现代经济增长时相比，一般缺乏丰富的自然资源。除了少数在世界性需求日增情况下有幸得到丰富的石油、其他矿产和原材料供给的第三世界国家以外，大多数欠发达国家是十分缺乏自然资源的。同时恶劣的气候条件也是直接影响生产条件的一个明显因素，大多数贫穷国家。极高的温度和湿度导致土地质量衰退和许多天然货物迅速贬值。它们还导致某些庄稼低产，削弱了森林的更新生长，并使牲畜的健康恶化。最后，也许最重要的，极高的温度和湿度不仅使劳动者们感到不适，而且有损于他们的健康状况。使他们不愿参加紧张的体力劳动，生产率水平和效率普遍降低[1]。在我国，根据《八七扶贫攻坚计划》确定的592个国家重点扶持的贫困县名单，可以发现贫困地区几乎都是山区、高原等自然环境较差甚至恶劣的地区。其中有307个集中在西北、西南地区以及中部地区的大山区，贫困人口约为全国贫困人口的60%，迄今仍未脱掉贫困县帽子的几乎都是自然环境恶劣的地区，这些地区不仅耕地少，土层迁移，可利用的水资源极度短缺，而且旱涝灾害发生的频率极高，农业的自然生产条件极差，粮食作物的年均播种面积亩产不足150公斤。恶劣的自然环境是这些地区人口贫困的一个重要原因。而大型工程特别是大型水利工程库区的选址往往就是这些地方，我们所调研的3个县市便是国家级贫困县。

问题远远不只这一点，自然环境恶劣导致贫困，但贫困又反过来加剧环境恶化。之所以如此，其根本原因就在于贫困和自然环境之间的关系体现得更为直接和具体，贫困人口为维持自身生存的基本需要就必须对周围的自然环境表现出更高的依存度。如在没有外部经济资源注入的情况下，为满足因人口增长对食物的需求，他们不得不简单地依赖开垦更多土地的办法。当适宜耕种的土地被开垦殆尽的时候，垦殖活动必然移向那些山高坡陡的地方。有的学者把这种落后的农牧业生产方式，称之为"超薄型平面垦殖"。由于这种生产方式对资源的利用层次过于单薄，集约化程度低，单位面积所供养的人口也十分低下，因而在温饱问题压力之下形成生态环境的破坏也格外突出[2]。此外，贫困地区人们采用的耕作手段非常原始，加上土地的边际产出率低下和自然灾害的频繁，进一步加剧了贫困和环境之间的恶性循环。

（2）社会历史原因。

中外研究贫困问题的学者大多赞同这样的观点，即发达国家的贫困往往是现实原因导致的贫困。而发展中国家的贫困却经常是历史积淀下来的。应该说，这

---

[1] 迈克尔·P·托达罗：《第三世界的经济发展》，中国人民大学出版社1988年版，第170页。
[2] 王小强、白南风：《富饶的贫困》，四川人民出版社1986年版，第81页。

种观点用来解释中国的贫困更具说服力。其一,旧的社会形态、文化传统积淀下来,并在相当程度上仍支配劳动者的一些旧的传统观念和意识,对社会生产发展起顽强的抗拒作用。新中国成立前,由于种种原因,一些少数民族停留在不同社会发展阶段,甚至有一些停留在"刀耕火种"时代。新中国成立后,虽然这些民族迅速进入社会主义社会,但仍有相当数量的群众仍沿用原来的古老、落后的生产工具,甚至有一些民族还保留着"刀耕火种"的生产方式。50多年来,国家在人力、物力、财力上对后进民族和落后地区给予巨大援助,但也未能有效地改变旧的生产方式。这表明,落后民族或地区在国家或先进民族地区的帮助下,通过自己努力可以跨越某种社会发展阶段向更高级的社会形态过渡,使生产关系发生突变。然而社会生产力的发展是一个自然历史过程,不会因为生产关系的突变而变。生产力的变革有自身的规律性,它是一个渐进过程。在落后地区和民族阻碍社会生产力发展的诸因素中,由旧的社会意识形态,文化传统积淀下来并体现在劳动者身上的旧传统观念和意识,对落后地区生产力的发展起到了潜移默化、顽强抗拒的作用。其二是在落后民族和地区,教育这种通过文化科学知识传播促进生产力发展的有效手段难以取得预期效果,而且往往形成一个恶性循环怪圈:落后地区农民文化素质低——不重视教育——文化素质更低。他们有时宁愿从前辈那里获取生产和生活经验,也不愿学习科学技术和先进生产方式,以至于一些先进的耕作方式,先进的农作物品种不能得到有效地推广和应用,甚至在一些地方,神鬼旨意依然是他们的精神支柱。一些人宁可节衣缩食也心甘情愿把一年劳动所得无偿捐献给寺庙。在封闭、愚昧、禁锢的环境下搞贫困开发,就像在隆冬气候环境下搞育苗栽培一样,几乎不可能。

(3) 制度性原因。

落后不仅仅表现为落后地区的一系列经济增长和社会发展指标低于发达地区,还表现为落后地区的人们的思想观念、行为方式落后于发达地区。对于处于转型期的中国来说,落后也表现为落后地区在体制改革方面落后于发达地区,而这点恰恰是落后地区落后的最重要的原因之一。

(4) 地区经济发展不平衡原因。

地区经济发展不平衡是中国经济发展过程中的一个重要特征,东部、中部、西部地区向来呈现递形发展模式,改革开放以来因国家实施的是重点发展东部地区的经济政策,使得东、中、西三个经济区域带的经济发展水平差距迅速拉大,发展不平衡的一个直接后果就是居民收入水平的不平衡,这是中西部地区贫困人口比重高、程度深、数量大的重要原因。而几乎所有的大型水利工程的库区都集中在中西部区域。据国家统计局城调总队抽样调查显示,1998年全国城市贫困率为4.2%,贫困人口为1 176万人。其中,东部地区城镇贫困人口为188.16万人，占 16%；中部地区城镇贫困人口为 658.56 万人，占 56%，西部地区城镇贫困人口为 32 928 万人，占 28%。东部地区城镇困难居民家庭人均年生活费收入为 2 012.98 元，其中最高的是广东省为 3 291.4 元，最低的是海南省为 1 429 元；中部地区城镇困难居民家庭人均年生活费收入为 1 545.93 元，其中最高者安徽省为 1 911.82 元，最低者内蒙古为 1 259.46 元；西部地区城镇困难居民家庭人均年生活费收入为 1 714.85 元，最高者云南省为 2 017.99 元，最低者宁夏为 1 175.82 元。由此可见，贫困人口的分布和区域经济发展整体水平密切相关。中国水库移民则大多数来自于落后的中西部地区。[①]

（5）人力资本禀赋（含科技力量）方面原因。

贫困地区落后的一个重要原因还在于和发达地区相比，其人力资本水平相对较低。巴罗认为（实际上经济学家已反复证明），对经济增长绩效具有持续影响的初始条件通常是起始期的人均收入水平和人力资本禀赋。人力资本禀赋差异之所以是影响经济增长率的重要因素，其深刻原因在于它不仅是带来科技进步的研究与开发中的关键投入品，而且也决定了吸收新产品和新思想的能力与速度，从而对经济增长具有至关重要的作用。通常人们用反映教育水平的指标反映地区间的人力资本差距，包括小学和中学入学率（反映教育普及程度），教师与学生的比例（反映教育质量）和成人识字率（反映教育的结果）等。

（6）收入分配原因。

收入分配对贫困问题的影响，主要表现在行业分配不公与分配要素发生变化两个方面：一是行业分配不公体现在工资收入上，也体现在工资外收入上，农、林、牧、渔、水利行业等收入较低，而库区移民大多数都是从事农林牧渔、水利工作。二是财产所有权或资本、技术等作为新的要素进入分配领域，必然进一步扩大居民的收入差距。虽然资本与技术作为生产要素进入分配领域是时代要求和竞争、发展的需要，但一定时期内创造的财富总是一定的，拥有资本与技术者由此而出现收入急剧扩张效应，而只能凭劳动赚取收入者所分享的份额自然减少。库区的居民大多是从事农、林、牧、渔、水利的工作，处于收入的最低水平行列中。

2. 能力性贫困

工程移民的原生性贫困是普遍存在的，但能力性贫困的问题更为突出。由于个体的禀赋差异，工程移民中贫富差距巨大，这时贫困人口的贫困主要体现为能力性的一面。从前几章的分析中我们可以看到，能力性的贫困表现在两个方面。

（1）村基层组织领导与服务能力的差异造成的能力性贫困。

由于村庄是农村居民生活的聚集地，村庄的各项资源禀赋以及村组织的能力

---

① 尹世洪：《当前中国城市贫困问题》，江西人民出版社 1998 年版，第 34～36、196 页。

会影响到村内大多数居民的生活状况，是村与村之间贫富差异的主要影响因素。特别是面临搬迁的移民村庄以及等待接受移民的村庄。一般来说，村基层组织与村内居民的联系更为紧密。村基层组织不仅是沟通村内居民和地方政府的纽带，也是协调村内居民利益关系的具体操作者。移民搬迁安置补偿以及搬迁后的后期扶持都是依托村基层组织实施的，村民生活及其他困难的反映也有村组织向上传递。另外，村组织还负责村内居民的利益协调，以及对移民或其他项目政策的解读和传递。因此村基层组织双面角的作用使得其与村民之间的联系较普通村庄更为紧密。所以村基层组织的能力禀赋和服务意识在很大程度上影响了整个村内居民的生产生活状况。

我们从前面的分析中得出了结论，村干部的素质、基层组织为移民所提供的致富措施、村内经营种类的多样化以及村内基础设施的健全与否显著影响整个村的贫困状态。贫困人口和家庭集中的村庄大多表现为公共基础设施匮乏，道路、水利、小学和水井设施几乎没有，村基层组织为村民摆脱贫困所提供的帮助很少，村庄的经营种类单一，仅以种植粮食、小面积养殖家畜和打工为主要经营方式。

（2）个人和家庭能力造成的能力性贫困。

通过模型结果的解释，移民家庭贫困的 36.4% 解释来自其家庭、个人的资源禀赋和能力。家庭规模、收入结构、信息工具、交通工具的拥有量、教育程度、家庭的进取心、健康状况以及耕地是显著影响家庭贫困与否的因素。家庭规模的平方和贫困在 0.001 水平下显著，也就是说，家庭规模与贫困成倒 U 型关系，家庭规模也不是越少越好。当家庭人口只有 1 人、2 人时，家庭陷入贫困的概率很大，而当家庭人口达到 3 人、4 人时，贫困率开始下降至最低，一旦家庭人口超过 5 个人，贫困率则又开始加大。收入以农业收入为主的家庭陷入贫困的概率是收入以工资收入为主的家庭的 3.6 倍；是收入以经营性收入为主的家庭的 1.73 倍，但是如果家庭收入以转移性支出为主，则这类家庭陷入贫困的概率是以农业收入为主的家庭的 1.432 倍。由此可见，要改善目前的贫困状况，必须依靠工资收入和经营性收入，而农业收入只能成为家庭的最后生活保障，对于那些必须依靠转移支付生存的家庭，目前的资助和救助看来并没有将他们带出贫困的生活状态，因此这一部分家庭则需要加大救助力度，或者帮助他们开辟创收的渠道，实现家庭收入的多元化。家庭拥有的信息交流工具和交通工具可以显著的改善贫困，二者均在 0.001 水平下显著。教育对贫困的改善是显而易见的，但是我们依然发现家庭受教育的状况对贫困的改善作用是大不相同的。我们开始是用户主的受教育程度来代表整个家庭的受教育状况放入模型之中，结果发现和以往的研究不同，户主受教育程度对于家庭是否贫困并不显著，随后我们将家庭平均受教育年限放入模型,这时教育这个变量才显著。也就是说家庭中并不是完全依靠某一个人的能力才能摆脱贫困,而是整个家庭成员的人力资本提高,才会对家庭的贫困状况有所改善。因此提高人力资本必须面对全部家庭成员。在家庭的进取心量表中,家庭成员的见识和技术交流的能力对贫困的缓解有显著作用,而使用新技术以及技能培训的主动参与度虽然对贫困的减少有正向的作用,但这种作用并不显著。那些最远只到过本县的家庭和去过县城以外的家庭相比,贫困发生的概率是1.4倍,而那些愿意与人交流技术的家庭无论是主动交流还是被动交流,只要有交流的家庭陷入贫困的概率是那些不愿交流也从不交流技术的家庭的0.64倍。疾病是家庭贫困最大的风险,一旦家庭中有成员患病,对于农村家庭的打击有时是致命的。移民更是如此,我们将医药支出占总支出50%以上的家庭作为对照组,发现这类家庭陷入贫困的概率是医药支出占总支出20%的家庭的5.68倍,是医药支出占总支出20%~50%之间的家庭的2.18倍。耕地对于农村家庭的重要性不言而喻,由于中国农村的土地分配制度,农村的人均耕地面积大致相当,但是耕地的质量却有着较大的区别。特别是对于有移民的村庄,由于移民原有的耕地是经过多年的选择一般是当时当地最为肥沃最适合耕种的土地,被淹没后补偿的土地就只能退而求其次,大多是贫瘠难以开发利用的土地。我们前面的数据已经发现,在村庄中不好的土地有74%都是由二次移民所有。我们将根据被访者对自家耕地的主观认定,将土地分为好、一般和不好三类,并将土地质量好作为对照组,发现认为自家土地质量不好的家庭贫困发生的概率是对照组家庭的2.4倍,认为自家耕地质量一般的家庭贫困发生的概率是对照组家庭的1.65倍。

3. 贫困的介入性

根据本章第二节中的分析,二次移民与老移民贫困致因的比较分析结果中可以看到,二次移民的贫困有着与原居民不同的致因,除了原生性贫困、能力性贫困以外,二次移民有以下几个显著的特征:

(1) 物质资本积累能力受损。

大型工程移民一般按照前期补偿、补助与后期扶持相结合的原则,使移民能恢复到原有的生活水平。现阶段,我国水利水电工程建设征地补偿标准仍比较低,不能够实现实物指标价值的完全赔偿,所以移民原有被水库淹没的生活资料和生产资料都难以补偿至原有价值,即使在数量上达到了原有规模,如人均住房面积、耕地数量,但从质量上看却很难达到原有水平。特别是耕地,库区原有的耕地经过多年的选择一般是当时当地最为肥沃最适合耕种的土地,被淹没后补偿的土地就只能退而求其次,大多是贫瘠难以开发利用的土地。从前文可以看出,二次移民主观认定的耕地质量中大部分集中在一般和不好中,而原居民主观认定的耕地质量则大多集中于非常好和比较好这两个类型中。因此我们也可以从模型中看到二次移民主观认定的耕地质量对其贫困概率的影响远远小于当地居民。

自移民规划后，当地政府会尽量减少对库区的基础设施、农田水利设施的投资，而理性的移民也会开始中断对物质资产的长期投资。这些都使得移民的物质资本积累能力受到极大地损害，大家知道初始的资产对于财富的积累起着至关重要的作用。

（2）就业与经济发展能力受损。

二次移民外出打工对家庭的贫困没有缓解作用，反而有加剧贫困的作用正是其就业能力受损的表现。农村移民的安置一般有两种：农业安置和非农安置。无论是哪种安置方式，土地的保障功能会大大地降低。对于目前中国的很多农民来说，农业收入不再是家庭总收入的主要来源，但它却是家庭的最终保障，也是减少家庭生活成本的途径。在我们所做的一调查中，外出打工的工资性收入已成为移民家庭收入的主要来源，46.5%的收入来源于外出打工。但是耕地质量下降、土地保障功能降低的农村移民已丧失了正常农民工非农就业的两栖性：找到工作则留在非农领域，找不到工作则退回到土地上寻求最后的生活保障。并且正常农民工可以通过将一部分家庭成员留在土地上工作，自己在工作地十分简陋的条件下生活，从而将整个家庭的生活成本减至最低限度，进而降低工资要求。而移民即使没有失去土地也很难再降低生活成本，无法与正常农民工进行劳动力价格的竞争。这些农村移民普遍低教育程度、低技能，无法进入城市的一级劳动力市场，而在二级劳动力市场中也无法与有土地依靠的农民工竞争（有土地依靠的农民工家庭生活成本较低，在工作岗位上的竞争优势高于工程移民）。

（3）应付风险能力受损。

风险既是客观的又是无形的，具有突发性和多变性。中国普通农户面对风险有两种机制，非正规机制和正规机制。所谓非正规机制主要包括借贷和共同扶助网中的转移支付，依托于农户的个人家庭亲缘网和以群组、村组为基础的共同扶助网。应付风险的正规机制则来源于由公共机构（中央政府、国际组织）提供的社会援助、以工代赈计划、补贴等。

而移民的这两类应付风险机制或多或少遭到破坏。由于搬迁，原有的社会网络解体，重构新的社会网络却不是三年五载就能完成的。因此许多移民在遇到困难时会觉得借贷无门。另外，移民的扶贫有移民部门的安置后扶管理，也有地方政府职能部门的社会化扶贫管理。正是如此，移民的扶贫管理存在边缘化的问题。移民部门认为在后期扶持到位后，出现的贫困属于社会问题，应纳入地方扶贫管理范围，地方政府认为，库区移民的贫困问题是工程建设引起的，应由国家和工程建设单位承担扶贫责任,所以移民也很难享受到正规部门提供的应急帮助。

疾病是农村居民最常见的风险,家庭成员一旦有人患病对整个家庭的打击是致命的,这种打击来自各个方面。首先是患病的家庭成员需要医疗救助必须支出一笔不菲的现金,其康复的过程中也会有大笔的花费挤占家庭用于生产投入的费用,其次患病的家庭成员会在一段时间内丧失劳动能力,看护的其他家庭成员劳动时间也会遭受损失从而导致家庭短期收入的减少。这些直接或间接的因素共同作用使得遭受疾病冲击的家庭收入陷入贫困的概率远远高于其他家庭。但是我们前面讲到农村居民有自己应对风险的机制,正式和非正式的,而移民应付风险的机制或多或少遭到了破坏,因此疾病对于二次移民的影响也要远大于原居民。

(4) 人力资本积累能力受损。

一是人力资本失灵。我们在调查中发现,待迁的移民有79%的人认为目前所掌握的生产技能或手艺对自己家庭经济收入的增加具有很重要的地位。也就是说经过长期实践种植经济林、经济作物、养殖等而积累形成的人力资本对于家庭收入的种植经济林、经济作物、养殖等而积累形成的人力资本对于家庭收入的贡献起着积极的作用。而一旦生活生产环境发生了根本的改变,基础教育和技能培训所积累的人力资本对收入或缓解贫困的贡献大幅下降,人力资本存量得不到有效地利用,甚至原有的生活技能或是人力资本一夜之间可能会完全失灵。通过二次移民和原居民的比较,二次移民的家庭平均受教育年限对贫困的缓解没有显著作用,积极使用新技术不仅对贫困没有缓解作用,相反加剧了贫困。这些都是不符合人力资本理论的反常现象,却在二次移民身上发生了,其解释只能是因为外界环境的改变,生产生活环境不具备一致性和连贯性,原有的人力资本存量无法再次发挥作用。

二是人力资本投资中断。在很多针对移民的调研中发现,由于移民应付风险能力的损失,一部分遇到重大困难的移民会选择"童工"的方式来面对难关,也就是中断儿童的人力资本投资,使他们提前进入劳动力市场,从事一些简单的,不需要太多技能的劳动如家务劳动、农业劳动以及非技能的非农劳动以减轻家庭的负担,这也使得继而会产生贫困的代际传递、慢性贫困等一系列问题。

(5) 介入型贫困形成的因素。

我们将二次移民的这种贫困归纳为介入型贫困包括大型工程非自愿移民,包括各种类型的失地农民。这种类型的贫困来自于社会经济的发展进程中由政府介入和主导的资源的重新配置,使得移民这一脆弱群体的能力受损,包括资产受损、就业能力受损、应付风险能力受损以及人力资本积累能力受损,并且受损者无法得到他所损失的资源在社会发展中所产生的超额收益。并且这类型的贫困还具有原生性的一面，从原生的贫困中又衍生出文化贫困、权力贫困等，这些衍生的贫困又使得他们在面对介入贫困时处于绝对的弱势地位。导致介入型贫困的外界因素主要包括：

一是政策因素。在 20 世纪 80 年代以前，我国的水库移民安置政策只有 1958 年 1 月国务院公布的《国家建设征用土地办法》，而且主要是淹没补偿方面的规定，对移民安置问题没有相应的政策，这些政策在"文革"十年中又遭到严重破坏，且以政治挂帅进行移民安置工作。1986 年，国家设立了库区建设基金和库区维护基金，用于解决水库移民贫困和遗留问题，省、自治区对水库移民制定了多方面的优惠政策，但亦没有国家正式颁布的水库移民安置政策。直到 1991 年 2 月，国务院发布了《大中型水利水电工程建设征地补偿和移民安置条例》（以下简称《条例》），才正式有了专门针对水库移民的全国性行政法规。由此可见，在没有政策和法规的情况下，水库移民安置必然无章可循，极易导致水库移民贫困和遗留问题的产生。80 年代以前，水库移民补偿标准普遍偏低，水库移民安置没有足够的资金保障，很难实现移民的妥善安置。90 年代初开始，我国对水库移民采取前期补偿补助，后期扶持的政策，而不是按市场价格赔偿损失的方法，补偿投资尽管在自 80 年代后期起有了较大的提高，但实际上除了建房、搬迁、公共设施费用外，用于恢复生产的资金比例一般只能占到 30% ~ 50%，难以满足生产恢复和经济发展的需要。水利水电工程建成并发挥效益后，没有建立效益分享的机制，在水库移民没有获得足够的合理补偿的情况下，工程受益区没有给淹没区以任何补偿，工程所有者也没有给水库移民以分享工程效益的权利，未能贯彻和体现利益公平分配的原则。实际上，只片面强调移民的局部利益服从工程的全局利益，要移民做贡献和牺牲。水利水电工程建设中至今尚未处理好工程效益的共享问题。

二是规划因素。水库移民涉及政治、经济、社会、民族、宗教、环境、文化诸多方面，是一项极为复杂的系统工程。而移民安置规划又是移民安置工作成败的关键，规划好坏，直接关系到移民能否妥善安置。目前建设项目要求编制的移民安置计划中没有与反贫困结合起来。前期社会经济调查时，注重实物指标调查，往往忽略受影响人的信息，如贫困人口，文化程度等。移民计划编制时没有把贫困问题作为重要内容在设计文件中反映出来，也没有和受影响地区的扶贫计划结合起来。具体实施时，移民项目归移民，移民后再进行扶贫，结果是资金不能集中使用，移民项目和扶贫项目都在低标准下建设，甚至是重复建设，资金的投入效果极差，达不到扶贫的目的。

三是移民的心理因素。我国水库移民人口数量大，而且很集中，一座大中型水库的移民少则几千人，多则数万人，数十万人，甚至上百万人，土地淹没给移民带来重大资源和经济损失，导致移民的社会环境、社会文化、人际关系等方面的破坏、解体，使移民产生了矛盾心理和社会压力。移民长期生活在熟悉的环境中，与外界的联系和交往很有限，在世世代代生活的地方形成了比较稳定的社会环境和自然环境，特别是有着自己独特的人际交往方式和人际关系网络。这些原有的环境一旦被打破，往往使其感到无所适从，对新的生存环境、生产生活方式和未来的人际关系网的重建心存疑虑，对前途缺乏信心和勇气，心理压力很大。

第三节 介入型贫困移民的识别及主要特征

移民是人类社会发展的必然产物，是世界上所有国家在发展过程中都要面对的社会问题。简单来说，移民就是从一个地方迁移到另一个地方并在新迁移的地方生活一段时间的人。根据愿意与否来分，移民可分为自愿移民和非自愿移民，前者是移民的自行选择，并且迁移者多为年轻力壮者；而非自愿移民是由于某种原因人们被迫进行迁移。按照世界银行的定义，非自愿移民（involuntary resettlement）是指因兴建工程项目（如修建水库、铁路、公路、机场等）而引起的较大数量的、有组织的人口迁移及其社区重建活动。由于工程的建设，大量的居民不得不进行迁移，有的离开世代生活耕作的家园远迁他乡，在迁移过程中移民的生活、生产以及心理上都将受到巨大的冲击，人们居住的自然环境与人文环境发生深刻的变化，原有的生产方式、生活方式、社会结构等等发生急剧的变迁。根据世界银行的研究，迁移对移民可能产生一系列的影响，其中包括：原有的生产体系被破坏，生产性的收入来源丧失，而且资源竞争更加激烈，人们被重新安置到另一个可能使他们的生产技能不能充分发挥，乡村原有的组织结构和社会关系网被削弱，家族群体被分散，文化特征、传统势力及潜在的互相帮助作用被减弱等等[①]。

中国作为发展中国家，在新中国成立后的50多年中进行了大规模的经济建设，修建了8万多座水库，54 000千米铁路，1 157 000千米公路，120多个民用机场，640多个城市，1 000多万个工业企业，导致了4 000多万非自愿移民。虽然这些移民为国家建设和发展作出了巨大牺牲，但是绝大多数移民并没有得到合理的安置迁移后的境况大不如以前。另外由于各种原因，大量外迁移民返迁。如丹江口水库河南淅川县移民2.2万余人，到1960年底即返迁1.5万人，占同期

---

① 迈克尔·M.塞尼：《移民与发展：世界银行移民政策与经验研究》，河海大学出版社1996年版。

移民的68%①。反复搬迁使移民居无定所,生活资料严重损失,生活水平明显下降,"搬家一次,三年穷"。

一、工程移民贫困的识别与度量

(一)研究对象的基本情况

1. 数据描述

南水北调中线工程需要搬迁的移民在地理范围上包括湖北省丹江口、郧西、郧县、十堰张湾和河南省淅川等四县一区,涉及约33万移民。为了反映库区移民的生产和生活现况,考虑到郧西和郧县的相似性,我们选择了湖北省丹江口、郧县和河南省淅川县进行了农户入户调查,抽样方法采取按相关标志(移民比重)分布的分层整群抽样。具体实施时考虑了收入分布、村组的移民分布和乡镇中村组的规模。实际调查的农户占库区相关总体移民区的比例为4.78%,包括了3县24乡镇、58村、118组、3145户、1.3万余人。调查内容包括三个部分:农户家庭基本信息、农户家庭的经济社会信息、居民生活满意度及其对迁移预期的评价。我们采用的资料涉及调查的前两部分,具体有与户主关系、性别、年龄、婚姻状况、政治面貌、外出务工情况;家庭社会状况包括兄弟姊妹的情况、移民的类型、社会网络现况(由血缘关系、亲缘关系、工作学习关系、地缘/居住关系、组织领导关系等构成)、获取信息的方式、地理生活足迹、获取新技术的主动性,农闲时间的活动安排等;家庭经济状况包括农户拥有的生产资产及其构成(经济地位);住房现况;耕地数量与质量,耕地农作物产出量,现金收入来源及其构成,生活中的现金支出(含流动资金),生产活动中的困难等。本章的数据分析,除特别注明外,均来自本次调研数据。

2. 调研市概况

(1)淅川县概况。

淅川位于河南省西南部,西邻湖北、陕西省,属南阳市。面积2798平方千米,人口70.73万。其中农业人口65.8万;汉族约占全县总人口的97.8%。是南水北调中线工程渠首所在地和主要水源地。淅川县不经国道,不通铁路,人称河南"小西藏",特殊的县情使淅川在一定时期内处于滞后状态。1986年,淅川县被国务院列为重点贫困县,1994年又被列入《八七扶贫攻坚计划》重点县。

---

① 王茂福、张明义:《中国水库移民的返迁及原因》,载于《社会科学》1997年第12期,第68~71页。

(2) 郧县概况。

郧县地处鄂豫陕三省边沿，汉江上游下段，秦岭巴山东延余脉褶皱缓坡地带，郧县地处"要塞"，境内高山与盆地兼有，沟壑与岗地交错，山野辽阔，地势险要，版图面积3 863平方千米，纵跨北纬32°25′~33°16′，横贯东经110°07′~111°16′。南北宽92千米，东西长108千米，两头宽，中间窄，最窄处仅6千米，形若金鱼。东北部与河南省淅川县相依，西南部与竹山县毗连，西部与陕西省白河县交界，西北部与郧西县相交，北部与陕西省商南县相接，南部与十堰市相依，县人民政府所在地——郧县城关镇（古为郧阳府城），位于汉江北岸，距省会武汉市535千米，距十堰市仅27千米。郧县的山场、耕地、水域、道路和村庄分别占国土面积的81.2%、10.3%、4%、4.4%，大体构成"八山半水一分田，半分道路和庄园"的格局。全县所属18个乡镇，1个国有林场，1个国有原种场，521个村民委员会，28个居民委员会，3 093个村民小组，总人口59.6万人，其中农业人口47.1万人，以汉族为主体。

(3) 丹江口市概况。

丹江口市古有"三阳（郧阳、襄阳、南阳）腹地"之称。它位于鄂西北东部，地处汉江中上游、鄂豫两省交界处，东临鄂北重镇襄樊市，西连我国新兴的汽车城十堰市，南接千里房县和神农架林区，北交豫南大市南阳市；丹江口水利枢纽工程和武当山坐落于市境之内。丹江口市从古及今以其重要的地理位置，成为连接"三阳"、沟通中原与鄂西北山区乃至祖国大西北经济、文化交流的必经通道和重要窗口。长江第一大支流汉江自西北向东南横贯市境105千米，划市区为江南、江北两大自然区域。辖区版图东西最大横距73千米，南北最大纵距81千米；全市版图总面积3 121平方千米，其中耕地面积30万千米，人均约0.6亩；全市共辖21个乡镇办事处，71个管理区，389个村，2 242个村民小组，总人口50.11万人，其中非农业人口18万人。

3. 工程移民的特点

(1) 高指靠性。

大型工程非自愿移民不同于自愿移民是显而易见的，自愿移民在比较了迁移的成本和收益后，完全由自己作出迁移决策，而非自愿移民却是政府行政命令的结果，在其中，不愿搬迁的移民常常占了多数。如在三峡工程移民中，虽然在开发性移民方针的指导下，国家对移民实行了许多优惠政策，从李强等（2000）对三峡移民的调查结果看，在现有政策下，未搬迁农村移民愿意搬迁的比例为39.6%，不愿搬迁者则高达60.4%。实际上，几乎所有的非自愿移民都显示出了移民搬迁的难度。同时非自愿移民又不同于强迫性移民。强迫性移民在强迫力量与移民间的关系上具有完全的排斥性，而非自愿移民虽然是政府行政命令的结果，但对政府有特殊的指靠关系。

大型工程工程移民的高指靠性已有大量的研究和经验归纳，李强等在三峡库区奉节县的两个村子里曾进行过一次移民调查，调查中问移民将来致富主要依靠什么，结果是，依靠国家补偿占据了一个十分突出的地位。他们1999年在对三峡库区移民研究中，对尚未搬迁农村移民的调查问卷中有一问题是："在搬迁中和搬迁后，对于您遇到的各种困难，您认为应由政府来解决还是自己解决？"在回答中，有14.3%的移民认为：应该完全由政府来解决；44.5%的移民认为：应该主要由政府来解决；19.8%的移民认为：应该由政府给予部分帮助；只有21.4%的移民认为：应该主要靠自己来解决。数据表明，工程移民对政府具有很高的指靠性与期望值，这里的指靠性。是指移民希冀政府承担搬迁安置的全部责任，希冀政府负责解决安置困难的社会心态。

高指靠心态又具有较强的持续性，它们在移民搬迁、安置之后仍然会继续保留。社会学家称此现象为依赖综合症。正是这种依赖综合症限制了移民自我开拓和奋斗的精神，时间越长久，移民自我发展的能力也越差，陷入贫困泥潭的概率也越大。

（2）消极被动性。

对于自愿移民来说，迁移的原因主要在于迁入地的拉力，强迫移民则相反，迁移更多的是出于迁出地的推力（包括环境恶化、经济困难等）。在这里，工程移民又是一个例外：当迁移的收益低于成本、迁移动力为负值时，仍要由政府来组织、动员移民搬迁，但政府既不能靠强迫力量来增加迁出地的推力，又往往缺少足够的吸引移民搬迁的资金或政策来增加迁入地的拉力，所以工作难度很大。移民并不感到来自政府强迫的威胁，又没感到搬迁的足够吸引力，所以很容易表现出明显的消极被动性。工程移民的消极被动性已为历次移民搬迁工作所证实。从迁移的净收益上可进一步了解工程移民的消极被动性。工程移民搬迁意味着移民原来的家园要遭受重大破坏，在水库移民中，则是全部淹没。同时水库移民又往往位于整个库区地理位置较好的地域，他们遭受淹没的物质资源往往是一些能给他们带来较高收入的特殊条件，如特殊的交通位置，它们不能通过补偿而恢复。所以，移民搬迁的货币成本特别高。与货币成本损失同样巨大的是心理成本，主要表现为故土难离之情。迁移到一个新地方都要付出心理成本，但对于工程移民来说，搬迁就意味着家园的永久失去，显然其成本要远远超过一般的自发移民。

（二）贫困人口的识别

1. 贫困的内涵

贫困的研究通常是从贫困的定义开始的。因为贫困现象有着丰富的社会含义，研究者从各自的角度出发界定贫困，现有的文献中对贫困的定义非常之多，学者们在引经据典的考证的同时也承认，给贫困下一个科学的、规范的、公认的定义十分困难。

贫困较早的定义是从生物学的角度定义的，认为一个家庭处于基本贫困是指总收入不足以维持人体所需要的最低数量的生活必需品。奥珊斯基（Orshansky）在20世纪60年代将购买美国农业部食品计划所包含的3倍设定为贫困线，如果某人所在家庭收入低于由此计算出来特征家庭的贫困线，这个人就被认为是贫困者；贫困线因家庭规模一家之主的性别，以及农与非农等因素而异，以反映具有不同特征的家庭在生活费用方面的差异。1969年，美国官方统计机构采纳奥珊斯基的定义，只是根据消费物价指数等因素对之作轻微调整。这种贫困定义基于基本生活需要的考虑，着眼于贫困户最低生活水平的实现。

进入20世纪90年代，这种贫困定义由于不能反映家庭的实际收入和贫困户的偏好而受到一些经济学家的批评。同时一些研究也揭示了经济增长与不平等状况恶化会使得贫困问题日趋严峻，部分学者意识到收入不平等状况恶化会削弱家庭凭借自身努力脱离贫困的能力。哈维曼和柏谢德克（Hanveman & Bershadker）提出了净收入能力贫困的概念。根据他们的定义，净收入能力贫困是指在充分利用其成年人的智力和体力资本后，仍然不能获得等于或大于贫困线的净年收入流。这种贫困定义所导出的政策取向是采取各种措施消除贫困者就业的外部限制，确保贫困户中有工作能力成员的就业机会；通过教育、培训等途径帮助贫困者提高获取收入的能力，而不是简单地通过分发食品票等形式保障贫困户的基本食品需要；要提高贫困者脱贫的能力，调动其脱贫的积极性，而非使他们被动地依赖外界的援助来维持低水平的生活。

森曾指出，造成贫困人口陷入贫困的原因是他们获取收入的能力受到剥夺以及机会的丧失；低收入是导致贫困人口获取收入能力丧失的一个重要因素，但并不是全部因素疾病、人力资本不足、社会保障系统的软弱无力、社会歧视等都是造成人们收入能力丧失的不可忽视的因素。而英国学者博思伍德（Berthowd）把社会剥夺定义为那些本来可以避免的不平等方面。

贫困的定义从收入贫困到能力贫困再到制度贫困，研究的视角不断的发生变化，但不管给贫困下一个什么样的定义，研究者都认为难以全面科学地概括贫困。所以世界银行给出了一个描述性的解释：所谓贫困就是一种人们想逃避的生存状态，贫困意味着饥饿，意味着没有栖生之地。贫困就是缺衣少药，没有机会上学，也不知道怎么获得知识。贫困就是失业，害怕面对未来，生命时刻受到威胁。贫困就是缺少清洁的饮用水而导致儿童生病甚至死亡。贫困就是权力和自由的丧失。

2. 贫困人口的识别方法

在定义了贫困后，接着要考虑的是如何确认贫困者，即采取什么样的标准将贫困人口与其他人口区分开来，这个标准就是贫困线。确定贫困线的环节相当于森在1976年所提出的确认步骤，它在贫困研究中是十分关键的。如果研究者关注的是贫困人口基本生活需要的满足，那么确定贫困线的最直接途径是确定一揽子基本消费品，以向量 X^* 表示，购买于价格 P，从而将贫困线设定为生存标准：

$$(1+B)PX^* \qquad (9-1)$$

其中，X^* 表示食品要求，B 是考虑到浪费等因素而作的调整，或者是对未包括在 X^* 中的项目而作的调整。

贫困线标准应该因子群而异，这样才能反映子群的不同特征。要确定各子群的贫困线，方法之一是不断重复上述过程，这意味着每个子群的 B、P 及 X^* 均应有所不同，从而需要分别计算和确定。较受学者们推崇的方法是，选择一个参考子群，确定其贫困线，然后根据一个能反映不同规模、不同特征家庭或子群需要的"等值算子"推导出其他子群的贫困线。如果子群1是参考子群，而 sk 是从子群1到子群 k 的转换率，等值算子，它反映子群 k 在家庭人口、结构（年龄、性别、肤色及种族等）、地域等方面与子群1的区别，则 $zk = skz$ 就成为子群 k 的贫困线。讨论贫困线时，还要考虑采用绝对形式还是相对形式的问题。在对贫困变动做定量分析时，经济学家们大多采取相对形式，这是因为贫困具有很强的相对性，随着社会发展和进步，人们对其相对性的重视程度会越来越高；此外，尽管根据相同的收入定义，利用绝对和相对贫困线可以划分出两种贫困发生率，但它们间的数量关系很大程度上取决于收入水平和收入分配。在对诸如中国这样的转轨国家的贫困进行测度时，利用相对贫困线的方法可以将农村和城镇的贫困测度纳入统一的标准中①②。福斯特也提出了一种混合贫困线形式，其可以根据研究需要而构建。按照他的方法，政策制定者可以将贫困线的收入弹性作为要控制的决策变量，因为它代表贫困人口在经济增长中的分享程度。

（1）贫困标准。

贫困人口的识别实质即是贫困标准的划定。衡量个人、家庭或某一地区贫困与否的界定标志或测定体系，称为贫困标准或贫困线。在贫困线的测定过程中，由于人们对贫困的认识和理解不一致，在确定贫困标准的范畴，测量贫困的方法，计算贫困的单位等方面也有明显的不同。但是，大多数人认为，界定贫困都

---

① 李实、古斯塔夫森：《八十年代末中国贫困规模和程度的估计》，载于《中国社会科学》1996年第6期，第29~44页。

② 魏众、古斯塔夫森：《中国转型时期的贫困变动分析》，载于《经济研究》1998年第11期，第64~68页。

必须考虑最小需求量和收入。世界银行的研究报告《发展中国家面临的贫困问题：标准、信息和政策》一书中，对通常用来作为测量贫困的标准设置了7个指标，即人均收入、家庭消费和人均消费、人均食品消费、食品比率、热量、医学数据、基本需求等七个方面。但是这些指标的设置本身存在许多不足，难以形成一个规范、严谨的全面反映贫困问题的数学公式。为此，大多数国家采用的是在计算人类生存的"最小需求量"基础上转化为价值形式的最低购买力来测定，如果一个人的收入低于"最小需求量"即形成不了这一购买力，那么它就陷入了贫困。所以，人均收入被用来作为测定贫困线的主要指标。但对最小需求量的界定，各国意见也很不一致。在一些国家被认为是最必需的物品和服务，在另一些国家被看做是奢侈和富有的象征。国际劳工组织在1976年通过的"行动纲领"对此作了如下表述：第一，为家庭私人消费提供一定的最低必需品，即足够的粮食、住宅、衣物以及一定的家具；第二，社会为所有居民提供基础服务设施，如饮水、卫生、公共运输、保健、教育、文化设施等。同时包括让贫困居民参加反贫困政策的制定和实施，并为他们提供就业机会，以取得收入，树立自尊心。根据这一定义，各国都可以列出一个"最低需求量"的清单，并以一定的货币量表现出来。但由于受各种因素的影响，各国的贫困标准肯定不处于同一水平，更谈不上有统一的国际标准，正如森所言"那种在一个给定的社会中，存在着一致性的贫困线的假设是对事实的歪曲"。

（2）贫困线制度。

贫困线制度是围绕贫困线而制定的社会救济制度，也被称为基本生活保障制度，其核心内容是由政府向低收入者提供在金额上足以满足基本生活所需的救济及其他帮助。其内容主要包括：

一是设定贫困线的目的就是保证被援助对象的基本生活需要，以保证生活低下者基本生存条件和劳动力再生产及维持社会稳定。在发达国家，设定贫困线已经超出了原来的意义，它已经不仅仅是济困扶贫的措施，而且是社会调节民收入再分配的一种手段。通过这种办法，使低收入者与高收入者之间的收入趋于缩小。同时，各国都在不同发展时期不断调整贫困标准。

二是贫困线要保护的范围具有严格的界定。凡是生活水准达不到国家规定贫困线标准的，都有权利享受政府救助，一旦收入超过该标准，救助便自动解除。

三是贫困线是用科学的方法确定的。确定贫困线的前提是某时某地人们所需活必需品的绝对水平，还应考虑生活必需品决定于在不同国家生产力发展水平、生活传统及人们的生活习惯等个性因素。测定贫困线的方法通常有三：一是收入法，即根据人们的收入状况来确定，计算公式为：贫困线＝饮食支出占家庭总支出的比率×适量的饮食价值；二是直接法，即以人们基本生活必需的货物和服务来确定；三是根据恩格尔系数加以确定。

四是救济贫困的主体是政府。救济贫困的资金来源于政府的财政收入，可靠性强。

五是救济贫困一般由政府的社会保障部门主管。在有一些国家设置了专门的扶贫机构。

六是贫困线制度具有立法保证。

（3）本书所采用的贫困标准。

描述某一区域某一群体的贫困状态必须确定贫困线的标准。通常的方法是根据当地居民的消费习惯确定维持某一基本生活需要（包括食物和非食物需要）的人均最低收入标准作为贫困线。我们将国家统计局最新发布的低收入贫困线作为研究标准，2007 年全国极端贫困人口（赤贫人口或不得温饱贫困人口）认定标准为 2006 年农民人均纯收入为 693 元以下，低收入贫困人口为农民人均纯收入为 693 元以上 958 元以下。因此我们将样本数据以家庭为单位，户人均纯收入低于 693 元的定义为极度贫困户，户人均纯收入在 693 ~ 958 元之间的定义为低收入贫困户。

（三）贫困的度量

1. 贫困的度量方法

（1）贫困发生率。

贫困发生率是贫困人口占总人口的比例，反映了贫困现象的社会广度，是衡量贫困程度最基本的一个指标。贫困人口数指生活水平低于贫困线的总人数，反映了一国或地区所要救济的总单位数（人口数）。设 n 表示总人口数，q 表示贫困人口数，H 表示贫困发生率，则 $H = q/n$。q 是一个总量指标，H 是一个相对指标，两者结合可以度量一国或地区贫困单位数的规模和密度。H 的缺点是不能反映贫困的强度或者救济贫困所须付出的经济代价，例如两种贫困分布状况，贫困人口数和总人口数都一样，但一种比较接近于贫困线，另一种远远低于贫困线，这样贫困发生率虽然相同，然而直观上看，后者的贫困程度要高于前者。

（2）贫困缺口。

贫困缺口测量的是贫困者收入与贫困线的差额，解决了贫困强度的测定，具体可分为贫困缺口总额、平均贫困缺口和贫困缺口率。设所有 n 个人的收入向量为 $y = (y_1, y_2, \cdots, y_n)^T$，贫困者的收入向量为 $y_P = (y_1, y_2, \cdots, y_q)^T$，贫困线为 z，且 $y_1 \leq y_2 \leq \cdots \leq y_q \leq z \leq y_{q+1} \leq \cdots \leq y_n$，则贫困缺口总额为 $G = \sum_{i=1}^{n}(z - y_i) = \sum_{i=1}^{q} g_i$，其中 $g_i = z - y_i$，表示第 i 个个体的贫困缺口。该指标表示为消除贫

困,使得全部贫困者达到贫困线所需要的社会财力。若设所有贫困者的平均收入为$\overline{y_p}$,即$\overline{y_p} = \dfrac{\left(\sum\limits_{i=1}^{q} y_i\right)}{q}$,则有$G = q(z - \overline{y_p})$,进而贫困者的平均缺口为$\overline{G} = q(z - \overline{y_p})$。$G$和$\overline{G}$作为总量指标和平均指标反映的都是贫困绝对程度的大小,反映贫困缺口相对大小的指标为贫困缺口率或贫困缺口指数,它表示实际缺口总额与理论最大缺口总额的比值。

用I表示贫困缺口率,有

$$I = \frac{G}{(qz)} = \frac{1}{q}\sum_{i=1}^{q}\left(\frac{z - y_i}{z}\right) = \frac{\overline{G}}{z} \qquad (9-2)$$

其中,$\dfrac{z - y_i}{z}$可以定义为第i个贫困者相对贫困缺口的大小,因此I可以认为是所有贫困者相对贫困缺口的平均值。由I定义不难看出,$0 \leq I \leq 1$,且I值越大,贫困越严重。

(3) 森贫困指数。

为克服贫困发生率和贫困缺口指数的不足,森导出了如下形式的贫困指数①

$$S(y, z) = A \sum_{i=1}^{q} (q + 1 - i)(z - y_i) \qquad (9-3)$$

其中,$A > 0$为待定常数。容易验证该指数满足单调性和转移性公理,为确定常数A,森还要求贫困指数满足一个规范化条件:当所有贫困人员的收入等于$\overline{y_p}$时,贫困指数的值就等于HI,这样可求得$A = \dfrac{2}{(q+1)nz}$。利用贫困人员的组内基尼系数$G_P = \dfrac{q+1}{q} - \dfrac{2}{q^2 \overline{y_p}}\sum\limits_{i=1}^{q}(q+1-i)y_i$,代入化简可得$S(y, z) = H\left[I + (1-I)G_P \dfrac{q}{q+1}\right]$当$q$很大时,$\dfrac{q}{q+1}$近似等于1,所以有$S(y, z) = H[I + (1-I)G_P]$,此式即为实践中常用的森贫困指数公式。当然,$S(y, z)$也存在不足。首先,以$q, q-1, \cdots, 2, 1$为权数,仅满足了贫困缺口大应赋予较大权数的原则,但这种权数设置与贫困缺口$(z - y_i)$无内在联系,计算结果含有较强的主观性。其次,不满足转移敏感性公理。设$i < j < q$,将第i、j个贫困人员的等量收入ε分别转移给其后的第$i+k$和$j+k$个贫困人员(接受者仍未脱贫),则两种情况下的森贫困指数的变动量相等,均为$Ak\varepsilon$,而根据转移敏感性公理,前一种转移对贫困程度的影响更大一些。再次,它不满足连续性公理。当贫困人员的收入逐渐上升至贫困线时,H和G_p有一个突变,这样使得森贫困指数不再连续。最后,

---

① Sen, A.K., "Poverty: An Ordinal Approach to Measurement." Econometrica. 1976, p.44.

它还不满足子集单调性公理。自从森提出森贫困指数后，很多学者针对它的不足试图进行修正和完善，比较著名的有托恩（Thon）[①]和夏洛克斯（Shorrocks）[②]，目前修订后的公式如下 $p(y, z) = \frac{1}{n^2} \sum_{i=1}^{q} (2n - 2i + 1) \frac{z - v_i}{z}$，称为 SST 贫困指数。该指数最大优点是其值属于区间 [0, 1]，并且满足上述大部分公理。但其权数的设置仍具有较大主观性，且不满足转移敏感性公理。

（4）FGT 贫困指数。

由于森贫困指数存在一些不足，福斯特（Foster）等建议用下面公式作为测度贫困程度的标准[③]：

$$p_\alpha(y, z) = \frac{1}{n} \sum_{i=1}^{q} \left(\frac{z - y_i}{z} \right)^\alpha \quad (9-4)$$

其中 α 为贫困规避系数，它的值越大，表明对贫困的规避程度越高，一般取 $\alpha > 1$。上述公式通常简称 FGT 贫困指数，它满足下列两个命题：一是当 $\alpha > 0$ 时 $p_\alpha(y, z)$ 满足单调性和子集单调性公理；当 $\alpha > 1$ 时，$p_\alpha(y, z)$ 同时满足转移性公理；当 $\alpha > 2$ 时，$p_\alpha(y, z)$ 还满足转移敏感性公理。二是满足可分解性：总体的贫困指数等于各组贫困指数的加权平均，权数为各组人员数占总体人员数的比值，即 $p_\alpha(y, z) = \sum_{i=1}^{m} \frac{n_i}{n} p_\alpha(y_i, z)$。可分解性是贫困测度（包括不平等测度）一个非常好的优点是它可以把总体的贫困分解为不同组成部分的贫困增强了贫困分析的深度。正因为 FGT 贫困指数有这样的特性 p_α，尤其是 p_2 被世界银行和一些学者实证分析时广泛采用。不难证明：当 $\alpha = 0$ 时，$P_0 = H$；当 $\alpha = 1$ 时，$P_1 = HI$；当 $\alpha = 2$ 时，$p_2 = H[I^2 + (1 - I)^2 G^2]$，其中 G 是所有贫困者收入分布的变异系数，应该说 p_2 包含了三大因素对贫困水平的综合影响，其在贫困测度中的重要性是不言而喻的，但如果不能对它进行分解，各个因素各自的影响不能被测度越是高度综合的指数，其直观解释能力可能越差，实践中发挥的作用也许会越小。

FGT 贫困指数着眼于平均的贫困水平，帕克斯顿（Paxto, 2003）认为应该更多地关注贫困者人数在贫困测量中的重要影响，建议采用如下公式：$p_\alpha(y, z) = \frac{\log q}{q} \sum_{i=1}^{q} \left(\frac{z - y_i}{z} \right)^\alpha$。他认为这个非线性的指数能使单位数不等的机构之间的贫困

[①] Thon, D., "On Measuring Poverty." *Review of Income and Wealth*, 1979, p. 25.
[②] Shorrocks, A. F., "Revisiting the Sen Poverty Index." *Econometrica*, 1995, p. 63.
[③] Foster, J. E., J. Greer & E. Thorbecke, "A Class of Decomposable Poverty Measures." *Econometrica*, 1984, p. 52.

比较（排序）更有意义，并且该指数继承了子集一致性公理和可分解性。应该说关注贫困者人数的思路是可取的，这个指数相当于对 FGT 贫困指数乘了一个系数，但对它的合理性还需进一步分析研究。

（5）R 贫困指数。

陆康强在其文章《贫困指数：构造与再造》中提出一个新的贫困衡量指标，R 指标计算公式为[1]：

$$R = \frac{1}{n} \sum_{i=1}^{n} \max \left| \frac{z - y_i}{z + y_i}, 0 \right| \qquad (9-5)$$

其中，$z - y_i$ 指穷人 i 实际所需的脱贫成本，而 $z + y_i$ 则是在缺乏该穷人收入信息的情况下，为确保其脱贫而给予数量为 z 的资助，从而使其可能达到的非贫水准。因此，$z - y_i / z + y_i$ 可定义为穷人 i 的脱贫难度系数：其最大值为 1，此时穷人收入为 0；最小值为 0，此时穷人收入为 z。这样，就形式而言，R 指数就是每个人的脱贫难度系数的平均数（非穷人的脱贫难度系数定义为 0）。R 指数大，表明脱贫难度大，贫困程度高；反之，R 指数小，表明脱贫难度小，贫困程度低。R 指数也可用弹性的概念来解释。

对贫困指标的构建基本上是国外学者的天下，国内的学者主要将这些方法介绍和应用于实际的分析。陆康强提出的 R 指数暂时未见其在实证分析中的应用。

2. 样本数据计算的各项贫困指标

（1）贫困人口指数。

我们首先以国家最新公布的极端低收入贫困线——人年均纯收入 693 元作为计算的依据，根据本次调研的数据计算极度贫困发生率。结果发现南水北调工程库区待迁移民总的极度贫困发生率达 21.5%，其中原居民即在此次南水北调工程即将搬迁以前一直居住在此地的居民极度贫困率为 16.6%，而曾经是二次移民的居民贫困发生率为 25%，比原居民的贫困率高将近 9 个百分点。然后我们以低收入贫困线——人年均纯收入 958 元作为计算的依据，待迁移民总体的贫困发生率又上升了 6.5 个百分点为 28%，其中原居民的贫困率上升 6 个百分点达到 22.9%，二次移民的贫困率为 31.5%，上升了 6.5 个百分点。

库区老移民的高贫困率代表着水利工程非自愿移民的贫困有其原生性的一面，这些居民在南水北调工程搬迁之前并没有受到外力的冲击。而那些在 20 世纪 50 年代因丹江口水库搬迁的移民其贫困率则明显高于原居民。

（2）贫困缺口指数。

根据本次调研数据计算出来的贫困缺口高达 252 万元，也就是意味着要想使

---

[1] 陆康强：《贫困指数：构造与再造》，载于《社会学研究》2007 年第 3 期，第 1~22 页。

我们抽样调查的861户贫困移民摆脱贫困,使得他们全部达到贫困线所需要投入的社会财力为252万元;平均贫困缺口为1 478元;贫困缺口率为1.54。平均贫困缺口高于贫困线,而贫困缺口率又大于1是因为在我们的调查中有一些贫困家庭在2006年的纯收入是个负数。所以我们从这些数据中可以发现,在大型水利工程的库区,移民的贫困度无论是广度还是深度都是惊人的。

(3) 基尼系数。

工程移民的贫困现象非常突出,但移民内部却也存在着很大的分化。基尼系数是用来分析收入不平等的程度,基尼系数的取值在0~1之间,该值越大说明收入分配越不平等。一般认为,基尼系数在0.2以下表示绝对平均,0.2~0.3之间表示比较平均,0.3~0.4之间较为合理,0.4~0.5之间为差距较大,0.5以上收入差距相当悬殊。我们通过样本数据计算出来的总的基尼系数为0.568,其中经济作物收入、家禽水产收入和其他收入的分项基尼系数大于总的基尼系数,说明这些收入来源在收入中的比重的增加会导致基尼系数的扩大,导致更大的收入不均等,而粮食收入和打工收入的基尼系数均在0.4以下,起着缓解收入不均等现象的作用。我们用同样的方法计算了二次移民的家庭户的基尼系数,发现其基尼系数甚至要高于总体样本的基尼系数,高达0.62,这说明二次移民中的收入分配更加不均等(见表9-1)。

表9-1 总样本按收入来源分组的基尼系数

类别	人均收入	粮食收入	经济作物收入	售卖蔬菜瓜果收入	售卖家禽水产收入	打工收入	公共转移收入	私人转移收入	移民后期扶持款	其他收入
U_f(元)	4 311	464	441	309	446	2 004	99	235	25	268
G_f	0.568	0.396	0.559	0.517	0.618	0.316	0.358	0.479	0.652	0.600
W_f	1.000	0.108	0.102	0.070	0.103	0.465	0.023	0.055	0.005	0.062
$W_f G_f$	0.568	0.043	0.057	0.036	0.064	0.147	0.008	0.026	0.003	0.037
$W_f G_f$ 在 G 中比重	1.000	0.075	0.100	0.064	0.112	0.259	0.014	0.046	0.006	0.065

注:F为收入可分为f个收入来源,这里收入分为粮食收入等9种收入来源。U_f为各个收入来源的人均收入;G_f为各个收入来源的集中率;W_f为各个收入来源占总收入的比重;G为基尼系数。

(4) 高低收入倍数。

衡量居民之间的收入差异的另一个常用的方法是高低收入倍数法。我们用五等份法将分别对总样本 3 065 户、原居民 1 429 户和二次移民户 1 636 户按家庭人均纯收入平均分为五组。表 9-2 中列出了在收入五等份的五组中，原居民和二次移民所占比重，以及五组中的平均人均纯收入。从表中我们可以看到在最高收入组中原居民占 52.8%，二次移民占 47.2%，而在最低收入组中情况则发生了变化，此时原居民只占 45.5%，而二次移民则占到 54.5%。也就是说，在全部样本的收入分组中，高收入组中原居民所占比重较大，而低收入组中二次移民所占比重较大。二次移民相对于原居民，更容易陷入到低收入或贫困状态之中。但是我们同时也看到，若将原居民与二次移民分开进行分组并计算各组的平均收入时，二次移民户最高收入组的平均收入为 13 015 元，高于原居民最高收入组的平均收入。

3. 假设的提出

根据以上的描述和分析，我们可以看出移民的贫困有其原生性的一面，也有因外力冲击而导致的介入性的一面，不同于普通类型的贫困。而且在同一特征群体中又产生如此大的分化，这让我们需要重新归纳和总结移民贫困的特征和致因。据此我们提出以下几点假设，这也是后文需要验证的。

（1）库区待迁移民在高贫困率的同时，伴随着非常明显的收入分化。那么为什么在那些经历了数次搬迁，面对着相同的自然环境、政策条件、制度框架下的移民会有不同的生活际遇。这里我们假设用微观的能力来解释。而能力的内涵和外延都非常宽泛，根据前面移民最高收入组和最低收入组的村庄分布，我们的第一个假设是移民所在的行政村的"能力禀赋"会对移民的贫困与否产生显著的影响。之所以提出这个假设不仅是因为在数据分析中贫困和富裕的移民集中于某几类的村庄，更重要的是，不同于普通乡村居民与村行政部门较为松散的关系，准备进行迁移的村庄以及需要接待移民的村庄，行政部门不仅和普通村庄一样带领村民脱贫致富，而且还要代表村民的利益与项目方进行协调和沟通。如工程项目的前期统计工作、移民政策的宣传解释工作、移民的安置补偿和后扶工作以及移民意见反馈都是依托村委会完成的。行政村有双面的作用，起着上传下达的承接作用。因此行政村的"能力禀赋"比起普通村庄对生活在此的居民有着更深层次的影响。

（2）除了行政村的"能力禀赋"，家庭和个人的能力禀赋通常被认为是导致贫困的重要因素，对于库区待迁移民而言，导致其陷入贫困的具体应该是那些个人和家庭的能力不足。因此我们的第二个假设是移民的个人和家庭的能力禀赋是导致移民贫困，产生内部分化的另一个显著的影响因素。如果验证假设成立，个人和家庭的能力禀赋应该包含哪些具体内容。

（3）前述数据中发现，二次移民比原居民的贫困比率要高。除了共同的自然

表9-2 不同人群的平均收入

类别划分	第一组		第二组		第三组		第四组		第五组	
	原居民	二次移民	原居民	二次移民	原居民	二次移民	原居民	二次移民	原居民	二次移民
人口频数	286	343	281	347	297	332	313	317	332	297
同类人口中占比（%）	19	21	18.6	21.2	19.7	20.3	20.7	19.4	22	18.2
收入组中占比（%）	45.5	54.5	44.7	55.3	47.2	52.8	49.6	50.4	52.8	47.2
平均收入（元）	223.64	306.30	1 146.67	1 149.52	2 186.56	2 183.68	3 981.81	3 863.21	11 618.17	13 015.70

和宏观的因素以及村庄和家庭个人的能力禀赋外,是什么因素使二次移民更为脆弱?这里我们提出第三个假设:由于大型工程是由政府介入和主导的资源重新配置,在这一过程中,移民群体内部发生了分化,一部分移民成为资源重新分配的受益者,而有些移民被迫迁移离开原有的熟悉的生产和生活环境造成其资产受损、就业能力受损、应付风险能力受损以及人力资本积累能力受损,并且以上各种能力受损互为因果导致主体的自我发展能力受损,极易陷入贫困之中难以依靠自身的力量摆脱贫困。因此能力受损导致的贫困使移民贫困的一个主要特征。

二、工程移民贫困的家庭和个人特征

自 20 世纪 80 年代中期开始,中国政府针对农村的贫困群体实施特殊的收入政策,并成为农民收入支持政策的重要组成部分。经过 20 多年的努力,中国的扶贫开发战略取得了举世瞩目的成效。中国农村贫困的性质也随之发生了转变:贫困分布由区域的、整体性的贫困逐渐过渡到个体性贫困,贫困人口的构成也以边缘化人口为主要组成部分[①]。

提高反贫困效率,关键是要把握贫困的特征和准确界定贫困的类型,并由此来探索导致贫困的根本原因。关于贫困的类型划分,国内已有开拓性研究。根据生活质量的决定因素对贫困进行分类,康晓光将贫困划分为制度性贫困、区域性贫困和阶层性贫困三种类型。这一分类方法是从宏观层面上对贫困进行的分类,作者基于对 20 世纪 90 年代以前中国贫困问题而作出的一般性结论因而不可避免地带有一定的历史局限性[②]。另外,在微观层面上,吴国宝又将贫困归结为两种类型:一种是资源或条件制约型贫困,主要是指由于资金、土地和基础设施等方面的原因导致的贫困,它通常表现为宏观上的区域性的贫困;另一种是能力约束型贫困,主要是指由贫困人口或贫困家庭的主要劳动力缺乏正常的体力、智力和必要的专业技能所引起的贫困,它表现为个体贫困[③]。除此之外,还有狭义贫困和广义贫困、绝对贫困和相对贫困、长期贫困和短期贫困等。由工程建设导致的移民群体的贫困,一般来说也可以利用以上的分类方法,但是移民又和以上学者研究的贫困分类对象有所不同,它有着自己的特征。

---

① 都阳、蔡昉:《中国农村贫困性质的变化与扶贫战略的调整》,载于《中国农村观察》2005 年第 5 期,第 2~9 页。
② 康晓光:《中国贫困与反贫困理论》,广西人民出版社 1995 年版。
③ 吴宝国:《对中国扶贫战略的简评》,载于《中国农村经济》1996 年第 6 期,第 26~30 页。

这种贫困性质的转变在移民聚集地也是同样存在的,虽然移民的聚集地大都是带有普遍的贫困,但是我们的调查发现,移民中的分化也越来越明显,在我们调查的样本中,家庭人均年收入超过 10 万元的移民家庭也大有人在,也有很多移民的家庭人均年收入远远地低于贫困线。是什么因素造成了面对同样的遭遇和同样的外部环境会有着如此之大的差别呢?家庭和个人的禀赋和能力起到了什么样的作用?

(一)家庭类型与家庭规模特征

1. 家庭规模特征

贫困家庭的家庭规模表现出倒"U"型特征,也就是说家庭的人数必须达到一定的数量,过多和过少的人口都不利于农户家庭的生存和发展。从表 9-3 中不难发现家庭规模只有 1 人和 2 人的家庭,贫困家庭的占比高达 55.4% 和 41.2%,这种家庭大多由孤寡老人或丧偶单亲家庭组成,属于绝对脆弱的边缘家庭。家中缺少的不仅是劳动力更重要的是缺少重大事项的决策人。我们看到一旦家庭规模达到 3 人,贫困率便迅速从 41.2% 下降到 23.9%,家庭规模是 4 人的时候,贫困率达到最低 23.4%,随后随着家庭人口的增加,贫困率又逐渐上升,在家庭人口为 10 人时达到最高 50%。当这些待迁移民为二次移民,这种家庭规模的特征更为明显。

2. 家庭老人数量[①]

以往的研究证明,贫困家庭的一个重要特征是家庭需要供养的老人数较多[②]。但是在此次调查中却发现家庭中老人的数量对贫困的影响并不明显。虽然家庭有 2 位老人比有 1 位老人的家庭贫困率有所上升,但这种上升的趋势和幅度并不是很明显,只有当老人的人数达到 4 位时,家庭的贫困率才上升至 40.9%。究其原因,主要是在中国农村,一般情况下人们都会劳作一生,即使是到了 60 岁以上,如果身体状况允许,老人们仍会在田间劳作,用来保障自己的基本生活需要,减轻整个家庭的负担。但是毕竟老年人的劳动收益有限,所以一旦家庭需要供养的老人增多,会使整个家庭的负担增大,陷入贫困的概率也越大(见表 9-4)。

---

① 此处老人的年龄定义为 65 岁以上。
② 徐月宾、刘凤芹、张秀兰:《中国农村反贫困政策的反思——从社会救助向社会保护转变》,载于《中国社会科学》2007 年第 3 期,第 40~53 页。

表9-3　　　　　　　　　样本户和二次移民户的家庭规模

家庭规模		是否贫困家庭					
		频数	非贫困行比重（%）	列比重（%）	频数	贫困行比重（%）	列比重（%）
样本户	1	37	44.6	1.7	46	55.4	5.3
	2	177	58.8	8.0	124	41.2	14.4
	3	284	76.1	12.9	89	23.9	10.3
	4	702	76.6	31.8	214	23.4	24.9
	5	533	75.5	24.2	173	24.5	20.1
	6	290	70.0	13.2	124	30.0	14.4
	7	116	70.3	5.3	49	29.7	5.7
	8	42	60.0	1.9	28	40.0	3.3
	9	15	65.2	0.7	8	34.8	0.9
	10	4	50.0	0.2	4	50.0	0.5
二次移民户	1	22	40.7	2.0	32	59.3	6.2
	2	103	54.2	9.2	87	45.8	16.9
	3	136	70.1	12.1	58	29.9	11.2
	4	329	73.1	29.4	121	26.9	23.4
	5	278	74.7	24.8	94	25.3	18.2
	6	151	68.0	13.5	71	32.0	13.8
	7	71	71.7	6.3	28	28.3	5.4
	8	19	52.8	1.7	17	47.2	3.3
	9	7	63.6	0.6	4	36.4	0.8
	10	1	33.3	0.1	2	66.7	0.4

表 9-4　　　　　　　　样本户与二次移民户的家庭供养老人数

家庭有老人数		是否贫困家庭					
		频数	非贫困行比重（%）	列比重（%）	频数	贫困行比重（%）	列比重（%）
样本户	0	387	71.8	17.6	152	28.2	17.7
	1	1 388	73.2	62.9	509	26.8	59.1
	2	364	70.1	16.5	155	29.9	18.0
	3	65	59.1	2.9	45	40.9	5.2
	4	1	100.0	0			
二次移民户	0	192	67.1	17.1	94	32.9	18.2
	1	713	70.2	63.7	303	29.8	58.7
	2	186	66.9	16.6	92	33.1	17.8
	3	29	51.8	2.6	27	48.2	5.2

3. 家庭中未成年人和学生数量

由于国家目前的生育政策，家庭中一般只有 1 个或 2 个孩子，所以样本集中在 0~2 位未成年人，在此样本集中的区域，贫困率相差无几，但家庭的未成年人达到 3 个及以上时，贫困率上升到 40% 以上，这部分家庭大多属于超计划生育的家庭，由于样本非常少，对整个数据并没有太多的影响。

教育支出已成为农民支出中仅次于食品、居住支出的第三大项①。特别是对子女九年义务教育上的教育费用增加较多，在贫困地区已经使农民难以接受，以至于在教育支出增加的同时，辍学和退学在令人担忧的增加。在没有学生的家庭中，贫困家庭的比重达到 29.8%，仅次于有 3 名以上学生的家庭。这其中的原因在于有一部分贫困家庭难以承担学费支出的增加而选择放弃对子女的人力资本投资，让未成年的子女提前进入了劳动力的行列。而 3 名以上学生的家庭中，家庭的贫困则是部分来自于学费支出的压力以及家庭抚养负担的增加（见表 9-5）。

---

① 邹薇：《传统农业经济转型的路径选择：对中国农村的能力贫困和转型路径多样化的研究》，载于《世界经济》2005 年第 2 期，第 34~47 页。

表 9-5　　　　　样本户与二次移民户的未成年人和学生数

家庭规模			是否贫困家庭					
			频数	非贫困行比重（%）	列比重（%）	频数	贫困行比重（%）	列比重（%）
样本户	家庭未成年人数	0	989	71.5	44.9	394	28.5	45.8
		1	668	75.7	30.3	214	24.3	24.9
		2	466	70.3	21.1	197	29.7	22.9
		3	73	59.3	3.3	50	40.7	5.8
		4	8	57.1	0.4	6	42.9	0.7
	家庭有学生数	0	1 096	70.2	49.7	466	29.8	54.1
		1	675	73.0	30.6	250	27.0	29.0
		2	372	76.4	16.9	115	23.6	13.4
		3	55	67.9	2.5	26	32.1	3.0
		4	7	63.6	0.3	4	36.4	0.5
二次移民户	家庭未成年人数	0	506	66.3	45.2	257	33.7	49.8
		1	336	74.8	30.0	113	25.2	21.9
		2	232	68.4	20.7	107	31.6	20.7
		3	40	51.9	3.6	37	48.1	7.2
		4	6	75.0	0.5	2	25.0	0.4
	家庭有学生数	0	571	66.9	51.0	283	33.1	54.8
		1	320	68.4	28.6	148	31.6	28.7
		2	188	74.9	16.8	63	25.1	12.2
		3	35	64.8	3.1	19	35.2	3.7
		4	6	66.7	0.5	3	33.3	0.6

（二）家庭教育与健康特征

人力资本，是通过对人力投资而形成的凝结在人体中的能使价值迅速增值的知识、体力和技能的存量总和。人力资本投资的形成较为广泛，主要有教育投资、技术培训投资、健康投资以及劳动力合理流动投资等形式。现阶段，在我国农户家庭人力资本积累过程中，教育、健康和劳动力的钱已构成农户人力资本的核心内容，三者对家庭收入水平的提高具有决定作用。

1. 户主文化程度与贫困

随着农村家庭联产承包制的实施，农户家庭主要劳动者，即户主，不仅成为家庭生产经营单位的主要劳动力，而且成为家庭生产经营的管理者和决策者。因而户主的文化程度是影响农户家庭收入水平的重要因素。为分析户主文化程度与家庭收入之间的关系，将户主的文化程度划分为文盲、半文盲、小学、初中、高中、中专、大专和大学本科 8 个组。从表 9-6 可以看出，户主文化程度与家庭收入之间存在密切的关系。随着家庭主要劳动者文化程度的提高，家庭的贫困率显著下降。文化程度为文盲半文盲的家庭，贫困率明显处于高层次，当文化程度越过小学程度，贫困率显著下降，从 32.7% 下降到 23.4%，然后贫困率依次降低，而拥有大学本科学历的 5 个家庭，没有贫困户，表明农户家庭收入的增长将逐步依赖于劳动者素质的提高。

表 9-6　　　　　　样本户与二次移民户的户主受教育程度

户主教育程度		是否贫困家庭					
		频数	非贫困行比重（%）	列比重（%）	频数	贫困行比重（%）	列比重（%）
样本户	大学本科	5	100.0	0.2			
	大专	15	88.3	0.5	2	11.7	0.8
	中专	13	81.3	0.6	3	18.8	0.3
	高中	276	83.4	12.5	55	16.6	6.4
	初中	1 031	76.6	46.8	315	23.4	36.6
	小学	627	67.3	28.5	304	32.7	35.3
	扫盲班	12	66.7	0.5	6	33.3	0.7
	文盲	229	57.4	10.4	170	42.6	19.8
二次移民户	大学本科	3	100.0	0.3			
	大专	4	57.1	0.4	3	42.9	0.6
	中专	6	66.7	0.5	3	33.3	0.6
	高中	152	84.0	13.6	29	16.0	5.6
	初中	514	73.9	45.9	182	26.1	35.3
	小学	317	61.9	28.3	195	38.1	37.9
	扫盲班	7	58.3	0.6	5	41.7	1.0
	文盲	117	54.4	10.4	98	45.6	19.0

户主受教育程度与收入的正相关关系在二次移民的家庭中却不很明显，当户主是大学本科时，贫困率为 0，其次是户主的教育为高中时，贫困率最低，而户主的教育程度是中专和大专时，贫困的比例居然高于初中甚至小学。因此我们在此提出一个假设，由于曾经的非自愿搬迁，生产和生活环境的变化使得移民家庭的人力资本的积累受到阻碍，因此在较高文化程度的家庭出现了人力资本失灵的现象。

2. 家庭劳动者的综合文化程度与贫困

户主的人力资本存量对家庭经济收入增长的作用固然重要，如果一个家庭中除户主外其他劳动者的文化程度较低，也会影响整个家庭的收入水平。因此，进一步分析农户家庭全部劳动者平均受教育程度与贫困之间的关系非常必要。

（1）不同文化程度劳动力收入比较。

农户家庭劳动力平均受教育年限和家庭总的受教育年限是反映农户家庭全部劳动力文化程度的一个重要指标。非贫困人口家庭总受教育年限的均值为32.4年，家庭人均受教育年限为7.2年；而贫困人口家庭总受教育年限的均值为27.1年，家庭人均受教育年限为5.9年。而且劳均收入总体上表现为随劳动力受教育程度的提高而增加的趋势。1997年不同文化程度劳动力的纯收入水平基本上相差不大，与1997年相比2002年劳动力受教育程度与劳均收入之间的相关关系较为显著，尤其表现在高中以上文化程度的农户家庭，其劳均收入明显较高。同时，当劳动力受教育年限为9年和9年以上（初中文化程度）时，劳均纯收入高于总体平均水平，而9年以下受教育水平的劳均纯收入则低于平均水平（2002年除外）。可见，农户家庭综合文化程度对家庭劳均收入的影响更具稳定性，且随着时间的推移，农户家庭综合文化程度的差异所带来的劳均收入变化幅度有拉大趋势。

（2）不同文化程度劳动者的边际报酬与劳均收入弹性。

随着劳动力受教育年限的增加，劳均纯收入总体上以递增比率增加。因此，为进一步说明二者的关系，我们运用教育收入函数方程加以分析，其收入函数模型为：

$$\ln(Y_i) = \alpha + \beta(EDU) \qquad (9-6)$$

上式中 Y 为家庭人均收入，EDU 为家庭平均受教育年限。

但对于不同教育水平的劳动者而言，它们之间的关系如何呢？为说明这一问题，分别计算出该年劳动力受教育年限的边际报酬与劳均收入弹性。从表9-7中看出，当农户家庭劳动力平均受教育年限为1年以下时，劳动力平均受教育年限每增加1年，劳均收入增加145.24元；当劳动力受教育年限在1年以上时，每增加1年教育年限，所增加的劳均收入均大于145.24元。尤其当劳动力受教育年限为10年以上时，受教育年限增加1年所带来的劳均收入增量达到512.48元。这说明劳均收入水平与劳动力教育程度之间具有正相关关系，而且随着劳动力平均受教育年限增加，劳均收入弹性逐渐增大。由此反映了农户家庭教育投资报酬率有随农户家庭劳动者平均受教育年限的增加而明显提高的趋势。

表 9-7　　　　　不同受教育年限的家庭的边际报酬和收入弹性

平均受教育年限（年）	人均收入（元）	边际报酬（元）	收入弹性
1 及以下	1 913.56	145.24	0.0759
2	2 297.71	285.89	0.124424
3	2 240.25	153.84	0.068671
4	1 952.67	146.11	0.074826
5	3 192.66	324.23	0.101555
6	3 069.47	176.34	0.05745
7	3 258.31	234.67	0.072022
8	4 201.94	286.78	0.068249
9	5 340.29	345.45	0.064687
10 及以上	6 710.07	512.48	0.076375

3. 家庭中最高教育程度与贫困

家庭中最高的教育程度与贫困的缓解的对应关系是非线性的，并不是说家庭最高的受教育程度越高其陷入贫困的概率就越小。调查发现最高学历为高中或中专的家庭，贫困率最小只有 20.5%。而最高学历为大专或本科的家庭的贫困率较最高学历为高中或中专的家庭没有降低反而有轻微上升。因为学历一旦达到某一临界点，如大专，该劳动力就会更容易转移到城市的一级劳动力市场，和其在农村的家庭产生一定的分割，这其中又以子女辈的较多，从农村考上大学，毕业后留在城市有一份正式的工作，其收入不再是家庭的总收入。因此对家庭贫困的缓解贡献并不大。但是学历为高中或中专的那部分人则是留在农村生产生活的较高学历的人员，这些人有学识、有见识，即使不是户主也是家庭的主要决策者，对家庭的收入有显著的影响。虽然说学历为大专及以上时，对于家庭贫困的缓解的作用反而不及学历为中专和高中，但是当家庭的最高学历仅为小学及以下时，其贫困的比率会惊人地高，分别为 50%、57% 和 42.5%，比户主是同类文化程度的家庭的贫困率还要高。因为假设户主的文化程度不高，但如果家中仍然有高学历的成员，对其整个家庭的决策会有较大的帮助，而如果家庭最高教育程度者的学历很低，则整个家庭中没有可以依靠的高教育程度的成员。因此我们说家庭最高受教育程度对贫困的影响具有非对称性，即家庭最高受教育的程度很高，如大专、本科，会因为职业的变更对家庭收入起不到显著改善的作用，但如果家庭最高教育程度很低，如文盲、半文盲和小学，则对家庭收入会有显著的负影响。

4. 家庭健康状况与贫困

中国卫生服务调查的结果显示，在中国农村的贫困户中，因病致贫占了很大的比例，1998年和2003年分别为21.61%和33.4%。严重的健康风险冲击会损害农户长期的创收能力，这对于缺乏医疗保障的农户来说，影响是长远和巨大的。家庭成员遭受大病冲击对于家庭收入能力的影响主要体现在两个方面：第一，直接影响，这种短期的影响主要体现在患病者在一段时间内劳动能力的丧失或者给予看护的家庭成员劳动时间的损失，从而导致的短期对收入的影响。第二，间接影响，这种长期的影响主要体现在康复的大笔花费会挤出家庭用于生产设备购置的费用，从更长时间来看，甚至会因为影响子女的教育投资，从而导致家庭创收能力受到损害。两种影响的共同作用使得遭受大病冲击的农户有陷入长期贫困的可能。

把健康作为人力资本的角度考察，安德鲁（Andrew，1995）在讨论健康、投资与发展3个主要关系的同时，强调了已有文献对于营养的关注远远胜于对另一个侧面疾病冲击的关注。已有的对疾病与收入关系的研究主要集中于两个方面：首先，治疗花费与劳动时间的损失，此类研究主要集中于对特殊病种的横截面数据分析[①]。例如舒尔茨（Schultz，1996）等考虑工人在患病期间对于劳动习惯的改变可能使得收入函数改变到一个次优状态，从而对收入造成损失。他们使用工具变量法估计了联系健康与生产率的工资方程，结果发现，患病期间的"虚弱天数"导致科特迪瓦工人10%的生产率损失，加纳工人11.7%的生产率损失。其次，宏观角度对于疾病与收入关系的测算。例如，盖洛普（Gallup，1998）使用25年的国别数据，发现疟疾对于各国经济增长有显著负面影响。世界银行1993年的《世界发展报告》中也有这个方面的研究成果。

在此次的调查数据中我们并没有每个家庭成员健康状况的详细数据。我们以家庭一年的医药、看病门诊、住院的费用支出来衡量一年内该家庭的成员的健康，并把家庭医药支出占总收入的比例分为三组，医药支出占总收入20%以下为第一档次，医药支出占总收入20%~50%之间为第二档次，医药支出占总收入50%以上的为第三档次。从表9-8中，我们可以看到医药费用的支出即家庭健康状态对家庭是否贫困有着显著的影响。由此可见，疾病已经成为中国农村移民致贫的主要因素。

---

① Foster, Andrew, and Mark R. Rosenstein, *Learning by doing and learning from others: human capital and technical change in agriculture*, Journal of Political Economy, 1995, 103: pp. 1176 – 1209.

表 9-8　　　　　　　　样本户与二次移民户的家庭健康状况

家庭健康状况		是否贫困家庭					
		频数	非贫困行比重（%）	列比重（%）	频数	贫困行比重（%）	列比重（%）
样本户	医药支出占总收入 0~20%	1 801	82.1	82.1	392	17.9	47.5
	医药支出占总收入 20%~50%	256	57.8	11.7	187	42.2	22.7
	医药支出占总收入 50% 以上	136	35.6	6.2	246	64.4	29.8
二次移民户	医药支出占总收入 0~20%	907	79.2	81.5	238	20.8	48.4
	医药支出占总收入 20%~50%	134	56.3	12.0	104	43.7	21.1
	医药支出占总收入 50% 以上	72	32.4	6.5	150	67.6	30.5

（三）家庭就业与经济来源特征

1. 家庭的就业特征

劳动力迁移也是人力资本积累的一个重要方式，迁移对减贫的重大意义已有许多研究证明。在我们的调查中也同样发现，不仅在村一级别中，外出打工的人口越多，村庄越富裕。在家庭中我们也发现，家庭中有外出打工的成员与家庭中没有外出打工的成员相比，贫困比率明显降低。但是外出打工人口的数量并不直接影响贫困率的高低。这是因为此时，贫困率的高低取决于打工的质量而不是数量，也就是打工人员所从事的行业或职业（见表 9-9）。

表 9-9　　　　　　　样本户与二次移民户外出务工人数

家庭外出务工人数		是否贫困家庭					
		频数	非贫困行比重（%）	列比重（%）	频数	贫困行比重（%）	列比重（%）
样本户	0	511	60.5	23.2	334	39.5	38.8
	1	690	74.9	31.3	231	25.1	26.8
	2	608	76.1	27.6	191	23.9	22.2
	3	276	80.2	12.5	68	19.8	7.9
	4	96	76.8	4.4	29	23.2	3.4
	5	21	80.8	1.0	5	19.2	0.6
	6	3	60.0	0.1	2	40.0	0.2
二次移民户	0	278	57.2	24.8	208	42.8	40.3
	1	350	71.4	31.3	140	28.6	27.1
	2	286	72.8	25.5	107	27.2	20.7

续表

家庭外出务工人数		是否贫困家庭					
		频数	非贫困行比重（%）	列比重（%）	频数	贫困行比重（%）	列比重（%）
二次移民户	3	143	79.0	12.8	38	21.0	7.4
	4	48	72.7	4.3	18	27.3	3.5
	5	12	80.0	1.1	3	20.0	0.6
	6	3	75.0	0.3	1	25.0	0.2
	7				1	100.0	0.2

2. 家庭收入来源特征

根据统计调查，农民人均纯收入包括工资性收入、转移性收入、财产性收入、家庭经营纯收入。通常将转移性收入和财产性收入放在一起统计。农民收入在形态上可分为实物收入和现金收入；在来源上可分为农业收入和非农业收入；按产业分为第一、第二、第三产业收入。1983年，我国农民人均纯收入为309.8元，2004年，农民人均纯收入为2 936元，增长9倍多。其中种植业收入1983年为166.6元，2004年为1 040元，占人均纯收入的比例由53.8%下降为35.4%。近年来，农民人均纯收入不断提高，而同期种植业收入比重是下降的。这表明当前农民收入的很重要的增长部分主要靠非农业。

我们将调查数据中移民户的家庭收入分为农业收入、经营收入、工资收入和转移收入四类，并计算出每一类型的收入占家庭总收入的比重，将所占比重最高的那一类型收入作为家庭主要的收入来源。我们也发现工资性收入正成为移民户收入的主要构成，而在农业收入中也以种植经济作物为主。根据表9-10，我们不难发现，若移民家庭以农业收入或转移性收入为主，则贫困的比率非常高，这说明农业收入对于移民家庭而言只能成为其基本的保障收入，家庭若以农业收入为主，无法较好地提高收入，摆脱贫困。而那些以转移收入为主的家庭则多是没有劳动能力依靠救济和救助生活的家庭，但无论是公共转移支出还是私人转移支出都很难将家庭带出贫困的泥潭，所以这一类家庭的贫困比率甚至还要高出以农业收入为主的家庭。和以往研究的结论相同，家庭收入以工资性收入为主的家庭，贫困率最低14.5%，其次是以经营性收入为主的家庭。

表 9-10　　　　　　　　　　样本户与二次移民户收入结构

家庭收入来源结构		是否贫困家庭					
		频数	非贫困行比重（%）	列比重（%）	频数	贫困行比重（%）	列比重（%）
样本户	农业收入为主	214	55.6	10.2	171	44.4	22.5
	经营收入为主	618	72.6	29.4	233	27.4	30.7
	工资收入为主	1 093	85.5	51.9	185	14.5	24.3
	转移收入为主	180	51.3	8.6	171	48.7	22.5
二次移民户	农业收入为主	137	54.4	12.7	115	45.6	25.7
	经营收入为主	343	72.2	31.8	132	27.8	29.5
	工资收入为主	507	83.9	47.1	97	16.1	21.7
	转移收入为主	90	46.6	8.4	103	53.4	23.0

（四）家庭资产和生活质量

1. 耕地的数量与质量

耕地是农户家庭最重要的生产资料，是基本的生活保障，它对家庭贫困是否有显著的影响。由于耕地的数量人均较为平均，这里我们只对耕地的质量进行分析，虽然前面我们已说过农业收入不再是农民收入的主要来源，并且以农业收入为主的家庭陷入贫困的概率非常高，但是我们仍然通过表 9-11 看到，耕地的质量对贫困有着显著的影响。耕地质量非常好和比较好的家庭，贫困的比率只有 14.8% 和 17.7%，耕地质量一般的家庭贫困比率就上升到 30%，而那些不太好和很不好的家庭贫困比率则高达 38.1% 和 42.1%。我们还发现，曾经是二次移民的家庭比起当地原居民，在耕地质量非常好和比较好的层次上低于原有居民，而在一般、不太好和很不好上却是远远高于原居民，特别是不太好的耕地，二次移民占了大部分。说明移民在土地的分配上，土地的质量很难达到原居民的水平。

2. 生活质量

移民户的生活质量与贫困之间是一个相互影响的过程。一般情况下，生活质量的改善会不断提高劳动力的体能和智能，从而提高他们获得收入的能力，同时收入的提高有助于生活质量的改善。饮水、用电、电话、交通等是反映居民生活质量的指标，我们选用了饮用安全卫生水和家庭的信息交流工具得分和交通工具得分分解贫困指标。

表 9 – 11　　　　　　　　　样本户的耕地质量

质量评价		是否贫困家庭					
		频数	非贫困行比重（%）	列比重（%）	频数	贫困行比重（%）	列比重（%）
目前家中耕地质量状况	非常好	316	85.2	14.7	55	14.8	7.0
	比较好	702	82.3	32.6	151	17.7	19.1
	一般	670	70.0	31.1	287	30.0	36.3
	不太好	359	61.9	16.7	221	38.1	27.9
	很不好	106	57.9	4.9	77	42.1	9.7

表 9 – 12 是样本户信息和交通工具得分，贫困户的信息工具和交通工具的平均值明显低于非贫困户。有信息和交通工具的家庭收入更高，贫困的发生率更低。一方面，信息工具得分越高有助于信息通畅，尤其是对收入提高相关信息的快速获取，可以降低贫困的发生率；另一方面，大多数通电话，道路通畅的村本身就是交通信息相对比较发达、农业生产条件比较好的村庄。

表 9 – 12　　　　　样本户信息交流工具和交通工具得分

类型	变量得分	户数	最小值	最大值	均值	标准差
非贫困	信息交流工具得分*	2 205	0	16	3.41	2.648
	交通工具得分**	2 205	0	30.00	1.712	2.221
贫困	信息交流工具得分	861	0	21	1.88	2.306
	交通工具得分	861	0	13.00	1.228	1.720

注：* 信息交流工具得分是根据家庭所拥有的通信工具赋值得到的，没有任何通信工具 0 分，1 部电话 1 分，1 部手机或小灵通 2 分，家庭的信息交流工具得分为其汇总而来。

** 交通工具得分是根据家庭所拥有的交通工具赋值得来的，没有任何交通工具 0 分，二轮或三轮摩托 1 分，电动车 2 分，手扶拖拉机、农用三轮车 3 分，小轿车 4 分，货车 5 分，家庭的交通工具得分为以上各项汇总而来。

（五）家庭进取心量表

移民户家庭除了以上各种不同的特征，主观上的进取心也是一个重要的特征，它代表了家庭成员为改善自身生活状况的主观努力和才能。在现代社会，这种主观努力和才能是成功不可或缺的因素，那么在这些贫困乡村的待迁移民身上，它是否也有着同样重要的作用呢。我们分别以见识、技术交流的主动性、接受新技术的时效以及技术培训的主动参与度代表了家庭的进取心量表。虽然不够全面，比如没有一般认可的如改革取向、公共事务参与、效率感和创业冲动等指标，但也基本反映了一个普通农户的基本能力和主观努力。

1. 见识

我们将受访者的最远足迹代表其见识，结果发现只到过本县的家庭贫困率远远高出其他家庭（见表9-13）。

表9-13　　　　　　　　样本户与二次移民到过最远的地方

到过最远的地方		是否贫困家庭					
		频数	非贫困行比重（%）	列比重（%）	频数	贫困行比重（%）	列比重（%）
样本户	本县	556	62.4	25.4	335	37.6	39.7
	本省外县市	572	74.1	26.1	200	25.9	23.7
	外省县市	1 058	77.6	48.3	306	22.4	36.3
	国外	6	75.0	0.3	2	25.0	0.2
二次移民	本县	279	58.2	25.0	200	41.8	40.0
	本省外县市	285	69.9	25.6	123	30.1	24.6
	外省县市	547	75.7	49.1	176	24.3	35.2
	国外	3	75.0	0.3	1	25.0	0.2

2. 技术交流能力

技术的交流有利于技术的扩散以及更好地掌握，因为我们的受访对象大多是乡村的农民，所以我们设计的问题是："您与村民讨论种地等方面的技术吗？"由于现在乡村就业的多元化，特别是打工经济的出现，也有大量村民从事着非农工作，但是在这里我们并没有考虑这种非农技术的交流，但是个人或家庭这种技术交流的能力和欲望一般会在各个层面展现出来，也就是说在农业技术上爱交流的人，在其他的工作上也会表现出爱交流的特性，所以我们就以此问题来反映家庭的技术交流特征。

通过表9-14可以看出，无论是经常交流还是很少交流，也无论是主动交流还是被动交流，只要有所交流的家庭贫困的发生率相对较小，而不与人交流的家庭，贫困的发生率达到36.7%，并且我们还可以发现不与他人交流的家庭的比重非常大。

表9-14　　　　　　　　样本户与二次移民户的技术交流能力

您与村民讨论种地等方面的技术吗		是否贫困家庭					
		频数	非贫困行比重（%）	列比重（%）	频数	贫困行比重（%）	列比重（%）
样本户	经常主动与他人交流	1 235	75.6	56.5	398	24.4	47.4
	只有遇到困难或问题时才交流	323	78.6	14.8	88	21.4	10.5
	别人找您交流	57	71.3	2.6	23	28.8	2.7
	不与他人交流	572	63.3	26.2	331	36.7	39.4
二次移民户	经常主动与他人交流	636	73.0	57.1	235	27.0	47.0
	只有遇到困难或问题时才交流	151	75.9	13.6	48	24.1	9.6
	别人找您交流	32	64.0	2.9	18	36.0	3.6
	不与他人交流	294	59.6	26.4	199	40.4	39.8

3. 接受新技术的实效

个人和家庭接受新技术的实效，与个人的性格、胆识、魄力以及文化素质息息相关，我们看到随着被访者接受接受新技术的实效逐渐减弱，其贫困率也逐渐增大。我们同时也看到在我们的样本中，大多数被访者选择了会马上使用，占总样本的52.6%，说明大部分移民无论贫穷还是富有，对新技术的使用是比较认可的，他们都愿意挑战和尝试（见表9-15）。

表9-15　　　　　　　样本户与二次移民户接受新事物的时效

生产中如果农作物有新品种，您家接受新事物的时效		是否贫困家庭					
		频数	非贫困行比重（%）	列比重（%）	频数	贫困行比重（%）	列比重（%）
样本户	会马上使用	1 227	77.2	56.2	363	22.8	43.3
	个别人使用后，看情况再作决定	447	72.7	20.5	168	27.3	20.0
	当周围大部分人都采用时，我才考虑使用	441	62.5	20.2	265	37.5	31.6
	不使用	68	61.3	3.1	43	38.7	5.1
二次移民户	会马上使用	605	74.1	54.7	211	25.9	42.4
	个别人使用后，看情况再作决定	231	71.3	20.9	93	28.7	18.7
	当周围大部分人都采用时，我才考虑使用	234	59.1	21.1	162	40.9	32.5
	不使用	37	53.6	3.3	32	46.4	6.4

4. 技能培训主动参与度

技能培训对改善贫困有显著作用，绝大多数的村民表达了积极的参与意识，这也与我们在前面部分中提到村干部对于解决贫困问题的建议不谋而合，表明无论是村干部还是普通村民都将技能培训作为一个重要的脱贫致富的手段。从表 9-16 中看到随着村民技能培训主动参与度的降低，贫困率也显著增加。但是也有相当一部分人却是即使免费也不想参加，这其中固然有移民自身的原因，也与技能培训的举办质量相关。

表 9-16　　　　　　　　样本户与二次移民户的技能培训参与度

	对于技能培训，您家的参与情况	是否贫困家庭					
		频数	非贫困行比重（%）	列比重（%）	频数	贫困行比重（%）	列比重（%）
样本户	即使花钱也积极参加	1 080	79.2	50.1	284	20.8	34.1
	免费培训才会去	490	71.3	22.7	197	28.7	23.6
	很多人参加才会去	99	69.7	4.6	43	30.3	5.2
	即使免费也不想去	488	61.2	22.6	309	38.8	37.1
二次移民户	即使花钱也积极参加	545	76.3	49.6	169	23.7	33.7
	免费培训才会去	258	68.8	23.5	117	31.2	23.4
	很多人参加才会去	45	60.0	4.1	30	40.0	6.0
	即使免费也不想去	250	57.5	22.8	185	42.5	36.9

第十章

社会网络、人力资本与移民可持续发展能力

移民搬迁,将破坏移民在一个相对稳态的传统社会网络积累起来的人力资本、社会资本以及运用这些资本的能力。因为社会资本等绝大多数都是不可搬迁的沉没性资本,随着社会网络瓦解,很多传统的知识和技能在新环境中可能不再适用,只有部分人力资本和动产是可以移动的。一旦传统社会网络瓦解,而又不能有效过渡到新的社会网络,将直接影响移民的能力再造和移民社会的可持续性。在本章我们将重点研究工程移民的人力资本和社会资本状况及其在移民可持续发展能力构建中的作用。

第一节 介入型贫困中的人力资本与社会网络

一、工程移民贫困的原因

(一) 工程移民贫困的微观原因

从前面的分析来看,一方面,单亲家庭、孤寡老人等家庭人口过少缺乏劳动

力和决策者的家庭以及人口规模过大的家庭，往往经济负担过重又没有有效的创收活动容易陷入贫困。另一方面，家庭中有较多老人和孩子需要负担，贫困的发生率也高于其他类型的家庭。受教育程度是一个广泛被接受的个人状况决定因素，对于一个家庭而言，有多种指标反映其教育状况，如户主受教育程度、家庭平均受教育年限、家庭总的受教育年限以及家庭最高受教育程度，那么哪一个指标更能代表家庭整体摆脱贫困的能力。疾病是一个致贫的重要因素，对于工程移民也不例外，健康状况良好的家庭不容易陷入贫困之中。

1. 模型的设定

模型中的因变量是家庭是否贫困，贫困取值为 1，非贫困取值为 0，我们用 Binary Logistic 模型来深入考察影响移民致贫的微观因素：

$$\ln\left(\frac{p}{1-p}\right) = \beta_0 + \beta_1 x_1 + \beta_2 x_2 + \cdots + \beta_n x_n \quad (10-1)$$

其中，p 为贫困的概率，β_i 为系数，x_i 为家庭个人特征变量。

2. 变量的解释及其取值

我们所调查的移民户为南水北调工程水源区的待迁移民，处于同一区域，其自然环境、制度和政策环境具有同质性，我们在上文中也已经分析了宏观上引起贫困的原因，但是移民内部存在着分化的情况，这时的贫困就是与个体的微观特征息息相关的。我们根据前一章的分析以及所参考的文献，设立以下自变量（见表 10 - 1）。

3. 模型解释

从该模型参数的 omnibus 检验看，step、block、model 的卡方值相同，都为 805.215，且 p 值为 0.000，这表明模型整体是显著的。模型 -2Log likelihood 为很大 (2 426.085)，Hosmer and Lemeshow 统计量为 4.034，p 值为 0.854，模型拟合良好。Nagelkerk R2 为 0.364，这表示因变量的变异有 36.4% 被模型中的自变量解释。从模型预测正确百分比看，模型的 80.1% 的样本量判断是正确的，同样说明了模型拟合良好。

（1）从表 10 - 2 的回归结果来看，家庭有老人、学生和未成年人贫困的概率会加大，但是这种关系并不显著。而家庭中外出打工人数对缓解贫困有正向的影响，但这种关系也不显著，这是因为外出打工对收入的影响不能从数量上去反映，也就是说并不是外出打工的人数越多，家庭就越富有，打工对家庭收入的贡献越来越取决于打工所从事何种工作，工作的报酬如何。这一点我们可以从家庭收入结构中得到验证。而家庭规模和贫困的关系则和我们在上一章的假设完全一致，家庭规模的平方和贫困在 0.001 水平下显著，也就是说，家庭规模与贫困成倒 U 型关系，家庭规模也不是越少越好。当家庭人口只有 1 人、2 人时，家庭陷入贫困的概率很大,而当家庭人口达到 3 人、4 人时,贫困率开始下降至最低,一旦家庭人口超过 5 个人,贫困率则又开始加大。

(2) 我们将家庭收入以农业收入为主作为参照组,那么收入以农业收入为主的家庭陷入贫困的概率是收入以工资收入为主的家庭的 3.6 倍;是收入以经营性收入为主的家庭的 1.73 倍,但是如果家庭收入以转移性支出为主,则这类家庭陷入贫困的概率是以农业收入为主的家庭的 1.432 倍。由此可见,要改善目前的贫困状况,必须依靠工资收入和经营性收入,而农业收入只能成为家庭的最后生活保障,对于那些必须依靠转移支付生存的家庭,目前的资助和救助看来并没有将他们带出贫困的生活状态,因此这一部分家庭则需要加大救助力度,或者帮助他们开辟创收的渠道,实现家庭收入的多元化。

(3) 家庭拥有的信息交流工具和交通工具可以显著的改善贫困,二者均在 0.001 水平下显著。

表 10 – 1　　　　　　　　　　自变量及取值

变量	取值与含义	变量	取值与含义
家庭有老人数量	没有老人 = 0,有一个以上老人 = 1	新技术的使用态度	不使用 = 0,使用 = 1
家庭有学生数	没有学生 = 0,有一个以上学生 = 1	技术交流能力	不交流 = 0,交流 = 1
家庭有未成年人	没有未成年人 = 0,有一个以上未成年人 = 1	技能培训参与度	不参与 = 0,参与 = 1
家庭有外出务工人数	没有外出务工 = 0,有一个以上外出务工 = 1	家庭收入来源结构	农业收入为主 = 1,转移收入为主 = 2,经营收入为主 = 3,工资收入为主 = 4
家庭规模	家庭规模的平方	家庭健康状况	医药支出占总收入 20% 以下 = 1,医药支出占总收入 20% – 50% = 2,医药支出占总收入 50% 以上 = 3
家庭平均受教育年限	连续性变量	耕地质量	好 = 1,一般 = 2,不好 = 3
信息交流工具得分	连续性变量	见识(最远足迹)	只去过本县 = 0,去过本县以外 = 1
交通工具得分	连续性变量		

表 10-2　　　　　　　　　　　模型回归结果

变量	系数	标准差	Wald 统计量值	自由度	p 值	OR 值
家庭有老人数量	0.032	0.077	0.171	1	0.679	0.968
家庭有未成年数量	0.039	0.080	0.239	1	0.625	0.962
家庭规模的平方	0.028	0.005	31.457	1	0.000	1.028
家庭外出务工人数	-0.001	0.061	0.000	1	0.984	0.999
家庭有学生人数	0.005	0.080	0.005	1	0.946	1.005
信息交流工具得分	-0.226	0.028	66.108	1	0.000	0.798
交通工具得分	-0.114	0.031	13.718	1	0.000	0.892
家庭平均受教育年限	-0.063	0.023	7.430	1	0.006	0.939
使用新技术（使用）	-0.158	0.237	0.444	1	0.505	0.854
技术交流（交流）	-0.443	0.112	15.714	1	0.000	0.642
技能培训主动性	-0.156	0.117	1.779	1	0.182	0.855
见识	-0.342	0.108	10.057	1	0.002	0.710
收入来源结构			141.036	3	0.000	
收入来源结构（1）	0.359	0.184	3.789	1	0.052	1.432
收入来源结构（2）	-0.550	0.158	12.180	1	0.000	0.577
收入来源结构（3）	-1.351	0.161	70.684	1	0.000	0.259
家庭健康状况			171.914	2	0.000	
家庭健康状况（1）	-1.738	0.142	150.919	1	0.000	0.176
家庭健康状况（2）	-0.780	0.169	21.192	1	0.000	0.458
耕地质量			47.894	2	0.000	
耕地质量（1）	0.878	0.127	47.790	1	0.000	2.407
耕地质量（2）	0.505	0.126	15.992	1	0.000	1.657
常数项	1.825	0.314	33.741	1	0.000	6.205

（4）教育对贫困的改善是显而易见的，但是我们依然发现家庭受教育的状况对贫困的改善作用是大不相同的。我们开始是用户主受教育的程度来代表整个家庭的受教育状况放入模型之中，结果发现和以往的研究不同，户主受教育程度对于家庭是否贫困并不显著，随后我们将家庭平均受教育年限放入模型，这时教育这个变量才显著。也就是说家庭中并不是完全依靠某一个人的能力才能摆脱贫困，而是整个家庭成员的人力资本提高，才会对家庭的贫困状况有所改善。因此提高人力资本必须面对全部家庭成员。

（5）在家庭的进取心量表中，家庭成员的见识和技术交流的能力对贫困的缓解有显著作用，而使用新技术以及技能培训的主动参与度虽然对贫困的减少有正向的作用，但这种作用并不显著。那些最远只到过本县的家庭和去过县城以外的家庭相比，贫困发生的概率是 1.4 倍，而那些愿意与人交流技术的家庭无论是主动交流还是被动交流,只要有交流的家庭陷入贫困的概率是那些不愿交流也从不交流技术的家庭的 0.64 倍。

(6) 疾病是家庭贫困最大的风险,一旦家庭中有成员患病,对于农村家庭的打击有时是致命的。移民更是如此,我们将医药支出占总支出 50% 以上的家庭作为对照组,发现这类家庭陷入贫困的概率是医药支出占总支出 20% 的家庭的 5.68 倍,是医药支出占总支出 20% ~50% 之间的家庭的 2.18 倍。

(7) 耕地对于农村家庭的重要性不言而喻,由于中国农村的土地分配制度,农村的人均耕地面积大致相当,但是耕地的质量却有着较大的区别。特别是对于有移民的村庄,由于移民原有的耕地是经过多年的选择一般是当时当地最为肥沃最适合耕种的土地,被淹没后补偿的土地就只能退而求其次,大多是贫瘠难以开发利用的土地。我们前面的数据已经发现,在村庄中不好的土地有 74% 都是由二次移民所有。我们将根据被访者对自家耕地的主观认定,将土地分为好、一般、不好三类,并将土地质量好作为对照组,发现认为自家土地质量不好的家庭贫困发生的概率是对照组家庭的 2.4 倍,认为自家耕地质量一般的家庭贫困发生的概率是对照组家庭的 1.65 倍。

(二) 原居民与二次移民贫困致因比较

我们用同样的模型方法分别对调研对象中的原居民和二次移民贫困的致因进行分析,结果如表 10-3,发现对于土生土长的原居民,其贫困的显著因素主要表现在家庭规模、信息交流工具、技术交流能力、收入来源、家庭健康状况和耕地的质量,而交通工具、见识以及家庭平均受教育程度却变得不显著。而二次移民的贫困的显著因素表现在家庭规模、信息交流工具、交通工具、家庭平均受教育年限、技术交流、见识、收入来源结构、家庭健康状况以及耕地的质量。

通过对比,我们发现二次移民与原居民在贫困的显著致因以及各项因素对贫困的影响方向与程度上有很大的不同,具体表现为:

(1) 二次移民外出务工对家庭的贫困没有缓解作用,反而有加剧贫困的作用。我们在总样本和老居民的模型结果中均可发现,外出务工人员的数量虽然对贫困与否的影响并不显著,但却是能缓解贫困的。而二次移民的外出务工人员的数量对贫困的影响却是相反的方向,说明二次移民的就业能力和收入能力比原居民受到了损伤。

(2) 在以往的研究中,就一般情况而言,在决定个人和家庭收入的诸多个人禀赋中,人力资本是被强调最多的一个因素。自从诺贝尔经济学奖获得者舒尔茨阐述了人力资本理论以来,国内外无数的研究都证明:在成熟的市场经济条件下,一个人的人力资本与其收入具有正相关关系。我们在前一个模型中用"家

表 10 - 3　　　　　　　　　　模型回归结果

变量	模型 1（原居民）		模型 2（二次移民）	
	系数	OR 值	系数	OR 值
家庭有老人数量	- 0.044	0.957	- 0.003	0.997
家庭有未成年数量	- 0.053	0.948	- 0.047	0.954
家庭规模的平方	0.038***	1.039	0.020***	1.021
家庭外出务工人数	- 0.093	0.911	0.055	1.056
家庭有学生人数	- 0.019	0.982	0.055	1.056
信息交流工具得分	- 0.275***	0.760	- 0.190***	0.827
交通工具得分	- 0.077	0.926	- 0.138***	0.871
家庭平均受教育年限	- 0.090***	0.914	- 0.38	0.963
使用新技术（使用）	0.013	1.013	- 0.354	0.702
技术交流（交流）	- 0.664***	0.515	- 0.299**	0.741
技能培训主动性	- 0.196	0.822	- 0.111	0.895
见识	- 0.503***	0.605	- 1.22	0.885
收入来源结构				
收入来源结构（1）	0.196	1.216	0.358	1.430
收入来源结构（2）	- 0.370	0.691	- 0.727***	0.483
收入来源结构（3）	- 1.426***	0.240	- 1.35***	0.259
家庭健康状况				
家庭健康状况（1）	- 1.767***	0.171	- 1.73***	0.177
家庭健康状况（2）	- 0.676***	0.509	- 0.888***	0.411
耕地质量				
耕地质量（1）	1.298***	3.661	0.564***	1.758
耕地质量（2）	0.788***	2.199	0.277	1.319
常数项	1.234	3.437	2.468	11.796
- 2Log likelihood	1 036.0339		1 039.774	
Cox & Snell R^2	0.263		0.247	
Nagelkerke R^2	0.398		0.353	

注：*** 表示在 0.01 水平下显著，** 表示在 0.05 水平下显著，* 表示在 0.1 水平下显著。

庭的平均受教育年限"、"技术交流能力"、"技能培训的主动性"代表家庭的人力资本，得出的结论与普遍观点一致，教育、技术交流的能力对贫困的改善是显而易见的，积极使用新技术以及技能培训的主动参与度对贫困的环节也有正向的作用。但当我们将总样本分为原居民和二次移民后发现，在模型 1 中，家庭平均受教育程度、技术交流的能力依然对贫困的改善有显著作用，积极使用新技术以及技能培训的主动参与度对贫困的缓解也有着正向作用，但是模型 2 中也就是二次移民，家庭平均受教育年限不再是影响贫困的显著因素；积极使用新技术对贫困不仅没有缓解作用，相反加剧了贫困；技术交流能力依然是能显著的缓解贫困，但原居民不进行技术交流的家庭成为贫困家庭的概率是愿意进行技术交流的家庭的1.94倍，二次移民中不愿意进行技术交流的家庭成为贫困家庭的概率只是愿意进行技术交流家庭的1.34倍。以上的数据说明，二次移民的人力资本对收入的贡献比原居民小，人力资本的效率大大降低。

（3）家庭的健康状况在所有模型中都是一个显著的因素。因为疾病是农村家庭贫困的最大风险，一旦家庭中有成员患病，对农村家庭的打击是致命的。这一特征不仅在总体模型中得到反映，在原居民和二次移民的模型中也得到同样的反映。但是健康状况对贫困的影响强度却是不同的。同样以医药支出占总支出50%以上的家庭作为参照组，在原居民中这类家庭贫困发生的概率是医药支出占总支出20%以下家庭的5.64倍，是医药支出占总支出20%~50%家庭的1.96倍。而二次移民中，医药支出占总支出50%以上的家庭贫困发生的概率是医药支出占总支出20%以下家庭的5.84倍，是医药支出占总支出20%~50%家庭的2.43倍。很明显，相同程度的疾病或家庭健康状态对原居民和二次移民平均与否的影响程度是不同的，因此移民在面对疾病风险时更容易陷入贫困之中。

（4）耕地是农村家庭的一项重要资产，也是农民最后的生活保障。由于耕地数量分配的平均化，耕地质量就会显得重要。我们仍然根据被访者对自家耕地质量的主观认定将耕地分为好、一般和不好三类，并将认为自家耕地好的被访者作为参照组，在模型1中，认为自家土地质量不好的家庭贫困发生率是对照组家庭的3.661倍，认为自家耕地质量一般的家庭贫困发生率是对照组家庭的2.199倍。在模型2中，移民认为自家耕地质量不好的家庭贫困发生率是对照组家庭的1.758倍，而认为自己耕地质量一般的家庭贫困发生率与对照组家庭贫困发生率比较并不显著。因此二次移民所拥有的耕地质量对其贫困发生率的影响远远小于原居民所拥有耕地质量对贫困发生率的影响。

二、基于人力资本的贫困治理

（一）人力资本与发展的可持续性

可持续发展是人类对社会发展历史进行痛苦反思后提出的一种发展观。而可持续发展能力是衡量实施可持续发展战略成功程度的基本标志。1992年"联合国环境与发展大会"通过的《21世纪议程》，对可持续发展能力有明确阐述："一个国家的可持续发展能力，在很大程度上取决于在其生态和地理条件下人民和体制的能力,具体地说,能力建设包括一个国家在人力、科学、技术、组织、机构和资源方面的能力的培养和增强。能力建设的基本目标就是提高对政策和发展模式评价和选择的能力,这个能力的提高过程是建立在该国家人民对环境限制与发展需求之间关系正确认识的基础之上的。所有国家都有必要增强这个意义上的国家能力"。可持续发展能力建设是指建立国家、地方、机构和个人在制定正确决策和以有效的方式实施这些正确决策方面的能力,它包括人们不断改善能力效率的整个过程,是一个国家或地方、机构、个人在开发、利用可持续发展能力的过程中所有努力之总和[①]。

可持续发展所讲的能力建设至少包括了四个方面的具体内容,即人的能力建设、科技能力建设、制度能力建设和生态能力建设等,其中人的能力建设是核心。向志强认为可持续发展能力受多种因素的作用和影响,但这些因素都集中地表现为两种能力,即人类发展能力和自然支撑能力。这两种能力是制约可持续发展能力的抽象和综合,更是可持续发展能力的具体体现[②]。人力资本投资不仅可以提高人类发展能力,通过改变生产模式和消费模式来影响自然支撑能力,同时也能为可持续发展提供一个良好的外部运行环境。因此,人力资本是能力建设的核心。

在可持续发展能力建设中,教育无疑起着基础性作用。教育尤其是全民教育有助于缓解贫困。一般来说,提高初等教育入学率和成人识字率与提高人均收入和经济上更平等之间有着密切的联系。许多研究尤其是世界银行的研究都证明了这一点。研究表明,相对于费用而言,在所有各级教育中,初等教育具有最高的经济效益。在发展中国家,初等教育的投资收益率在25%左右,而高等教育的投资收益率则为12%;在相同环境下,接受过教育的农民的生产力比没有接受过教育的农民高。此外,教育也是提高人文发展指数、实现人的全面发展的基础。

(二) 人力资本理论的扩展研究

1. 人力资本构成要素

能力建设过程从某种程度上说就是"资本"的积累过程。人力资本作为继自然资本、物质资本之后的第三种重要资源已经被人们所广泛接受。但是到目前为止,关于人力资本的概念、内涵和本质仍然存有争议。绝大部分学者在定义人

[①] 周海林、黄晶:《可持续发展能力建设的理论分析与重构》,载于《中国人口·资源与环境》1999年第3期,第20~24页。

[②] 向志强:《可持续发展能力建设与人力资本投资》,载于《中国人口·资源与环境》2002年第3期,第78~81页。

力资本时，都认为能力是人力资本重要的要素，强调人力资本是投资的产物，是一种具有经济价值的生产能力。如舒尔茨认为，人力资本是"由人们通过对自身的投资所获得的有用的能力所组成的"，"是体现于人身体上的知识、能力和健康"①。贝克尔进一步指出，"人力资本是通过人力投资形成的资本"，"人力资本不仅意味着才干、知识和技能，而且还意味着时间、健康和寿命"②。国内学者李建民认为微观个体角度的人力资本是指"存在于人体之中、后天获得的具有经济价值的知识、技术、能力和健康等质量因素之和"，而宏观群体角度的人力资本是指"存在于一个国家或地区人口群体每一个人体之中，后天获得的具有经济价值的知识、技术、能力及健康等质量因素之整合"③。李忠民对人力资本的定义更突出其内生的抽象的一面，"人力资本是凝结在人体内，能够物化于商品或服务，增加商品或服务的效用，并以此分享收益的价值"④。

但也有一些学者，特别是管理学领域，在定义人力资本时，把促使员工努力工作的要素加入进来。达文波特所提出的人力资本模型把努力作为很重要的一个方面。他认为人力资本由四个主要要素组成：能力，包括知识、技能与才能；行为，完成某项活动过程中可以观察到的行为方式；努力，使用精神或者物质资源达到特定目的；时间，人力资本投资的时间要素，如工龄，每日的工作时间等等。其中努力已经涉及员工精神、道德、价值的核心层面。努力能够激活知识、技巧、技术，优化员工的行为。通过对努力层面的使用，可以达到对人力资本何时、何地和如何发挥人力资本的控制。没有努力，人力资本的发展将会极为松散⑤。

综合以上研究，我们可以将人力资本构成要素分为两部分：能力要素和努力要素。能力要素指的是一个人所具备的知识、技能和经验，反映的是一个人具有的人力资本水平。所谓能力是指个体成功地完成某种活动所必需的知识、技能、技术和经验等。努力要素指的是一个人的意愿倾向和努力程度，反映的是一个人的主观意愿，它是能力水平发挥的重要决定因素，包括努力方向和努力程度两个方面。

2. 人力资本投资途径

人力资本的形成过程，也是人力资本的积累过程，都是对人力资本进行投资来实现的，也就是相关资源在人力资本形成过程中的分配及使用过程。因供给资

---

① 舒尔茨：《论人力资本投资》，北京经济学院出版社1990年版。
② 贝克尔：《人力资本》，北京大学出版社1987年版。
③ 李建民：《人力资本通论》，三联书店1999年版。
④ 李忠民：《人力资本：一个理论框架及其对中国一些问题的解释》，经济科学出版社1999年版。
⑤ Davenport, *Human Capital*: *What Is It and Why People Invest It*, San Francisco: Jossey-Bass, 1999.

源的行为主体不同，行为主体的资源获取、供给能力的不同决定着客体人力资本投资能力的高低。即相关资源供给分为公共性、私人性资源两种，也就是人力资本学派所说的公共投资和私人投资；其中，公共投资主要指的是政府投资，私人投资主要包括个人（家庭）投资和企业投资。

目前理论界普遍认为，人力资本的形成即人力资本投资方式，主要通过四种途径：正规教育、在职培训或干中学、健康投资和劳动力迁移投资。

（1）正规教育人力资本，即通过学校教育获得的人力资本，是形成人力资本的最主要方式，也是人力资本投资能力形成的最主要途径。家庭或个人是否进行正规教育投资以及投资多少的决策不仅受投资成本（包括直接成本和间接成本）大小的影响，还会受到预期投资收益的影响。贝克尔在《人力资本》一书中指出，人们为自己或为孩子所支出的各种费用，不仅是为了现在获得效用，得到满足，同时也考虑到未来获得效用，得到满足。而未来的满足可以是货币的，也可以不是货币的。他认为，用于满足未来需求的支出，在一般情况下，只有当预期收益的现值至少等于未来支出的现值时，人们才愿意做出这种支出。这种支出就是人们为了满足未来的需求而作的投资。人们投资于教育和保健等方面的支出就是按照这样的原则做出的。

（2）在职培训是正规教育和正规培训的延续，不仅包括正式组织的培训计划和学徒制，还包括非正式过程中的经验学习，即"干中学"。在职培训与厂商行为紧密相关，它既影响劳动力的工作和职业变动，又导致薪酬水平的变化，从而影响劳动力人力资本投资能力的维护与提高。个人与厂商对在职培训的投资决策取决于培训的性质以及可能带来的收益。"干中学"实质上是在工作中不断学习、积累经验的过程，也是一个教与学的有机结合过程，不需要个人、厂商支付任何直接费用，也不需要脱离工作岗位，"费效比"较高，在技术水平要求较低的行业和职业中很受欢迎。

（3）人的健康也是一种重要的人力资本，健康人力资本的意义在于它是其他形式人力资本存在与效能正常发挥的先决条件。在身体健康、精力充沛的条件下，一个人所具有的人力资本水平才能得到最大程度的发挥。一般来说，人们主要通过医疗、保健、营养、锻炼以及闲暇和休息等途径获得健康人力资本。健康投资决策不仅与家庭经济条件有关，还受个人及家庭偏好影响。

（4）劳动力迁移是从现有人力资本利用的角度出发，以人力资源市场信号为导向，通过市场搜寻和就业导向性迁移，使劳动者获得更高的收入或更好的职位，同时在宏观上解决不同地区人力资源的余缺调剂和个人专长的有效发挥，改善人力资源的配置状况。

我们认为，除了以上几种常见的人力资本投资途径外，其实社会资本作为一种非正规的人力资本投资形式，对人力资本的形成与积累也起着不可忽视的作用。本章下一节将对该问题进行详细阐述。

3. 人力资本投资回报

人力资本投资回报率的测算是人力资本理论关注的焦点问题之一。许多学者都对中国人力资本的投资回报率进行了估计，虽然结果存在较大差异，但普遍认为与其他国家相比处于较低水平。

张车伟对 2004 年在上海、浙江和福建三省市进行的抽样调查数据分析后发现，中国的教育回报率不高，总体来看每增加 1 年教育，个人收入会增加 4.34%；同时，教育回报率还展现出随收入水平增加而增加的趋势，最高 95% 收入者的教育回报率是最低 5% 收入者的 2 倍多[1]。李雪松等基于中国城镇居民家庭收入与支出调查数据，采用局部工具变量法和教育异质性 Mincer 方程得出结论：大学教育回报率 11%，普通最小二乘法估计结果下偏，工具变量法估计结果上偏，忽略个人能力会导致教育回报向上偏斜[2]。李实等利用 1995 年和 1999 年城镇住户抽样调查（简称 CHIP 调查）数据，采用最小二乘法（OLS）法对 1990~1999 年期间我国城镇的个人教育收益率的动态变化进行了经验估计，从中发现个人教育收益率是逐年上升的。1990 年的个人教育收益率仅为 2.5%，到了 1995 年上升到 4.9%，几乎翻一番；到 1999 年个人教育收益率进一步上升为 8.4%[3]。李海铮利用 1995 年城镇住户抽样调查（CHIP）数据采用最小二乘法估计得到个人教育收益率为 5.4%，总的教育回报率的低水平主要是由于初等教育的低回报率所造成。诸建芳等利用 1992 年的企业职工抽样调查数据，得出当年城镇企业职工的基础教育和专业教育的个人收益率分别为 1.8% 和 3.0%。他们获得较低的教育收益率的估计结果，其中一个重要的原因是其样本被限制为特定行业的企业职工[4]。赖德胜（1998）利用中国社会科学院经济研究所收集的 1995 年 11 个省城镇住户抽样调查数据，对 11 763 个城镇职工的收入与其教育水平之间的关系进行了回归估算，其结果表明平均个人收益率为 5.73%[5]。

对人力资本投资回报的测算绝大部分学者都是采用国际较为通用的正规教育投资成本—收益的分析方法，即利用正规教育水平作为人力资本的替代变量，对

---

[1] 张车伟：《人力资本回报率变化与收入差距：马太效应及其政策含义》，载于《经济研究》2006 年第 12 期，第 59~69 页。

[2] 李雪松、赫克曼：《选择偏差、比较优势与教育的异质性回报：基于中国微观数据的实证研究》，载于《经济研究》2004 年第 4 期，第 91~99 页。

[3] 李实、丁赛：《中国城镇教育收益率的长期变动趋势》，载于《中国社会科学》2003 年第 6 期，第 58~72 页。

[4] 诸建芳：《中国人力资本的个人收益率研究》，载于《经济研究》1995 年第 12 期，第 55~63 页。

[5] 赖德胜：《教育、劳动力市场与收入分配》，载于《经济研究》1998 年第 5 期，第 42~48 页。

中国个人人力资本投资的收益率进行估计和研究。当然也有部分学者也对培训、身体健康状况、就业迁移等人力资本回报进行了估计。如侯风云利用2002年对全国15个省市进行的问卷调查，发现中国农村劳动力的教育收益率为3.7%，工龄收益率为0.8%；参加技能培训的农民比不参加培训的农民收入增加27.89%；身体状况很好的外出劳动力比其他的劳动力能够提高外出月收入的35.39%；农村外出劳动力比不外出劳动力每年的收益增加41.7%[1]。

人力资本能够为其投资者带来收益似乎已是不争的事实，但现实中有时也会出现"人力资本失灵"现象。如李培林等在对失业下岗职工再就业问题的研究中注意到人力资本对收入水平解释的失灵现象。下岗职工在下岗前的月工作收入受着人力资本（包括受教育水平和工龄）的支持，即人力资本越高的职工，其工作收入就越高。而下岗之后，受教育水平对其再就业收入的正向效应消失了，同时工龄的替代变量年龄对其再就业收入的影响变成负向影响。他的研究推断在知识技能系统的大转变时期，人力资本积累过程发生了断裂[2]。

我们认为，人力资本失灵现象不仅仅发生在失业下岗群体，在正处于社会转型时期的中国，人力资本失灵已成为一个相当普遍的问题。本书发现另一个边缘群体——工程移民也同样存在人力资本存量受损和人力资本投资中断现象。工程移民的能力受损不仅包括正规教育人力资本，而且也包括社会资本这一非正规人力资本形式。

综合以上分析，有关人力资本的研究重要集中在正规教育及其投资回报等问题上，事实上，作为一种重要的非正规人力资本形式，社会资本起着非常重要的作用。社会资本作为一种非正规的人力资本投资形式，其形成的过程以及投入—回报机制，对我们理解农村地区规避风险、缓解贫困、增强社会经济的可持续发展能力，具有很强的现实意义和学术价值。

三、基于社会资本的贫困治理

（一）社会资本在贫困治理中的作用

随着国际社会对贫困问题研究的不断拓展，对贫困问题研究的分析范式也经历了从物质资本范式到人力资本范式，再到社会资本范式的转换。20世纪90

---

[1] 侯风云：《中国农村人力资本收益率研究》，载于《经济研究》2004年第12期。
[2] 李培林：《走出生活的阴影——失业下岗职工再就业中的"人力资本失灵"研究》，载于《中国社会科学》2003年第5期，第86~101页。

代，一些国际性组织就对社会资本在消除贫困中的作用展开了研究。联合国教科文组织在 1995 年哥本哈根峰会上，召开了主题为"社会资本的形成与消除贫困：公民社会组织与国家的角色"的研讨会，目标是探讨通过增加社会资本的减贫战略，能否实现联合国在世界范围内消除贫困的目标。世界银行贫困委员会在 1999 年发表《固结和搭桥：社会资本与贫困》白皮书，提出社会群体的"横向关系"和正式机构与非正式结构之间的互动可以揭示一个国家和地区的贫困问题。

对于贫困的成因，贫困的缓解机理及其策略等问题，社会资本研究范式都给予了特定的回答。

1. 贫困成因的社会资本范式

（1）不同群体之间的利益争夺。

在一定时期，一个社会的资源总量是有限的，当一部分人成为某种资源的占有者；另一部分人占有这种资源的权力必然会被剥夺。贫困和不平等就是社会各群体之间在利益分配过程中争夺有限资源的结果。由于不同群体在社会关系中所处的位置不同，被划分为不同的社会阶层（纵向）和社会群体（横向），他们所拥有的权力和占有的资源也不相等。强势群体往往能够凭借自身的权力、资源优势，优先获得和使用有限的资源，并且出于长远利益的考虑和阶层内强关联的限制而保证资源在群体内的优先流通。贫困群体却因为无法通过有效的关系网络获取机会和资源而总是陷于贫困状态。因此，社会资本在有利于一部分阶层和群体的行动时，也排斥了另一部分阶层和群体的行动机会，这种排斥作为一种社会力量压迫着某些阶层或群体，是导致贫困的重要原因之一。

（2）家庭背景。

从道德意义上来看，在一个自由的社会中，每一个人都可以依靠自己的能力获得提升。但由于个人成长的社会背景不同造成了机会的不均等，从而限制了能力相同的个人最终取得的成就。个人成长的社会背景首先是家庭背景，即父母和亲戚的支持。上一代人积累的资源可以直接转化为下一代人的资源。这样，不同的群体就站在不平等的起点上，并且这种不平等的趋势随着个体的成长不断加大。这种类型的社会资本对贫困的影响，主要体现在家庭在贫困文化代际传递机制中的作用上。贫困家庭的上一代心安理得的从祖辈那里继承的生活方式、行为模式传递给下一代，一方面由于经济资本的拮据，子女受教育的机会受到很大的限制；另一方面由于文化资本的匮乏，父母、亲戚对孩子的支持更多的是一种短期行为，急于从这种支持中获取一定的收益，因此，在贫困家庭中出生的孩子只能耳濡目染的从卑微的父母、亲戚那里继承贫穷。

2. 社会资本减缓贫困的机理

（1）"信任"为贫困者提供精神支持。"信任"通过人与人之间频繁接触与交往，形成密切而稳定的情感联系，因而组成了一种力量。这种力量能提高社会凝聚力，把人们从缺少社会道德心或共同责任感的利己主义转变为利益共享、责任共担和有社会公益感的社会成员。对于贫困者而言，这种信任包括两组最重要的互信关系——贫困者与家庭，贫困者与社会。贫困者往往因为自身条件的限制以及外部环境压力，存在一定心理上和精神上的障碍，亲人、朋友、同事以及社会等方面的信任、理解、支持可以起到重要的精神保障作用。

（2）社会资本"网络"为贫困者提供信息支持。一方面，在社会转轨时期，劳动力市场不健全，信息公开化程度低，信息量大且难辨真伪；另一方面，在当前城乡二元结构根深蒂固的情况下，部分进城务工人员在城市化进程中往往容易成为城市贫困人口的后备军，由于缺乏谋生手段，可供其使用的社会物质资本与人力资本也有限。在这种情况下，以亲朋好友等非正式社会关系以及非政府组织（NGO）等网络社会资本提供的就业信息、获利信息、救助信息能够为贫困者提供较大的帮助。

（3）"规范"社会资本为贫困者提供制度支持。从横向来看，"规范"社会资本有助于贫困者之间形成某种制度性的自助保障，而这种"规范"有助于约束个人行为，形成他们积极向上的发展动力，从而有效地克服机会主义与"搭便车"行为。此外，通过有效制度能够让成员之间相互影响、相互学习、相互支持，不但提高了决策能力和抵御风险能力，而且强化了制度供给的作用。从纵向来看，"规范"社会资本有助于在贫困者与政府之间形成有效的互动机制。在有序参与的情况下，贫困者为政府决策提供自己的建议，政府也在决策过程中充分尊重贫困者的意见，从而实现了公民参与和民主执政的"双赢"①。

3. 社会资本视角的反贫困策略

目前，社会资本范式已成为阐释贫困问题的有效途径。世界银行在《2000/2001年世界发展报告：与贫困作斗争》中明确提出要把支持穷人积累社会资本作为反贫困的重要措施之一。中国政府反贫困治理的策略选择也应由现有的物质资本范式和人力资本范式转向社会资本范式，即建立以社会资本为导向的反贫困治理机制。国内学者普遍认为，在反贫困治理中，我们可以充分发挥政府、民间组织和社区三方面外部力量的作用来促进贫困群体的社会资本存量的增加从而使他们摆脱贫困。

（1）政府承担主导性作用。

缓解和消除贫困、实现贫困地区和贫困群体的健康发展是政府工作的目标之一。在提升贫困群体社会资本过程中，政府应该而且能够发挥重要作用，这可以

---

① 张郧：《反贫困中的社会资本建设》，载于《中国劳动》2008年第6期，第20~21页。

从政府自身管理改革和重构贫困群体的社会网络等方面入手。

首先,政府可以从改善自身管理制度着手。政府应切实落实公共管理过程的法治化和程序化,提高公务员责任意识和服务意识,将公民特别是贫困群体的权利落到实处,增强民众对政府的信任度;健全各种保护贫困群体的制度,培养贫困群体的权利意识;加强基层民主制度,为公民参与公共事务管理创造有效的激励机制和保障机制,促进民众之间的交流,增强民众的社会信任资本。

其次,政府可以为重构贫困群体的社会网络创造外部条件。政府应积极开拓不同阶层之间的沟通渠道,为不同阶层的人群共同参与社会生活创造机会,通过沟通交流减弱不同阶层间的排斥心理,提高他们的相互认同感。同时,政府应综合采用法律、行政、技术等手段帮助贫困者获取社会资本。一方面,为社会资本的构建提供制度和机制的保障,为贫困者获取社会资本创造良好的制度环境。通过法律法规的制定,指导旨在发展社会资本而成立的各种贫困者自组织的内部管理体制的建立。另一方面,充分发挥信息传递渠道疏通者的角色,例如,帮助建立组织内部畅通的信息链,加快信息在组织内的扩散;帮助自组织搭建与外部各类型组织的沟通平台,加强与外界的信息交换,从而使民间自组织在社会资本积累过程的作用得到充分发挥。

最后,政府作为公共教育的提供者,应加大对贫困群体的"教育扶助"。教育是社会资本的重要来源。学校和老师会教育学生去适应一定的文化传统,以社会规则和规范的方式传输社会资本。而且,具有相似教育背景的人,很容易创造出正式或非正式的团体,在这样的团体里,人们可以分享知识和经验,从而可以提高各自的社会资本存量。

(2)民间组织承担辅助作用。

"民间社会"是由各个部分的民众和社区组成的,指的是公民围绕着目标、支持者和主题利益自行组织社会运动的领域。他们通过被称之为民间社会组织的组织采取集体行动。这些组织包括独立于国家之外的运动、实体以及机构。这些从原则上来说属于非营利机构的组织在当地、国家和国际各级采取行动,保卫并且促进社会、经济和文化利益并且争取共同福利。这些组织在其支持者、成员同国家之间以及同联合国机构之间发挥调解作用。他们通过游说和,或提供服务进行调解。虽然这些组织属于非国家行为者类别,但是它们不同于私营部门和非政府组织,因为他们可能不需要登记,可以取代公共部门,并不总是有组织而且其成员往往未经正式承认。民间组织具有六个基本特征:正规性(有根据国家法律注册的合法身份);独立性(既不是政府机构的一部分,也不是由政府官员主导的董事会领导);非营利性(不是为其拥有者积累利润);自治性(有不受外部控制的内部管理程序);志愿性(无论是实际开展活动中还是在管理组织的事务中均有显著程度的志愿参与); 公益性 (服务于某些公共目的和为公众奉献)。

民间组织在我国扶贫工作中发挥着越来越重要的作用, 其中的一个重要功能就是有助于社会资本的积累。民间社会组织可以为广大民众提供更多的相互交流的机会, 有助于公民社会信任感、责任感以及民主参与精神、自愿精神的培育。

但是, 我国民间社会组织由于受多种因素的制约和影响, 还存在着一定的现实困境和问题, 这在很大程度上限制了它们正常功能的发挥和社会实效。我国民间社会组织带有较浓的行政依附性和不独立性。据马长山对黑龙江民间社会组织的调查, 从民间社会组织的级别来看, 省、市、县三级民间社会组织中, 政府组建的分别占 34%、45.3%、21.6%, 政府和民间共建的分别占 50%、44.8%、49.3%, 而民间自发组建的则只占 10.7%、3.9% 和 25%。而且民间社会组织对政府部门的态度认知也倾向于服从, 民间社会组织的代表能力和维权能力还不是很强, 有 50% 以上的民间社会组织根本无法向政府或有关部门反映会员利益和要求, 有些即使反映了, 也很难得到重视和解决。正是由于不能很好地为会员提供利益和权利保障, 使得"入会"热情和动力受到削减, 致使民间社会组织的代表性不很理想[1]。

由于我国农村地区的民间社会组织功能的缺失, 使得农民的利益表达渠道不通畅, 农民之间的社会联系有限, 信息、技术和情感交流机会减少, 这不利于农村社会资本的提升和农村经济社会的可持续发展。因此, 要充分发挥和体现民间社会组织的作用和价值, 就必须促进利益和权利多元化, 提高志愿参与热情和信心; 大力加强民间社会组织的组织建设和职能建设, 强化业务能力和水平, 以自己的团体目标、业务活动和社会服务来树立良好的社会形象; 深化政治体制改革和推进民主化进程, 建立健全民间社会组织的利益表达机制、对话协商机制和参政议政渠道, 从而提高民间社会组织的民主参政能力、代表能力和社会公信力, 推进民主和法治进程。通过农村特别是贫困地区民间社会组织的发展, 打破传统农户间的相互孤立, 培育农民的民主参与意识和互助精神, 提高农村社会的凝聚力, 促成广大农民之间的合作与交流, 从而促进在农村形成高水平的社会资本。

(3) 社区作为依托。

社区是建立社会支持网络最基本的单位。世界银行对亚洲、非洲的穷人社区中不同类型社会网络作用的研究表明, 社区在保护穷人的基本需要、调节矛盾、减少风险和反贫困方面具有重要的作用。从社区入手来提升贫困群体的社会资本, 社区发展是一条有效的途径。所谓社区发展, 概指居民、政府和有关的社会

---

[1] 马长山: 《民间社会组织能力建设与法治秩序》, 载于《华东政法学院学报》2006 年第 1 期, 第 3~15 页。

组织整合社区资源，发现和解决社区问题、改善社区环境、提高社区生活质量的过程，是塑造居民社区归属感和共同体意识、加强社区参与、培育互助与自治精神的过程，是增强社区成员凝聚力、确立新型和谐人际关系的过程，也是推动社会全面进步的过程。

社区发展包含了反贫困的战略意图，并为世界反贫困运动作出了巨大贡献。在扶贫战略中，社区发展一方面可以提供社区保障和服务；另一方面可以在提升贫困者社会资本中发挥积极作用。

首先，培育社区自组织，建立贫困者的互助支持网络。社区自组织是指动力来自于社区内部的组织过程，包括社区自我传递、复制、整合和推动。通过培育贫困者的社区自组织，可以建立他们的互助支持网络，促进贫困者的自我管理、自我教育、自我服务和自我监督，提高他们的集体决策能力和抵御风险能力。另外，贫困者在自组织中相互交流、相互鼓励、相互信任，还能起到良好的精神保障作用。

其次，推进社区参与，增强社区整合，丰富贫困者的社会联系。社区参与是指社区居民、机构作为社区管理的客体，更作为社区管理的主体，参加各种事务的行为。社区内各阶层的人们共同参与社区的经济、政治、文化等活动，相互交流与沟通，能够增强社区整合、建立和谐的人际关系，能够丰富贫困者的横向与纵向社会网络。和谐的社区人际网络对贫困者不仅具有物质保障意义，更具有精神保障意义。另外，推动社区内各成员单位、非政府组织积极参与社区建设，也能够增加贫困者的社会资本。

最后，发展社区服务，建立社区互助网络。社区服务是根据社区居民的需要，由政府、社区内的各种法人团体、机构、志愿者所提供的具有社会福利性和公益性的社会服务以及居民之间的互助性服务。社区服务的根本宗旨是公益性的，它以福利服务为主，以非营利为目的；它的对象主要是社区中的弱势群体，也包括全体居民。积极发展社区服务，可以动员社区力量，开发社区资源，形成社区互助网络。这种社区互助网络是贫困群体的重要社会资本。

（二）社会资本与人力资本的关系

正如林南所指出的，社会资本与人力资本之间的关系具有重要的理论意义。在现实运行中社会资本和人力资本往往表现出很强的相关性，两者之间相互影响、相互促进。社会资本是人力资本积累和充分发挥作用的必要条件，人力资本的提升则能够扩展社会资本的运作空间[①]。一方面，有些学者（Bourdieu, Cole-

---

① Lin Nan, *Social Capital: a Theory of Social Structure and Action*, Cambridge University Press, 2001.

man）已经提出，社会资本有助于产生人力资本。社会关系广泛的父母的确能够为个体获得较好的教育、培训及技能知识证书创造更多的机会。另一方面，人力资本显然也能促进社会资本的增加。受过良好教育与培训的个体往往能够进入资源丰富的社会圈子和团体中[1]。而博克斯曼等人（Boxman et al.）则发现两者之间的互动关系：当社会资本缺乏时，人力资本对收入有着最大的影响，而当社会资本充裕时，人力资本对收入的影响会变得最小[2]。另外，在有关荷兰的管理人员的研究中，弗拉普和博克斯曼（Flap and Boxman）发现，对于高级管理人员来说，不论人力资本处于什么层次，社会资本都有助于获得更多的收入，但是，当社会资本处于较高层次时，人力资本的回报将会下降[3]。也就是说，当社会资本丰富时，不论人力资本的情况如何，获得的地位必将是高的；当社会资本缺乏时，人力资本将会对地位获得产生强烈影响。或者说，在人力资本和社会资本都处于最少时，社会资本将是解释地位获得的最重要因素。

1. 人力资本对社会资本积累的影响

在社会资本形成过程中，个体受教育水平与社会资本的联系最紧密。受教育程度越高，个人对社会资本的平均拥有水平也越高。

格里塞等（Glaeser et al.）几乎在每个国家里都发现两者之间存在一个正相关关系，多年的学校教育和个人的社团成员资格的粗略关联度为 0.34；在参与解决社会公共问题方面，取得大学学位的人比只念到高中即辍学的人，其参与率要高 30%。这主要是来自三个方面的原因：一是在接受正规教育的过程中，学生不仅学习基础知识、技能，还学习如何与人合作。学生们会花费大量时间和精力用于建设性的社会交流活动。学校及教师有意识地培养学生之间的合作能力，这对学生提高社会参与能力具有重要作用。二是学生们参与的各类同学会本身就是一个具有长期粘性且极易扩张社会关系的发达社会网络。比如"妇女协会"、"博爱协会"或"摄影协会"的会员资格后来都逐渐构成学生社会资本形成的基础。三是受教育水平可以塑造个人文化素养和品行特征，较高的文化素质有助于增加个人的社会责任感。在社会交往中，一个人是否为他人所乐意接受，其决定因素就在于个人品行特征[4]。

边燕杰等对广州企业的调查发现，企业法人代表的受教育程度对企业层面社会资本的影响在统计上显著。从小学到研究生，企业法人代表的受教育程度每提

---

[1] Bourdieu, *The forms of capital*, Greenwood Press, 1986, pp. 241-258.

[2] Boxman, *The Impact of Social and Human Capital on the Income Attainment of Dutch Managers*, Social Networks, 1991, pp. 51-73.

[3] Linnan, *social networks and status attainment*, Annual review of sociology, 1999.

[4] Glaeser, Edward, David Laibson and Bruce Sacerdote, *An Economic Approach to Social Capital*, The Economic Journal, 2002.

高一个阶次,企业社会资本增量平均为 0.175 个非标准化系数,即约带来8%的社会资本存量的增加。在相关调查的企业样本中,法人代表的最低受教育程度与最高受教育程度之间的差别是 6 个阶次,可以解释不同企业之间50%的社会资本存量差别,成为企业人均生产总值差别的重要解释因子。这足以显示教育投资的社会资本生成效应[①]。

2. 社会资本对人力资本积累的影响

社会资本对于人力资本的影响是广泛存在的。如果将人力资本细分为正规教育资本、专业技术知识资本、迁移与流动资本和健康资本等类型,可以发现社会资本对不同类型人力资本的影响方式不同,所产生的作用也不同。

(1) 社会资本对正规教育有重要的影响,社会资本有助于降低学生辍学率,降低犯罪率,尤其是青少年犯罪率。在一个邻里间非常熟悉,交往密切,集体活动参与率高的社区里,发生犯罪和暴力行为的可能性较低[②]。因为社区内部和社区之间成员相互的信任和尊重,形成了一种社区的集体防范能力,使得整个社区能够有力地控制犯罪的发生,比如说避免青少年拉帮结伙及吸毒等行为。李和康若尼科(Lee and Croninger)利用"美国教育跟踪调查"面板数据,对 10~12 年级的 1 100 名高中生进行调查发现,教师是学生社会资本的重要来源之一,与教师关系越好、课外得到教师指导越多,学生完成高中学业的可能性越大,这种以教师为基础的社会资本形式能使青少年辍学可能性减少一半[③]。在中国,尤其是农村,社会资本对正规教育的影响更大。孩子们能否上学特别是上大学,有时要靠其家庭拥有的社会网络资本。导致农民贫困的原因有很多,如天灾、疾病等。但孩子上大学也是导致农民家庭贫困的重要原因之一。很多农民家庭仅靠自家根本无法支撑家里一个孩子上大学,基本上都是依靠向亲戚朋友邻居借钱才能勉强维持。

(2) 社会资本对农民学习专业技术知识、迁移与流动资本有着直接的影响。在关于人口迁移与流动的研究中,影响迁移的因素有许多,如政治因素、经济因素、环境因素、家庭因素等。但许多学者都证明了在中国,尤其是农村,农民是否外出务工、到哪里务工、能否找到工作以及做什么工作大都是依靠社会网络资本。正如翟学伟所指出的,中国农民工在流动的方式和方向上存在着一种重要现象:即在某一大中城市、某一社区、某一工厂企业、某一建筑工地或某一行业

[①] 边燕杰、丘海雄:《企业的社会资本及其功效》,载于《中国社会科学》2000 年第 2 期,第 87~99 页。

[②] Halpern, *Social Capital: the New Golden Goose*, Faculty of Social and Political Sciences, Cambridge University Unpublished Review, 1999.

[③] Lee, Valerie and Robert G. Croninger, *The Elements of Social Capital in the Context of Six High Schools*, Journal of Socio-economics, 2001, pp. 165 – 167.

中，往往集中了农村某一地区的某几个村庄的人群。造成这一现象的原因是农民外出打工的信息往往来源于他们的老乡群体[①]。比如李培林等对济南市农民工的调查显示，他们中有75.82%的人来这里打工的主要信息是由他们的亲属、同乡、朋友等提供的[②]。蔡昉等在同一城市的另一项抽样调查结果是，在1 504位被调查的农民工当中，来本地打工的信息尤其老乡提供的占81%[③]。钟甫宁等在苏南的调查中发现，这种情况在外来劳动力群体中占到60.45%[④]。曹子玮通过对北京、上海和广州的600份问卷调查，给出同样情况的数据是72.9%[⑤]。对中国现阶段的农民工来说，其社会关系在离开乡土社会之前主要以地缘和血缘关系为基础；当他们离开乡土社会之后，在城市里再建构的初级关系以老乡为主，然后以初级关系为基础不断地建构以业缘为主的次级关系。这是他们获取更多资源的必然选择[⑥]。

(3) 社会资本对健康资本也有一定的影响。这是公共健康和流行病领域关注的焦点问题之一。卡瓦赤等（Kawachi et al.）运用全面社会调查和美国普查两方面的资料，采用市民参与和信任作为社会资本的测量指标，结果发现，市民参与和居民的死亡率呈正相关的关系，市民参与率最高的地区其心脏病、恶性肿瘤的死亡率最低[⑦]。卡瓦赤（Kawachi）等的另一项研究显示，社会信任越低，死亡率越高，其中包括冠心病、致癌物死亡率、非故意的伤害和婴儿死亡率[⑧]。罗斯（Rose）利用1998年"新俄罗斯晴雨表"调查数据，分析显示社会资本和人力资本对个人身体健康和精神健康都有积极的影响，但社会资本的影响作用比人力资本更大[⑨]。卡伊等（Caughy et al.）对200个非洲裔美国人家庭（包括父母及其子女）进行访谈后，利用一般意义上的社区和父母对邻居的了解作为衡量社会资本的指标，结果表明，父母对其邻居的了解程度与其子女行为之间的关

---

① 翟学伟：《社会流动与关系信任：也论关系强度与农民工的求职策略》，载于《社会学研究》2003年第1期，第1~11页。

② 李培林、张翼、赵延东：《就业与制度变迁：两个特殊群体的求职过程》，浙江人民出版社2000年版。

③ 蔡昉、费思兰：《中国流动人口状况概述》，社会科学文献出版社2001年版。

④ 钟甫宁、栾敬东、徐志刚：《农村外来劳动力问题研究》，人民出版社2001年版。

⑤ 曾子玮：《谁支持了进城的农民工》，载于《农友》2002年第2期。

⑥ 曹子玮：《农民工的再建构社会网与网内资源流向》，载于《社会学研究》2003年第3期，第99~109页。

⑦ Kawachi, I., B. P. Kennedy, K. Lochner, and D. Prothrow-Stith, *Social Capital, Income Inequality, and Mortality*, American Journal of Public Health, 1997, pp. 1491–1498.

⑧ Kawachi, I.. and L. F. Berkman, *Social Cohesion, Social Capital, and Health*, In L. F. Berkman and I. Kawachi (Eds.), *Social epidemiology*, 2000, pp. 174–190.

⑨ Rose, Richard, *How Much Does Social Capital Add to Individual Health? a Survey Study of Russians*, Social Science and Medicine, 2000, pp. 1421–1435.

系取决于其邻居的经济贫困程度。在邻居较富裕的社区居住，相对于那些父母与邻居交往较多的孩子，父母与邻居交往较少的孩子有更高的焦虑和抑郁等心理问题。与此相反，在邻居较贫困的社区居住，相对于那些父母与邻居交往较多的孩子，父母与邻居交往较少的孩子有较低的心理问题①。林德斯奥姆等人研究发现，社会资本可以降低有关健康危险因素行为的结论。他们通过研究在斯堪尼亚（Scania）进行的公共卫生调查资料发现，社会资本与健康相关行为因素（吸烟）存在一定的关系。他们把社会资本分为高社会资本、社区微型化、传统主义和低社会资本四部分，把吸烟这一行为因素分成了每日吸烟和间断性吸烟两种。分析结果发现，每日吸烟与信任、社会参与呈负相关，然而间断性吸烟与社会参与呈正相关，与信任呈负相关②。

3. 社会资本对人力资本投资的影响

社会资本不仅影响人力资本积累的速度和总量，而且影响人力资本的投资方向及其效果。

（1）社会资本会影响人力资本投资的方向。

从宏观上讲，任何制度或政策的改革都存在路径依赖性，尤其惯性。社会资本可以通过强化以往人力资本政策的效应，使其变成一种"价值观"，从而影响人们现在的选择。比如，近年来在我国大学生就业难和"民工荒"现象同时出现的情况下，人们依然会选择读大学。从教育的投资和收益来看，目前高等教育的私人投资成本已经成为城市低收入家庭和农村贫困家庭的重负，对于有些大学生来说，投资的收益远没有大家想象的那样高。社会各界已经意识到这一点，但是学生及其家长对大学的渴望依然不见消减。这种选择很难用经济学中的成本—收益法进行分析，朱萍华认为这是社会资本对制度的"强化"所致。我国发展之初，知识人才短缺，国家为了鼓励更多更快地出人才，在分配和选拔方面加强了对知识劳动者的激励，如更高的基本工资、更快的升迁等等。这样的政策得到了社会资本的"认可"，并且逐渐被"强化"，最后发挥了比制度政策要强得多的作用。这时，追求高学历更多地表现为某种"价值观"所导致的行为选择，而不是一种理性的经济人的选择③。

对微观个体而言，一个人所拥有的社会资本应该分为两类，一类是先天就有

---

① Caughy, M. O., P. J. O'Campo and C. Muntaner, *When Being Alone Might Be Better: Neighborhood Poverty, Social Capital, and Child Mental Health*, Social Science and Medicine, 2003, pp. 227 - 237.

② Lindstrom, M., B. S. Hanson and Ostergren, *Socioeconomic Differences in Leisure Time Physical Activity: The Role of Social Participation and Social Capital in Shaping Health Related Behavior*, Social Science and Medicine, 2001, pp. 441 - 451.

③ 朱萍华、刘权辉：《论社会转型过程中社会资本对人力资本投资的影响》，载于《南昌大学学报》2007年第5期，第76~80页。

的——先赋性社会网络资本，包括地缘网络和血缘网络。这类资本完全是与生俱来的，由于不是投资的产物，所以不需要成本；另一类是通过人为投资形成的——后致性社会网络资本，包括姻缘网络、业缘网络、趣缘网络等。对于一个具有较高先赋性社会网络资本的人来说，获得成功的概率也较高。因为他们所拥有的这部分社会资本独一无二，不仅具有高度垄断性，而且不需要投资成本。同时他们发现机会、搜集信息和捕捉机会的能力更强。与不同质量的土地存在级差地租一样，先赋性社会网络资本也会导致级差社会资本的存在。先赋性社会网络资本的差异可能会影响人力资本积累的速度和总量，而这恰恰暗示着人力资本的投资方向及其努力程度。当人们进行人力资本投资决策时，除了考虑个人兴趣、爱好外，还会考虑家族成员已有的社会网络资本。这样的考虑无论对于正规教育中的专业教育，还是劳动力市场中的在职培训都是有意义的。比如人们职业的选择，如果父母、亲戚或朋友在哪个行业或职业，这将是她重点考虑的行业或职业之一。我们并不否认个体自己后天的教育和努力对于他们获得成就的重要作用，但是已有的社会网络资本可以使其从事某种职业比从事另一些职业更容易达到个人事业顶峰。因此，社会资本是决定个人人力资本投资方向的关键因素，同时也是影响其事业成功的一个核心要素。

（2）社会资本影响人力资本投资的效率和效果。

一般来说，物质资本投资的效果可以达到100%。一项物质资本投入生产后，只要各种技术工艺正常，其实际生产能力总能达到设计要求。而人力资本投资的效果在很大程度上受到主观努力程度的影响。当以相同成本进行人力资本投资时，一个人投入生产后所产生实际的效率，不仅取决于其能力的大小，而且也取决于态度和努力程度。人力资本是一种无形的、潜藏在其所依附的个体身上，其水平的发挥受个体心理和态度的影响。作为主体的个人来讲，由于受外界环境的影响，即使他有很高的人力资本，如果他的态度是选择不努力，就会使其人力资本投资的效果大打折扣。也就是说，一个人的态度及其努力程度会影响现有人力资本水平的发挥，而社会资本又会影响一个人的态度倾向和努力程度。因此，社会资本可以通过影响人的态度和努力程度进而影响人力资本水平的发挥。

一个人的社会资源越丰富，越容易获得人力资本，而且获得的人力资本越多。良好的社区社会资本能给人们创造更多的免费学习和模仿的机会。如果在一个社区里，邻里之间形同陌路，缺乏交流，孩子们在这样的环境里成长起来，对人冷漠，难以交流，彼此缺乏信任，很难产生"三人行，必有我师"的相互学习机制。阿罗的"干中学"理论对发展中国家有着特别重要的意义。与学校教育相比，在"干中学"学到的知识和技能更有针对性，能够大大增加有效产出，起到立竿见影的效果。而且"干中学"方式不需要脱离岗位，间接成本和直接成本比学校正规教育低。同时，家庭拥有的社会资本对孩子的人力资本投资作用是不可替代的。家庭在人力资本投资方面的功能，不在于父母要传授给孩子多少知识，而在于通过这种特殊的关系形成相应的社会资本来产生某种影响，这种影响有些是通过言传身教的方式让孩子在无意识中不断模仿学习。

第二节 人力资本与工程移民的可持续发展能力

中国正在处于转型的过程中，这个转型从经济的角度来看是从"再分配"体制向"市场"体制的转变。转型时期的社会变迁是急剧的，一方面通过经济、社会、文化等多种形式影响着人们的生活；另一方面又通过利益关系的调整，影响着不同行业、不同地区的社会群体。社会变迁加速了利益关系的调整，形成了新的社会弱势群体，产生了新的贫困问题和社会问题。面对整个社会的转型，所有生活于其中的个体都会受到冲击，但是还有一个群体不仅要承受整个社会转型的影响，还要受到来自于国家规划等行政力量的直接冲击和影响，他们就是国家建设大型公共工程所产生的工程移民。这一群体的生存方式和生活环境在短时间内发生了剧变，承受了物质财富的损失和精神的困扰，无论是经济收入还是社会地位都呈现明显的下降趋势，甚至相当一部分人陷入了贫困，成为新型的社会边缘化人群。和水库移民类似的还有生态移民、大型企业和基础设施建设移民、城市拆迁失地移民等等，他们都属于由强大的外力冲击而导致的非自愿移民。正如前面笔者陈述过的理由，我们把这些被动迁移的移民称之为工程移民。

工程移民的迁移流动本质上是由政府主导的大规模垂直流动，这一社会流动的特殊性在于：一是带有强制性，即并非以尊重个人意愿为主，而主要是国家为了发展目标而刻意计划性安排的结果。二是历经时间较短，工程移民的大规模垂直流动周期短、强度高。虽然被动性迁移是工程移民陷入贫困的主要原因，但是相关移民扶持政策的滞后和不完善也是重要的影响因素。戚攻认为，为支撑社会转型过程，国家所进行的制度建设可以分为"支持性制度化"[①] 和"修复性制度化"。移民后期扶持政策作为一种修复性制度化进程而相对于支持性制度化在时序和强度上远远滞后，因而无法完全化解工程移民垂直流动中表现出的边缘化风险。

[①] 戚攻：《论社会转型中的"边缘化"》，载于《西南师范大学学报（人文社会科学版）》2004年第1期，第58~63页。

正是工程移民在迁移过程中人力资本失效导致其能力削弱而使得这一群体大部分人的生活陷入贫困。但是，他们只是提出了理论假说，重点讨论了移民的贫困问题，并没有论证被动性迁移与移民人力资本变化以及这种变化与移民能力的关系。

社会资本也可以看做一种非正规人力资本。这样做的理由在于，传统的人力资本虽然可以通过市场取得回报，但是正如波兰尼所言，"市场是嵌入到社会结构中的"，而格兰诺维特也认为人们的经济行为是"嵌入于具体的、持续运转的社会关系体系之中的"[1]。尤其是在中国，个体的人力资本回报在更大程度上需要依靠社会资本才能实现。而在笔者的人力资本的定义中，信息的搜集和扩散也属于人力资本的范畴。从社会资本在实际中的角色来看，在很多时候是通过传递信息而发挥作用的。相对于城市来说，农村的市场发育程度还不完善，信息传递并不能依靠单纯通过市场而获得有效的信息。但是如果不能获得准确、有效的信息，农民就很难做出正确的决策，更无法配置其他类型的人力资本。那么，既然无法从市场上获得有效的信息，农民就只能通过非市场渠道，即通过他们的私人社会网络来获得信息，这也是他们获得稀缺信息的主要渠道。通过掌握信息，使得农民的生产效率提高、就业能力增强和销售自主选择。从社会资本对于人们获取稀缺资源和信息具有十分重要的意义这一角度出发，笔者把社会资本看做一种非正规的人力资本，属于人力资本的一个组成部分。巴德汉等（Bardhan et al.）也认为"通过社会网络、同辈人的影响、模范作用和对就业市场的关系等所谓的社会资本能够提高成人的人力资本"。

我们认为人力资本是能力形成的前提，没有人力资本的投资和积累，就不会形成能力。我们把能力看做是内生变量，受到人力资本这个外变量的影响。这意味着个体人力资本的差异也会影响到他们能力的不同。同时，个体能否更大限度地发挥人力资本以形成自己的能力，很大程度上是由态度决定的。积极的、肯定的态度会促使个体将想法落实在行动上，进而改善能力，反之，消极的、否定的态度不仅会打击个体行动的积极性，甚至根本不可能去行动，因而也难以有能力的改善与提升。这样，我们就可以通过态度的测量，来反映被综合在能力中的各种不便直接测量的要素。从人力资本的概念来看，人力资本的功能也是生产性的，无论是教育和培训，还是健康和迁移，都是为了获得更多的收入而进行的投资行为。如果说为了实证分析的需要，人力资本还可以细分为教育、培训等各种类型的话，那么能力则是不可分的，虽然也可以有文献把能力分为一般能力和特

---

[1] Granovetter, Mark, Economic Action and Social Structure: *the Problem of Embeddedness*, *American Journal of Sociology*, 1985.

殊能力；再造能力和创造能力；认知能力和元认知能力等各种类型，但是这种分类并不具有实际操作性。从应用的角度来看，笔者认为能力是不可分的。虽然人力资本和能力并不完全等同，但是人力资本是个体能力最主要也是最重要的来源。通过考察个体人力资本变化来发现其能力变化的脉络，不失为一个可行的办法。

本节基于这一考虑，通过研究外部冲击（非自愿迁移）影响移民人力资本变化机理，来回答如何有效促进移民能力建设这一问题。工程移民在非自愿迁移和经济恢复重建的过程中，他们的人力资本随着社会经济条件和环境的变化而面临着挑战，原有人力资本面临失效，人力资本积累进程被外力强行中断了。而现实经济生活又要求移民必须尽快更新知识，创新、再生人力资本，克服人力资本折旧和损失对移民的约束和限制，真正融入当地社会经济活动中去，不然就会陷入贫困的恶性循环中去，而大部分移民生活陷入贫困正是我们观察到的社会现实。

一、工程移民的人力资本变化机理

（一）生产资料损失导致的人力资本失灵

1. 在安置地一般都无法得到和搬迁前同样数量的土地

对历来以农业种植和经营林木为主要生产出路的大部分工程移民来说，一旦失去土地，受影响家庭就会变得贫穷。一方面，如果耕地数量减少，移民在搬迁前长期积累的农业生产技术就无法得到充分地发挥，移民在生活"嫁接期"的经济"复苏"面临极大地挑战。通过对移民的调查分析发现，农村移民搬迁前有62%的人主要从事水果种植，从事粮食生产的有24%，从事经济作物生产的有8%，从事蔬菜生产的2%，其他内容的2%。但搬迁后，他们从事上述劳动的百分比则分别变为11%、52%、11%、9%和17%[①]。这说明搬迁后，有50%以上的移民的生产劳动方式发生了明显地改变，即由种植水果改变为种植粮食、蔬菜、经济作物等。这是一个影响巨大的改变，无论对移民本人，还是对他们的家庭，都是如此。如何帮助移民尽早适应生产劳动方式的巨大变化，提高他们的经济收入，防止可能出现的经济贫困现象，这既是移民关注的中心，也是关系到移民在适应安置地社会生活的同时，达到逐步致富目标的关键环节，更是安置地

[①] 罗凌云、风笑天：《三峡农村移民的经济生产的适应性》，载于《调研世界》2001年第4期，第21页。

政府需要高度重视的一个重要问题。尤其是对于年龄偏大的移民，他们的家庭收入主要依赖农业收入，由于农村劳动力市场的不发达和当地经济发展水平的制约，他们无法实现本地的非农就业；而囿于年龄的原因，他们也无法远距离流动到发达地区打工。在这样的情况下，由于耕地减少所造成的部分人力资本闲置，不仅直接造成移民收入的减少，长此以往更会产生累积循环效应，使得这部分人陷入贫困的境地。

2. 耕地数量不变，但质量上又不能同日而语

我们在湖北省巴东县对三峡移民进行调查时发现，很多就地后靠移民的耕地大多在半山坡上，不仅水土容易流失，更无法加大对土地的投资。在我们的巴东三峡移民调查数据库中，移民搬迁前对耕地质量的评价和搬迁后的评价有很明显地变化。当问及"搬迁前您家的耕地质量怎么样"时，回答"非常好"、"比较好"、"一般"、"不太好"和"很不好"比例分别是 31.5%、30.6%、31.1%、15.1% 和 1.7%，而当问及"搬迁后您家的耕地质量怎么样"这一问题时，回答"非常好"、"比较好"、"一般"、"不太好"和"很不好"比例分别是 1.4%、17.7%、24.5%、38.1% 和 18.4%，这个变化是惊人的。当迁移后的耕地质量变差之后，移民来自于农业的收入显然会受到较大的冲击。另外，当耕地质量变化很大时，移民只能根据土地的特性来选择农作物，而不是根据自己的技术禀赋来选择，因而移民在不同的耕地上种植的农作物也可能有很大的差异，这就无法发挥自身原有的种植技术。即使是同一种作物，但投入的劳动和采用的生产技术也会有一定的差异。无论是哪一种情况，都会造成移民原有农业生产技术的部分闲置，只能重新学习新的农作物的种植技术，这显然影响到了移民农业生产部分的人力资本的有效积累的速度。一旦生活生产环境发生了根本地改变，基础教育和技能培训所积累的人力资本对收入或缓解贫困的贡献大幅下降，人力资本存量得不到有效地利用，甚至原有的生产生活技能或是人力资本一夜之间可能会完全失灵。因为外界环境的改变，生产生活环境不具备一致性和连贯性，原有的人力资本存量无法再次发挥作用。

（二）新社区产生的排斥

社会排斥是部分社会成员在社会转型过程中，由于社会体制和社会政策以及其他原因，使其被排除在主流群体之外的一种系统性过程，其结果是这一部分群体丧失参与主流社会的基本权利和社会机会，从而处于一种被孤立、被隔离的状态。森认为"社会排斥本身就是能力贫困的一部分"，社会排斥既是一种既定的社会机制，又是一个排斥与被排斥的动态过程，它是造成某些群体社会支持丧失的根源。曾群等将社会排斥定义为个人、团体和地方由于国家、市场和利益团体等施动者的作用而全部或部分被排斥出经济活动、政治活动、家庭和社会关系系统、文化权利以及国家福利制度的过程①。在这种社会机制中，那些处于劣势的社会群体以及个人是客体、是被排挤的对象，而各种正式的和非正式的制度和政策包括政治、经济、文化、社会心理等层面则是社会排斥的主体、是排斥这一社会行为的支配者。社会排斥就是其主体与客体相互作用的过程。

工程移民搬迁就是居民从原来生活的地方搬迁到另一个地方。中国的农村社会，一般都是在数百年甚至上千年的时间里演化形成的，很多都是聚族而居。当移民迁移到目的地农村时，就要分摊当地的社会和经济资源。很多研究表明，农村社区都有基于个体之间长期性互动所形成的交往规则和社会规范，对于经济资源、机会和经济利益有着明确的分配机制②。而当移民来到后，当地人认为作为外来人的移民占用了他们的耕地和其他经济资源，和自己具有利益上的冲突，在心理上就会产生一种自然而然的排斥感。为了维护这种独特的权利和支配权，他们就会以及试图运用各种已有的权力和资源来排斥作为竞争者的移民群体，同时也可能通过一系列新的机制和规则来加强这种社会排斥，以免对自身利益造成损害。

（三）心理因素

对于工程性移民中的水库移民来说，由于水库移民常常是规模大、人数多，搬迁又要付出巨大的物质、心理和社会成本，因而造成移民心理上的失落、不满和恐惧。移民搬迁面临着传统的社会关系和经济网络的破坏，而且远迁者面临的是一个陌生的环境，语言、文化、风俗、习惯、生产方式等都需要一个适应过程，各种因素的影响对移民产生巨大的心理压力和痛苦，加之短期内经济上一时不能致富、不能脱贫的状况，也使移民普遍产生了相对剥夺感和精神焦虑感，抑郁心理表现突出。有的异地安置的移民，不能融入当地社会，归属感丧失。笔者从政策、经济、社会支持网络等几个方面来分析迁移影响移民心理的机理。

1. 政策因素

移民政策落实情况是影响移民心理的一个重要因素。迁移过程其实相当于政府和移民建立了一种隐性契约关系。在此关系中，政府扮演受托人的角色，移民充当委托人。政府向移民承诺：宏观上，迁移将给移民带来更大的益处，微观上，政府将尽可能减少搬迁给他们造成的损失并保持他们原有的生活水平；移民

---

① 曾群、魏雁滨：《失业与社会排斥：一个分析框架》，载于《社会学研究》2004年第3期。
② 贺雪峰、仝志辉：《论农村社会关联——兼论村庄秩序的社会基础》，载于《中国社会科学》2002年第3期。

则相信政府会信守诺言。正如在任何一种契约关系中,委托人始终要面临受托人是否遵守诺言的威胁一样,在移民工作中,政府如果能够完全、有效地落实移民政策,按照迁移前的承诺,按时、足额地补发由搬迁给移民造成的住房损失、青苗损失和各项其他损失,则移民因搬迁造成的损失将较少;反之,如果政府没有足额发放补助款项或在移民政策落实环节中出现纰漏,不能有效地实现对移民的承诺,则迁移将直接给移民带来损失,这种损失从心理和经济两方面影响移民生活。

2. 经济因素

塞尼在非自愿移民研究领域进行了长期的探讨。他在所著的《非自愿移民经济学:问题与挑战》一书中对非自愿移民研究历史和现状进行了分析,呼吁为了实现移民政策的基本目标——减少移民和改善移民的生活,必须对移民安置过程中补偿理论进行研究。他经过对同一时期移民理论研究所取得的最新成果和大量的案例分析于20世纪90年代中期提出了移民贫困风险模型即IRR模型。绝大多数的被调查者预计所得移民补偿不能完全赔付搬迁造成的损失。他们对移民补偿数额的估计并不乐观。补偿不足与收入不高会对移民心理产生一定的悲观情绪,而且搬迁对于生产条件的大幅变动会导致加剧心理上的难以承受[①]。程瑜在对搬迁到广东的三峡移民进行人类学研究时,发现"有田不会耕、收入无门的情况应该是造成移民心理不稳定的直接原因"[②]。

3. 社会支持网络因素

社会支持是指能被人一般地所感受到的,来自家庭成员、亲朋好友、团体组织和社会其他方面的精神上和物质上的支持和帮助。已有的大多数研究表明,良好的社会支持有利于身心健康,而劣性社会关系的存在则损害身心健康。国外研究表明,社会支持对身心健康有显著的影响,即社会支持的多少可以预测个体身心健康的结果。汪向东等应用社会支持量表应用于对深圳移民的心理健康研究,发现本地组社会支持总分高于迁居组,心理健康水平主要与迁居组社会支持总分呈显著负相关,多元回归分析发现迁居组的心理健康水平主要与深圳居住时间、迁居态度和社会支持状态有关[③]。移民原来的社会网络已被打破,社会环境已改变,缺乏能感觉和被接受的社会支持会损坏健康,包括心理健康。

[①] 迈克尔·M.塞尼:《移民·重建·发展:世界银行移民政策与经验研究》,河海大学出版社1998年版。

[②] 程瑜:《广东三峡移民适应性的人类学研究》,载于《中南民族大学学报》2003年第3期,第93~97页。

[③] 汪向东、沈其杰:《深圳移民者心理健康水平及有关因素的初步研究》,载于《中国心理卫生杂志》1988年第2期。

（四）参与性权利的缺乏

这里讨论的参与性权利缺乏是指移民政府在涉及移民的政策中没有发言权，根本无法表达自己的权利和意见这样一种状况。

"权利贫困"是国外一些学者在研究经济贫困现象时提出的一个概念，他们发现经济贫困的深层原因不仅是各种经济要素不足，更重要的是社会权利的贫困，所以治理与消除经济贫困的治本之道，是强化社会权利的平等和保障社会权利的公正。"参与式"的概念在理论上包括三个层次的含义。第一，对弱势群体赋权，弱势群体在发展决策中的参与以及最终在变革社会结构的过程中发挥作用，这主要是政治学的视角；第二，强调社会变迁中各个角色的互动，以此引导社会角色在发展进程中的平等参与；第三，从经济学家以及发展援助的管理者则是更多地从干预的效率这个方面来认同"参与"的概念。

工程移民在安置决策过程很少获得参与决策的权利。在决定移民安置地点时，移民不仅没有参与权利，而且也缺乏信息知晓权。笔者在丹江口库区对因为南水北调工程建设而将要搬迁的农户进行调查时发现，几乎所有受访者都不知道自己将要搬迁到哪里，即使知道的，也仅仅是某一个比较模糊的地方，具体地点是不清楚的。另外，在制定补偿政策的过程中，也缺乏移民的参与。参与式权利的缺乏，直接导致了移民无法表达自己的权利和需求，这使得整个安置过程都排除了移民的参与，加剧了移民的物质损失和精神损失。精神损失指的是移民对生活的态度和搬迁前比较起来相对消极。另外，精神损失也包括产生对政府的不信任，后果严重的甚至导致移民的不断上访影响社会稳定。

二、人力资本与移民可持续发展能力：理论分析

我国正经历着高速的发展，社会变迁会改变很多个体的命运，对非工业化区域的传统农村发展也带来很大影响。一些大型工程如南水北调工程等的实施，为相关区域的农村发展提供了机遇，但是工程建设也会导致大量工程移民陷入贫困的境地。我们把这种贫困称之为介入型贫困，起因于社会经济的发展进程中由政府介入和主导的资源的重新配置。

李培林等在对下岗职工的研究中注意到人力资本对经济地位解释的失灵现象，他们的研究推断在知识技能系统的大转变时期，人力资本积累过程发生了断裂。这种现象在我国普遍存在，诸如因工程建设而形成的大量工程移民，包括水库移民、生态移民、大型基础设施建设移民、城市拆迁失地移民等，他们都经历着直接的职业、环境和多方位的改变，人力资本的积累也受到很大程度的影响。

笔者在 2008 年通过工程移民和原居民的比较，研究发现移民的家庭平均受教育年限对贫困的缓解没有显著作用，积极使用新技术不仅对贫困没有缓解作用，相反加剧了贫困。这些都是不符合人力资本理论的反常现象，却在工程移民身上发生了，其解释只能是因为外界环境的改变，生产生活环境不具备一致性和连贯性，原有的人力资本存量无法再次发挥作用。也就是说，虽然对于普通群体来说，经过长期实践而积累形成的人力资本对于家庭收入的贡献起着积极的作用，但是工程移民在搬迁过程中生活生产环境发生了根本的改变，基础教育和技能培训所积累的人力资本对收入或缓解贫困的贡献大幅下降，人力资本存量得不到有效的利用，甚至原有的生产生活技能或是人力资本一夜之间可能会完全失灵。

工程移民在迁移的过程中，人力资本积累的过程中断，人力资本的形成基础受到根本影响，致使人力资本失效，进而导致能力受损和相对剥夺的感觉，产生对外界的期望和依赖，使得移民这一脆弱群体的能力受损。真正的贫困是发展能力的贫困，发展能力的缺乏会在很长一段时间内限制和缩小一个人和家庭的发展空间，并且是会循环累积到更糟糕的境地。介入型边缘化群体在外力冲击下，他们的自我发展能力发生了损失，并且在短时间内依靠他们自己的力量很难恢复。

森认为，贫困本质上是能力的匮乏。因而如何激励工程移民进行能力投资和积累，就成为移民摆脱贫困的关键。现有的文献主要集中于关注人力资本积累对缓解贫困的作用，但人力资本只有转化为能力之后才能真正起到缓解贫困的作用。我们的主题是研究人力资本是如何通过个体的主观态度而影响其各自的能力的，研究的主体是工程移民，为了分析外力冲击的影响，虽然我们阐述的是人力资本与能力的关系，但是也根据是否迁移把样本划分为移民和非移民两类，以便更清楚地分析外力导致的非自愿迁移在人力资本转化为能力的过程中所产生的影响。

笔者认为，人力资本与能力之间的关系并不是直接的，而是还有一个中介变量在起作用，那就是个体的满意度。积极的、肯定的态度会将想法落实在行动上，进而改善能力，反之，消极的、否定的态度不仅会扼杀良好的思想，甚至根本不可能去行动，因而也难以有能力的改善与提升。工程移民的满意度不仅要受到整个社会转型和变迁的影响，还要受到被动性迁移的影响，这和普通人群的满意度影响因素是有所差别的。就此问题在第二章和第三章已进行了详细解释。图 10 - 1 表示了强制性社会变迁、移民满意度、人力资本与能力等各变量之间的关系。

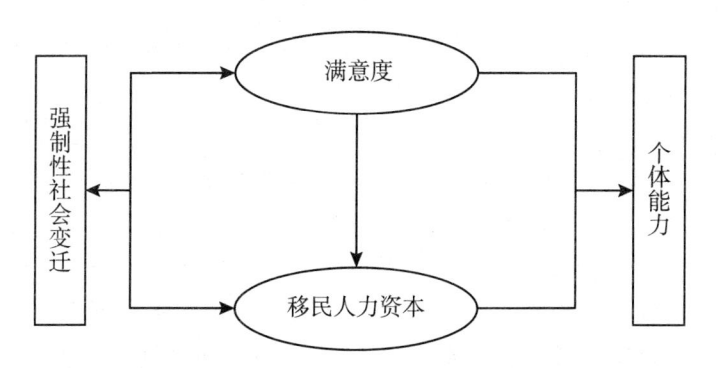

```
            满意度
    ┌─────────────────┐
强制性│        ↓        │个体
社会 │←              →│能力
变迁 │                 │
    └────→ 移民人力资本 ←┘
```

图 10-1 移民满意度、人力资本及其能力的关系

三、人力资本与移民可持续发展能力的实证分析

（一）数据来源

本节的数据来自于中南财经政法大学人口与区域研究中心 2007 年 8 月对丹江口水库移民的问卷调查。丹江口水库位于湖北省西北部，地跨湖北、河南两省，涉及湖北省丹江口市、郧县以及河南省淅川县等三个市县，是我国正在建设的南水北调中线工程的源头。由于工程要求对丹江口水库加高，导致水库蓄水水位升高，将淹没库区周围大量的耕地和村庄，必须进行大规模的移民。我们在调查中以村民小组为单位进行整群抽样，具体做法就是，首先根据移民规划的总体规模及其分布，确定三个县市将要抽样的乡镇，然后再根据各个乡镇待迁移民的分布确定要抽样的村庄，紧接着基于同样的理由确定要抽样的村民小组，最后对确定的村民小组内的全部农户进行调查。本次调查采用问卷法搜集资料。被调查对象的抽取和问卷的发放回收，均由中南财经政法大学人口与区域研究中心的师生分成四组深入库区三县市农村实施完成。经整理，共获得有效问卷 3 145 份。根据本节的研究目的和需要，在数据处理过程中进行了筛选，最后样本数为 2 229 份。

（二）变量说明

1. 因变量

我们用累积财富水平来代表能力这一变量。直接询问移民家庭中所拥有的生产资产和非生产资产，将拥有某项资产的样本比例 p 转化成标准正态得分 Z，由 Z 的相对大小来决定权数 W，然后与家庭中所拥有的各项资产的数量进行算术加权平均得到每一户经济地位得分。经济地位得分（y）代表能力这个被解释变量的综合衡量指标①。

2. 自变量

（1）教育水平。在调查中，我们设计的问题是受教育程度，而没有问教育年限。对调查数据的描述性分析发现，在受访者中间，初中以下教育水平的样本占总样本比重是 49%；初中文化程度样本占总样本的比重是 41%；高中及以上文化程度的占总体样本的比例为 10%。为了更好地分析教育对能力的影响，我们把不同的受教育水平转换为受教育年限。具体是这样操作的：文盲的受教育年限为 0，扫盲班的受教育年限为 1，小学受教育年限为 5（虽然现在小学教育已经统一改为六年制，但是在农村也仅仅是这两年的事，而我们的调查对象在接受教育时小学还是五年制），初中受教育年限为 8，高中和中专受教育年限为 11 年，大专受教育年限为 14，本科受教育年限为 15 年。样本中受访者受教育程度最少的为 0 年，最多的为 15 年，平均受教育年限为 6.04 年，远远低于 2007 年中国移民的平均受教育年限 7.3 年。不过移民和非移民在受教育年限上并没有明显的差别。

（2）健康水平。在我们的问卷中，没有设计关于健康的问题，所以我们采取变通的方法，以受访者的年龄为代表。在样本中，受访者平均年龄为 49.2 岁，年龄的中位数是 49 岁。其中 34~64 岁年龄段的受访者所占比例超过 80%，这保证了大部分受访者要么是户主，要么是对家庭情况比较了解的户主配偶，提高了数据的可靠性。我们从表 10-4 中看到，移民和非移民的平均年龄相差一岁多，差别不大。这是一个连续型变量。

表 10-4　　　　　　　　　　相关变量的描述性分析

变量	变量说明	移民		非移民		样本总体	
		均值	标准差	均值	标准差	均值	标准差
人均财富	连续变量	-0.765	3.703	-0.302	3.177	-0.5415	3.466
教育年限	连续变量	6.08	3.393	6.00	3.265	6.04	3.332
年龄	连续变量	49.82	11.953	48.53	11.790	49.20	11.890
年龄平方	连续变量	2 624.7	1 212.6	2 494.3	1 194.7	2 561.8	1 205.6
技术	有 =1	0.116	0.480	0.16	0.481	0.137	0.482
迁移足迹	县外 =1	0.71	0.452	0.72	0.448	0.72	0.450
社会资本	连续变量	4.86	1.915	4.83	1.851	4.84	1.884
性别	男 =1	0.72	0.449	0.62	0.486	0.67	0.470

---

① 杨云彦、徐映梅：《外力冲击与内源发展：南水北调工程与中部地区可持续发展》，科学出版社 2008 年版。

续表

变量	变量说明	移民		非移民		样本总体	
		均值	标准差	均值	标准差	均值	标准差
人均耕地	连续变量	1.15	1.171	1.60	1.749	1.39	1.515
满意度	满意=1	0.54	9.973	0.55	9.499	0.54	0.498
地区哑变量	淅川=1	0.59	0.491	0.48	0.500	0.54	0.499
样本类型	移民=1					0.52	0.500
样本		1 528		1 426		2 954	

（3）培训。作为人力资本的重要投资方式之一，是否接受技术培训对于移民具有极为重要的意义。我们将之作为人力资本投资的一个重要变量列出。但是，在问卷中我们没有特别设计关于是否接受培训的问题，而是采取变通的方法，设计了一个问题"在农闲时您主要做什么"，有一个选项是做手艺活，这间接问到了受访者是否接受技术培训的问题。这样做的优点是，很多移民即使接受了技术培训，但是并没有机会加以利用来赚取收入，而我们的问题针对的是已经利用所掌握的技术获取收入的样本，能更好地衡量技术培训所带来的真实影响。对数据的描述性分析显示，移民中从事市场性的手艺工作的比例均为11.6%，而非移民对应的这一比例是16%。这是一个虚拟变量。

（4）迁移。经典的人力资本理论认为，迁移通常被看做人力资本的形成要素，农村移民外出一方面会花费成本；另一方面会使外出者增进知识、见识和技能，因而带来人力资本的增加。在这里，我们采取迁移足迹来衡量受访者通过迁移积累的人力资本。对这一变量的描述分析表明，移民中走出本县的比例是71%，非移民中这一相应的比例是72%。

（5）社会资本。纳入本节分析的社会资本仅仅指的是受访者及其家庭的社会支持网的规模。数据分析表明，受访者及其家庭的社会支持网规模从0～9人不等，平均规模为4.84。移民和非移民在这一变量上的均值差别微乎其微。这是一个连续性变量。

（6）性别。虽然很多生物学的研究已经证明个体能力在性别上是没有显著差异的，但是由于社会文化的影响，女性相对于男性来说，不仅在接受正规教育上落后于男性，而且在很多方面都受到社会环境的制约。因此，我们把性别因素纳入了模型。对样本进行描述性分析发现，受访者样本里男性所占比重为67.16%，女性占32.84%。其中移民中男性的比例是72%，而非移民中男性的比例是62%，是虚拟变量。

（7）人均耕地。对于农村家庭来说，土地是最重要的生产资料和物质资本。一般来说，土地资源紧缺是家庭转向非农业活动的一个重要动机，而非农就业对于个体的能力的积累具有重要的意义。本章使用的数据中就总体样本来说人均耕地的均值是1.39亩,其中移民人均耕地的均值是1.15亩,而非移民是1.60亩。

(8) 地区哑变量。本章使用的数据来自于丹江口库区三县的调查,其中丹江口市和郧县位于湖北省,而淅川县位于河南省。已经有很多文献发现,宏观政策变量在各个地区的实施不仅在程度上存在差异,而且在实施时间上也有先后。因而,虽然库区三县在地理上比邻,在人文环境上类似,但是在受政策的影响上却存在很大的差异。而移民的资产积累很大程度上要受到宏观社会政策环境的影响。所以为了考量因地区环境差别而产生的影响,我们纳入了地区哑变量。在调查的样本中,淅川所占比例是54%,丹江口和郧县占46%。而在移民群体,上述比例分别是59%和41%,而在非移民群体,上述比例又分别变为48%和52%。

(9) 满意度变量。我们的问卷中对移民满意度的问题比较多,为了便于比较,笔者进行了调整。具体做法是这样的:我们每个问题的答案都有五个,分别是"比较满意、满意、一般、不满意和很不满意",笔者把"比较满意、满意"统一归为满意的类别,而"一般、不满意和很不满意"则归为不满意的类别。然后对关于满意的十六个问题进行相加,得出满意度得分。最后,依据满意度的均值划分为高满意度和低满意度两个类型,再进行比较。需要说明的是,在回归方程中满意度是连续变量,而不是二元虚拟变量。在总样本中,对当前生活状况满意的比例是54%。移民群体中这一比例是54%,而在非移民群体中这一数值是55%,二者之间的差别并不显著。这可能与移民的迁移时间有关,我们的数据中的移民绝大部分是20世纪60~70年代迁移的,已经在安置地生活了30多年,而且大都是后靠移民,所以二者在满意度上没有明显地差异。

我们从表10-4中可以看到,移民和非移民在人力资本变量和满意度变量上并不存在显著的差别,这个原因在于我们的样本中的移民大多是搬迁几十年,最少也是20年的老移民,而且大多是就地后靠移民,因而在上述变量上差别不大。但是,差别很小甚至没有差别是不是意味着上述变量对于不同的群体具有同等重要的作用呢?这个问题就是我们下面准备回答的。

(三) 实证分析结果与讨论:移民与非移民的对比分析

我们首先对移民群体和非移民群体分别进行分位数回归分析。我们从表10-5中可以看到,我们重点关注的人力资本变量和满意度变量对因变量的影响不仅是显著的,而且也都是稳健的。另外,大多数变量的影响系数都是符合我们的理论预期和假说,只有性别变量的影响系数令人感到意外,具体的分析我们在下文里进行具体解释。

表 10-5　　回归分析结果

类别	百分位数	25	50	75	90	100
教育年限	移民	0.154**	0.100**	0.102***	0.126***	0.150***
	非移民	0.151**	0.133***	0.160***	0.178***	0.217***
年龄	移民	0.049	0.196***	0.250***	0.269***	0.314***
	非移民	0.154**	0.152***	0.200***	0.190***	0.198***
年龄平方	移民	-0.001	-0.003***	-0.003***	-0.003***	-0.004***
	非移民	-0.003***	-0.002***	-0.002***	-0.002***	-0.002***
技术	移民	0.114	0.286	0.271	0.266*	0.253*
	非移民	0.445	0.359*	0.274*	0.271*	0.259*
迁移足迹	移民	-0.335	0.035	0.361	0.609***	0.437*
	非移民	0.197	0.226	0.132	0.253	0.374*
社会资本	移民	0.215*	0.105	0.090	0.095*	0.092*
	非移民	0.184*	0.079	0.047	0.060	0.056
性别	移民	0.124	-0.006	-0.017	-0.112	-0.293
	非移民	-0.138	-0.291	-0.220	-0.200	-0.213
人均耕地	移民	-0.107	-0.140*	-0.088*	-0.034	-0.059
	非移民	-0.485**	-0.266**	-0.093	-0.020	-0.057
满意度	移民	0.056**	0.046***	0.039***	0.055***	0.086***
	非移民	0.027*	0.025*	0.045***	0.061***	0.087***
地区变量	移民	-0.186	-0.209	-0.215	-0.387*	-0.993***
	非移民	-0.069	-0.271	-0.471**	-0.712***	-1.116***
R^2	移民	0.201	0.191	0.211	0.222	0.209
	非移民	0.202	0.193	0.204	0.223	0.245
F	移民	10.293***	18.694	31.164***	39.583***	40.679***
	非移民	9.836***	17.784***	28.066***	37.455***	46.571***

注：*表示在 0.1 水平上显著；**表示在 0.01 水平上显著；***表示在 0.001 水平上显著。常数项省略。

我们的回归模型中人力资本各变量之间可能具有一定程度的共线性，那么这是否会影响我们的回归结果，就必须进行检验和判断。在这里，我们采用 Frwasch 综合分析法来进行判断。Frwasch 综合分析法也叫逐步分析估计法，其基本思想是先将被解释变量对每个解释变量作简单回归方程，称为基本回归方程。再对每一个基本回归方程进行统计检验，并根据经济理论分析选出最优基本方程，然后再将其他解释变量逐一引入，建立一系列回归方程，根据每个新加的解释变量的标准差和复相关系数来考察其对每个回归系数的影响。一般根据如下标准进行分类判别：①如果新引进的解释变量使 R^2 得到提高，而其他参数回归系数在统计上和经济理论上仍然合理，则认为这个新引入的变量对回归模型是有利的，可以作为解释变量予以保留。②如果新引进的解释变量对 R^2 改进不明显，对其他回归系数也没有多大影响，则不必保留在回归模型中。③如果新引进的解释变量不仅改变了 R^2，而且对其他回归系数的数值或符号具有明显影响，则可认为引进新变量后，回归模型解释变量间存在严重多重共线性。这个新引进的变量如果从理论上分析是十分重要的，则不能简单舍弃，而是应研究改善模型的形式，寻找更符合实际的模型，重新进行估计。如果通过检验证明存在明显线性相关的两个解释变量中的一个可以被另一个解释，则可略去其中对被解释变量影响较小的那个变量，模型中保留影响较大的那个变量。

囿于篇幅，具体的 Frwasch 方法检验过程我们省略掉了。检验结果表明，虽然模型中某些自变量之间具有共线性，但并没有显著的影响，因而我们全部纳入模型，没有进行特别的处理。表 10-5 给出了移民和非移民群体各自的分位数回归结果。

第一，我们从表 10-5 中可以看到，无论是对于移民还是非移民，教育对能力的影响都是显著的。无论是移民还是非移民能力方程中，教育在不同分位数回归系数总体而言均呈现开口向上的抛物线形状，这意味着教育对低能力群体和高能力群体的影响都是比较大的，而在中等能力群体则影响较小。这里的发现是比较有意思的。首先，在其他影响因素相同的条件下低能力群体教育的影响系数高于中等能力群体。其次，高能力群体的教育收益率同样也高于中等能力群体，这又和查尔斯丹尼斯等（Buchinsky et al.）的发现一致，他们使用国别数据对教育收益率进行分位数回归，结果显示高收入群体有相对更高的教育收益率。

在移民方程里，除了在 25% 分位数回归中之外，教育的影响系数明显地低于非移民方程中的教育影响系数。这个差异不能从受教育年限本身得到解释，要解释二者的差异必须另寻原因。已有研究表明，教育可以显著提高劳动者的生产率。首先，教育水平的提高可以提高劳动者的技术效率，主要是体现在"干中学"的过程中。其次，教育会通过"配置效应"来影响劳动者的生产率。教育的配置效应在劳动者的相关决策者中发挥着重要的作用。通过配置效应，人民可以更好地收集整理、分析和利用各种信息，提高决策水平，把自身所拥有的资源配置到不同的用途，使得不同用途的资源的边际收益率相等，在这种均衡状态下，个体达到资源配置的最优化。

非移民的教育边际能力远远高于移民的教育边际能力，主要原因在于配置效应的差别。已有研究表明，工程移民的贫困发生率远远高于非移民的贫困发生率①。移民在迁移过程中伴随着贫困发生率的提高,他们应对外部风险的能力也在下降。因而,即使获得了有利的外部信息,也无法有效的加以利用。移民虽然意识到很多信息是很有价值的,但是如果真的利用这些信息,未来的不确定性可能把"他们带入到比现在还糟糕的地步……这是无法承受的风险"②。郭继强发现,东部一些省市人民的教育程度并不比中西部地区占有很大优势,甚至还不如一些中西部省市,但是经济发展表现却恰恰相反。他以浙江省和陕西省为例,对比了两省的人力资本差异,虽然浙江省的人力资本存量远远小于陕西省,但是浙江省的经济发展速度远远高于陕西却是有目共睹的③。也就是说,在向市场经济转型的过程中,人们对市场的认识和把握能力以及"应付经济失衡的能力"④对收入提高可能更重要。

第二,我们的数据没有关于样本健康的变量,我们把受访者的年龄作为一个替代变量。无论是在移民还是非移民能力方程中,年龄的影响系数都是正的,而年龄平方的系数也均为负,这意味着能力随着年龄的增加而增加,但年龄到了一个临界值后又随之下降。另外,随着年龄在两个群体能力方程中的影响系数随着能力分位数点的增大而提高。

从50%分位数以后的分位数回归中,移民模型中的年龄影响系数均大于非移民模型中的系数,这意味着在中等以上能力的样本中,年龄对移民能力的积极作用要大于其对非移民能力的作用,这意味着年龄对于移民来说具有更为重要的意义。

第三,和教育、迁移一样,技术培训和经验也是人力资本投资的主要途径,与教育相比,培训更贴近移民市场,通过培训积累的知识与技能更容易转化为现实的生产力。在表10-5中我们可以看到,在移民能力方程中,技术的影响系数只有90%分位数回归和移民总体样本回归中显著,这意味着技术仅仅在高能力移民中才发挥显著的影响。在非移民能力方程中,除了25%分位数上的回归方程中技术的系数不显著之外,从50%分位数往上的回归系数都在0.1水平上显著。而且,我们从表10-5还可以看到,在各个分位数的回归方程中,技术变量在非移民能力方程中的影响系数均大于移民方程中的系数。在解释这一发现的时候,我们首先想到是不是移民和非移民之间在接受技术培训上存在差异?但是通过移民和非移民的技术变量交叉分析我们发现,在本章使用的数据中,移民和非

---

① 杨云彦、徐映梅:《外力冲击与内源发展:南水北调工程与中部地区可持续发展》,科学出版社2008年版。
② 米格代尔:《农民、政治与革命——第三世界政治与社会变革的压力》,中央编译出版社1996年版。
③ 郭继强:《教化投资:人力资本投资的新形式》,载于《经济学家》2006年第4期,第78~84页。
④ Schultz Theodore,"The Value of the Ability to Deal with Disequilibria", *Journal of Economic Literature*,1975.

移民在技术培训变量上并没有显著性的差异。因此，笔者认为产生这一现象的原因在于：第一，移民接受技术培训所积累起来的人力资本并不适合他（她）的实际需要，从而无法发挥作用。第二，移民技术培训流于形式，没有达到实质性地改善接受培训者的人力资本状况的目标。第三，不同的受访者对手艺的界定不一致，这意味着存在着一定的主观偏差。

第四，我们从表 10-5 中看到，无论是在移民还是非移民能力方程中，迁移变量只在能力分布的高端回归中的系数显著。而在能力分布的低端，迁移的影响系数虽然为正，但均不显著。这说明迁移确实可以给个体带来能力的提高。我们还发现，在具有显著性的几个方程中，移民能力方程中迁移的系数要大于非移民的，笔者认为与其说是迁移对移民具有更为重要的作用，不如说是移民在其他方面比非移民太差的结果。

第五，在表 10-5 的移民能力方程中，社会资本在任何一个百分位数上的回归系数都在 0.1 水平上显著，但是影响系数随着分位点的提高呈现下降的趋势。25% 分位数回归的系数最大，达到 21.5%；50% 分位数、75% 分位数和 90% 分位数上的回归系数分别为 10.5%、9%、9.5%。这表明在其他影响因素相同的条件下社会资本对低能力群体的积极影响要大于强能力的群体。这意味着社会资本对于移民的能力具有十分明显的积极作用，移民的社会支持网络规模越大，则其能力可能就更强。如果我们把工程移民群体和进城移民工群体做一个比较，就会发现，二者同属于移民群体，他们在农村老家的社会支持网无论从规模上还是结构上都是相似的。李树茁等（2007）发现移民工无论是初次进入城市寻找工作还是今后融入城市社会，他们原有的社会支持网都一直在发挥着很重要的作用，而我们的发现则表明，对于非自愿迁移的工程移民来说，社会资本也是具有重要意义的资源。但这个结论不一定适用于外迁的工程移民，因为我们的样本中的工程移民基本上都属于就地后靠和投亲靠友两种类型，他们和迁移目的地都有千丝万缕的联系，社会资本虽然受到影响，但是并没有完全断裂。在迁移行为发生后，个人可以通过自身的网络来调动各种正式的或非正式的嵌入性资源，为自己摆脱非自愿迁移的不利影响、恢复正常生活提供了条件。这与笔者 2008 年的发现是一致的。

社会资本在非移民能力方程中仅仅在 25% 分位数上的回归里的系数是显著的，在其他分位数的回归中虽然系数为正，但并不显著。这意味着在非移民群体中，社会资本仅对低能力群体具有显著的影响。笔者认为，与其说是社会资本在低能力群体中的作用比高能力群体重要，不如说低能力群体在其他资本上的匮乏。正是物质资本和其他类型人力资本的极端低下，所以低能力群体才更加依靠其微弱的社会资本，因为他们没有其他可以凭借，无法通过市场的正常交换来积累自己的能力。而高能力群体仅仅依靠其他资本通过市场交换就可以快速积累自己的能力，而无须再依靠社会资本或者仅仅在很低的程度上依靠社会资本。

第六，满意度变量。无论是在移民还是非移民的能力方程中，无论是低分位数回归还是高分位数回归中，影响系数都显著的为正。这说明满意度对于个体能力发展的积极影响是无条件的，影响方向并没有因为群体之间特征的不同而有显著的变化。满意度越高，对个体的能力积累的影响越大。另外，从表中还可以看到，在50%以下的分位数回归方程里，移民能力方程中满意度的影响系数要大于非移民的，而在50%以上的分位数回归中，移民能力方程中的影响系数要小于非移民的。这意味着对移民来说，满意度对中低能力群体的影响要大于中高能力群体的影响。因而，如何提高移民的满意度尤其是贫困群体的满意度，对于解决移民贫困问题具有极为重要的意义。

此外，模型分析结果还得到了另外一些有意义的结论。虽然性别变量在所有回归中均不显著，但影响系数几乎全是负数，这意味着男性相对于女性来说能力更弱。这和我们认为男人比女性更有能力的普遍看法是相反的，可能的原因在于，随着农村市场化程度的加深，农村家庭受市场的影响越来越大。但是农村家庭一般还是保持着传统的分工模式，即男主外、女主内，这样的分工角色决定了男性对外界的变化更敏感。

在移民能力方程中，耕地变量仅仅在50%和75%两个分位数回归中显著，而在非移民能力方程中人均耕地的系数仅仅在25%和50%两个分位数回归中显著。从表10-5中发现，所有的回归中耕地变量的系数都为负，这说明无论是移民还是非移民，农业生产都不是促进他们能力积累的主要因素，进而说明非农就业对于移民的能力积累具有举足轻重的作用。

地区虚拟变量，淅川明显的影响是负的，这既有历史原因，也有现实原因。从历史的角度来看，在最初建设丹江口水库的时候，所产生的移民大部分在淅川，而且外迁的都是淅川移民。由于当时工作方式简单和缺乏经验，基本靠行政干预手段，形成水逼人迁、先迁后安、盲目后靠的严重局面。加上国家投资少、安置标准低、水电路校等生产生活设施不能满足基本需要，使得移民并没有得到很好的安置，造成大批移民返迁，贫困发生率较高。淅川移民迁移安置工作自1959年开始，到2001年年底，淅川丹江口水库移民达到18.8万人，移民占有量和动迁人口三县市首位。从现实的角度来看，淅川经济发展水平和郧县处于同一水平，而相对落后于丹江口市。

第三节 社会资本与工程移民的可持续发展能力

目前关于库区移民的理论和实践研究主要集中在移民安置模式与规划设计；补偿标准的确定及其落实；移民项目评估与监理；移民风险与保障；移民社会适应与社会整合等方面。以上这些方面工作的不断完善对于改善库区移民生产生活具有重要的作用，但我们认为，这些方面都无法从根本上缓解库区移民面临的最大问题——贫困，要从根本上缓解库区移民的贫困问题，需要从移民自身的可持续发展角度进行研究而不是库区的经济、社会或环境的可持续发展。国内绝大部分研究包括边燕杰、阮丹青和张文宏等学者，都主要考察了社会资本可能带来的政治回报、社会回报，如社会地位的提高、获得一份好的工作、声望等等。即使涉及社会资本的经济回报，也都是由于获得了政治回报、社会回报而间接的带来经济回报。在本章中我们则注重考察社会资本的直接经济回报，即社会资本对收入的影响。那么在中国农村，特别是处于贫困地区的库区移民，他们的社会资本对家庭收入或贫困是否有影响？如果有，影响程度有多大？社会资本是否具有"溢出效应"或"社会性"？社会资本是否有助于移民缓解贫困？另外，社会资本对农户个体具有微观影响，对村庄集体则具有宏观的影响。而社会资本对于宏观经济增长的作用从本质上来讲是来自于它对微观经济活动的影响。那么，社会资本又是通过什么作用机制或渠道来影响个体微观和集体宏观经济发展的呢？这些问题的解决不仅有助于我们更好地理解库区移民收入和家庭福利的决定因素，而且还能够为社会资本理论的研究提供中国的实证经验。

正如上文所指出的，工程移民的贫困与中国其他贫困地区普通农民的贫困一样，都具有原生性的一面，但是工程移民的贫困又有其特殊性——由于强大的外力冲击造成工程移民能力的损失从而使其陷入贫困。那么，工程移民怎样才能加速已受损能力的积累，尽快摆脱贫困呢？除了正规教育和培训外，其实，社会资本作为一种非正规的投资形式，对能力的形成和积累也具有重要的作用。本节对工程移民贫困的致因进行分析的基础上，着重阐述了社会资本在贫困治理中的作用。

一、社会资本功能及运行渠道

社会资本之所以对微观个体、中观组织或宏观区域的经济发展产生影响，其中最重要的原因在于社会资本作为一种非正式制度，在一定程度上对市场失灵和政府失灵进行了修正。社会资本的两个最基本的作用就是能改善市场的信息不对称状况并且促进个体之间、组织之间或区域之间的合作。而社会资本在微观、中观、宏观不同层面上的作用渠道又不尽相同。

（一）社会资本基本功能

1. 改善市场的信息不对称

依据经济学中的信息理论，信息不对称是导致市场失灵的重要原因之一，它会造成市场上巨大的交易成本。而社会资本则会减少市场信息不对称带来的负面影响。经济个体的决策往往是无效的，因为他们缺乏足够或者准确的信息，在某些情况下，有些个体还会通过传递一些错误信息给其他人来谋取利益，假冒伪劣产品是最简单的例子。而在另外一些情况下，即使传递的信息无误，但由于对其他个体行为本身的不确定性使得决策显得并非"最优"，这实际上也是市场失灵的一个主要方面。而社会资本则可以改善这些情况，尽管它不会消除不确定，但是它能够增加有关个体如何对不同情况做出反应的共同知识，它也可以作为强迫机制以保证共同行为的期望被认识到，这就省去了签订合同的成本。因此，社会资本的存在会降低交易成本，使产品市场、信贷市场和劳动力市场上的交易量大增，从而间接地提高人们的收入。

已有大量的研究表明社会资本是寻找就业机会的有效途径。在信息不完全的劳动力市场上，处于某种战略位置或等级位置中的社会关系，能够为个人提供靠其他方式很难获得的关于企业用人需求和条件的相关信息。同样的，这些社会关系也可以使劳动力市场上的需求方——企业更全面地了解一个可能被录用的个人。由于这些社会关系资本的存在，加强了劳动力市场上供求双方信息的交流，降低了交易成本，使组织招募到所需的优秀人才，也使个人找到可以使用其资本和提供适当报酬的较满意的组织。

同样，在产品市场和信贷市场上，参与各种协会或社团活动可以使经济个体分享到更多的相关信息，而且通过参加协会建立起来的社会关系可以提高人们的经济交易能力，特别是那些像信贷一样具有很大的不确定性，很难找到可遵循规律的经济交易。这主要有两个机制在起作用：一是社会资本可以促使债权人和债务人之间的信息相互交流，从而减少信贷市场上的逆向选择和道德危险。二是有些问题单靠法律无法解决，即使能够解决其成本也会非常大，而社会资本对这类问题的解决具有很大帮助。一个最好的例证就是各种行业协会。比如与单个农民相比而言，柑橘生产者协会对柑橘价格、政府政策或者新化肥的特点可以进行更为准确的预期，同时协会也可以改善每一个成员关于其他成员可能行为的认识情况。

众所周知，在市场交易较容易的社会条件下，经济行为会得到加强。相应地，如果一个人认为其潜在的合作伙伴比较可靠，而且了解合作伙伴的很多相关信息，那么市场交易会变得更容易。但这又会受很多因素的影响，如正式或非正式制度的实施情况，是否违背社会道德等。格瑞夫认为人事关系纽带和贸易者的声誉是贸易长期发展的重要组成部分。在正式制度实施较为脆弱的情况下，依靠社会关系产生的市场贸易比较普遍，特别是在种族、文化较为相似的商业群体网络里尤为突出[①]。

2. 促进个体、组织或区域间的合作

机会主义的非合作性行为，即经济个体间的非合作性行为，是市场失灵的另一个主要原因。经济个体的非合作或者投机行为能导致市场失灵，这不仅是非完全信息的结果，而且还因为违背协议的收益大于预期的惩罚。然而，社会网络资本却能够为个体和群体带来更好的协调与合作。合作可以通过在个体间创造重复的互动来减少投机性行为，增加相互的信任，从而使得集体和社会福利最大化。

这里需要指出的是，更多以及更好的信息并不一定带来更好的协调与合作。尽管所有个体已经"合作的"行动了，但当偏离的预期利益高于预计成本时，一些个体就有动机偏离社会契约。行动没有得到全体成员的贯彻实施，个体间的合作失败。而社会资本则可以通过促进重复的互动并产生关于每一个成员偏好和特性的信息，进而减少这类结果的可能性。比如通过辨别和驱除那些团体认为不能遵守社会契约的个体，从而降低所有留存下来的成员的风险，这意味着尽管偏离的动机仍然存在，但个体却不会选择这样的行为。

已有的研究已经证实，企业间的网络和合作规范能够促进团队工作，增进效率，提高质量以及改进信息和知识的流动。施马塔（Shimada）将工人和管理者之间的合作态度看作日本汽车公司具有高度竞争力的根本原因："在一个美国公司中，每个工人都热衷于实现个体的成功，而不愿把他所知道的东西告诉同事，但在日本公司中，每个人都很愿意将他知道的东西尽可能多的告诉同事。这是因为他相信只有通过集体的努力才可以获得成功，而一个人的努力是不可能取得成功的"[②]。哈姆弗雷（Humphrey）等也强调了"基于经济个体间信任的关系是如何被视为德国、日本、意大利部分地区制造业企业的竞争性优势的"，供应商和购买商通过重复的交易达成了相互的信任和网络关系，从而维持着长期的合作关系。在一些高度专业化的细分市场中，比如软件或者服装行业，厂商就可以通过

---

① Greif, Avner, *Contract Enforceability and Economic Institutions in Early Trade: the Maghribi Traders' Coalition*, American Economic Review, 1993, pp. 525 – 48.

② Omori, *The Contribution of Human and Social Capital to Sustained Economic Growth and Well-being: International Symposium Report*, Human Resources Development Canada and OECD, 2001.

共同分享信息以及快速适应消费需求的变化来获取时间节约的优势①。

(二) 社会资本运行渠道

1. 个体微观层面的影响渠道

(1) 社会关系人可以对代理人施加影响。代理人（如组织的招聘者或管理者）在涉及行动者的决定（如雇用或晋升）中发挥着关键作用。而社会关系人，由于处于战略位置（如结构洞）和地位（如特许权或管理地位），拥有更多的有价值的资源并可以对组织代理人的决策施加更大的影响。因此，在组织决定是否吸收一个人的决策过程中"说句话"就会产生一定的影响。

(2) 社会关系资源及其被确认的与某人的关系，也被组织及其代理人看做某人的社会信任的证明。某些信任反映了个人通过社会网络和关系——他的社会资本获取资源的能力。个人背后的身份通过这些关系为组织及其代理人提供了保证：个人可以提供超出个体的个人资本以外的资源，这些资源对于组织的运作也是有效的。

(3) 社会关系被期待着强化身份和认识。一个人被确认和识别的价值作为个人和社会群体成员共享的类似利益和资源，不仅提供情感支持，而且获得某些资源的公共认可。这些强化对维持心理健康和资源所有权而言是必不可少的②。

2. 宏观层面的影响渠道

已有文献表明，在宏观层面上，社会资本主要有四种可能的影响渠道，即高效率的公共部门、有效的合作行为、技术创新和非正式保险。

(1) 高效率的公共部门。

从宏观层面来看，不同地区经济发展差距的重要原因之一就是各地区的社会资本存在很大差异，而各地区政府公共部门是区域社会资本发挥作用的主要渠道之一。普特南对意大利各地区政府公共部门工作效率存在差异的原因进行了分析，结果表明，人们之间有较多横向联系的地区，其地方政府工作效度也较高。意大利的调查资料还显示，自愿组织的数量与地方政府工作的效率之间有密切地联系：一个地区的市民参加足球俱乐部和合唱团的人数越多，地方政府对健康保健进行补偿的速度越快③。这可能是因为政府机构本身就融入到这些社会网络里，或者间接的因为监督公共服务是一种公共物品，从而使得社会资本越高，监

---

① Humphrey, Schmitz, *Trust and inter-firm relations in Latin America and the Caribbean*, World Bank Discussion Paper, 1998.

② Lin Nan, *Social Capital: a Theory of Social Structure and Action*, Cambridge University Press, 2001.

③ Putnam, Robert, R. Leonardi and R. Nanetti, *Making Democracy Work: Civic Tradition in Modern Italy*. Princeton University Press, 1993.

督政府行为越容易。

此外,特殊的政府机构或政府的制度执行能力通常是由全体职员的社会关系创造的,可以看做是社会资本的一个重要部分。泰德勒对巴西改善健康状况的案例进行分析发现,政府代理机构的干部与受益人之间存在相互关系是公共部门功效的一个重要方面[①]。

(2) 有效的合作行为。

在处理地方"公共财产"问题时,除了政府工作效度以外,社团或社区合作行为也起着非常重要的作用。居民社会网络是社会资本的重要形式:社团中网络越密集,其成员越可能为共同利益而合作。对于不受限制、人人都可以使用的资源,人们通常会从个体经济利益出发,造成资源的过度开发利用或维护不足,而地方社团的合作能力在避免这种不良后果方面起着很大作用。以个体主义行为为基础的所谓的"平民的悲剧"仅仅是一种可能的结果,而合作行为最终才是比较稳定的结果[②]。

阿尤华对科特达组尔的调查发现,在民族更加多元化的村落里,土地退化程度更加恶劣。这表明团体控制有效性和合作效力上的差异取决于社会因素[③]。韦德用数据证实了印度南部的村落合作程度存在很大差异,这主要是由于各个村落的灌溉设施服务网的自然特性不同,导致村民从合作中受益程度不同[④]。社会资本可以促进服务供应方面的合作,这对社区所有成员都有益。

(3) 技术创新。

众所周知,技术创新对经济增长有巨大推动作用。实践中,美国硅谷、我国台湾新竹等高科技园区在本国技术创新和经济增长中发挥了重要作用。理论界将该现象定义为集群式创新,即在专业化和分工的基础上,同一产业或相关产业的企业,通过地理位置上的集中或靠近,形成长期稳定的创新协作关系而产生的创新聚集,进而获得创新优势的地缘创新网络。

社会资本对集群式创新的作用主要表现在四个方面。一是由于地缘邻近、共同社区等因素易形成较强的社会关系网络和高度的社会信任资本,加上促进地区竞争力提升和地方经济增长等共同目标和相对统一的文化,易激发创新过程中的高度信任与合作,提升创新的效率和效果。二是集群的社会网络资本易实现高效的信息(知识)流动与配置。三是节省交易成本,如信息和技术的搜寻成本,

---

① Tendler, Judith, *Good Government in the Tropics*, Baltimore: Johns Hopkins University Press, 1997.
② Ostrom, Elinor, *Governing the Commons: the Evolution of Institutions for Collective Action*, Cambridge University Press, 1990.
③ Ajuha, Vinod, *Land Degradation, Agricultural Productivity and Common Property: Evidence from Cote d'Ivoire*, University of Maryland, 1996.
④ Wade, Robert, *Village Republics*, Cambridge University Press, 1988.

高复杂性的技术交易的谈判和履约监督成本等。四是集群式创新网络，利于实现资源共享、能力互补、合作创新，既可以克服单个主体资源、能力不足的困难，又可以分散技术创新风险。

如果人们交往频繁，关系密切，那么信息会在他们之间迅速扩散。罗杰斯在对信息扩散的实证研究进行评论时曾指出，"社会参与"、"与社会制度相互联系"、"人与人之间交流渠道畅通"和"高频率互联系统"等肯定都与早期采用的信息技术有关①。弗斯特等对采用绿色革命创新技术的研究表明，村级层面的溢出性在个体决策中——是否采用新技术——起着重要作用，但他们并没有对社会资本在调节村级层面影响过程中所起的作用展开论述②。

（4）非正式保险。

有专家将社会网络视为风险分担和消费稳定机制。家庭内部成员共担风险的这种非正式保险机制可能会使得家庭成员追求高回报率但风险大的行为和生产技术。一般来说，低收入家庭是风险规避者，这种规避风险的特性会阻碍他们使用可能具有高回报但风险也较高的创新技术。这样非正式保险可能会提高农户之间的收入差距。当然现实中也可能存在这样的情况：同一个村庄的农户之间不平等程度与社会资本没有关系。因此，收入不平等与社会资本之间的关系还有待进一步研究。

二、社会资本运行渠道的实证检验

如前文所述，基层组织领导及服务能力的差异与个人及家庭能力的差异是造成工程移民能力性贫困的两个重要因素。本节着重就社会资本对公共部门的服务能力、村基层组织领导能力和个人农业生产能力形成中的作用进行分析。

（一）社会资本与公共部门的工作效率

对于公共事业部门的工作效率进行客观地衡量比较困难，我们采用的关于公共事业部门质量的评价是库区移民的主观感受。在调查中，我们请库区移民分别对当地的学校设施与教学质量以及当地的医疗卫生设施与条件进行主观评价，并将其满意度分成5个等级。然后将社会资本分成五等份，分别计算库区移民个人

---

① Ribot, *The orizing Access: Forest Profits along Senegal's Charcoal Commodity Chain. Development and Change*, 1998, pp. 307-342.

② Foster, Andrew and Mark R. Rosenstein, *Learning by Doing and Learning from Others: Human Capital and Technical Change in Agriculture*, Journal of Political Economy, 1995, pp. 1176-1209.

层面和村级层面社会资本与对学校教育质量满意度和对医疗机构满意度之间的关系。其中村级层面的社会资本是本村所有库区移民社会资本的平均值,然后分成五等份,村级层面对公共事业质量满意度是本村所有库区移民满意度的平均值。调查发现,移民对学校设施与教学质量满意和比较满意的占51.3%,对医疗卫生设施与条件很满意和比较满意的占65.5%。

表10-6显示的是个体层面和家庭层面社会资本与各变量之间的等级相关关系。从表10-6可以看出,无论是个体层面还是村级层面,社会资本与村民对学校质量满意度之间存在相关关系,特别是在村级层面这种相关关系更为显著。这表明社会资本较高的库区移民对学校教学质量满意度越高。主要有两个原因:一是拥有较高社会资本的库区移民和村庄,邻里关系更为融洽,对孩子的监督更有效,暴力事件发生概率更少,孩子们有更多的时间放在学习上。二是拥有社会资本较高的库区移民和村庄参与对孩子教育的程度更高,进而促使更好的教育。

表10-6　　　不同层面社会资本与公共事业效率、合作程度相关关系

不同级别类别	个人层面		村级层面		
	学校教学质量满意度	医疗机构质量满意度	学校教学质量满意度	医疗机构质量满意度	"一事一议"制度
社会资本	0.213 (0.053)	0.053 (0.322)	0.283 (0.031)	0.097 (0.128)	0.194 (0.071)

注:括号内是双尾检验 p 值。

但是,表10-6显示,无论是个体层面还是村级层面,社会资本与村民对医疗机构质量满意度之间没有任何联系。这主要是由于库区移民对医疗机构的满意度主要依赖于医疗设备先进性和医生的技术水平等,而这些都是库区移民和村庄无法控制的因素。许多研究都证实了这一点,如2007年由中南财经政法大学社会保障研究所组织的对九省开展的"农村社会保障制度研究"调查数据显示,村民"对医疗服务体系哪些方面不满意(多选)"的回答,排在前五位的因素是"医疗设备"、"医生技术"、"报销比例"、"药品质量"、"定点医院收费水平"[①]。

(二) 社会资本与地方团体合作

社会资本作用机制的第二个渠道是村落内部或村落之间共同财产的资源管

---

① 张广科:《新型农村合作医疗制度支撑能力及其评价》,载于《中国人口科学》2008年第1期,第83~92页。

理，例如道路修建、水利设施维护、村庄经济发展资金投入和村民社会福利的保障等。我们在村级问卷中，曾询问过村长该村是否有"一事一议"的费用安排，这就涉及村庄集体决策的问题。

中央推行"一事一议"的原则，主要目的在于通过农村公共品的提供解决农民生产生活中最迫切的实际问题，充分体现农民的需求表达权和决策权，切实让农民得到实惠；同时加强对财政资金使用的监督，提高供给效率。根据中共湖北省委、湖北省人民政府公布的《湖北省农村税费改革试点方案》有关规定，村内兴办集体生产和公益事业所需资金，不再固定向农民收取。按照"一事一议"的原则年初由村民委员会提出预算，经村民大会或村民代表会议讨论通过，报乡镇农经管理部门审批，由乡镇政府批准并报县农民负担监督管理办公室备案。

此次调查村级样本中，只有 29.6% 的村庄实行了"一事一议"原则，其他 70.4% 的村庄都没有实行。从表 10-6 可以看出，村庄是否实行"一事一议"与其社会资本之间有正相关关系。在实行了"一事一议"原则的村庄，村民会更多地参加村庄集体会议，更关心村庄集体事情，更愿意与他人合作，这就使得村民之间交往频繁、关系密切，故而其社会资本也较高。

（三）社会资本与农业生产实践

比公共服务更重要的另外一个渠道是农业生产实践，社会资本通过直接影响农业生产技术进而间接影响收入。拥有较高社会资本的库区移民家庭会经常与他人交流种地的技术，更可能使用新品种、栽培的新技术或灌溉的新技术等，同时也更多地通过社会资本获得相关技术信息。这一结论在我们的调查数据中可以得到证实。

1. 与他人交流技术的频率

在调查问卷中，我们设计了三个问题。第一个问题是"您与村民讨论种地等方面的技术吗？"，对于这一问题，有三个备选答案，即经常与别人交流；只有遇到困难或问题时才找人交流；不与他人交流。在调查样本中，经常与别人交流技术的村民占 53.7%，偶尔与别人交流技术的村民占 16.3%，不与他人交流技术的村民占 30.0%。这里将"经常与别人交流技术"的赋值为"1"，"有时与别人交流技术"的赋值为"2"，"不与他人交流技术"的赋值为"3"。由于因变量——与他人交流技术频度——三个类别之间有明显的等级次序关系，因此选择建立有序多分类 Logit 模型（Ordered Logit Model）。这里设定累积 Logit 方程式为：

$$\ln\left(\frac{P(y\leqslant j/x)}{1-P(y\leqslant j/x)}\right)=\beta_{0j}-\sum_{k=1}^{K}\beta_k x_k \qquad (10-2)$$

表 10-7 中描述的是库区移民与他人交流技术频度的影响因素的有序 Logit 模型估计结果。从表中可以看出，社会资本和人力资本对库区移民与他人交流技术频度的影响在 $\alpha=0.01$ 水平上统计显著。在其他条件不变的情况下，社会资本每提高一个百分点，会使得库区移民经常交流与不经常交流的发生比是没有变化前的 1.011 倍。家庭人均教育年限每提高一个百分点，会使得库区移民经常交流与不经常交流的发生比是没有变化前的 1.088 倍。由家庭成人平均年龄及其平方的系数可知，随着家庭成人年龄的增加，与他人经常交流技术的可能性越大，但达到一定年龄后，这种可能性会逐渐减少。与河南淅川的库区移民相比，郧县的库区移民经常与他人交流技术与不经常交流技术的发生比低 25.9%。家庭总人口数和户主性别对库区移民与他人交流技术的频度没有影响。总之，表 10-7 的实证结果证实了：拥有较高社会资本的村庄中的库区移民家庭会更主动地与他人交流种地的技术。

表 10-7　　与他人交流技术频度的 Ordered Logit 模型估计结果

自变量	回归系数	标准差	Wald	显著度
社会资本	-0.011	0.001	61.172	0.000
家庭人均教育年限	-0.085	0.018	22.992	0.000
土地面积	-0.012	0.006	4.020	0.045
物质资产	-0.006	0.003	4.693	0.030
家庭成人平均年龄	-0.075	0.025	9.123	0.003
家庭成人平均年龄平方	0.001	0.000	10.488	0.001
家庭总人口	0.020	0.028	0.565	0.452
女性户主	-0.122	0.077	2.516	0.113
丹江口	-0.142	0.087	2.668	0.102
郧县	0.300	0.102	8.685	0.003
常数项 1	-2.121	0.617	11.828	0.001
常数项 2	-2.846	0.618	21.225	0.000

极大对数似然值 = 5 676.802，模型卡方 = 201.095，自由度 = 10，显著度 = 0.000

2. 是否使用新技术

第二个问题是"生产活动中，如果农作物有新技术（如品种、栽培、灌溉等）时，您家会怎样？"。在调查样本中，表示会使用新技术的库区移民占 51.5%，不会使用新技术的库区移民占 48.5%。我们将回答"会使用"的赋值为"1"，"不会使用"的赋值为"0"，这样得到一个虚拟因变量——是否使用新技术。因此，对库区移民是否使用新技术的影响因素进行估计采用 Probit 模型，其估计方程为：

$$prob(Y=1|x) = \Phi(\beta' x/\sigma) \quad (10-3)$$

其中，$prob(Y=1|x)$ 表示在给定系列自变量 x_i 的情况下，库区移民使用新技术的概率。$\Phi(\cdot)$ 是标准正态分布函数，σ 是残差项的标准差。

这里使用 stata9.0 软件中 dprobit 命令对数据进行处理，估计新技术的使用率方程，并计算出偏效应与弹性。表 10-8 描述的是家庭新技术使用率影响因素的 Probit 模型回归结果。社会资本对库区移民使用新技术具有正影响，且置信度很高。在其他变量不变的情况下，库区移民社会资本每增加 1 个单位，其使用农业新技术的概率将提高 2.9 个百分点。家庭人均教育年限每增加 1 年，其适用农业新技术的概率将提高 0.9 个百分点。这说明社会资本对库区移民是否使用新技术的影响作用远大于其人力资本的作用。户主性别的影响约为 -0.048（男性为 0，女性为 1），即如果其他变量不变，户主由男性换成女性，其使用新技术的概率会降低约 4.8 个百分点，这说明男性更喜欢尝试一些新品种或新技术。家庭人口总数和地区位置在统计上不显著，对库区移民是否使用农业新技术没有影响。总之，表 10-8 的实证结果证实了：拥有较高社会资本的库区移民会更可能使用新品种和新技术等。

表 10-8　新技术使用率影响因素估计 Probit 模型回归结果

自变量	因变量：使用新技术				
	dF/dx	Std. Err.	z	p>z	x-bar
社会资本	0.0285	0.0053	5.37	0.000	11.576
家庭人均教育年限	0.0091	0.0045	2.03	0.042	7.371
土地面积	0.0073	0.0015	4.73	0.000	5.967
物质资产	0.0020	0.0006	3.04	0.002	24.999
女性户主	-0.0475	0.0197	-2.41	0.016	0.330
家庭成人平均年龄	0.0204	0.0064	3.17	0.002	42.487
家庭成人平均年龄平方	-0.0002	0.0001	-3.50	0.000	1 915.600
家庭总人口	-0.0111	0.0070	-1.59	0.113	4.401
丹江口	-0.0269	0.0222	-1.21	0.226	0.283
郧县	0.0044	0.0265	0.17	0.868	0.175
拟 R^2	0.0343				
模型卡方检验	145.8 [0.0000]				
极大对数似然值	-2 053.7463				
样本量	3071				

注：①中括号内是对模型整体进行卡方检验的显著性 p 值。
②p>z 是通过 p 值与正态分布中 Z 统计量的差距进行置信度检验。
③x-bar 是变量 x 的平均值，模型被认为是估计了平均值附近的效应。

3. 获得信息的渠道

第三个问题是"您家主要是通过什么方式获得所需要的信息，如农业技术、新品种、国家政策？（多选题）"。备选答案有九项，这里将其归为三类：社会网络（包括亲戚朋友口传、邻居口传），政府组织宣传（包括村级组织张贴与宣传、县镇组织张贴与宣传），传媒（包括电视、电台广播、报纸、张贴的广告、互联网）。在调查样本中，选择通过社会网络方式的占47.5%，没有选择通过社会网络方式的占52.5%。本研究将那些选择主要通过"社会网络"方式获得信息的赋值为"1"，没有选择通过"社会网络"方式获得信息的赋值为"0"。这样获得一个虚拟因变量——获得信息的途径。因此，选择 Probit 模型对是否主要通过社会网络获得信息的影响因素进行估计。

表10-9描述的是移民是否主要通过社会网络获得信息的影响因素估计的 Probit 模型回归结果。从表10-9中可以看出，在其他条件不变的情况下，社会资本每增加一个单位，主要通过社会网络获得相关信息的概率就会提高0.5个百分点。但教育程度对库区移民信息获得渠道的影响系数为负。这并不奇怪，因为文化水平越高，库区移民越可能通过互联网、电视、电台广播、报纸等其他途径获得信息。从边际效应情况来看，户主性别和地区变量对库区移民信息获得渠道

表10-9　获得信息途径影响因素估计的 Probit 模型回归结果

自变量	因变量：主要通过社会网络获得信息				
	dF/dx	Std. Err.	z	p>z	x-bar
社会资本	0.0045	0.0004	12.41	0.000	51.426
家庭人均教育年限	-0.0146	0.0046	-3.19	0.001	7.365
土地面积	-0.0027	0.0015	-1.81	0.070	5.963
物质资产	-0.0021	0.0007	-3.11	0.002	24.963
女性户主	0.0433	0.0200	2.17	0.030	0.332
家庭成人平均年龄	-0.0041	0.0064	-0.64	0.520	42.438
家庭成人平均年龄平方	0.0000	0.0001	0.52	0.601	1 910.720
家庭总人口	0.0124	0.0071	1.74	0.082	4.404
丹江口	0.1778	0.0217	8.01	0.000	0.282
郧县	0.0357	0.0268	1.33	0.183	0.177
拟 R^2	0.0588				
模型卡方检验	246.4 [0.0000]				
极大对数似然值	-1 973.5156				
样本量	3 030				

注：①中括号内是对模型整体进行卡方检验的显著性 p 值。
②p>z 是通过 p 值与正态分布中 Z 统计量的差距进行置信度检验。
③x-bar 是变量 x 的平均值，模型被认为是估计了平均值附近的效应。

的影响程度较大。女性更多的通过其社会网络获得相关信息。如果由河南淅川的库区移民换成湖北丹江口的一个库区移民，其获得相关信息主要通过社会网络的概率将大幅提高17.8个百分点。总之，表10-9的实证结果证实了：拥有较高社会资本的库区移民会更多地通过社会资本来获得需要的相关技术信息。

三、工程移民社会资本的经济效应

社会资本产生的效应是多方面的，可以归纳为经济效应、社会效应和政治效应。社会资本的经济效应又分别体现在三个层面，即个体和家庭微观层面、社区和组织中观层面、区域和国家宏观层面。

首先，关于社会资本对个体和家庭微观层面的影响的研究主要从两个方面展开分析。一方面，是强调社会网络和社会联系的作用。许多学者包括前面提到的著名的社会学家、经济学家，都强调并证实了熟人、密友和家庭等强关系以及弱关系对人们在城市劳动力市场上获得就业机会、目前所处的职业和社会经济地位以及个人的经济收入的重要作用。另一方面，是通过合作或者利他行为来分析。比如，海登研究了坦桑尼亚社会资本的决定因素，通过将个体为社区利益——与自身利益相背离——服务的意愿程度作为指标，海登利用定量研究证明了四种因素与个体"投资于"此类社会资本的意愿程度相联系：经济增长、社会分化、经济衰退（针对个体的）和文化同质性。他认为许多例子中被设计成"实现最优价格"的政策是在损害社会资本，从而阻碍了经济增长和增加了社会分化[1]。另外的研究（Lindon等）则将社会资本和其他特征比如人道、善良、忠诚、归属感、社区归属感以及社会联系紧密度联系在一起，并认为农村社区中社会资本的增加将比通过投资教育增加生产率和经济增长来得更为重要[2]。

其次，关于社会资本对社区和组织中观层面的影响。正如福山（Fukuyama）所说，"一个社会的经济繁荣程度，取决于该社会普遍的信任程度，信任程度的高低决定了现代私营大企业的发展状况，从而决定一个国家的经济发展状况。社会资本对社会的繁荣以及企业的竞争力至关重要。"企业从以各种内外的网络形式表现出来的合作信任中受益，因为它们促进了行动的协调性和降低了由谈判、操作、不完全信息以及不必要的管理层级所带来的交易成本。社会资本主要通过三种方式来改善企业的绩效：改善企业文化；造就大型、高效的生产组织；增进

---

[1] Hyden, *The Role of State versus that of the Local Community*, Paper presented to the Seminar on Improved Natural Resource Management, 1993.

[2] Lindon and Schmid, *Can agriculture prosper without increased social capital? Social Capital Database*, World Bank Homepage, 1998.

企业间的合作①。其中最具代表性的是普特南（Putnam）对美国硅谷的研究。他对美国硅谷和波士顿地区的128公路进行对比，认为加州的硅谷能够发展成为高级技术的研发中心主要归因于该地区新生企业间所形成的非正式和正式合作网络。同样，社会资本对社区的发展也具有重要作用②。本丙藤对厄瓜多尔和玻利维亚的安第斯地区的农业社区进行了实证研究，发现整合度较高的农业社区交易采取有利于环境保护的技术，社会资本在可持续资源的再生和培育中起着重要作用③。奥布瑞对密苏里农村社区领导人的非正式性在网络进行调查，发现较为富裕的社区里领导人更倾向于与其他人一起工作④。

最后，社会资本对区域和国家宏观层面的影响。研究社会资本与经济增长之间关系的文献有很多，虽然采用的社会资本衡量指标不尽相同，但他们的结论是一致的：社会资本水平对一个国家或地区的经济增长具有重要作用。其中最具代表性的是普特南（Putnam）对意大利不同地区经济增长与社会资本关系的研究。意大利北部和南部人均收入上的差距不仅与其社会结构上的差异有关，而且与市民团体的发展程度、市民的参与性以及政府效率等方面的差异有关。较富裕的北部社会结构为水平结构，而南部社会结构为层级结构。拥有较高社会资本水平的地区，其政府工作更加有效，公民对地区政府的满意度较高，故而能够建立并保持较高的人均产出水平。本格斯蒂克等54个欧洲地区的研究结果进一步证实了普特南的观点。他们发现不同国家或地区经济增长差异与社会资本显著正相关，但不是只要存在社会网络关系就能刺激地区经济增长，而是需要积极参与进来，地区经济增长才能得到提升。科林等人也把社会资本作为非洲和世界其他地区出现人均GDP增长率显著差异的解释性因素⑤。奈克等用世界价值观调查数据对人际间的信任、市民合作规范与经济绩效的关系进行分析，结果发现信任作为社会资本重要的衡量指标之一对经济绩效有显著影响：信任水平每上升12个百分点，年均经济增长率将提高近1个百分点⑥。

---

① Fukuyama, Francis, *Social Capital*, Tanner Lectures, Brasenose College, Oxford; Institute of Public Policy, George Mason University, 1997.

② Putnam, Robert, *Bowling Alone: the Collapse and Revival of American Community*, Simon Schuster, New York, 2000.

③ Bebbington, *Social Capital and Rural Intensification: Local Organizations and Islands of Sustainability in the Rural Andes. The Geographic Journal*, 1997, pp. 189–197.

④ O'Brien, Raedeke J. A. and Hassinger E. W., *The Social Networks of Leaders in More or Less Viable Communities Six Years Latter: a Research Note. Rural Sociology*, 1998, pp. 109–127.

⑤ Beugelsdijk, Sjoerd and Schaik, *Ton Social Capital and Growth in European Regions: an Empirical Test*, European Journal of Political Economy, 2005, pp. 301–324.

⑥ Knack S, P. Keefer, *Institutions and Economic Performance: Cross Country Tests Using Alternative Institutional Measures*. Economics and Politics, 1995.

国内绝大部分研究包括边燕杰、阮丹青和张文宏等学者，都主要考察了社会资本可能带来的政治回报、社会回报，如社会地位的提高、获得一份好的工作、声望等等。即使涉及社会资本的经济回报，也都是由于获得了政治回报、社会回报而间接的带来经济回报。我们则注重考察社会资本的直接经济回报，即社会资本对收入的影响。

（一）社会资本的经济回报

目前关于社会资本对家庭收入、家庭福利影响程度大小的研究，还没有达成一致。已有的不同国家的实证研究显示，在有些国家，社会资本对家庭收入或福利的影响作用大于人力资本的作用，而在另一些国家，社会资本对收入的边际效应小于人力资本的边际效应。纳拉扬（Narayan）等利用"坦桑尼亚社会资本与贫困调查"数据对社会资本进行衡量，结果发现社会资本对家庭收入有正影响，而且社会资本对收入的边际效应是教育程度边际效应的4~10倍，即乡村社会资本每增加一个标准误就会使家庭支出增加20%~30%，教育程度对家庭支出的影响作用却只有4.8%[1]。他们的这一工作具有"先锋效应"，促使学者们在其他国家展开进一步调查，来探讨这一结论是否具有普遍意义。格鲁特厄特等对玻利维亚农户的研究得出了类似的结论，社会资本对收入的边际效应是人力资本效应的2.5倍，即家庭每个成员受教育年限增加1年（即增加25%左右）会导致人均家庭支出增加4.2%，社会资本相同幅度的增加会使人均家庭支出增加9%~10.5%[2]。但格鲁特厄特对印度尼西亚农村的研究发现，在印度尼西亚社会资本对收入的边际效应略小于人力资本的边际效应，即家庭每个成员受教育年限增加1年（即增加20%左右）会导致人均家庭支出增加3.4%，社会资本相同幅度的增加会使人均家庭支出增加2.3%[3]。玛鲁克欧等人对正处于经济转型时期的南非进行调查，利用1993~1998年面板数据分析结果显示：1993年社会资本和教育程度对家庭人均支出没有影响，而在1998年社会资本和教育程度对家庭人均支出有显著正影响，但社会资本的作用比教育程度的作用小[4]。

---

[1] Narayan, Deepa and Lant Pritchett, *Cents and Sociability*: Household Income and Social Capital in Rural Tanzania, Policy Research Working Paper, 1997.

[2] Grootaert, Christiaan and Deepa Narayan, *Measuring Social Capital*: an Integrated Questionnaire, The International Bank for Recnonstruction and Development Working Paper, The World Bank, 2003.

[3] Grootaert, Christiaan、Gi-Taik Oh and Anand Swamy, *Social Capital and Development Outcomes in Burkina Faso*, Local Level Institutions Working Paper, The World Bank, 2000.

[4] Maluccio John and Lawrence Haddad, *Social Capital and Household Welfare in South Africa*: 1993 - 1998, Journal of Development Studies, 2000, pp. 54 - 81.

那么在中国农村，特别是处于贫困地区的库区移民，他们的社会资本对家庭收入或贫困是否有影响？如果有，影响程度有多大？这些问题的解决不仅有助于我们更好地理解库区移民收入和家庭福利的决定因素，而且还能够为社会资本理论的研究提供中国的实证经验。

1. 社会资本的衡量

衡量社会资本需要考虑数量和质量两个方面。本研究中的社会资本由数量与质量的乘积来衡量①。社会资本的数量由关系种类来衡量，社会资本的质量由紧密度来衡量。

调查问卷中涉及衡量社会资本紧密度的问题有三个："您家与亲属关系如何"，"您家与邻里、朋友关系如何"以及"您家与村干部关系如何"。为了把这三个问题转换成一个单一的数值型指标需要做以下假设。第一，假定被调查者与亲属、邻里朋友、村干部交往密切程度是均匀分布。我们将关系交往频度或密切度分为五个等级，回答"很密切或很好"的赋值为"5"，回答"较密切或较好"的赋值为"4"，回答"一般"的赋值为"3"，回答"不太好"的赋值为"2"，回答"很不好或很少往来"的赋值为"1"。第二，假定被调查者与亲属、邻里朋友、村干部的关系越密切、交往越频繁，其社会资本就越大，且这三种关系密切程度对社会资本的贡献率相同，即三个问题的权重相等。这样，把三个问题的得分相加就得到每个移民总的社会资本紧密度数值（见表 10-10）。

表 10-10　　　　　衡量社会资本紧密度的问题

问　题	赋　值	比重（%）
您家与亲属的关系	5 = 很密切	27.7
	4 = 密切	55.3
	3 = 一般	12.5
	2 = 有一些往来	2.4
	1 = 很少往来	2.1
您家与邻里、朋友的交往	5 = 很多	30.8
	4 = 较多	48.2
	3 = 一般	15.2
	2 = 有一些	3.1
	1 = 很少往来	2.7

---

① 我们对数据的处理，首先利用了衡量社会资本的主要方法之一——主成分分析法来建立一个指标，但由于以下两个原因没有采用这种方法。第一，要把网络关系种类（社会资本的量）与关系紧密度（社会资本的质）结合成一个指标，用乘法比用加法更合适。第二，各维度之间的相关性不是特别高，KMO 统计量为 0.614，小于一般标准 0.7，提取公因子的方差累计贡献率只有 53%。因此，我们选择已有研究中一些学者采用的数量和质量来衡量社会资本，如 Narayan et al.（1997），Grootaer（1999）。

续表

问　　题	赋　　值	比重（%）
您家与村干部的关系	5 = 很好	11.2
	4 = 较好	36.0
	3 = 一般	46.6
	2 = 不太好	5.4
	1 = 很不好	0.8

移民财务支持网、实际帮助网和情感支持网关系种类分别有0种、1种、2种和3种等四种情况。考虑到后面涉及的运算，这里将关系种类的这四种情况分别赋值为0.5、1、2和3。将这三种社会网的关系种类相加，就得到每个移民总的社会资本关系种类数值。

移民财务支持网社会资本数值等于移民财务支持网关系种类乘以其社会关系紧密度，实际帮助网社会资本数值等于实际帮助网关系种类乘以社会关系紧密度，情感支持网社会资本数值等于情感支持网关系种类乘以社会关系紧密度。最后将移民总的社会资本关系种类乘以总的社会资本紧密度就得到每个移民家庭社会资本总值。

2. 模型及变量选取

为了估计农户家庭社会资本对其家庭收入的影响，我们首先选择农户家庭的消费性支出作为家庭收入的替代变量，家庭消费性支出等于家庭总支出减去生产性支出。这主要有两个原因：一是，家庭总收入包括储蓄和非储蓄部分，在资本市场起作用的情况下，目前的支出比目前的收入能更好地衡量家庭长期累积收入。二是，已有的大量住户调查经验也显示，直接调查得来的家庭收入很难真实反映其实际情况，在中国尤其如此。

这里设定估计方程为：

$$\ln E_i = \alpha + \beta SC_i + \gamma HC_i + \delta NC_i + \kappa PC_i + \varepsilon X_i + \eta Z_i + \mu_i \qquad (10-4)$$

其中，E代表家庭消费性支出，SC代表社会资本，HC代表人力资本，NC代表自然资本，PC代表物质资产，X代表家庭特征，Z代表地区特征，α，β，γ，δ，κ，ε，η是回归模型中待估参数，μ为随机误差项。

方程（10-4）的因变量是家庭消费支出的自然对数，自变量包括家庭资产、家庭人口控制变量和地区虚拟变量。家庭资产包括社会资本、人力资本、自然资本和物质资产。如何衡量社会资本上文已论述。人力资本通过家庭中成年人（18岁及以上）的平均教育年限来衡量。自然资本通过家庭拥有的土地数量进行衡量①。对于物质资产的衡量，是根据我们调查中直接询问的移民家庭中所拥有的 22 项非生产性资产数据②，将拥有某项资产的样本比例 p 转化成标准正态得分 Z，由 Z 的相对大小来决定权数 W，然后与家庭中所拥有的各项资产的数量进行算术加权平均，最后得到每一户的物质资产值③。模型中将家庭人口特征和地区特征作为控制变量。家庭特征变量包括家庭户主性别、户主年龄、户主年龄的平方、家庭人口总数。丹江口市和郧县两个虚拟变量作为地区控制变量，淅川为缺省值。各自变量基本特征描述见表 10–11。

表 10–11　　　　　　　　自变量基本特征描述

	自变量名	变量值	数值或分布（%）
社会资本 SC	社会资本总量	均值	51.4
	财务支持网社会资本	均值	19.8
	实际帮助网社会资本	均值	16.7
	情感支持网社会资本	均值	14.8
	社会关系种类	均值	4.00
	社会关系紧密度	均值	11.6
人力资本 HC	家中成人平均教育年限	均值，年	7.4
自然资本 NC	土地数量	均值，亩	5.9
物质资本 PC	物质资产	均值	24.9
家庭特征 X	户主性别	1 = 女性	32.9
		0 = 男性	67.1
	家庭成人平均年龄	均值，年	42.6
	家庭人口总数	均值，人	4.4
地区特征 Z	丹江口	1 = 是	28.6
		0 = 否	71.4
	郧县	1 = 是	17.6
		0 = 否	82.4

---

① 土地数量包括耕地和经济林等土地面积，因为经济林等土地而非耕地是部分库区移民的主要收入来源之一。这里没有将土地质量作为解释变量，一是因为不同的土地（如一般耕地、浇灌地、经济林或水淹地等）质量差别很大，很难直接比较。二是虽然在调查中移民对其土地质量进行了五等级的主观评价，但这一变量在变换其他解释变量时，并不稳健。

② 我们调查了移民 5 项生产性资产（包括耕牛、拖拉机、板车、货车、渔船及相关工具）和 22 项非生产性资产（包括时钟、自行车、电视机、电饭煲、电磁炉、冰箱、洗衣机、摩托车、固定电话、电扇、小轿车等资产）。由于因变量是消费支出，如果将生产性资产包括在内来计算物质资产放入方程中，会存在内生性问题。因此，这里只根据非农生产资产来计算物质资产，而不考虑生产性资产。

③ 关于物质资产详细计算方法，参见徐映梅、杨云彦：《库区工程移民可持续发展能力的基本特征及其决定因素》，杨云彦、徐映梅著：《外力冲击与内源发展：南水北调工程与中部地区可持续发展》，科学出版社 2008 年版。

3. 社会资本总量对家庭收入的影响

为了分析库区移民社会资本及其结构对家庭收入的影响，我们构建了3个模型。第一个模型是将社会资本总值及其他解释变量放入方程中。第二个模型分别将财务支持网、实际帮助网和情感支持网的社会资本值及其他解释变量放入方程中。第三个模型分别将社会资本总关系种类和紧密度及其他解释变量放入方程中。表10-12描述的是社会资本总量及其结构对家庭收入影响的三个多元回归模型结果。

表10-12　社会资本总量及其结构对家庭收入影响的OLS回归结果

自变量	因变量：家庭消费支出的自然对数		
	模型1	模型2	模型3
社会资本	0.002** （2.474）	—	—
财务支持网社会资本	—	0.006*** （3.463）	—
实际帮助网社会资本	—	-0.002 （-0.938）	—
情感支持网社会资本	—	0.000 （0.072）	—
社会关系种类	—	—	0.013* （1.935）
社会关系紧密度	—	—	0.018* （1.846）
家庭成人平均教育年限	0.082*** （10.276）	0.081*** （10.120）	0.082*** （10.165）
土地面积	0.019*** （7.658）	0.019*** （7.716）	0.019*** （7.637）
物质资产	0.016*** （13.747）	0.016*** （13.829）	0.015*** （13.231）
户主性别	0.104*** （2.974）	0.102*** （2.937）	0.104*** （2.972）
家庭成人平均年龄	0.022* （1.830）	0.021* （1.778）	0.022* （1.820）
家庭成人平均年龄平方	-0.000** （-2.393）	-0.000** （-2.333）	-0.000** （-2.387）
家庭总人数	0.102*** （8.188）	0.102*** （8.163）	0.103*** （8.229）
丹江口	0.431*** （11.145）	0.435*** （11.244）	0.440*** （11.125）
郧县	0.322*** （6.843）	0.326*** （6.943）	0.332*** （6.983）
常数项	6.382 （22.221）	6.387 （22.261）	6.212 （20.429）
校正的 R^2	0.319	0.321	0.320
D.W.	1.787	1.788	1.786
F统计量	132.188	111.028	120.330

注：*** 表示在0.01水平上显著，** 表示在0.05水平上显著，* 表示在0.1水平上显著。括号内是t统计量值。

第一，从表10-12模型1结果来看，社会资本和人力资本都对家庭收入有显著正影响。这与已有的在其他国家的研究结果相同。纳拉扬和普里契特的一个重大发现是，在坦桑尼亚农村，社会资本对家庭收入的影响作用是人力资本的4~10倍。格鲁特厄特等研究发现在玻利维亚农村，社会资本对收入的边际效应是人力资本效应的2.5倍。而在印度尼西亚农村，社会资本对收入的边际效应略小于人力资本的边际效应[①]。处于经济转型时期的南非，1993年社会资本和教育程度对家庭人均支出没有影响，在1998年社会资本和教育程度对家庭人均支出有显著正影响，但社会资本的作用比教育程度的作用小[②]。

而对中国贫困地区库区移民的分析结果显示，社会资本对家庭收入的边际效应远小于人力资本的边际效应。家庭中成年人每人的受教育年限增加1年，会导致家庭消费支出提高8.2%。由于样本中，家庭成人平均教育年限的平均值为7.4年，因此家庭中成人平均教育年限提高1年，相当于提高13.5%。相对应地，社会资本也提高相同比例13.5%（社会资本均值为51.4），会带来家庭消费支出提高1.4%。

第二，从模型1回归结果来看，自然资本和物质资本对家庭收入有非常显著影响。家中拥有的土地面积每增加1亩，会导致家庭收入提高1.9%。由于调查样本中家庭平均拥有土地数量为5.9亩，因此家庭拥有土地每增加1亩相当于提高16.9%。相对应地，物质资产提高相同的比例16.9%，会导致家庭收入提高6.7%。在调查样本中，有85.2%的移民是从事农业生产，有11.6%的移民从事农业生产兼顾季节性打工，有1.6%的移民以工资性收入为主要来源，如教师、医院医务人员和退休人员等，有1.7%的移民从事个体经营，如开诊所、开饭店等。因此对于绝大部分移民来说，土地依然是他们维持生计的主要来源。

第三，模型1结果显示，除社会资本、人力资本、自然资本和物质资本外，移民家庭人口特征和地区特征对家庭收入也会产生很大影响。家中女性为户主的家庭收入比男性户主的家庭收入高10.4%。这主要是由于女性在家中地位越高，拥有的话语权越高，表明该家庭越民主，家庭成员整体素质越高，因此其收入相应地也会越高。随着家中成年人年龄的增长，其家庭收入也会增加，但达到一定年龄，大约在37岁时，家庭收入开始呈下降趋势，计算公式为：$0.022 - 0.0003 \times 2 \times age = 0$。家庭总人数越多，其家庭收入也越高。

第四，模型1中丹江口和郧县两个虚拟变量的回归结果显示，在拥有相同的各类资产和相同家庭人口特征条件下，丹江口和郧县的移民家庭收入水平分别比淅川高43%和32%。可能的原因有两个：一是由于地形差异导致土地质量存在差异。虽然三个县都在丹江口周边，但湖北丹江口和郧县处于山丘地带，形成很多自然坡地、水浇地和水淹地等，土地更肥沃，而河南淅川处于平原地区，旱地较多，土地较贫乏。这可以从我们的调查数据中得到进一步证明。丹江口市的移

[①] Grootaert, Christiaan and Deepa Narayan, *Measuring Social Capital: an Integrated Questionnaire*, the International Bank for Recnonstruction and Development Working Paper, The World Bank, 2003.

[②] Maluccio John and Lawrence Haddad, *Social Capital and Household Welfare in South Africa: 1993 - 1998*, Journal of Development Studies, 2000, pp. 54 - 81.

民认为自家土地质量很好或较好的比例为51.9%，郧县的移民认为自家土地质量很好或较好的比例为39.7%，而淅川的移民认为自家土地质量很好或较好的比例仅为32.4%。二是从事非农产业的比例存在差异。调查样本中，丹江口移民中从事或兼营非农产业的人数占18.6%，淅川移民中从事或兼营非农产业的人数占14.3%。

4. 不同类型和维度的社会资本回报差异

模型1是将社会资本的各结构和维度整合成一个综合指标后放入方程中。虽然通过模型1我们得到社会资本对家庭收入有正影响，但这并不能回答社会资本结构中的不同要素对家庭收入的影响是否有差别？我们可以考虑每个社会资本维度之间是相互独立的情况。而且目前理论界也没有得出统一意见，究竟哪种方法更好。为了了解社会资本不同类型和维度对家庭收入的影响，我们构建了第二个和第三个模型。模型2中将财务支持网、实际帮助网和情感支持网作为三个独立变量代替社会资本总量指标放入方程中。模型3中将社会资本关系种类和紧密度两个纬度替代社会资本总量指标放入方程。回归结果分别见表10-12中的模型2和模型3。

（1）不同类型社会资本回报的差异。

如前所述，林南的社会资本回报理论认为，社会资本的性质可以分为工具性和情感性两种。工具性的社会资本主要目的是获得额外有价值的资源，期待的回报包括经济回报、政治回报或社会回报。情感性社会资本的目的主要是维持已有的价值资源，如与他人分享和交换自己的情感，遇到事情找人商量，可能带来的回报包括身体健康、心理健康和生活满意三个方面。本研究中的财务支持网和实际帮助网属于工具性社会资本，情感支持网属于情感性社会资本。

表10-12中的模型2回归结果显示，财务支持网、实际帮助网和情感支持网三种社会资本类型中，财务支持网的社会关系对家庭收入的影响作用最重要。财务支持网社会资本每提高1个百分点，会导致家庭消费水平增加6.6个百分点（标准化系数为0.066）。模型2回归结果显示，在其他条件一定的情况下，情感支持网对家庭收入的影响并不显著。这主要是因为情感支持网主要为个体在情感上的提供帮助，在重要事件上提供参考意见，但最后的决策还是自己，它是间接而非直接地对家庭收入产生影响。模型2中实际帮助网的系数也不显著。如前所述，我们在调查中发现，较富裕的家庭在需要人手帮忙时，很多人出钱雇工。而较贫穷的家庭由于地少，基本不需要别人的帮忙。因而，调查样本中移民家庭实际帮助网差异不大，导致其回归系数在统计上不显著。总之，表10-12的模型2结果说明，工具性社会资本具有明显的经济回报，而情感性社会资本的经济回报并不明显。

表 10-13 描述的是三类社会资本与移民生活满意度之间的相关关系。我们主要考察库区移民对买卖种子、化肥、产品等商品经销渠道；吃穿等基本生存需要；当地社会治安状况；当地道路交通状况；购买日用品便利条件等五个方面的满意度。对这些指标的满意度分为满意、一般和不满意等三个等级。财务支持网社会资本、实际帮助网社会资本和情感支持网社会资本分别按各自的社会资本总量平均分成三个等级，即社会资本较高、社会资本中等和社会资本较低。

表 10-13　　　　　不同类型社会资本与移民生活满意度的关系

社会资本网	生活满意度（等级相关系数）				
	商品销售渠道	基本生存需要	社会治安	道路交通	购物便利条件
财务支持网	-0.013	-0.057	0.043	0.038	-0.085
	(0.459)	(0.001)	(0.016)	(0.036)	(0.000)
实际帮助网	0.036	-0.004	0.054	0.054	0.042
	(0.047)	(0.831)	(0.002)	(0.003)	(0.021)
情感支持网	0.057	0.004	0.048	0.039	0.050
	(0.002)	(0.824)	(0.007)	(0.029)	(0.005)

注：括号内是等级相关系数的显著度。

从表 10-13 给出的 Spearman 等级相关系数可以看出，无论财务支持网、实际帮助网还是情感支持网，都与移民生活满意度存在一定的相关关系。情感支持网社会资本较高的库区移民对目前商品销售渠道、社会治安状况、道路交通和购物便利条件也比较满意。实际帮助网社会资本较高的库区移民对商品销售渠道、社会治安、道路交通和购物便利条件等方面比较满意。财务支持网社会资本较高的库区移民对目前社会治安状况和道路交通比较满意，但对目前基本生存需要和购物便利条件不太满意。总之，表 10-13 的结果说明，情感性社会资本明显可以提高人们对生活总体的满意度，而工具性社会资本虽然会提高人们对生活某些方面的满意度，但同时也会降低对另一些方面的满意度。

我们的这一发现进一步证实了林南的社会资本回报理论：工具性社会资本的主要目的是获得额外有价值的资源，期待的回报主要包括经济回报、政治回报或社会回报。情感性社会资本的目的主要是巩固现存资源和防止可能的资源损失，带来的回报主要体现在身体健康、心理健康和生活满意等方面。

（2）社会资本不同维度的经济回报差异。

关系种类和紧密度，一个是社会资本的量，一个是社会资本的质，是社会资本的两个重要方面。表 10-12 中的模型 3 回归结果显示，社会资本关系种类多少和紧密度对家庭收入的影响在统计上显著，而社会资本紧密度对家庭收入的影响比关系种类作用更大。调查样本中移民家庭平均有社会关系种类 4 种，社会关系种类每增加 1 种（相当于提高 25%），会导致家庭消费水平增加 1.3%。社会关系紧密度提高相同比例 25%，会导致家庭消费水平增加 5.2%。

为了检验以上实证结果的稳健性，我们用另一种方法重新计算了社会资本后，对估计结果进行稳健性检验。首先按照 Narayan 等人的做法[①]，把社会资本关系种类和紧密度的数值进行转换，转换公式为 $V_{k,l} = (100/N_l) \times k - 100/(N_l \times 2)$。其中 $l = 1, 2, \cdots, 6$，分别代表财务支持网关系种类、实际帮助网关系种类、情感支持网关系种类、与邻里关系、与村干部关系和与亲属关系六个指标；N_l 代表各指标的类别数量；k 代表各类别的具体数值。依据转换公式，就可分别把六个指标转换成从 0 到 100 之间的值。然后按照前面相同的计算方法分别获得社会资本综合指标、财务支持网社会资本、实际帮助网社会资本、情感支持网社会资本、总社会关系种类和总关系紧密度。把这些计算得来的社会资本的值分别带入相应的模型 1、模型 2 和模型 3 中，所得回归结果与上述方法结果非常相似。这说明前面得出的回归结果及结论比较稳健。

（二）社会资本经济回报的溢出性

个人或家庭进行社会关系投资，会获得一定的回报。这是社会资本的一个特性，即具有资本属性。社会资本的另一重要特性就是具有"社会属性"或者"溢出性"。这主要表现在，家庭社会资本不仅对自身家庭收入有影响，而且对其他家庭收入也会有影响。事实是否如此？下面将从两个方面来分析。

1. 村级平均社会资本对家庭收入的影响

为了验证社会资本的社会属性，这里构建了两个模型。第一个模型，用来分析村级社会资本对家庭收入的影响程度。该模型是在原有家庭层面上农户家庭收入影响因素的模型中，增加了一个村级层面的社会资本变量。村级层面的社会资本的衡量，是每个村子在排除本家庭之外的其他样本家庭的平均社会资本量。村级社会资本把本家庭排除在外，主要有三个作用：一是可以较少的受到本家庭经济状况的影响，减少村级层面社会资本的联立性内生问题。二是体现出村子内部其他家庭与本家庭之间的社会互动，这样在经济学上更有意义。三是可以保证每个家庭面对的村级社会资本都存在差异。这样把村级社会资本加入家庭层面的收入影响方程（10-4）后，得到的回归结果见表 10-14 模型 1。

表 10-14 中模型 1 统计结果显示，村级层面的社会资本对移民家庭收入具有正影响。家庭中成年人每人的受教育年限增加 1 年，会导致家庭消费支出提高

---

① Narayan Deepa and Lant Pritchett, *Cents and Sociability: Household Income and Social Capital in Rural Tanzania*, Policy Research Working Paper, 1997.

8.3%。由于样本中,家庭成人平均教育年限的平均值为 7.4 年,因此家庭中成人平均教育年限每提高 1 年,相当于提高 13.5%。相对应地,家庭社会资本也提高相同比例 13.5%(家庭社会资本均值为 51.4),会带来家庭消费支出提高 1.4%。村级层面社会资本提高相同比例 13.5%(均值为 50.2)会带来家庭消费支出提高 0.7%。

表 10-14　　村级社会资本对收入的影响模型(OLS)

自变量	模型 1(家庭层面)		模型 2(村级层面)	
	回归系数	t 值	回归系数	t 值
社会资本(家庭)	0.002*	2.118	—	
村级层面社会资本(排除自家)	0.001*	1.745	—	
社会资本(整村)	—		0.010*	1.730
家庭成人平均教育年限	0.083***	10.307	0.048	0.612
土地面积	0.019***	7.554	0.064***	5.357
物质资产	0.016***	13.742	0.060***	7.641
户主性别	0.103**	2.956	-0.200	-0.674
家庭成人平均年龄	0.022*	1.828	-0.060	-0.406
家庭成人平均年龄平方	-0.000**	-2.392	0.000	0.520
家庭总人数	0.103***	8.211	-0.100	-0.683
丹江口	0.430***	11.120	0.491***	4.395
郧县	0.337***	6.867	-0.040	-0.312
常数项	6.292	21.061	7.551	2.235
样本量	2 849		58	
校正的 R^2	0.319		0.815	
D.W.	1.788		2.367	
F 统计量	120.287		26.545	

注:*** 表示在 0.01 水平上显著,** 表示在 0.05 水平上显著,* 表示在 0.1 水平上显著。

由此可见,不仅自家社会资本对自家收入有正影响,而且同村其他农户的社会资本对自家福利也会有影响。换句话说,一个农户的社会资本不仅对自家收入有影响,而且对同村的其他农户的收入也有影响。这就像已有研究成果所显示的:一个农户的土地或资产不仅对自家收入有重要作用,而且对其邻居的收入产出也有重要作用。这表明社会资本具有很强的溢出效应,体现了社会资本的社会属性。这一结果又进一步证实了社会资本与家庭收入的因果关系:不是由于高收入导致高社会资本,而是由于有较高的社会资本导致较高的收入。

2. 村级社会资本对村级家庭收入的影响

模型 2 用来分析村级层面社会资本与收入或福利的影响。将方程(10-4)中的所有自变量转换成整村里所有居民家庭的平均水平。模型2因变量是每个村所有村民家庭人均消费支出的平均值，如，村级社会资本是每个村所有农户社会资本的平均值，村级家庭成人平均教育年限是每个村所有农户家庭成人平均教育年限的平均值。

表10-14中模型2描述的是村级水平的社会资本对村级农户平均消费支出的影响。统计结果显示，社会资本系数较大而且在统计上显著。村里所有农户社会资本都提高一个百分点，会导致本村每农户收入提高11.1%。这表明住在社会资本高的村子里的农户的消费支出也较高。这进一步体现了社会资本的社会属性。

另外，村级土地面积、物质资产和丹江口地区变量都在 $\alpha = 0.001$ 水平上统计显著。这表明村子里的农户平均拥有的土地和物质资产越多，这个村子里的农户平均收入也越高。村里农户土地面积平均提高一个百分点，会使得本村每家农户收入提高37.7%。与河南淅川县相比，湖北丹江口市的村庄的农户平均收入较高。教育水平、户主性别、成人平均年龄和家庭总人口数四个变量在村级层面统计上不显著。

第十一章

南水北调工程区域发展综合效应评价

传统的项目影响评价要么基于单因素影响的静态分析，要么基于投入产出影响的综合效应分析，其最大的不足在于过分关注因素的静态影响和单一效应，而基于国民经济核算的投入产出表更是注重经济效应的分析。大型工程项目具有复杂系统的特征，其影响涉及以人的发展为核心的经济、社会、环境和生态的协同发展，需要构建基于复杂系统的注重动态性和综合性、既见物又见人的多系统协同评价分析框架。

第一节 大型工程项目影响区域复杂系统描述

一、大型工程项目影响复杂系统的定义和特征

系统论认为，相互作用、相互依赖、相互制约的若干部分组成的具有特定功能的有机整体被称为系统。按照这一定义，大型工程项目影响复杂系统是指一定区域的经济社会资源环境等子系统通过相互作用、相互影响、相互制约而构成的具有一定结构和功能的有机整体。

记大型工程项目影响复杂系统为 $S = f(s_1, s_2, s_3, s_4)$

其中，s_1 代表经济系统；s_2 代表社会系统；s_3 代表环境系统；s_4 代表资源系统；f 为复合函数。

人们认识到系统整体大于它的部分之和，即当一些个体组成一个系统时，它就会出现一些它的个体所没有的性质。大型工程项目影响复杂系统是由经济、社会、资源、环境四个子系统构成的复杂系统。当四者处于协同发展状态时，整个系统会形成一股对社会巨大的推动力量，相反该系统的瘫痪会严重阻碍社会的发展。大型工程项目影响复杂系统的特性主要表现在如下三个方面：

1. 耦合性

大型工程项目影响复杂系统是以大型工程为媒介，通过大型工程促进经济的发展和社会的进步。大型工程项目影响复杂系统通过各要素之间的纵横交错的层次网络结构耦合在一起。这个系统中，系统的质量和结构决定了发展的方向和可能性。

2. 有序性

大型工程项目影响复杂系统结构各要素之间的联系，不是杂乱无章的，而是按照特定的连接方式和组织秩序排列和组合的。正是这种连接方式和组织秩序的存在，才使得要素的组合具有特定的性质和意义，才形成了大型工程经济、社会、资源、环境结构。在复杂多元的大型工程项目影响复杂系统中，子系统和各要素间的协同性以及协同功能放大作用，体现了结构有序特征，而且各要素协同作用愈加明显与和谐，系统结构就愈加向有序化方向演变。

3. 整体性

虽然大型工程项目影响复杂系统发展过程中需要有不同的行为主体参与，它们各自的目标并不一定相同，有时甚至是冲突的，但从整个转化过程和长期利益的角度来看，它们的目标、利益又是一致的，因此系统的整体性主要体现在宏观管理和长远发展目标上。在宏观管理上，应该侧重于如何协同各子系统之间的关系。这些关系的处理，主要通过宏观政策的引导、微观利益的调整来实现。在目标上，不同系统的目标具有客观上的一致性，这就为宏观管理提供了可行的前提条件。因此，就目标的整体性而言，要求决策层认识到大型工程经济、社会、资源、环境协同发展是该系统的整体目标，各子系统的目标与整体目标要保持一致。

二、大型工程项目影响复杂系统的结构和功能

（一）大型工程项目影响复杂系统的结构

大型工程项目影响复杂系统包括经济子系统、社会子系统、资源子系统和环境子系统，它们之间的结构关系如图 11-1 所示：

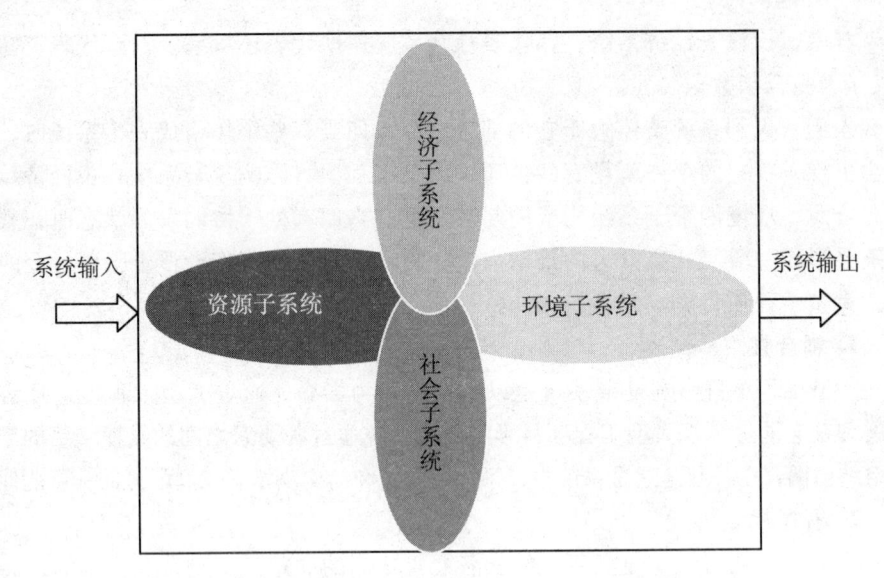

图 11-1 大型工程项目影响复杂系统的结构模式

大型工程项目影响复杂系统是由经济子系统、资源子系统、环境子系统、社会子系统组成的一个多要素、多层次的复杂系统。要想对系统的运行过程和演进方式进行研究，首先要对各子系统进行分析。

1. 经济子系统

该系统包括第一产业、第二产业、第三产业系统等。它是人类利用资源子系统提供的资源进行物质资料生产、流通、分配和消费活动的系统。经济子系统以其物质再生产功能为其他子系统的完善提供了物质和资金的支持。

2. 资源子系统

资源是指在一定技术经济条件下，能够为人类创造福利的一切物质、能量和信息的总称。资源包括自然资源和人工资源。自然资源是人类生产资料和生活资料的基本来源，是人类基本生存和发展支撑能力的重要物质基础。自然资源虽主要决定于自然地理环境和地质条件，但它与人口增长、资源的开发、利用及其保护等有很大的关系。如果资源满足当代人以及后代人的需求，则具备持续发展的条件，否则就需要寻找替代资源。

3. 环境子系统

环境子系统由水、土、气候、生物等自然环境和交通、基础设施等人工环境构成。环境是人类生存和发展的各种活动的载体，是人类生存和发展的基础条件。环境主要有三大作用：提供人类活动不可缺少的各种自然资源；对人类活动产生的废弃物和能量进行消化吸收与同化（即环境自净功能）；提供人类生存的舒适环境。由于环境容量是有限的，长期以来，人类在经济活动时对此认识不足,无节制地利用自然资源,每年不加治理地向环境排入大量的废气、废水和固体废物,造成今日的环境污染。环境一旦遭到破坏,最直接的后果就是削弱生产力,影响发展后劲,降低经济效益。因此人对资源的利用、生产的发展乃至对废物的处理都应维持在环境的允许容量之内。

4. 社会子系统

社会子系统主要包括人的发展、政策体制、法律道德、文化教育、医疗卫生、社会保障等因素。社会子系统要求人的认识能力、行动能力、决策能力适应总体发展水平。人是系统发展中最具能动性和控制力的,并对系统发展的协同性起调节作用。如果人口的数量过多,素质太差,就会给资源和环境产生压力,从而阻碍经济和社会的发展。社会子系统的质量是整个系统实现协同发展的关键,合理的人口规模与结构、符合发展需要的政策体制、良好的社会道德规范、稳定的社会环境和高质量的生活水平以及完善的社会服务是系统实现协同发展的保证。

5. 社会、经济、资源、环境子系统相关关系分析

从系统论的观点看,社会、经济、资源、环境四个子系统之间相互联系、相互作用构成了一个复杂的系统,并与系统的外部环境之间,不断地进行着物质、能量和信息的交换。社会子系统反映人类自身发展的质量和数量,它必须依赖于经济子系统在物质、资金等方面的支持。而经济子系统的发展需要社会子系统提供社会保障、服务等,也需要资源子系统提供各种资源;资源子系统中自然资源的开发率、利用率、耗竭率和资源的再生率在时间和空间上决定了对经济子系统、社会子系统的支持程度。环境子系统既是人类生活废弃物、经济子系统废弃物的收容场所,同时,更重要的是人类赖以生存的自然空间。在这个复杂系统中,人既是系统的组织者,又是系统的调控者,协同发展的实践主体是人。其相关关系如图11-2所示。

(二) 大型工程项目影响复杂系统的功能

大型工程项目影响复杂系统通过物质、能量、信息的流动与转化把系统内各子系统连接成一个有机整体,其运动与发展过程就是该系统内部物流、能流、信息流的不断交换和融合过程。因此,物质循环、能量循环、信息传递是大型工程项目影响复杂系统的主要功能。

1. 物质循环

客观世界的物质都是处于不断的循环运动之中,大型工程项目影响复杂系统物质循环的实质,是人类通过社会、经济活动与资源、环境子系统进行物质交换的过程。大型工程项目影响复杂系统物质循环的过程既是自然作用过程,也是经济过程,是自然过程和经济过程相互作用的发展过程。

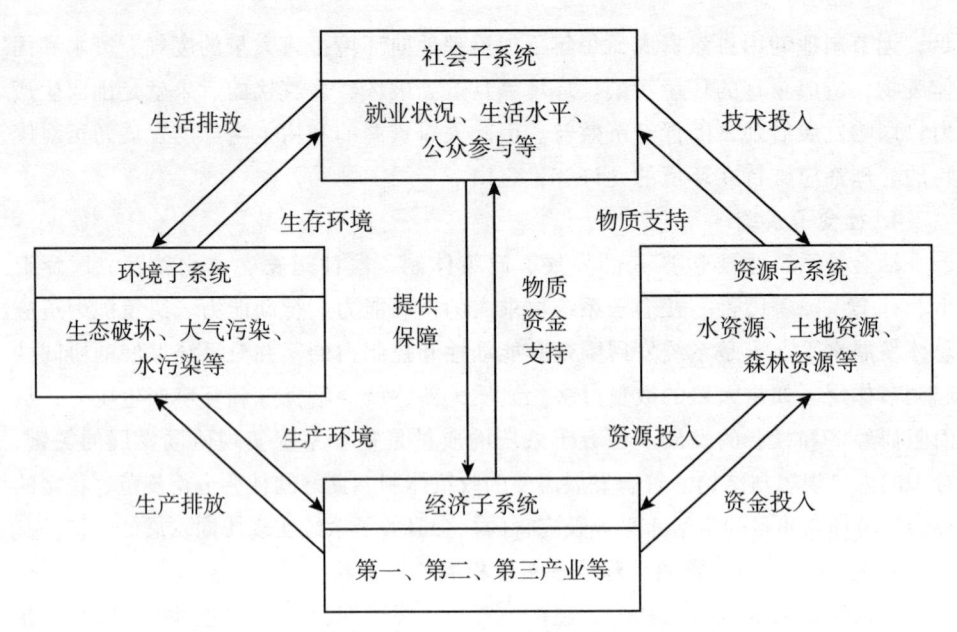

```
                        社会子系统
        生活排放    ┌──────────────┐   技术投入
       ↗          │ 就业状况、生活水平、│         ↖
      ↙           │    公众参与等      │         ↘
                   └──────────────┘
              生存环境              物质支持
  ┌──────────┐          提 物        ┌──────────┐
  │ 环境子系统 │          供 质        │ 资源子系统 │
  ├──────────┤          保 资        ├──────────┤
  │生态破坏、大气污染、│    障 金        │水资源、土地资源、│
  │   水污染等    │       支        │   森林资源等  │
  └──────────┘          ↕ 持        └──────────┘
              生产环境              资源投入
       ↘                                    ↙
        生产排放    ┌──────────────┐   资金投入
                   │   经济子系统    │
                   ├──────────────┤
                   │第一、第二、第三产业等│
                   └──────────────┘
```

图 11-2　社会、经济、资源、环境子系统相关关系

　　循环使物质可以被重复利用，它在一个系统中以某种具体形态散失了，又在另一个系统中以某种具体形态出现，从而使之在不同系统之间反复利用。物质的这种运动周而复始地进行着，称为物流。大型工程项目影响复杂系统所有的物流可以分为两大类：第一类是自然界的物质循环，称为自然物流；第二类是经济过程中的物质循环，称为经济物流。大型工程项目影响复杂系统中的物质循环就是资源、环境子系统中的自然物流和社会、经济子系统中的经济物流的有机结合、相互转化、不断循环的运动过程。

2. 能量循环

　　大型工程项目影响复杂系统在物质循环的同时伴随着能量的流动和转换。和物流一样，能流也有两种：一是自然流，包括太阳能流、生物能流、矿物化石能流等；二是经济能流，它是沿着人们的经济行为、技术行为规定的方向传递和变换的，即通过开采、运输、加工消耗到废弃的过程进行的。经济能流同经济物流之间存在着一种互为因果的正相关关系。经济能流对自然物流也有副作用。能源的开发与利用以及经济能流的消耗，都会排出大量污染物质和有害辐射。能量随生产过程逐渐递减，而有害物质不断增加、累积，导致环境污染和生态破坏的严重后果，并最终影响到系统的物质循环和能量流动。

3. 信息传递

　　大型工程项目影响复杂系统的发展过程是一个客观的物质运动过程，同时又是一个信息的获取、存储、加工、传递和转化过程。这种以物质和能量为载体、通过物质和能量转换而实现信息的获取、存储、加工、传递和转化的过程，称为信息流。

信息传递是大型工程项目影响复杂系统的重要特征，人类要想使该系统协同发展，就必须有足够的信息，信息流相当于大型工程项目影响复杂系统的神经系统，如果信息量过小或流动中断，该系统便失去控制从而导致系统的不协同和混乱。信息传递是管理部门有效地组织和控制大型工程项目影响复杂系统正常运转的基本手段，其关键是要搞好信息管理，促进信息流在系统内的畅通并加快其流速，加大其流量。过去人们重视社会经济信息的获取、传递和反馈，而忽视了环境变化和资源变化的自然信息，反而产生了无偿掠夺开发自然资源、污染环境等一系列严重后果。因此，要有效地管理调控大型工程项目影响复杂系统，使之朝着协同发展的方向前进，必须重视经济信息和资源、环境信息管理，信息流的畅通是管理调控的基础。

物质循环、能量流动、信息传递之间相互联系、相互作用，推动着大型工程项目影响复杂系统的不断运动和发展。

三、大型工程项目影响复杂系统的特征

通过对社会、经济、资源、环境各子系统的分析及其相关关系分析，可以将大型工程项目影响复杂系统的特征概括为以下三点：

1. 复杂性

大型工程项目影响复杂系统的复杂性首先在于它的组成因素既大量又复杂。社会、经济、资源、环境各子系统分别由为数众多的元素构成，而且每一个元素本身又包含很多元素，具有各种状态、各种表现，这就极大地增加了构成系统的因素。在各种复杂因素中，最复杂的因素是人，人的复杂性导致了系统的复杂性。其次表现为元素之间存在着复杂的相互作用和相互关系。在协同发展过程中，社会、经济、资源、环境各子系统之间发生着各种各样的关系，而且这种关系随时间而不断变化着。再次，系统结构上的多层次性、多样性也表现出它的复杂性。

2. 开放性

大型工程项目影响复杂系统是一种具有耗散结构的开放系统。各子系统之间及与外部环境之间存在着多种多样的、强烈的相互作用，并随时进行着物质、能量与信息的交换与传递。当从环境获得的物质、能量、信息增加到某种阈值时，系统会发生新结构代替旧结构的演变。

3. 组织性和自组织性

大型工程项目影响复杂系统是有人参与的系统，是介于自然系统和人工系统之间的一类特殊系统，既有自然系统的自组织现象，又有人工系统的组织作用。基于这一点，重视人在系统中的组织与调控作用是实现系统协同发展的最佳途径。当系统受到内部的或外部的、可预期的或不可预期的干扰，系统的自组织或自调节能力大于干扰强度时，系统能保持正常运行；当小于干扰强度时，系统的结构、功能将遭到破坏，不能再恢复原状，系统的性质和发展方向也将发生改变。

作为复杂系统，大型工程子系统之间在功能、结构等方面具有多重差异性，使其发展演化表现出非线性特性及相互作用特性。又因为该系统是有人和外力参与的系统，其内部既有自然系统的特征，又有人工系统的特征，其发展是自身与其他子系统共同作用的结果。大型工程项目影响复杂系统中的各子系统通过相互作用，耦合出单个子系统不具有的综合效应，这种综合效应与各子系统具有直接的关系，是各子系统间相关关系的综合体现，这些相关关系随时间而变化。

大型工程项目影响复杂系统结构如图 11-3 所示。

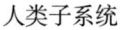

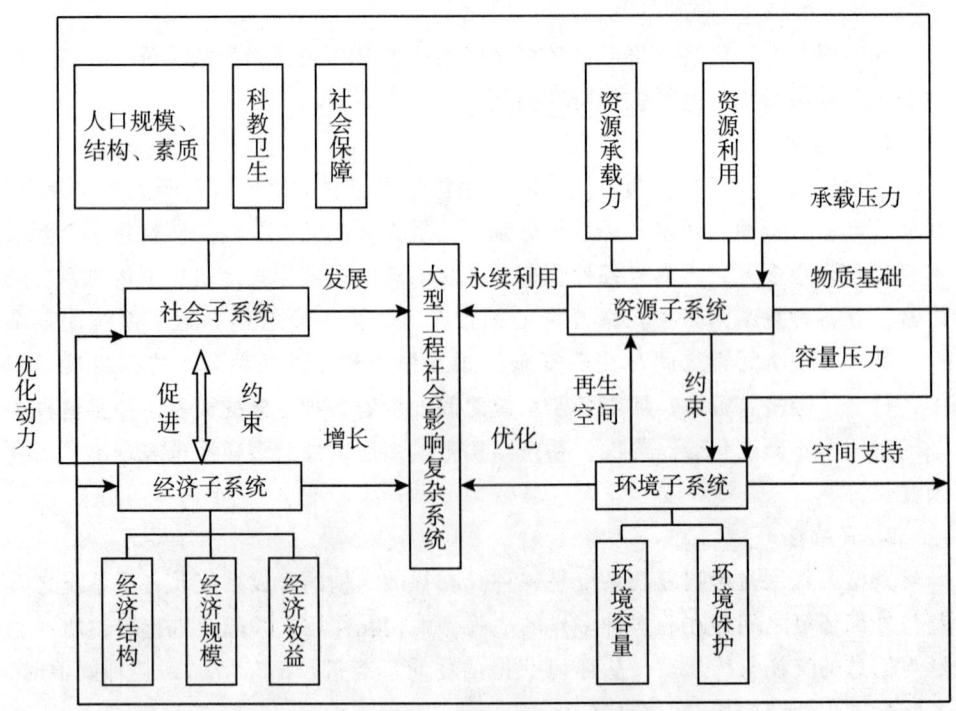

图 11-3 大型工程项目影响复杂系统

大型工程项目影响复杂系统内部关联主要表现在：大型工程对经济、社会、资源、环境有推动作用，经济、社会、资源、环境影响大型工程。经济、社会、资源、环境对大型工程有决定作用，经济、社会、资源、环境是大型工程发展的基础，决定大型工程的规模、结构、速度和质量。外部关联主要指一定的政策、管理体制、社会文化环境下，大型工程项目影响复杂系统与外部之间的物质、能量、信息的交换。大型工程项目影响复杂系统的关联存在着正向的积极作用和负向的消极影响。大型工程项目影响复杂系统各要素之间以及要素和外部之间存在着多重关联的动态依存关系，关联的错向、多层异位及比例关系失调是大型工程项目影响复杂系统出现多种不协同问题的根源。

大型工程项目影响复杂系统的性状始终置于外界的影响之中，涨落不断地发生，其演化过程很复杂，外部条件变化、政策改变、观念形态的变化等，甚至微小的经济社会震荡都可能产生分支现象，分支出的一部分稳态代表着系统的有序发展，另一部分却意味着不同程度的停滞、无序，甚至倒退。这两种不同质的解态是同时存在并发生作用的，随着涨落的生灭，渐变与突变同时存在，要密切注视临界点附近序参量的变化与控制，促使要素组合非线性协同放大、引导出现有利的进步的分支、避免停滞或倒退。

第二节 大型工程项目综合效应协同发展的理论分析

一、协同的内涵、协同发展与系统协同内容

1. 协同的内涵

大型工程项目影响复杂系统之间或系统组成要素之间在发展演化过程中彼此和谐一致，可称为系统协同。系统协同的基本思想是，通过某种方法来组织和调控所研究的系统，寻求解决矛盾或冲突的方案，使系统从无序转换到有序，达到协同的状态。系统协同的目的就是减少系统的负效应，提高系统的整体输出功能和整体效应。系统内部组成要素之间只有相互协同、相互适应，系统才能顺利地进化和发展。系统协同强调系统之间相互作用、相互配合的状况，而不是各自的发展状况，子系统的最优并不意味着系统整体的最优组合，从而也不说明系统协同。

2. 协同发展

协同发展是协同与发展概念的交集,是系统或系统内要素之间在和谐一致、配合得当、良性循环的基础上由低级到高级,由简单到复杂,由无序到有序的总体演化过程。协同发展是一种强调整体性、综合性和内在性的发展集合,它不是单个系统或要素的增长,而是多系统或要素在协同这一有益的约束和规定之下的综合发展。协同发展追求的是一种齐头并进、整体提高、全局优化、共同发展的美好前景。

3. 大型工程项目影响复杂系统协同的内容

系统结构分为空间结构、时间结构和时—空结构。系统在空间上的周期性和可重复性,就称它是空间有序;时间有序,是指系统的结构或特性具有时间上的周期性;同时具有时—空结构的有序系统称为时—空有序。

由社会、经济、资源、环境子系统的特征及功能可以看出,社会、经济、资源、环境子系统四者存在着十分密切的关系。若它们之间相互促进、协同,其失调和障碍因素被控制在最小限度和范围内,系统将呈现良性的循环和协同发展;若它们之间基本失调,已危及或破坏了整个系统的常态运行,则称为恶性循环和不协同发展。从系统论的角度看,四者之间的协同表现在以下五个方面:

(1) 结构性协同。结构性协同是系统正常运转所应达到的最基本的协同性。通过对系统内部社会结构、经济结构、资源结构和环境结构的分析,来揭示系统各方面结构的合理性和系统的运行状态。

(2) 功能性协同。系统的总体功能是由子系统的功能实现的,尽管各子系统功能的性能和特征不一,重要程度不一,但对于整体功能都是不可缺少的,每个子系统功能的衰弱或残缺都会影响整体功能的发挥。功能性协同是通过子功能的最优组合,达到整体功能最优,负效应最小。

(3) 空间性协同。大型工程项目影响复杂系统是一个开放系统,任何区域不能单独达到理性目标,必须与所在地区协同发展,互惠互利,否则将发生区域间制约作用,而不能走向良性循环。

(4) 时间性协同。大型工程项目影响复杂系统的发展具有时期性,为保证系统目标的实现,应使不同的发展阶段达到不同的目标。

(5) 内部与外部协同。大型工程项目影响复杂系统不仅是内部多层次的协同,还存在着与外部环境及其他系统间的相互适应,相互协同。

由此给出大型工程项目影响复杂系统协同的数学描述:

$$H = H[H_1(S), H_2(F), H_3(R), H_4(T), H_5(E)] \qquad (11-1)$$

式中:$H_1(S)$ 为结构性协同;

$H_2(F)$ 为功能性协同;

$H_3(R)$ 为空间性协同;

$H_4(T)$ 为时间性协同;

$H_5(E)$ 为与外部环境协同。

大型工程项目影响复杂系统的协同性是描述系统内部结构性协同、功能性协同、空间性协同、时间性协同、与外部环境协同关系的函数,该值越大,系统各种关系的匹配程度和内外部适应程度越高,系统总体功能就越大。

二、协同发展目标的实现过程

大型工程项目影响复杂系统的目标能否实现,取决于系统中各子系统之间、子系统与其上一层次系统之间的物质、能量和信息的交换和融合过程能否处于高效、和谐的均衡状态,也取决于系统的共演化、共进化过程是否沿着对称互惠共生的路径协同进行。

从大型工程项目影响复杂系统的特性可知,协同发展的实现过程是一个复杂多变的过程。如何从复杂性中构建简单,从混沌、无序中构建有序,这是推动和促使协同发展的核心与关键。要达到这一目的,应该做好下述三件事:一是应重视人的参与。以人为中心、为主体,以正确的价值观来维护、调控和推动系统的协同发展。二是应重视学习与创新。用系统观的科学方法来选择协同发展进程的最佳路径,以促使其转向均衡路径。三是在协同发展进程中的各个时期、每个阶段和各个环节都应充分重视机制设计和制度安排的重要作用,要用协同发展的价值观去设计和修正适于协同发展的激励机制和制度,以保证系统沿着对称激励、互惠共生的轨迹持续进行下去。一个充满激励、共生和有序的协同发展进程及其实现轨迹如图 11-4 所示。

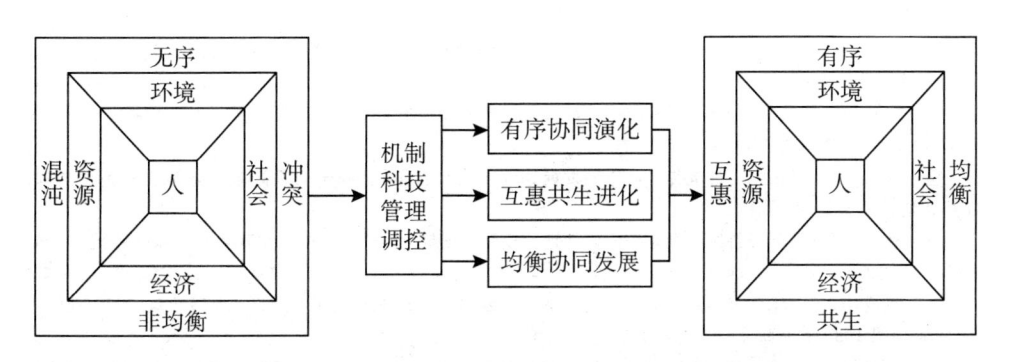

图 11-4 大型工程协同发展目标的实现过程

图 11-4 中表明由社会、经济、资源、环境组成的四维循环系统,人处于系

统的中心地位,这隐含着人是系统的主体与调控者,人在系统中的一切行为与活动将直接或间接影响系统的运行与变动,人们通过所掌握的科技和管理知识,结合其世界观和价值观作判断来设计系统发展的制度安排和调控手段,与此同时,社会、经济、资源、环境各子系统则是通过物质、能量和信息的流通与交换形成无限循环的物质循环、能量循环和信息循环,以推动区域演化与进化。但当系统处于不协同的运行状态中,物质、能量和信息循环将会受阻,人们不断增长的福祉需求将无法获得持续的满足。面对这一情形,作为协同发展主体的人应通过不断学习,树立新的发展观和价值观;同时通过创新思维并应用科技知识探索有效的方法,寻找系统熵减的源泉,通过熵减来减轻和缓解系统运行过程中造成熵增引起的无序状态,化无序为有序;同时通过总结、分析过去的制度安排,用协同发展观做出合理的评价,从而提出新的制度与政策。即通过不断的学习、实践与创新,大型工程项目影响复杂系统将向协同、有序、互惠共生、均衡的状态逼近,最终达到较佳状态。

三、协同模型的建立

学者们根据不同系统的特点,建立了各种类型的协同模型,如李崇明等建立的小城镇协同发展模型[1];孟庆松等建立的科技经济系统协同模型[2];李桂荣[3]和张金学[4]分别建立的矿区协同模型;刘喜华等建立的信息产业与社会经济协同模型[5];李柞泳等建立的社会经济与环境协同发展模型[6];陈来成建立的科技经济社会生态协同发展评价体系[7]等。本节根据大型工程项目影响复杂系统的特点,分别建立了大型工程项目影响复杂系统协同发展的概念模型和调控模型。

---

[1] 李崇明、丁烈云:《小城镇资源环境与社会经济协调发展评价模型及应用研究》,载于《系统工程理论与实践》2004年第11期,第134~139页。

[2] 孟庆松、韩文秀、金锐:《科技—经济系统协调模型研究》,载于《天津师范大学学报(自然科学版)》1998年第18卷第4期,第8~11页。

[3] 李桂荣:《矿区生态环境与经济协同发展评价方法与对策》,载于《大连轻工业学院学报》2002年第2期,第152~156页。

[4] 张金学:《矿区可持续发展系统协同性评价模型的研究》,载于《鸡西大学学报(综合版)》2004年第1期,第1~2页。

[5] 刘喜华、吴育华:《信息产业与社会经济协同发展评价问题研究》,载于《中国软科学》2000年第11期,第108~111页。

[6] 李柞泳、甘刚:《社会经济与环境协同发展的评价指标体系及评价模型》,载于《成都信息工程学院学报》2001年第3期,第174~178页。

[7] 陈来成:《论科技、经济、社会、生态协同发展的评价体系》,载于《系统辩证学学报》2000年第1期,第69~72页。

1. 概念模型

大型工程项目影响复杂系统的最终目的是使四者之间相互作用,相互和谐,以取得最大的整体效益。可将该原理表示为如下关系式:

系统目标

$$V = F[X(R, S, T), Y(R, S, T), Z(R, S, T), W(R, S, T)] \tag{11-2}$$

约束条件:

$$X > X_{\min}, Y > Y_{\min}, Z > Z_{\min}, W > W_{\min} \tag{11-3}$$

式中,V 为系统协同发展状态;

X 为社会子系统发展变量;

Y 为经济子系统发展变量;

Z 为资源子系统发展变量;

W 为环境子系统发展变量;

R 为利益变量;

S 为空间变量;

T 为时间变量;

$X_{\min}, Y_{\min}, Z_{\min}, W_{\min}$ 为分别为各子系统的边界条件。

2. 调控模型

大型工程项目影响复杂系统调控的目的在于使经济发展、社会进步、资源利用和环境保护之间达到一种理想的优化组合状态,以便在空间结构、时间过程、整体效应、协同性等方面使区域的能流、物流、人流、信息流达到合理流动和分配,从而提高其协同发展的能力。其调控的总体目标可按经济子系统、社会子系统、资源子系统和环境子系统等方面分解为一系列具体目标。经济子系统的目标主要是经济发展,主要指总量、结构、利益等方面的目标,如产业结构的优化、经济增长率等;社会子系统的目标为社会进步,包括人口素质、医疗卫生教育以及社会稳定和保障等;资源子系统主要是指资源的永续利用;环境子系统主要是指生态环境的保护与改善。本章根据大型工程项目影响复杂系统的调控目标,建立了协同发展的调控模型,如图 11-5 所示。

四、大型工程项目影响复杂系统的协同发展路径分析

设大型工程项目影响复杂系统发展过程符合生长曲线,用 LOGISTIC 曲线来分析大型工程项目影响复杂系统发展过程。用 $x(t)$ 表示系统的发展过程,则大型工程项目影响复杂系统的发展速度为 $\dfrac{dx}{dt}$,相对发展速度为 $y = \dfrac{1}{x}\dfrac{dx}{dt}$,$r$ 为系

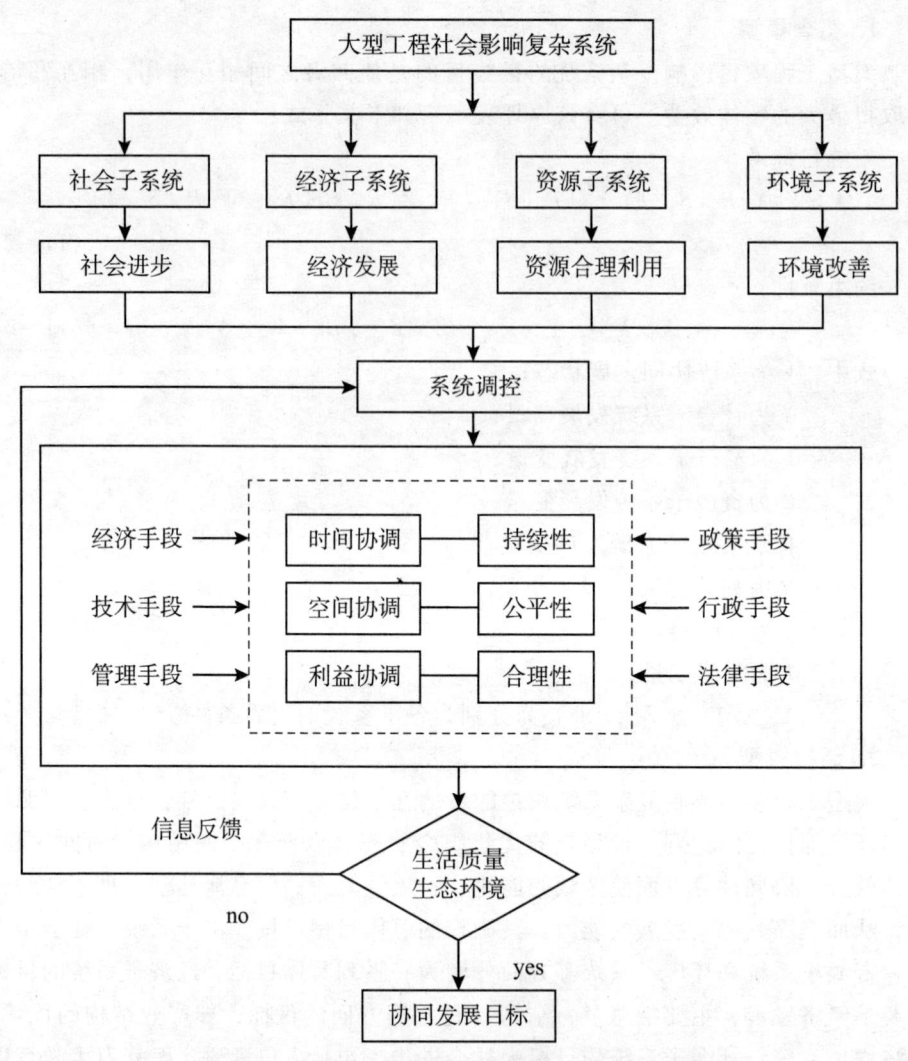

图 11-5 大型工程项目影响复杂系统调控模型

最大的相对发展速度。k 为系统发展所要求的资源环境最大容量；t 为时间，表示系统发展在时间上的延续。若令相对发展速度 y 为 x 的线性递减函数，则有下式成立，其曲线如图 11-6 所示。

$$y = \frac{1}{x}\frac{dx}{dt} = r - \frac{r}{k}x \qquad (11-4)$$

其中，r，k 为大于零的常数。

可得 LOGISTIC 曲线的微分方程：

$$\frac{dx}{dt} = \frac{rx(k-x)}{k} \qquad (11-5)$$

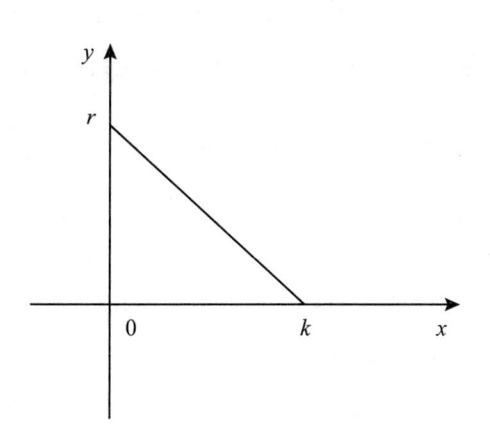

图 11-6　相对发展速度曲线

求解上式，得

$$x = \frac{k}{1 + ce^{-rt}} \qquad (11-6)$$

为了考察发展过程和发展速度，下面给出 x 和 $\dfrac{dx}{dt}$ 的图像。

表 11-1 和表 11-2 分别为大型工程项目影响复杂系统发展过程和发展速度的阶段特性。

表 11-1　大型工程项目影响复杂系统发展过程的阶段特性

t	$(0, \dfrac{k}{2})$	$\dfrac{k}{2}$	$(\dfrac{k}{2}, +\infty)$	$+\infty$
$\dfrac{dx}{dt}$	+	$\dfrac{rk}{4}$	+	$\to 0$
$\dfrac{d^2 x}{dt^2}$	+	0	−	$\to 0$
x	凹	$\dfrac{k}{2}$（拐点）	凸	$\to k$

表 11-2　大型工程项目影响复杂系统发展速度的阶段特性

t	$(0, \dfrac{rk}{6})$	$\dfrac{rk}{6}$	$(\dfrac{rk}{6}, \dfrac{rk}{4})$	$\dfrac{rk}{4}$	$(\dfrac{rk}{4}, \dfrac{rk}{6})$	$\dfrac{rk}{6}$	$(\dfrac{rk}{6}, +\infty)$
$\dfrac{d^2 x}{dt^2}$	+	+	+	0	−	−	−
$\dfrac{d^3 x}{dt^3}$	+	0	−	−	−	0	+
$\dfrac{dx}{dt}$	凹	$\dfrac{rk}{6}$	凸	$\dfrac{rk}{4}$	凸	$\dfrac{rk}{6}$	凹

根据图 11-7 和图 11-8 可以分析系统发展的趋势和速度，在 $\left(0, \dfrac{rk}{6}\right)$，系统发展处于起步阶段，发展速度 $\dfrac{\mathrm{d}x}{\mathrm{d}t}$ 缓慢增加到 $\dfrac{rk}{6}$；在 $\left(\dfrac{rk}{6}, \dfrac{rk}{4}\right)$，系统快速发展，系统的发展速度加速增长到最大 $\dfrac{rk}{4}$；在 $\left(\dfrac{rk}{4}, \dfrac{rk}{6}\right)$，系统仍处在快速发展阶段，虽然系统的发展速度逐渐回落，但仍以高于 $\dfrac{rk}{6}$ 的速度发展；在 $\left(\dfrac{rk}{6}, +\infty\right)$ 系统发展趋于成熟，发展速度缓慢，由于资源环境限制，发展速度趋于零。

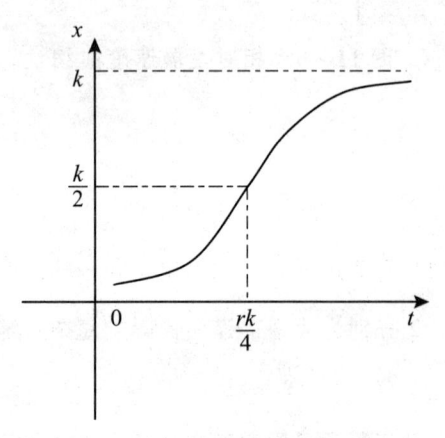

图 11-7　系统发展过程曲线

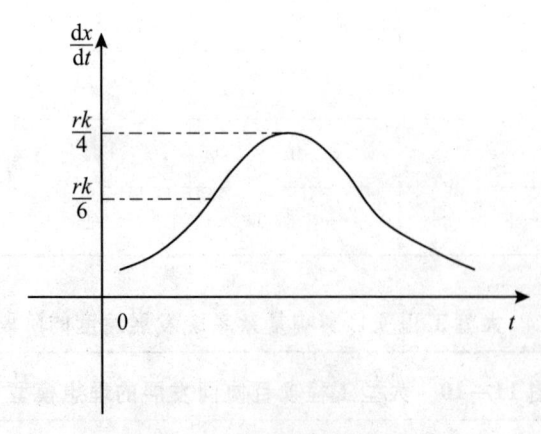

图 11-8　系统发展速度曲线

当 r，k 一定的情况下，$x \to k$ 时，发展速度 $\dfrac{\mathrm{d}x}{\mathrm{d}t} \to 0$，但随着时间的推移，系统不会停止演化，此时系统将可能沿着三种不同的轨迹演化，如图 11-9 所示，此时若沿着轨迹 1，2 演化，则系统发展就会停滞或倒退，不可能实现协同发展；如果系统能不断地克服限制条件，从而不断地向更高层次跃迁，那么该系统的发展就是协同发展。可见系统在演化过程中，由于内在机制和外部条件的制约，其发展在某一时期内是有局限性的，当某种状态增长到某种程度时便不能再增长，只有等到系统内部发生变革或外部条件发生变化，系统才会进入下一个发展阶段。另外，从整体上看，系统在长时间尺度上看似平稳的发展过程，在短时间尺度上则存在波动，同时系统的发展过程与阶段性的发展过程具有某种程度的相似性，即其发展过程是分形的。因此，可以用具有分形特点的复合 LOGISTIC 曲线构造出大型工程项目影响复杂系统实现协同发展的理想模型图（见图 11-10）。

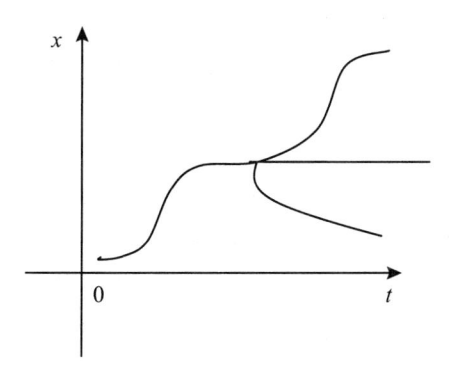

图 11-9　大型工程项目影响复杂系统三种演化模式

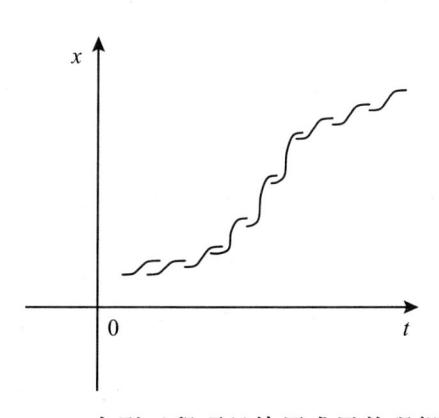

图 11-10　大型工程项目协同发展的理想模型

为了使大型工程项目影响复杂系统实现协同发展，要以协同发展的基本原理和理想模型为指导，结合所在区域经济社会发展的现状，从环境资源的要素出发、充分利用现有资源，缩短系统处于成熟期的时间，实现大型工程项目影响复杂系统的协同发展。

第三节 基于复杂系统的南水北调区域综合效应评价

一、协同发展综合评价指标体系的构建

社会、经济、资源、环境协同发展指标体系是对区域社会、经济、资源、环境系统协同发展状况进行综合评价与研究的依据和标准，是综合反映社会、经济、资源、环境系统不同属性的指标按隶属关系、层次关系原则组成的有序集合。

根据对大型工程项目影响复杂系统中社会、经济、资源、环境子系统的认识与研究，将反映该系统协同发展的因素加以分析和合理综合，并考虑到数据的可得性，提出综合评价指标体系。该评价指标体系是一个由系统层、子系统层、准则层、指标层构成的具有递阶层次结构的指标体系。其中系统层是由子系统层构成；子系统层由准则层加以反映；准则层由具体评价指标层加以反映。系统层是评价的目标，用来衡量系统的协同发展状况；子系统层根据前面的分析，将其分为社会子系统、经济子系统、资源子系统和环境子系统；准则层是用来反映各子系统发展水平的；指标层是用来反映各准则层的具体内容的。

社会、经济、资源、环境协同发展综合评价指标体系如图 11-11 所示。

二、大型工程项目影响系统构成及其协同发展描述

（一）大型工程项目影响系统构成分析

大型工程项目影响复杂系统是指大型工程的社会、经济、资源与环境子系统通过相互作用、相互影响、相互制约而构成具有一定功能和结构的有机整体，其中人是主体和调控者，社会子系统与经济子系统组成社会经济系统，资源与环境构成的自然系统是其基础，各个子系统及其相互关系在不同的大型工程中具有时空上的差异性。大型工程项目影响系统构成如下：

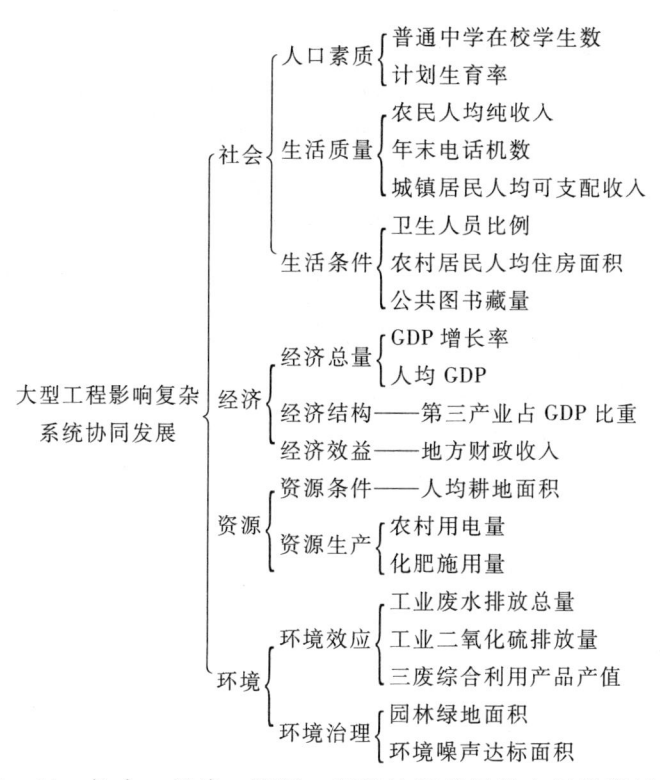

```
                              ┌ 人口素质 ┌ 普通中学在校学生数
                              │         └ 计划生育率
                     ┌ 社会 ┤ 生活质量 ┌ 农民人均纯收入
                     │        │         │ 年末电话机数
                     │        │         └ 城镇居民人均可支配收入
                     │        │ 生活条件 ┌ 卫生人员比例
                     │        └         │ 农村居民人均住房面积
                     │                  └ 公共图书藏量
                     │        ┌ 经济总量 ┌ GDP 增长率
大型工程影响复杂     │ 经济 ┤         └ 人均 GDP
系统协同发展       ┤        │ 经济结构 ── 第三产业占 GDP 比重
                     │        └ 经济效益 ── 地方财政收入
                     │        ┌ 资源条件 ── 人均耕地面积
                     │ 资源 ┤ 资源生产 ┌ 农村用电量
                     │        └         └ 化肥施用量
                     │        ┌ 环境效应 ┌ 工业废水排放总量
                     │        │         │ 工业二氧化硫排放量
                     └ 环境 ┤         └ 三废综合利用产品产值
                              └ 环境治理 ┌ 园林绿地面积
                                         └ 环境噪声达标面积
```

图 11-11 社会、经济、资源、环境协同发展综合评价指标体系

注：在查找数据的过程中，由于有些地区某些指标的数据不可得，在这种情况下本章用了其他指标的数据来代替，特此说明。

1. 社会子系统

大型工程协同发展的目标之一是社会进步，社会子系统是以各种关系联系在一起的总体，是人与环境等外界发生联系的中介，也是大型工程协同发展的调控器，合理的发展体制、良好的观念以及稳定的社会环境等因素是实现大型工程协同发展的保证。社会因素支配着大型工程系统的空间结构和状态，考虑其他三个子系统的影响，在协同发展状态下的大型工程社会子系统应该满足：

$$X_{SC}(t+1) > X_{SC}(t)$$
$$X_{SC} = f_{SC}(x_{SCi}, E_{SC}(t), t) \quad t \in [t_1, t_2] \quad (11-7)$$
$$E_{SC}(t) = g(X_{EC}, X_{RE}, X_{EN}, t)$$

其中，$X_{SC}(t)$ 为社会子系统在 t 时刻的发展状态；x_{SCi} 为社会子系统指标，$i = 1, 2, \cdots, n$ 为社会子系统指标数；E_{SC} 为其他三个子系统对社会的影响指数，当 $\frac{df_{SC}}{dt} = 0$ 时，社会系统处于临界的动态平衡状态，当 $\frac{df_{SC}}{dt} > 0$ 时，社会系统处于发展状态。

2. 经济子系统

大型工程协同发展首先是经济发展，经济是整个大型工程发展的基础，也是大型工程发展的核心，经济的持续发展是整个大型工程协同发展的动力所在，也是实现大型工程协同发展的必要手段，其发展状况决定着其他子系统的状况，大型工程协同发展对经济的要求是经济的不断增长，同时考虑资源的利用与环境危机，避免不顾资源环境与社会不良影响的增长。单从经济增长的角度有：

$$\frac{\mathrm{d}f_{EC}}{\mathrm{d}t} \geqslant 0 \quad (11-8)$$

其中，f_{EC} 为经济增长函数。大型工程协同发展不是单纯的经济增长，在发展经济的同时要立足于满足人类的合理要求而发展，强调人类经济活动对资源和环境无害的要求，坚持发展的公平性和持续性。

3. 资源子系统

大型工程协同发展意义下的资源主要指自然资源，它在大型工程中的意义首先在于是生产力要素，是经济的基础，同时也是大型工程协同发展的关键因素。自然资源按开发和更新的特性可以分为再生资源和不可再生资源。对于资源的利用分析，常用的思路有两种：从资源的储量和开发量的关系上进行分析，建立资源的有效利用模型；把自然资源作为资本，从量的增减的角度建立模型。从现有可利用资源量的角度考虑：

$$G(t) = G(t-1) + A(t-1) - C(t-1) \quad (11-9)$$

其中，$G(t)$ 为 t 期的资源量；$A(t-1)$ 为 $t-1$ 期的资源增量；$G(t-1)$ 为 $t-1$ 期的资源消耗量，在协同发展中，对资源的利用以不影响后代的利益为约束：$G(t) \geqslant G(t-1)$。

即
$$A(t-1) \geqslant C(t-1) \quad (11-10)$$

也就是对资源的利用不能超过资源增量。

4. 环境子系统

环境是大型工程协同发展的重要组成部分，在大型工程协同发展中的作用主要是吸收和同化人类活动中的废弃物，协同发展要求始终调控环境与发展的矛盾，环境质量的好坏是协同发展与不协同发展的重要区别点。环境子系统本身具有一定的自我调节能力，依靠这种能力，环境子系统能保持平衡和持续发展，但这种能力是受外界影响的，只有外界的影响在环境的容量范围内，环境才不会遭到破坏。大型工程的环境问题与经济活动相伴而生，现阶段环境主要是从"三废"方面来评价大气、水质量以及固体废物治理，环境问题的响应也有污染与治理两个方面。由于环境受其他系统的影响比较复杂，本章只用环境污染的变化来表示大型工程协同发展中对环境子系统的要求：

$$\frac{\mathrm{d}f_{EN}}{\mathrm{d}t} = \frac{\mathrm{d}(f_{EN}(t+1) - f_{EN}(t))}{\mathrm{d}t} \leqslant 0 \qquad (11-11)$$

其中，$f_{EN}(t)$ 为污染函数，在大型工程协同发展中要求环境污染不能加重，事实上，由于人类的实践活动不能停止，要做到这一点很难，在实践中可以限制一阈值 σ（取决于环境自身的净化能力与对环境治理保护的能力），使得 $\frac{\mathrm{d}f_{EN}}{\mathrm{d}t} \leqslant \sigma$；作为协同发展中对环境子系统的约束条件，环境的发展可以转化为如何综合考虑大型工程中的各种关系来确定恰当的环境污染阈值 σ。

（二）大型工程项目影响复杂系统的发展描述

大型工程 4 个子系统的发展及其相互关系形成整个大型工程项目影响复杂系统的运行机制，在这种复杂机制中，各子系统的自身因素及子系统之间的相互作用决定着子系统的发展状态，同时决定着大型工程项目影响复杂系统的发展过程和演化方向，最终表现为大型工程的发展演化状态，因此大型工程项目影响复杂系统的发展可以用社会、经济、资源与环境 4 个子系统的发展水平及其关系进行描述，各子系统的发展水平则是各子系统指标的函数：

$$\begin{aligned} SD &= f(D_{SC}, D_{EC}, D_{RE}, D_{EN}) \\ D_{SC} &= f_{SC}(X_{SC}); \quad D_{EC} = f_{EC}(X_{EC}) \\ D_{RE} &= f_{RE}(X_{RE}); \quad D_{EN} = f_{EN}(X_{EN}) \end{aligned} \qquad (11-12)$$

其中，SD 为大型工程的综合发展状态；D_{SC}，D_{EC}，D_{RE}，D_{EN} 分别为社会、经济、资源与环境的发展状态；X_{SC}，X_{EC}，X_{RE}，X_{EN} 分别为社会、经济、资源与环境 4 个子系统的指标向量；f_{SC}，f_{EC}，f_{RE}，f_{EN} 分别为 4 个子系统关于自身指标的发展函数；f 为大型工程项目影响复杂系统关于 4 个子系统的发展状态函数，是复杂系统中的相关关系集合，既含有各子系统间的相互关系，也包括子系统内部各指标之间的关系；对整个大型工程来讲，发展则意味着对于时间 t，存在着 $SD(t+1) > SD(t)$。

由于是一个复杂系统，每个子系统的发展状态还可以由整个大型工程的状态与其他子系统的状态得到，因而各子系统的状态可以结合其他子系统的变量进行描述：

$$\begin{aligned} D'_{SC} &= g_{SC}(X_{SC}, X_{EC}, X_{RE}, X_{EN}) \\ D'_{EC} &= g_{EC}(X_{SC}, X_{EC}, X_{RE}, X_{EN}) \\ D'_{RE} &= g_{RE}(X_{SC}, X_{EC}, X_{RE}, X_{EN}) \\ D'_{EN} &= g_{EN}(X_{SC}, X_{EC}, X_{RE}, X_{EN}) \end{aligned} \qquad (11-13)$$

D'_{SC}，D'_{EC}，D'_{RE}，D'_{EN} 考虑了其他子系统因素的影响，是各子系统在大型工程项目影响复杂系统中的发展状态,所以与没有考虑子系统间影响时的各子系统状态 D_{SC},D_{EC},D_{RE},D_{EN} 是不同的,与只考虑自身因素的各子系统状态 D_{SC},D_{EC},D_{RE},D_{EN} 相比,D'_{SC},D'_{EC},D'_{RE},D'_{EN} 能体现出大型工程各子系统间复杂的相关关系。

在大型工程及各子系统层次上,对综合发展状态函数 $f_i(i = SC, EC, EN, RE)$,若发展表示为 $f_i(t+1) > f_i(t)$,则协同发展可表示为对任意时刻 $t_2 > t_1$,有 $f_i(t_2) > f_i(t_1)$;

若 $X(t)$ 为大型工程协同状态在 t 时刻的某种测度,对整个大型工程及各子系统有:

$$X(t) = \sum_{i=1}^{4} X_i(t)\ ;\ X_i(t) = f_i(x_j, t) \qquad (11-14)$$

$j = k, l, m, n$ 分别为 4 个子系统的指标数,则一阶动态方程

$$X(t + \Delta t) = X(t) + \sum_{i=1}^{4} f_i(X_j, \Delta t) \qquad (11-15)$$

能够体现出大型工程协同发展的概念,对于 $f_i(x_j, t)$ 采取怎样约束才能实现协同发展需要根据实际情况确定。

三、大型工程项目协同发展分析方法

实现大型工程协同发展的关键是社会、经济、资源与环境四个子系统之间的相互协同,在发展中达到社会效益、经济效益、资源效益和环境效益的统一,要实现四个子系统发展的协同统一,必须明确大型工程四个子系统间的相互作用机制,并通过一定的方法对四个子系统间的协同性进行分析与评价,但大型工程项目影响复杂系统内部相互作用关系极其复杂,全面、清楚地分析各子系统之间的关系是十分困难的,而子系统之间的相互作用在大型工程的协同发展中起着至关重要的作用,对大型工程项目影响复杂系统的发展演化具有决定性意义,因而是不能回避的问题,我们研究的思路是首先分析两个子系统之间的相互作用,明确子系统间协同作用机制,进而分析多个子系统之间的相互作用,最终实现大型工程的协同发展。

(一)大型工程项目影响复杂系统的协同性描述

大型工程项目影响复杂系统中子系统间的发展协同问题可以在系统状态连续的范围内进行讨论,对大型工程项目影响复杂系统中任意两子系统 i,j:

$$\dot{X}_i(t) = f_i(X_i, t)$$
$$\dot{X}_j(t) = f_j(X_j, t) \tag{11-16}$$

其中，$\dot{X}_i(t)$，$\dot{X}_j(t)$ 为子系统 i，j（对应社会、经济、资源与环境 4 个子系统）在 t 时刻的状态，由于子系统 i，j 是相互渗透、具有高度相关的关系，协同发展的情况下两子系统 i，j 的状态之间具有某种函数关系，若考虑两子系统 i，j 彼此对对方状态变化的影响：

$$\Delta\dot{X}_i(t) = F_i(X_j, t)$$
$$\Delta\dot{X}_j(t) = F_j(X_i, t) \tag{11-17}$$

其中，$\Delta\dot{X}_i(t)$，$\Delta\dot{X}_j(t)$ 分别为 t 时刻 j 系统对 i 系统状态的影响（用状态变量的变化描述）以及 i 系统对系统 j 状态的影响，如果在两者相互作用的任意时刻均有：

$$F_i(X_j, t) = kF_j(X_i, t) \tag{11-18}$$

说明系统 i，j 完全协同，两系统在相互影响上满足动态平衡的要求。

若 $F_i(X_j, t)$，$F_j(X_i, t)$ 在一定时间内 $[t_1, t_2]$ 满足：

$$\int_{t_1}^{t_2} F_i(X_j, t)\mathrm{d}t = \int_{t_1}^{t_2} kF_j(X_i, t)\mathrm{d}t \tag{11-19}$$

则可以看做是两子系统 i，j 的状态在 $[t_1, t_2]$ 内数量协同，体现的是一种静态协同。

在大型工程项目影响复杂系统的发展过程中（11-18）式与（11-19）式出现的几率是很小的，但对于（11-19）式可以在一定范围 ε 内实现：

$$\left| \int_{t_1}^{t_2} [F_i(X_j, t) - kF_j(X_i, t)] \right| \leq \varepsilon \tag{11-20}$$

若两子系统 i，j 满足（11-20）式，则可以认为 i，j 是处于一种协同状态，按照前面的分析，ε 的取值要结合大型工程的特点，与满足协同发展的稳定性波动范围相一致。

在分析大型工程项目影响复杂系统时，需要用能包含一切影响因素的状态函数来描述各子系统状态的变化，但事实上状态方程通常难以用精确的解析式表达，所能得到的通常是描述大型工程指标状态实测数据的离散时间序列，通过对时间序列的分析来实现对大型工程的定量分析，对各子系统，各时刻的状态变量可表示为：

$$X_i(t) = \sum_{j=1}^{n} w_j x_{ij}(t) \tag{11-21}$$

$$i = SC, EC, RE, EN; j = 1, 2, \cdots, n$$

其中，$X_i(t)$ 为描述 i 子系统的一组状态变量；x_{ij} 为 i 子系统的第 j 个指标；w_j 为 i 子系统的第 j 个指标的权重，由于在研究协同发展时用的是系统的发展状态，因而各指标 x_{ij} 应为正向指标（对系统有正功效），对负向指标应作反向处理。同样可以将整个大型工程的状态用各子系统的状态值得到，各时刻的状态变量构成了系统状态空间的一条轨迹：

$$X(t) = \sum_{i=1}^{4} f_i(X_i(t)) \qquad (11-22)$$

$i = SC, EC, RE, EN$ 对应于大型工程的 4 个子系统，这一轨迹可以用来分析大型工程的发展变化，这里，$X_i(t)$ 已经包含了对子系统的一切影响因素。

大型工程作为社会、经济、资源与环境 4 个子系统组成的复杂系统，其整体协同性需考虑 4 个子系统之间的相互关系，考虑各子系统之间的相互影响，大型工程的发展演化状态可用各子系统的状态来描述为：

$$\frac{dX}{dt} = f(X_{SC}, X_{EC}, X_{RE}, X_{EN}, t) \qquad (11-23)$$

其中，$\frac{dX}{dt}$ 为大型工程发展状态因子；f 为整个大型工程项目影响复杂系统的发展状态函数；$X_{SC}, X_{EC}, X_{RE}, X_{EN}$ 为大型工程的 4 个子系统发展状态。

前面（11-20）式是用子系统间的状态变化差来描述子系统之间的关联关系，从各子系统发展受到彼此约束的角度描述两子系统的协同发展，事实上将大型工程项目影响作为复杂系统，子系统之间约束关系已经得到体现，在发展过程中只要大型工程子系统的发展能够相互促进，不因某一子系统的发展而影响其他子系统的发展，如经济的发展不以牺牲资源环境为代价，而是能够提高资源的利用效率与环境的优化，这样的发展就是协同的。大型工程协同发展过程中由于子系统间发展是相互促进的，大型工程项目影响复杂系统的协同发展可以用系统的整体状态与子系统状态之和的差来表示：

$$\frac{dX}{dt} - \left[\frac{dX_{SC}}{dt} + \frac{dX_{EC}}{dt} + \frac{dX_{RE}}{dt} + \frac{dX_{EN}}{dt}\right] \geq 0 \qquad (11-24)$$

即

$$f(X_{SC}, X_{EC}, X_{RE}, X_{EN}, t) - [f_{SC}(X_{SC}, t) + f_{EC}(X_{EC}, t) \\ + f_{RE}(X_{RE}, t) + f_{EN}(X_{EN}, t)] \geq 0 \qquad (11-25)$$

有

$$f(X_{SC}, X_{EC}, X_{RE}, X_{EN}, t) - [f_{EC}(X_{EC}, t) + f_{RE}(X_{RE}, t) \\ + f_{EN}(X_{EN}, t)] \geq f_{SC}(X_{SC}, t)$$

这样可以给出复杂系统各子系统整体协同发展的定义：

定义：对于 n 个子系统组成的复杂系统在 t 时刻的发展状态

$$\frac{dX(t)}{dt} = f(X_1, X_2, \cdots, X_n, t) \qquad (11-26)$$

以及任意子系统 i 的发展状态

$$\frac{\mathrm{d}X_i(t)}{\mathrm{d}t}=f_i(X_i,\ t)\qquad i=1,\ 2,\ \cdots,\ n \qquad (11-27)$$

若满足

$$\frac{\mathrm{d}X(t)}{\mathrm{d}t}-\sum_{j=1}^{n-1}\frac{\mathrm{d}X_j(t)}{\mathrm{d}t}\geq\frac{\mathrm{d}X_i(t)}{\mathrm{d}t}(i\neq j) \qquad (11-28)$$

则称 i 子系统与其他子系统间是协同发展的。

按照复杂系统协同的定义，两系统的协同发展是指两系统在发展演化中不会出现因一个系统的发展而影响到另一个系统的发展，而且当一个子系统发展时能够促进另一个子系统的发展。

（二）大型工程项目影响复杂系统中子系统间的协同发展机理分析

定义是从子系统的发展及其相互关系上对协同发展进行描述的，对于复杂系统中任意两个子系统 i，j 的状态函数：

（1）当 $f_i(X_i,\ t)<0$，$f_j(X_j,\ t)<0$ 时，子系统 i，j 都是在退化的，此时没有必要考虑两者的状态是否是协同的。

（2）当 $f_i(X_i,\ t)>0$，$f_j(X_j,\ t)<0$，或 $f_i(X_i,\ t)<0$，$f_j(X_j,\ t)>0$ 时，i 系统是在发展的，$j(i\neq j)$ 系统是退化的（或者 j 系统是在发展的，$i(i\neq j)$ 系统是退化的），这与协同发展的思想也相违背。

（3）当 $f_i(X_i,\ t)>0$，$f_j(X_j,\ t)>0$ 时，两系统 i，j 都是在发展的，这种情况是协同发展研究的主要内容。

在发展的情况下，子系统的状态 $X_i(t)>X_i(t-1)$，对

$$V_i=\frac{\mathrm{d}X_i(t)}{\mathrm{d}t}=f_i(X_i,\ t);\ V_j=\frac{\mathrm{d}X_j(t)}{\mathrm{d}t}=f_j(X_j,\ t) \qquad (11-29)$$

其中，V_i，V_j 分别为系统 i，j 状态的变化速度，若复杂系统中只有 i，j 两个子系统，（11-20）式可变换为：

$$\left|\int_{t_1}^{t_2}V_i\mathrm{d}t-\int_{t_1}^{t_2}kV_j\mathrm{d}t\right|=\left|\int_{t_1}^{t_2}(V_i-kV_j)\mathrm{d}t\right|\leq\varepsilon \qquad (11-30)$$

对上式两边沿 t 求导，则有

$$|V_i-kV_j|\leq\varepsilon(t_2-t_1) \qquad (11-31)$$

在临界点处 $(t_1,\ t_2)$ 有

$$\frac{V_i}{V_j}=K \qquad (11-32)$$

K 为一个区域，$K\in k\varepsilon[t_1,\ t_2]$，因此，可以通过系统 i，j 的状态发展速度 V_i，V_j 来对两系统的协同发展情况进行分析，只要 V_i，V_j 的比值落在区间 K 内，

就可以认为两者是协同发展的，这种分析存在一个 ε 的确定问题，由于协同发展的标准不好确定，也难以描述协同发展下的各子系统发展状态，造成了 ε 的确定困难，为此可以改变 K，结合定义，当 $V_i>0$，$V_j>0$ 时，子系统 i，j 都是发展的，作为复杂系统的两个子系统，i，j 的关联性已经得到体现，这样可以用满足 $V_i>0$，$V_j>0$ 的区域代替 K，直接用 V_i/V_j 来分析 i，j 的发展协同性。

（三）基于系统演化思想的子系统间发展相互协同分析

为简化大型工程项目影响复杂系统中的复杂关系，只就两个子系统的相互影响来分析子系统间的协同发展机制，将大型工程的资源、环境合并为一自然系统，社会、经济合并为一人工系统来研究两子系统间的协同发展。在大型工程中，社会经济活动与资源环境相互作用，它们各自的状态对另一方具有重大的影响：一方面，在大型工程的社会经济活动中，特别是以可再生资源为基础的经济活动中，自然过程和自然系统的特有功能可能成为社会经济得以持续的先决条件；另一方面由于排放污染和人类活动有关的其他原因，社会经济活动影响着自然过程和自然系统。在大型工程的发展过程中，社会经济与资源环境的相互关系是复杂的，很难对其中的复杂关系进行准确的描述，但可以利用两系统的演化速度与方向对这些关系进行综合描述：协同发展下两者演化是发展且演化速度满足一定的比例关系。由大型工程各子系统的正向作用指标状态序列（对逆向作用指标状态序列作反向处理）可以得到各子系统的各时刻的发展状态序列，根据子系统各时刻的状态分布情况选用恰当的曲线进行拟合，建立大型工程资源环境（RE）与社会经济系统（SE）的一般演化函数 $f(RE)$，$f(SE)$，这样大型工程项目影响复杂系统只有资源环境与社会经济两个子系统，按照贝塔朗菲的系统理论，$f(RE)$，$f(SE)$ 为整个系统的主导部分，则系统演化方程的形式为：

$$\begin{cases} A = \dfrac{\mathrm{d}f(RE)}{\mathrm{d}t} = \alpha_1 f(RE) + \alpha_2 f(SE) \\ B = \dfrac{\mathrm{d}f(SE)}{\mathrm{d}t} = \beta_1 f(RE) + \beta_2 f(SE) \end{cases} \quad (11-33)$$

A，B 为受自身与外来影响下资源环境子系统与社会经济子系统的演化状态。在（11-33）式中，A，B 是相互影响的，任何子系统的变化都会导致整个系统的变化，在受自身与外界影响下，两个子系统发展状态因子（速度）为：

$$V_A = \frac{\mathrm{d}A}{\mathrm{d}t},\ V_B = \frac{\mathrm{d}B}{\mathrm{d}t} \quad (11-34)$$

由于整个大型工程项目影响复杂系统只含有两个子系统 $f(RE)$，$f(SE)$，所以当 $f(RE)$，$f(SE)$ 协同时，整个系统也是协同发展的，整个系统的演化速

度 V 可以看做是 V_A 与 V_B 的函数,所以有 $V=f(V_A,V_B)$,这样可以以 V_A 与 V_B 为控制变量,通过分析 V 的变化来研究整个系统以及 $f(RE)$,$f(SE)$ 的协同关系。

首先建立 V 的简单模型,整个系统的演化是满足系统演化理论而具有周期性的,假定社会经济的变化是周期性的,在大型工程复杂系统中,社会经济的发展与资源环境的发展是互相关联影响的,因而资源环境受社会经济的影响也出现周期性,在每个周期内,由于 V 的变化是 V_A 与 V_B 引起的,可以在二维平面(V_A,V_B,横轴 V_B 表示社会经济的发展速度,纵轴 V_A 表示资源环境的发展变化速度)中来分析 V,结合贝塔朗菲系统理论中的竞争描述:随着社会经济发展的持续(超过资源环境的承载能力),资源环境压力升高,资源环境压力的升高限制社会经济的发展。以 V_A 与 V_B 为变量、系统演化周期理论为依据建立坐标系,则 V 的变化轨迹为坐标系中的一椭圆(资源环境变化没有经济社会迅速,幅值偏小),如图 11-12 所示。

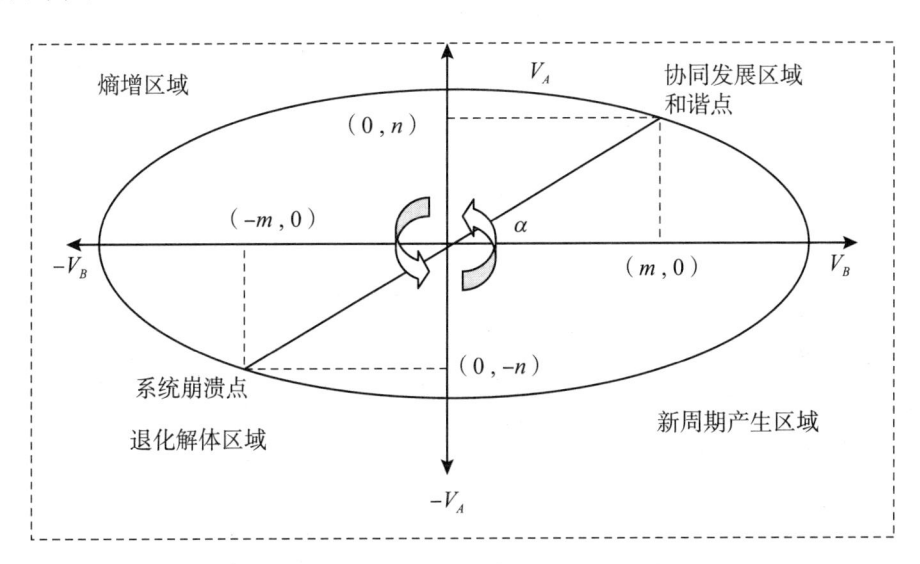

图 11-12 系统演化轨迹

当大型工程的社会经济由低到高发展时,环境退化和资源的消耗速度超过环境净化和资源增长(再生、新开发)的速度,因此随生活质量及经济的增长,资源环境问题随之恶化;当社会经济发展到较高水平时,大型工程质量的提高、环境意识的增强、法规制度的完善以及技术的进步可以提高资源利用率,缓解环境退化现象,因此资源环境问题与社会经济发展的关系是一种途径演化过程,在 V_A,V_B 为坐标轴的坐标系内,对应有:

(1)在第一象限内,有 $V_A>0$,$V_B>0$,对应于资源环境与社会经济都是发展的，社会经济的发展没有超过资源环境的承载能力，资源环境可以为社会经济的发展提供足够的支持。

（2）在第二象限内，有 $V_A > 0$，$V_B < 0$；第三象限内，有 $V_A < 0$，$V_B < 0$；第四象限内，$V_A < 0$，$V_B > 0$，都是不协同的情况。在第二象限内，资源环境的状况是不断改善的（$V_A > 0$），但社会经济并没有发展（$V_B < 0$），说明社会经济并没有与资源环境同步发展，虽然在 V_A 与 V_B 轴的夹角不大于 135°时，存在大型工程的综合状态在发展（$V > 0$）的情况（根据 V_A 与 V_B 的取值），但这种综合发展是不协同的；在第四象限内，只要 V_A 与 V_B 轴的夹角大于 315°，也存在大型工程的综合状态在发展的情况（$V > 0$），这种情况存在许多实际大型工程的发展中：社会经济的发展（$V_B > 0$）以牺牲资源环境（$V_A < 0$）为代价，但经过社会经济发展后，通过调整资源环境政策、技术改进等措施，可以回到协同发展区域。具体分析见表 11 – 3。

表 11 – 3　　　　　　　资源环境与社会经济协同关系

系统演化	α	$f(RE)$ 与 $f(SE)$ 的关系	V_A 与 V_B 的比较
系统发展阶段	$\alpha = 0°$	社会、经济发展初期，不受资源环境限制，资源环境也不受社会经济影响，发展只受自身因素影响	V_A，V_B 不存在直接制约关系
	$0° < \alpha < 45°$	社会、经济与资源、环境开始相互影响，共同发展	$V_B > V_A > 0$
	$\alpha = 45°$	社会、经济与资源、环境和谐发展	$V_B = V_A > 0$
	$45° < \alpha < 90°$	资源现有量制约了经济发展速度，资源、环境为满足经济发展需要，增长速度必须超过经济发展速度	$0 < V_B < V_A$
	$\alpha = 90°$	社会、经济增长在资源、环境的限制下达到极限，在经济增长极限值要求下，资源、环境增长速度尽可能大	$V_A \rightarrow \infty$，$V_B = 0$
系统退化阶段	$90° < \alpha < 135°$	资源环境的发展受到社会经济的影响，增长开始减速；资源环境限制了经济增长，整个系统为一个熵增的过程	$V_A > 0$，$V_B < 0$，$|V_B| < V_A$
	$\alpha = 135°$		$V_A > 0$，$V_B < 0$，$|V_B| = V_A$
	$135° < \alpha < 180°$		$V_A > 0$，$V_B < 0$，$|V_B| > V_A$
	$\alpha = 180°$	在资源、环境制约下经济发展速度到达波谷，资源、环境也停止发展	$V_A = 0$，$V_B \rightarrow -\infty$

续表

系统演化	α	f(RE) 与 f(SE) 的关系	V_A 与 V_B 的比较
系统解体阶段	180° < α < 225°	在资源环境衰退的同时经济衰落的趋势有所缓和	$V_B < V_A < 0$
	α = 225°	资源环境与经济负向和谐，对系统破坏最大	$V_A = V_B < 0$
	225° < α < 270°	资源环境继续衰退，经济衰落减慢	$V_A < V_B < 0$
系统再生阶段	α = 270°	经济衰退停止，资源环境呈现衰竭趋势	$V_A \to -\infty$，$V_B = 0$
	270° < α < 315°	通过资源环境与社会经济自组织，经济复苏、资源环境衰退减慢，系统进入新的演化周期	$V_A < 0$，$V_B > 0$，$V_B < |V_A|$
	α = 315°		$V_A < 0$，$V_B > 0$，$V_B = |V_A|$
	315° < α < 360°		$V_A < 0$，$V_B > 0$，$V_B > |V_A|$

四、大型工程项目影响复杂系统协同发展评价理论分析

（一）大型工程项目影响复杂系统协同发展评价思路

对大型工程项目影响复杂系统的协同发展评价是根据大型工程的地域特点与发展阶段，在社会进步、经济发展、资源的有效利用以及环境质量的改善几个方面对大型工程的发展状态加以综合，从子系统发展的趋势、持续趋势、协同趋势进行分析，以发展、持续性、协同性趋势的加强为评价标准，对大型工程项目影响复杂系统的协同发展进行评价。

协同发展是一种发展理念，同时协同发展也是一个动态过程，对同一区域来说，其协同发展具有阶段性，不同的阶段有不同的协同发展要求，所以对协同发展的评价不应局限于现状，而在于发展的潜力与趋势，在这种意义上对协同发展的评价应该是利用某些方法或模型对发展的趋势与潜力进行评价，看是否朝向协同的方向发展，而不是建立某种绝对的协同发展标准进行评价。

从时间序列看，大型工程项目影响复杂系统协同发展是一个动态演化过程，对反映大型工程的指标时间序列：

$$x_i(t) = \{x_{i1}(t), x_{i2}(t), \cdots, x_{ij}(t)\} \qquad (11-35)$$

其中，$i = SC, EC, RE, EN$；$j = k, l, m, n$ 分别为 4 个子系统的指标数，可利用（11 − 21）式得到各子系统的状态综合值序列 $X_i(t)$，根据 $X_i(t)$ 的分布情况构造函数：

$$A_i(t) = f_i(X_i(t)) \qquad (11-36)$$

其中，$i = SC, EC, RE, EN$；f_i 是关于 $X_i(t)$ 的某种测度（如将子系统的指标全部统一为正向指标，则 $A_i(t)$ 是描述 i 子系统发展状态的度量序列），这样可以得到反映大型工程项目影响复杂系统 4 个子系统的状态综合值序列，利用这 4 个序列，用相同的方法构造出大型工程项目影响复杂系统的综合函数：

$$A(t) = F(\omega_{SC}X_{SC}(t), \omega_{EC}X_{EC}(t), \omega_{RE}X_{RE}(t), \omega_{EN}X_{EN}(t)) \qquad (11-37)$$

其中，ω_i 为 i 子系统在大型工程中的权重，$0 < \omega_i \leq 1$，$\sum_{i=1}^{4} \omega_i = 1$；$A(t)$ 为大型工程状态的综合值序列，显然 $A(t)$ 可以描述 t 时刻大型工程的状态水平，由于协同发展是一个过程，而不是一个状态，因而需要建立一个能够反映协同发展过程的序列：

$$S(t) = G(A(t)) \qquad (11-38)$$

G 是 $A(t)$ 的一种均值函数，反映的是所描述阶段大型工程的状态趋势。如

$$\frac{dA_i(t)}{dt} = \frac{df_i}{dt} \qquad (11-39)$$

(11-39) 式为 t 时刻大型工程各子系统的发展速度，则发展趋势可以用 (11-38) 式表示为：

$$S(t) = G(A'(t)) \qquad (11-40)$$

单从发展的角度，对于两个任意不同的时间或年度 t_1, t_2，若对于 $t_2 > t_1$，有 $S(t_2) > S(t_1)$，则认为所评价的大型工程是协同发展的。

(11-36) 式为大型工程状态值的某种测度。

本章对大型工程项目影响复杂系统协同发展的评价，是一种相对性的评价，主要是从大型工程项目影响复杂系统的发展、协同状况进行评价，其中对发展的评价是一种有方向的评价，发展的持续性是在时间方向的纵向评价；协同性的评价则是对大型工程项目影响复杂系统的一种横向评价。

（二）大型工程项目影响复杂系统协同发展评价测度

大型工程发展趋势可以通过发展状态综合指数 SD 的变化来描述，分别计算大型工程及各个子系统的发展状态综合指数：

$$SD = \sum_i \omega_i X_i; \quad X_i = \sum_{j=1}^{n,m,k,l} \omega_{ij} x_{ij} \qquad (11-41)$$

其中，SD 为发展综合指数；在大型工程项目影响复杂系统中，ω_i 为各子系统在大型工程中的权重，X_i 为各子系统发展综合值，$i = SC, EC, RE, EN$；对应社会、经济、资源与环境 4 个子系统；SD 越大，大型工程发展越好；在各子

系统中，X_{ij}为具体指标标准化处理之后的数据，$j=n$，m，k，l，分别对应 4 个子系统的指标个数，当 x_{ij}为正向指标（与大型工程项目影响复杂系统的发展同向）时，$x_{ij}=\dfrac{x_{ij}^0}{x_{i0}^0}$；当 x_{ij}为逆向指标时，$x_{ij}=\dfrac{x_{i0}^0}{x_i^0}$，$x_{i0}^0$为各指标数据列基年原始数据，$x_i^0$为各指标原始数据，$\omega_{ij}$为指标在各子系统中的权重。

(三) 大型工程项目影响复杂系统协同发展的持续性评价

若以 $y(t)$ 表示所选择的大型工程项目影响复杂系统发展演化状态的描述，在大型工程及子系统层次上，$y(t)$ 是与发展状态综合指数 $SD(t)$ 及 $X_i(t)$ 相一致的，发展就意味着存在 t，都有 $SD(t+1)>SD(t)(X_i(t+\varepsilon)>X_i(t))$；按照发展持续性定义，发展持续则是对于任意的 t 及 $\varepsilon>0$，都有

$$SD(t+\varepsilon)>SD(t) \qquad (11-42)$$

(11-42) 式所描述的持续是指大型工程项目影响复杂系统状态的发展不会发生"中断"，"中断"的含义是指大型工程项目影响复杂系统的状态不能在原来的基础上继续增长，在大型工程项目影响复杂系统的协同发展过程中，出现中断的情况有两种：一是外界环境发生较大的变化，大型工程项目影响复杂系统的自组织作用（抗干扰能力和恢复能力）无法抵抗环境变化对结构有序性的破坏，导致系统不能向更加有序的状态发展；二是大型工程项目影响复杂系统内部复杂关系的变化，随时间推移，子系统之间的协同性不断变化，当内部关系变化导致子系统间的发展不协同时，大型工程项目影响复杂系统的发展停止。

严格意义上的发展不能为负，系统要有一定的发展速度 v，所以大型工程项目影响复杂系统的发展可以描述为：

$$f(SD(t+1))>f(SD(t)), \; v=\dfrac{\mathrm{d}f(SD(t))}{\mathrm{d}t}>0 \quad SD(t)=f(X_i,t),$$
$$i=SC,EC,RE,EN \qquad (11-43)$$

$SD(t)$ 为按 (11-41) 式得到的综合发展指数序列；$f(SD(t))$ 为利用综合发展指数序列得到的用来描述大型工程项目影响复杂系统发展的状态函数，也可以看做是各子系统的状态的函数。持续的发展自然意味着随时间 t 的不断延伸，总存在着任意 $\varepsilon>0$，使得：

$$\lim_{t\to\infty}(SD(t+\varepsilon)-SD(t))>0 \qquad (11-44)$$

对具体的大型工程讲，不同发展阶段有着不同的协同发展内涵，在一定发展时期（$[t_1,t_2]$ 内（$[t_1,t_2]$ 为 $f(SD(t))$ 的定义域，即对大型工程进行描述的时期），大型工程项目影响复杂系统的发展满足上述条件，实际上是约束系统演化方程 f 的协同发展条件，两者共同构成了系统发展持续的方程：

$$SD(t) = f(X_i, t), \quad i = SC, EC, RE, EN$$

$$v = \frac{df(X_i, t)}{dt} > 0, \quad t \in [t_1, t_2] \qquad (11-45)$$

在大型工程项目影响复杂系统的发展演化中有时虽然能满足（11-42）式，但是存在 $a = \frac{d^2 f(X_i, t)}{dt^2} < 0$ 的情况，虽然在所描述的阶段内，大型工程项目影响复杂系统的发展演化速度 $v = \frac{df(X_i, t)}{dt} > 0$，但是在较大时间跨度下，系统仍不具有持续发展的能力，所以更严格意义上的持续发展，不仅要求 $SD(t+1) > SD(t)$，$t \in [t_1, t_2]$，而且要求 $f(X_i, t)$ 的增长是较稳定的，也就是 a 相对稳定，由于在实践中 a 的值很难确定，考虑协同发展是一种动态的变化，可以直接以 v, a 取值来分析发展的持续性：

（1）发展持续。

$$\begin{aligned} & SD(t+\varepsilon) > SD(t); \\ & v(t+\varepsilon) > 0, \ a(t+\varepsilon) \geqslant 0; \\ & SD(t+\varepsilon) > SD(t), \ v(t+\varepsilon) > 0, \ a(t+\varepsilon) \leqslant 0 \end{aligned} \qquad (11-46)$$

（2）发展不持续。

$$\begin{aligned} & SD(t+\varepsilon) < SD(t); \\ & SD(t+\varepsilon) > SD(t), \ v(t+\varepsilon) < 0, \ a(t+\varepsilon) \geqslant 0; \\ & SD(t+\varepsilon) > SD(t), \ v(t+\varepsilon) < 0, \ a(t+\varepsilon) \leqslant 0 \end{aligned} \qquad (11-47)$$

其中，$SD(t)$ 为大型工程项目影响复杂系统在 t 时刻的综合发展状态；$v(t)$ 为大型工程项目影响复杂系统在 t 时刻的发展演化速度；$a(t)$ 为大型工程项目影响复杂系统在 t 时刻的发展演化加速度。

由前面的分析结合测度趋势评价思想，协同发展的大型工程首先是发展的；其次，大型工程的发展趋势是持续的；大型工程的各子系统间是协同的，整个大型工程发展协同趋势是上升的。将发展趋势用综合发展指数 SD 来衡量，各子系统的协同发展指数的综合协同度 D 来衡量整个大型工程的协同度，可以分析整个大型工程的协同发展状况：

（1）根据持续发展的条件，对大型工程所评价阶段的发展持续性趋势进行分析，当满足

$$SD(t+1) > SD(t); \ v(t+1) > 0 \qquad (11-48)$$

时，大型工程的发展是协同发展意义下的发展。

（2）分析各子系统间的协同状况以及整个大型工程的协同趋势，当满足：

$$D(t+1) > D(t) \qquad (11-49)$$

时，整个大型工程发展的协同性趋势是上升的，严格意义上的协同 $D(t)$ 应该是

单调递增的，但实际中协同性应该有一波动区间 θ（按大型工程实际情况确定），只要满足：

$$|D(t+1) - D(t)| \leq \theta \qquad (11-50)$$

就认为大型工程的发展是协同的。

（3）根据所评价时期内，大型工程系统的发展趋势、发展的持续性趋势以及协同性趋势对整个大型工程的发展进行分析评价，当大型工程项目影响复杂系统 S 同时满足：$SD(t+1) > SD(t)$；$v(t+1) > 0$；$D(t+1) > D(t)$，$|D(t+1) - D(t)| \leq \theta$ 时，称为大型工程的发展趋势是协同。上述给出的协同发展评价只是从发展、持续性、协同性三个测度对大型工程发展趋势的评价，也就是其发展轨迹的评价，利用这一评价模型，只能评判现阶段协同发展状况相对于前阶段是否有所改善，或是预测后阶段发展相对于现阶段的变化，是一种相对的评价，而不能绝对地判定某一时刻的发展是否就是协同发展。

五、大型工程项目影响复杂系统协同发展实证研究

（一）协同发展的实证分析

南水北调中线工程作为一种外力冲击，沿线要淹没很多农田和村庄，对所在地区的影响是巨大和深刻的，为了全面考察南水北调中线工程对湖北省的影响，我们以南水北调中线工程经过的湖北省十四个县市（武汉，仙桃，潜江，天门，十堰的郧县、郧西、丹江口，襄樊的襄阳、谷城、宜城、老河口，荆门的钟祥、沙洋，孝感的汉川）为例，具体说明前面两子系统协同发展的分析方法以及各参数的实际意义。根据确定的协同发展综合评价指标体系，结合南水北调中线工程经过的湖北省十四个县市的特点，选取的主要指标如图 11-11 所示；利用层次分析法分析各指标及子系统之间的相互关系，建立 T. L. Saaty 标度表及判断矩阵，在满足一致性要求时得到各指标在各子系统中的权重及 4 个子系统在整个大型工程项目影响复杂系统中的权重。测算结果如表 11-4 所示。

从表 11-4 可以明显看出，工程开工前后对所在区域发展的作用有差别。有起促进作用的，如武汉市、仙桃市、潜江市、郧县、郧西县、丹江口市、谷城县、宜城市、老河口市；起压抑作用的，如天门市、襄阳县、钟祥市、沙洋县、汉川市。但总的来讲，工程的作用是良性的，工程开工后利大于弊。因为南水北调中线工程开工前后，开工后的协同要多于开工前的协同。

表 11-4　　　　　　　　　十四个县市协同发展状态的比较

年份 地区	1998	1999	2000	2001	2002	2003	2004	2005	2006	2007
武汉	协同	协同	协同	协同	协同	协同	协同	协同	协同	协同
仙桃	协同	再生	再生	再生	再生	再生	再生	再生	再生	再生
潜江	退化	协同	协同	协同	协同	协同	协同	协同	协同	协同
天门	协同	协同	协同	协同	协同	协同	再生	再生	再生	协同
郧县	退化	协同	协同	协同	协同	协同	协同	协同	协同	协同
郧西	再生	再生	再生	协同	协同	协同	协同	协同	协同	协同
丹江口	协同	协同	协同	协同	协同	协同	协同	协同	协同	协同
襄阳	解体	再生	再生	再生	再生	再生	再生	再生	再生	再生
谷城	再生	再生	再生	再生	再生	再生	再生	再生	再生	再生
宜城	再生	再生	再生	再生	再生	再生	再生	再生	再生	再生
老河口	再生	再生	再生	再生	再生	再生	再生	再生	再生	再生
钟祥	再生	协同	协同	协同	协同	协同	再生	再生	再生	再生
沙洋	再生	协同	协同	协同	协同	协同	协同	协同	协同	再生
汉川	协同	协同	协同	协同	协同	再生	再生	再生	再生	协同

在进行南水北调中线工程的建设过程中，一定要注意资源环境的合理使用与经济社会的均衡发展。处理好人与自然、人与人之间、与人自身的关系；处理好个人、局部利益与国家整体利益关系，通过正确认识和处理治水系统中各要素之间的关系、不同层次的系统之间的关系、系统与外部环境的关系，实现治水系统整体的最佳功能。规模庞大的南水北调中线工程，绝非仅仅是一个简单的输水送水工程，而是一个牵涉政治、文化、社会、经济、资源、环境、人口诸多方面的复杂的系统工程，其必将在有力地推动我国正在实施的全面建设小康社会和促进我国在新世纪里社会经济发展的同时，产生这样那样的社会矛盾或发展问题，以至于深刻的社会变革，从而给社会发展带来不利。需要充分开动脑筋，创造性地协调好这些方面的矛盾和冲突，更需要有站在世纪高度的战略决策眼光，来统率治水时期我国社会生活的全面、健康、有序、协同发展。

（二）协同发展趋势和持续性比较

把十四个县市四个子系统和综合系统的协同发展趋势和持续性聚合在一起，得到的结果见表 11-5～表 11-9。

表 11-5 十四个县市资源子系统协同发展趋势和持续性的比较

地区\年份	1998	1999	2000	2001	2002	2003	2004	2005	2006	2007
武汉	不持续	不持续	不持续	不持续	不持续	不持续	不持续	不持续	不持续	不持续
仙桃	不持续	不持续	不持续	不持续	不持续	不持续	持续	持续	持续	持续
潜江	不持续	不持续	不持续	持续	持续	持续	持续	持续	持续	持续
天门	不持续	不持续	不持续	持续	持续	持续	持续	持续	持续	持续
郧县	不持续	不持续	不持续	持续	持续	持续	持续	持续	持续	持续
郧西	持续	不持续	不持续	不持续	持续	持续	持续	持续	持续	持续
丹江口	持续	持续	持续	持续	持续	持续	持续	持续	持续	持续
襄阳	不持续	不持续	不持续	不持续	不持续	不持续	不持续	不持续	不持续	不持续
谷城	不持续	不持续	不持续	不持续	不持续	不持续	持续	持续	持续	持续
宜城	不持续	不持续	不持续	不持续	不持续	不持续	持续	持续	持续	持续
老河口	不持续	不持续	不持续	不持续	不持续	不持续	持续	持续	持续	持续
钟祥	不持续	不持续	不持续	不持续	不持续	不持续	持续	持续	持续	持续
沙洋	不持续	不持续	不持续	不持续	不持续	不持续	持续	持续	持续	持续
汉川	持续	持续	持续	持续	持续	持续	持续	持续	持续	持续

表 11-6 十四个县市环境子系统协同发展趋势和持续性的比较

地区\年份	1998	1999	2000	2001	2002	2003	2004	2005	2006	2007
武汉	持续	持续	持续	持续	持续	持续	持续	持续	不持续	不持续
仙桃	不持续	不持续	持续	持续	持续	持续	持续	持续	持续	持续
潜江	持续	持续	持续	持续	不持续	不持续	不持续	不持续	不持续	不持续
天门	持续	持续	持续	持续	持续	不持续	不持续	不持续	不持续	不持续
郧县	持续	持续	持续	持续	持续	持续	不持续	不持续	不持续	不持续
郧西	持续	持续	持续	持续	持续	持续	持续	不持续	不持续	不持续
丹江口	持续	持续	持续	不持续	不持续	不持续	不持续	不持续	不持续	不持续
襄阳	不持续	不持续	不持续	不持续	不持续	不持续	不持续	不持续	不持续	不持续
谷城	不持续	不持续	不持续	不持续	不持续	不持续	不持续	不持续	不持续	不持续
宜城	不持续	不持续	不持续	不持续	不持续	不持续	不持续	不持续	不持续	不持续
老河口	持续	持续	持续	不持续	不持续	不持续	持续	持续	持续	持续
钟祥	持续	持续	持续	持续	持续	持续	不持续	不持续	不持续	不持续
沙洋	持续	持续	持续	持续	持续	持续	不持续	不持续	不持续	不持续
汉川	持续	持续	持续	持续	持续	持续	持续	不持续	不持续	不持续

表 11-7　　　　十四个县市经济子系统协同发展趋势和持续性的比较

年份 地区	1998	1999	2000	2001	2002	2003	2004	2005	2006	2007
武汉	持续	持续	持续	持续	持续	持续	持续	持续	持续	持续
仙桃	持续	持续	持续	持续	持续	持续	持续	持续	持续	持续
潜江	不持续	不持续	持续	持续	持续	持续	持续	持续	持续	持续
天门	持续	持续	持续	持续	持续	持续	持续	持续	持续	持续
郧县	不持续	不持续	持续	持续	持续	持续	持续	持续	持续	持续
郧西	持续	持续	持续	持续	持续	持续	持续	持续	持续	持续
丹江口	不持续	不持续	不持续	不持续	持续	持续	持续	持续	持续	持续
襄阳	不持续	持续	持续	持续	持续	持续	持续	持续	持续	持续
谷城	持续	持续	持续	持续	持续	持续	持续	持续	持续	持续
宜城	不持续	持续	持续	持续	持续	持续	持续	持续	持续	持续
老河口	持续	持续	持续	持续	持续	持续	持续	持续	持续	持续
钟祥	不持续	持续	持续	持续	持续	持续	持续	持续	持续	持续
沙洋	持续	持续	持续	持续	持续	持续	持续	持续	持续	持续
汉川	持续	持续	持续	持续	持续	持续	持续	持续	持续	持续

表 11-8　　　　十四个县市社会子系统协同发展趋势和持续性的比较

年份 地区	1998	1999	2000	2001	2002	2003	2004	2005	2006	2007
武汉	持续	持续	持续	持续	持续	持续	持续	持续	持续	持续
仙桃	持续	持续	持续	持续	持续	持续	持续	持续	持续	持续
潜江	持续	持续	持续	持续	持续	持续	持续	持续	持续	持续
天门	持续	持续	持续	持续	持续	持续	持续	持续	持续	持续
郧县	持续	持续	持续	持续	持续	持续	持续	持续	持续	持续
郧西	持续	持续	持续	持续	持续	持续	持续	持续	持续	持续
丹江口	持续	持续	持续	持续	持续	持续	持续	持续	持续	持续
襄阳	持续	持续	持续	持续	持续	持续	持续	持续	持续	持续
谷城	持续	持续	持续	持续	持续	持续	持续	持续	持续	持续
宜城	持续	持续	持续	持续	持续	持续	持续	持续	持续	持续
老河口	不持续	持续	持续	持续	持续	持续	持续	不持续	不持续	不持续
钟祥	持续	持续	持续	持续	持续	持续	持续	不持续	不持续	不持续
沙洋	持续	持续	持续	持续	持续	持续	持续	持续	持续	持续
汉川	持续	持续	持续	持续	持续	持续	持续	持续	持续	持续

表 11-9　　　　十四个县市综合系统协同发展趋势和持续性的比较

地区\年份	1998	1999	2000	2001	2002	2003	2004	2005	2006	2007
武汉	持续	持续	持续	持续	持续	持续	持续	持续	持续	持续
仙桃	持续	持续	持续	持续	持续	持续	持续	持续	持续	持续
潜江	不持续	持续	持续	持续	持续	持续	持续	持续	持续	持续
天门	持续	持续	持续	持续	持续	持续	持续	持续	持续	持续
郧县	持续	持续	持续	持续	持续	持续	持续	持续	持续	持续
郧西	持续	持续	持续	持续	持续	持续	持续	持续	持续	持续
丹江口	持续	持续	持续	持续	持续	持续	持续	持续	持续	持续
襄阳	不持续	持续	持续	持续	持续	持续	持续	持续	持续	持续
谷城	不持续	不持续	不持续	持续	持续	持续	持续	持续	持续	持续
宜城	持续	持续	持续	持续	持续	持续	持续	持续	持续	持续
老河口	不持续	持续	持续	持续	持续	持续	持续	不持续	不持续	不持续
钟祥	持续	持续	持续	持续	持续	持续	持续	持续	持续	持续
沙洋	持续	持续	持续	持续	持续	持续	持续	持续	持续	持续
汉川	持续	持续	持续	持续	持续	持续	持续	持续	持续	持续

上述十四个县市的协同性和4个子系统及综合系统的持续性之间的关系虽然各不相同，但通过提炼它们之间的共性，可以得出以下三点：

（1）开工前和开工后协同性差异表明工程影响效应的积极意义。开工前和开工后十四个县市的协同性和4个子系统及综合系统的持续性之间的关系不一样。开工后，大部分地区的协同性和4个子系统及综合系统的持续性是相吻合的。这再次说明南水北调中线工程从总体上讲，利大于弊。

（2）子系统的协同发展与整个系统的均衡发展关系密切。十四个县市的协同性与4个子系统及综合系统的持续性之间的关系非常密切，只有多数子系统和综合系统的持续才会导致系统的协同发展；也许个别子系统的不持续不会从根本上影响系统的协同，但是如果大多数子系统和综合系统不持续，那么必然导致系统的不协同。这就启示我们，在进行大型工程的建设中，一定要注意资源、环境、经济、社会的均衡发展。

（3）协同发展中存在明显的空间相似性。郧县、郧西和丹江口同属十堰市管辖；襄阳、谷城、宜城和老河口同属襄樊市管辖；钟祥和沙洋同属荆门市管辖。我们发现一个有趣的现象：郧县、郧西和丹江口的协同性和 4 个子系统及综合系统的持续性之间的关系几乎类似；襄阳、谷城、宜城和老河口的协同性和 4 个子系统及综合系统的持续性之间的关系也几乎类似。同样的情形出现在钟祥和沙洋、武汉城市圈（武汉、仙桃、潜江和天门）的相关联地区上。这表明了协同发展中空间效应的关联性与扩散性。

第十二章

移民能力再造与区域内源发展

工程移民的贫困是通过社会剥夺、资本损失、权利缺失和能力贫困这四种方式实现的。首先，社会剥夺是移民群体发生贫困最直接的原因，移民的社会贡献与个人所得不对等，社会直接减少了移民个体的投资回报率。其次，在搬迁过程中，移民群体发生了资本摩擦损失，包括移民和其家庭所拥有的物质资本、人力资本、社会资本和金融资本，发展要素的减少，降低了人们的收入能力和财富积累水平。再次，移民群体在搬迁过程中以及搬迁安置后发展权利的缺乏也会导致资源和财富的不安全系数增加，比如农民失去了土地产权的主体地位，那么在工程建设的土地征用中就失去了话语权和讨价还价的博弈能力。而对于移民来说资源获得和经济收入只是实现人的发展的工具性手段，发展能力的贫困才是真正的贫困，它不仅会抑制人们收入的恢复，而且会压缩个人或群体的发展空间，使其长久地陷入贫困的漩涡。最后，移民搬迁对非自愿移民的生产方式、生活方式、社会结构以及当期的收入水平的冲击都是巨大的，但是这些影响还只是表面现象，其最本质的影响是移民可持续发展能力的损失。

第一节 移民能力再造的 ASIN 模型

移民的能力再造是实现区域可持续发展的关键，这一原则应该成为大型项目建设需要考虑的重要出发点。我们提出了能力再造的 ASIN 模型，包括态度

(A)、技能培训（S）、基础设施（I）和社会网络（N）。

一、更新理念，鼓励移民参与式发展

我们已经发现，满意度对于移民人力资本积累具有重要的影响。由于工程移民的高指靠性，他们对未来社会角色的认同度较低，主观能动性较差，对政府的依赖性强烈，移民抱着观望、等待和依赖心理。因此移民这种消极心态对其社会角色转换以及能力的延续和再造有着很大的消极影响，政府相关部门可以通过采取一定心理干预措施予以引导，提高移民的满意度。

通过前面的分析可知，大型工程的建设会导致不同利益相关方利益格局的变化，在地区发展层面，不仅有各地区经济增长的绝对变动，更有地区间经济发展的相对变化，以及地区间经济联系和经济关系的相对变化，还有可能出现地区间经济结构的趋同与竞争的平面化。在社会发展层面，会发生不同地区人群的就业与收入的绝对变动与相对变化。我们需要吸收国内外成功的管理经验，制订合理的产业政策和资源使用调节政策，协调工程产生的项目收益，使相关地区和人群都能公平地从工程建设中获益。以库区移民为例，尤其是对于一些长期居住在交通不便、土地贫瘠的库区移民来说，失去了土地就等于失去了赖以生存的基础，淹没区的整体搬迁，导致移民区传统社会网络的解构，移民生产方式和生活方式都可能随之发生根本的变化，移民在融入新的社区时普遍存在的相对剥离感，影响了移民的稳定性。由于目前我国正处在社会转型阶段，市场机制尚不完善，传统体制仍然起着重要的作用。工程带动的新兴城镇建设将导致城镇内部的社会重构，形成不同利益群体的社会分层。移民由于自身能力与素质的限制，决定了他们是一个弱势群体。为了保障他们的利益，政府对其进行居住与就业安置，提供经济补偿是一个方面，更重要的是要倡导移民的公众参与意识，积极接受教育与技能培训，不断提高自己的能力与素质，适应新的生存环境。公众参与意识、参与机制还需要有效的制度建设来加以保障。

加强能力建设，更深层次的工作包括赋权，改革开放就是一个不断给市场经济主体和公民赋权的过程。赋权是对参与和决策发展活动的全过程的权力的再分配，这意味着发展进程中各个角色都应该具有在发展进程中对发展政策和实践的决策的参与权。

所谓移民参与式发展就是强调通过向移民赋权，使其全方位参与移民迁移、安置及后期扶持等项目设计、实施、管理、监督、评估和制度建设的整个过程，充分照顾到移民的行为习惯，最大限度地体现目标群体的利益，是一种"自下而上"的互动发展方式。通过参与其中，就会建立一个政府和移民良好的沟通渠道，可以有效地消除移民群体与政府和安置地群众的利益冲突，解决彼此间利益矛盾，达成共同的心理契约。构建良好的交流平台，既可以控制移民群体的劣势行为倾向，又可以激励其努力程度，还可以使之发泄不满，减缓内心压力，增强聚合力。这样就会提高移民群体的满意度，促进他们的人力资本投资，进而提高其能力。

二、加强技能培训，更新培育人力资本

技术培训和自发迁移都属于短期投资型人力资本，对这两类人力资本的投资短期内可以收到明显的成效。因而政府应该加大对移民的技术培训，构建适应各层次移民能力提升需要的培训体系，信息交流与服务体系。同时，在对移民进行技术培训时，增加非农就业方面的技术培训，为移民或者其孩子向城市转移或向非农产业转移创造良好的基础。

构建适合农民能力发展的培训体系。受教育程度是个人可持续发展能力、收入水平的获得、财富积累水平、社会网络资源的增加、技能型农业产业形成等等的重要影响因素。因此，让各适龄层次的人口都尽可能地接受良好的教育是重中之重。无论是迁入地还是迁出地，在确保代际间教育公平与能力增进的前提下，都必须将足够的基础教育投入纳入工程预算，保障义务教育的实施与完成，同时要鼓励有条件的移民接受更好的教育。与此同时，构建适应各层次劳动力能力提升需要的培训体系，信息交流与服务体系。政府部门下大力气加大公共基础设施的投资力度，整合资源引导建立各类农村经济发展所需的新技术、新品种推广站，信息与技术交流中心，营造良好的移民能力建设的支撑与保障体系。

三、完善基础设施，强化保障体系

基础设施是移民"落地生根"、实现社会融合的保证。政府部门要下大力气加大公共基础设施的投资力度，整合资源引导建立各类农村经济发展所需的新技术、新品种推广站，信息与技术交流中心，营造良好的移民能力建设的支撑与保障体系。

生产能力不仅有人自身所具有的生产意识和技能，而且有人通过自身能力所掌握的生产资源可用性，如家庭耕地数量和质量。所以，对移民的经济和物质补偿有着特殊重要的地位，有效的经济补偿是移民实现能力积累的基础，值得注意的是对移民实施的土地补偿不仅要给予足够的数量，耕地的质量也不容忽视。我们研究发现在移民财富积累过程中，耕地的质量比耕地的数量更为重要。

多途径地安置移民，应采取"宜农则农、宜林则林、宜工则工、宜商则商"的原则，要根据工程移民群体实际情况，充分发挥接迁地的自然资源和移民群体的劳动力资源，在稳定移民生活水平的基础上，多渠道地安置移民。比如，大、中型水利工程建设就需要大量的劳动力，而移民本身就是一个丰富的劳动力资源库，对于文化科技素质较低的农村移民，参加水利工程建设和移民工程的建筑、动迁安置、建材生产工作，不仅为大量的移民劳动者提供了非农就业机会，而且工程建设"就地取材"，吸取当地的农民就业还可以节省施工单位和工人的搜寻成本以及交通费用。水利工程建设应优先招用移民劳动力，并且要保证不能低于市场价格的劳动工资水平。另外，国家应该有计划地安排一些劳动密集型项目放在库区，利用产业政策杠杆鼓励一些劳动密集型企业向库区拓展业务，比如在库区引进食品加工、木材加工、旅游服务等产业，并给以银行贷款和政策上的优惠。

四、重建社会网络，促进社会融合

政府应该制定有利于移民与迁入地融合的社会政策，鼓励他们建立自己的各种经济组织、文化组织，并充分发挥其作用，使得他们不再仅仅依靠基于亲缘与血缘关系的传统的社会网络资源，形成更加多样的、丰富的基于地缘关系的社会资本，提升地缘关系在社会网络资源中的地位，构建移民新型的社会网络关系网。

首先，从移民个人层面看。由于库区农村移民主要从事农业生产，活动范围主要局限于居住区，交往对象主要集中于本村村民及自己的亲戚，社会网络规模和网络位差相对较小，社会关系网络结构呈现单一化趋势。这就导致其与外界社会交流和联系的机会减少，较少能够运用网络资源达到工具性的目的，社会资本相对匮乏是导致其贫困的一个重要因素。因此，政府应进一步加强库区移民社会网络的建设，使其通过社会网络获得必要的信息和资源进而达到缓解贫困的目的。移民搬迁后，不仅要维持已有资源，更要扩展新资源。移民搬迁后，一方面应通过同质性互动来维持和保护共同的相似资源，即已有的社会资本，另一方面更应该加强、扩展异质性的新资源。

其次，从组织、社区层面看。库区农村移民一旦搬迁，其原本就较单一的社会网络，尤其是亲缘关系提供的支持帮助将遭到严重破坏甚至彻底崩溃。这时社会网络的重建将更多的依赖于接迁地的邻居和干部组织。因此，政府应逐步创造有利于库区移民建立、扩展其社会网络的制度环境，如建立相关政府部门对移民的帮扶制度、吸纳移民代表进入接迁地村干部成员等正式组织，同时鼓励移民与接迁地居民一起积极开展各种民间组织。只有移民社会资本得到增加，才能使他们有可能通过自己的社会网络去调动、筹集开展经济活动所需的各类资源。

第二节 利益共享机制与多区域协调发展

区域利益影响着区域可持续发展能力和水平，区域利益分配是大型工程多区域效应的直接结果，利益协调则是多区域可持续发展的重要内容。区域利益分配的变化包含区域获利机会的变化和获利水平的变化。区域获利机会的变化，是与区域利益主体相关的各种规则、制度的变化以及引起区域利益变化的外部力量；区域获利水平的变动，通常从不同区域利益主体的收入水平、福利水平指标的变化衡量，最直观的指标是区域 GDP 的变化。重大工程的建设等外力冲击将改变不同区域获利机会和获利水平，其现实表现则是环境租金、资源红利在区域间的转移，以及外力作用导致的某区域内的社会变迁。

一、南水北调工程中多参与方利益分配

目前在处理跨流域调水中多参与方利益关系问题上还没有一个成功的固定模式，跨流域调水涉及很多复杂的问题，需要有关各方加强利益协调，广泛参与。

根据现代经济学基本理论，以跨流域水资源配置为例，从参与方角度建立了一个包括三部门（调水区、受水区、工程方）的跨流域调水市场理想化模型，并从一般均衡静态与动态、短期与长期来探讨工程多参与方一般均衡的实现与利益分配关系，得出结论如下：

（1）在大型工程建设中，在工程整体效益一定的前提下，应体现出利益分配的公平性和合理性，按照各参与方的权、责、利进行利益分配，充分考虑不同的利益群体之间的利益平衡。

（2）水资源是人类赖以生存和发展的基础，是工农业生产、经济发展和生态环境保护不可替代的宝贵资源，随着工农业的迅速发展和城乡人口的急剧增加，对水资源的需求也越来越高，但是自然界所能提供的可利用水资源是有限的。因此，对于调水区的水资源应能明确其初始价格 P_0，其收益 $P_0 Q$ 应以入股的形式等内容参与到工程利益分配。

（3）跨流域调水工程中受水区的水资源优化配置是工程整体利益提高的前提条件。应考虑水资源的稀缺性和市场均衡价格，否则容易造成跨流域调水的水

资源配置无效率和浪费，使调水举措难以发挥真正的经济效益。

（4）对调水区利益的补偿，保证水质水量是工程长期利益实现的重要保证。由于保证水质水量在一定程度上会抑制调水区社会经济的发展，并有可能对当地政府和居民的权益形成潜在威胁。确保调水区的利益，既是实现工程"双赢"，也是确保工程效益持久有效实现的一个重要方面。因此，建立更为灵活和有效的调水区运作机制应成为调水区环境管理、经济发展及体现公平与长久利益的迫切要求。

（5）在调水后各参与方的动态均衡分析和长期利益分配的模式中可以看出，即使在信息完全的前提下，单纯依靠市场配置容易产生"市场失灵"，需要政府积极参与，建立水资源合理利用和利益补偿的长效机制，保证工程的长久收益。

二、大型工程与区域利益再分配

1. 工程建设带来的环境租金的转移

环境租金（environmental rent）和土地租金、矿产租金一样，都是在产权的界定条件下，环境资源所有者让度资源的使用权而获得的经济利益。由于大自然消纳污染物的有限性，政府往往会对环境进行管制，限制企业的排污量或者以配额的方式限制环境要素的供给，而环境又是空间上不可流动的，这样，在一些区域，环境就成了稀缺性资源，环境租金也就产生了。而南水北调工程一个投资量大，影响区域广的基础性、准公益性大型调水工程，所经区域将影响着人们生活的各个方面，尤其对于环境质量要求较高的水源区。我们知道环境租金具有明显的区域特性，不同区域对于环境容量的要求是不同的。工程建设前，各区域都是根据自然赋予的环境资源来发展经济，所增加的环境压力区域内自行消化；受工程建设的影响，对水源区生态环境提出了更高的要求，在政府的强制要求下，环境资源变的相对稀缺，环境租金逐渐减少，水源区居民和企业的经济发展将受到限制。

在环境资源相对稀缺的情况下，环境租金的分配就是区域利益的分配，是对本区域发展权利的获取。当环境供给主体与受益主体不一致时，就发生了环境租金的转移。从水资源调配的区域间利益关系考虑，环境租金转移主要有发生在流域的上下游之间发生环境污染而形成的环境租金转移。具体有两种情况，一方面，环境自由使用，上游区域企业的发展受到鼓励，环境被过度开发，经济得到发展，环境质量下降，其结果是直接影响着上下游人们的生活质量，更重要的是下游区域的环境容量大大削弱，甚至是不能支持下游一般的生产需求。环境污染的成本由下游区域无偿承担。另一方面，如果政府对上游或者水源区实施环境管制，限制上游企业污染排放，并且建设生态防护林，上游区域为进行环境保护和水污染治理将付出经济成本，而其他的相关受益区域却可以无偿地享受生态环境的溢出效益。由于政府政策的强制效应，环境租金被强行由上游转移到下游。比如受环保升级的严格要求，南水北调中线工程水源区将被迫关、停、转、迁的企业 415 家；水源区重点县淅川、西峡和内乡等县因环保需要深度治理的企业或者项目 40 个，总投资需 10 亿元左右①。另外，由于环境门槛的提高，不仅提高了区域内企业的发展成本，还会被迫把一些投资项目或者企业拒之门外。而在下游，清洁淡水供给的增加可以在很大程度上缓解受水区用水紧张问题，保证缺水地区的人们生活用水和工农业用水的需要，为更多的产业发展创造机会，加速城市产业结构的调整，促进新的生产力布局的形成。

由于环境租金的转移涉及多方利益主体的利益，单纯的市场机制调节难以实现资源配置上的帕累托最优，因此需要政府对环境问题采取相应的管制措施。

2. 调水造成的资源红利转移

就南水北调工程而言，调水工程作为一种外生力量，外力冲击改变了区域获利的机会，水资源分配会通过区域内不同产业、行业的用水效益变动影响区域用水效益的变动，进而影响区域内劳动者收入的变化，影响区域收入分配的变化。不同地区的水资源分布不同，不同产业对水资源的依赖程度不同。无论是对调水区②还是对受水区，由于产业发展对水资源的依赖而导致的产业结构的变化会通过产业在不同地域空间的分布格局的重组、调整表现出来，而产业在不同地域空间的分布格局的改变又势必引起不同地区经济增长率、收入水平、就业量和就业结构等的改变，从而使不同地区的居民收入分配的状况发生相应的变化。对受水区而言，水资源的增加意味着经济增长的水资源瓶颈约束得到缓解，潜在的获利机会增加，直接表现是区域获利水平的增加，供水量增加将带来可供分配的利益总量的增加，即区域 GDP 以及供水效益的增加，并带来相应的环境利益改善。如对于南水北调中线工程，水资源的增加有利于发挥中部地区的资源优势，建立有特色的主导产业，也有利于关联产业和相关基础产业的发展；通过满足中部受水区城市生活用水和生态用水，可以直接促进当地生活服务业的发展，也可以带动地区旅游业的发展。调水的分配带来了区域利益的增进，如郑州市和南阳市，年调水经济利益分别可达到 71.16 亿元和 62.70 亿元③。

而对水源区和汉江流域而言，调水意味着区域获利机会的减少以及区域获利

---

① 石智雷：《南水北调与区域利益分配格局的变化》，中南财经政法大学硕士学位论文，2008 年。
② 在本书中，我们把水源区和受工程建设影响的汉江中下游地区统称为调水区。
③ 关爱萍：《水权、南水北调水资源分配与区域利益关系调整研究》，中南财经政法大学博士学位论文，2009 年。

水平的降低甚至是利益损失，表现在水源地非自愿移民的能力受损、发展权的损失、排污权损失以及产业发展限制的经济损失。主要包括以下一些方面：首先，因工程建设造成的水源区地方财源损失。一是工程淹没需动迁大量企业，减少地方税收入来源；二是丹江口电站因调水每年发电量减少5.4亿度，减少地方税收6 000万元；三是因为环保要求，关停了一部分企业，水源区由于天然的水资源优势，一般会发展一些高耗水、高污染的产业，而且由于水源地一般是一些经济欠发达的区域，对这些低技术、低附加值、高耗水高污染的产业依赖性比较强，是水源区的支柱产业，但由于跨流域调水的需要，水源区需要保护水资源生态环境以及水质，国家强制性要求关闭这些产业，由此，造成地方GDP和财税收入的减少，使得该地区的收入增长受到极大地影响。其次，因调水造成的水资源损失，水资源可能是今后水源区乃至汉江中下游地区经济发展的重要源泉之一，是潜在的资源红利，调水使得这些区域的可持续发展能力和发展空间受到不同程度的影响。实施南水北调后，对汉江流域生态系统和社会经济造成了不同程度的损害，也给当地人民生活带来了严重影响。汉江中下游总体水环境容量减少，增加了水污染防治的难度，以及移民压力和航道淤积等等。特别是丹江口坝下至华家湾近380多千米河段基本上没有安排生态环境保护的投资，不利影响更加严重。即使部分闸站改造工程也包括了该河段，但水量没有得到补充，灌溉保证率显然会下降。特别是下泄流量减少、水位下降、流速降低，总体水环境容量大约减少了26%，导致水生生物多样性下降，水体自净能力降低，纳污能力下降，在其他条件相同的情况下，"水华"出现的概率约增加10%～20%，增加了水污染防治的难度，生态环境遭到了较严重的破坏。对沿江群众生产、生活用水以及生态环境将产生很大的负面影响。

由此形成了水源区、汉江中下游地区利益受损、受水区利益增加的非均衡的利益分配格局，水源区、汉江流域和受水区之间利益分配的非均衡会导致区域利益关系的不协调，如果利益分配出现严重的不均衡状况，日益扩大的利益差距，一方面会严重影响利益受损地区的可持续发展；另一方面还会导致区域之间的利益冲突，带来整个区域利益总量的损失。

三、水资源调配与区域利益分配

南水北调工程所带来的利益在各输入地（或受水区）之间的分配，是该工程影响的另一方面。

对于受水区来说，水资源在各区域的分配也就是区域之间经济利益的重新调整。南水北调工程的运行将有效缓解北方一些地区的水资源缺乏问题，为企业进一步发展注入新的活力,进而影响到当地的资源开发利用、经济发展以及人们的社会生活。因此,取代区域利益衡量的单因素指标方法,我们建立了一个新的指标体系,通过考察在受水前后各区域内水资源社会经济协调度的变化,来衡量调水工程建设带来的区域间新的利益分配,并进一步探究区域利益分配的内在机理。

通过对供水前后水资源区域社会经济协调度的测量可以让我们得到南水北调工程供水效益在各受水区域之间的分配量,可以很好地衡量工程运行前后沿线受水区域之间的利益分配格局变化。通过对南阳市各受水城镇供水前后水资源社会经济协调度的测量,我们得出以下结论:

(1)南水北调工程的运行有效增加了受水区城镇人均供水量,这将在很大程度上改善受水区城镇近期水资源区域协调度。调水供给对区域内的人均水资源量的影响并不显著,但由于是外区域纯供给水的引入,其持续稳定的供水是满足受水区社会经济发展的有效保障。

(2)通过对调水前后南阳市区域利益分配格局的变化分析可知,水资源分配所引起的区域利益格局的变化,一方面体现在强化先发展区域的比较优势,进一步扩大区域发展差距;另一方面是形成新的经济增长点,或者是缩小部分区域与先发展区域的差距。前一种影响相对来说更为突出。

(3)南水北调工程各受水区城市口门水量分配本质上是依据各城市GDP的大小,是各城镇综合实力竞争的结果。这样的利益分将强化原有利益分配格局,原来发展程度高的区域将会获得更好的发展条件和机会,其竞争优势将会得到进一步强化。

(4)各受水区的水资源协调度不仅取决于当地年总水量、工程供水量,还与年内过程、与各区域的水资源动态需求有关。所以,各城镇的分水量不应硬性划定,应建立水权交易制度,将水资源作为一种特殊商品在水市场上进行交易,按照市场价值规律,根据市场供需确定的水价对初始水权进行重新分配,以保证南水北调工程的顺利运行,提高调水利用效率。

南水北调工程的建设,改变了资源分配方式和分配格局,并直接造成不同地区和不同群体的利益分配格局的变化,使得区域之间的利益关系和不同利益主体之间的利益关系呈现不协调的格局,主要表现为以下两点特征:

首先,基于利益补偿机制的调水流域水权初始配置将会改变区域利益分配的非均衡。在跨流域调水的介入下,调水流域原有的取水权配置状态被打破,流域水资源在政府的宏观调控下进行重新配置,从而引发了流域内水资源利益分配的变化。在没有任何补偿措施的情况下,调水后调水区与受水区之间的利益呈非均衡格局,由于现有制度不能提供激励政策促使区域利益实现帕累托改进,只能由中央政府介入采取强制补偿措施来控制，以促进区域主体合作。在建立相应的合作和利益补偿机制的情况下，调水流域内不同区域间的合作都会改变利益分配非均衡格局并提高整个流域的综合利益。

其次，基于调水量分配方案的调水利益表现出非均衡性。实证研究表明，依据南水北调工程调水量分配方案所确定的各受水区的分水量，估算南水北调工程增量供水的区域利益增进，无论是河南省的各行业部门之间，还是河南省受水区域内部各城市之间，调水效益都表现出非均衡性：发展基础较好且水量分配比较多的城市，如郑州市和南阳市，调水经济利益也比较大，分别达到71.16亿元和62.70亿元，而那些用水效率不高而且水量分配又比较少的城市，如漯河市，调水利益相对较小，仅有5.87亿元，郑州市和南阳市在南水北调工程调水中的获益无论从绝对量和相对量，都远高于漯河市。这就说明，南水北调工程调水给每个城市带来的利益增进是不同的，受水城市之间的调水利益存在非均衡性，原来发展程度较高的区域在调水中会获得更多的利益、更好的发展条件和机会，其竞争优势将会得到进一步强化，南水北调增量供水在受水城市之间形成了基于调水的区域利益分配格局。调水量分配的大小在一定程度上决定了区域利益增进的程度。

由于以上两点特征，所以大型工程的建设应该关注多方利益需求，调整区域利益关系，促进多区域协调发展。首先，南水北调工程调水量分配方案应该具有动态性。影响调水量分配的主要因素有区域社会经济发展指标、用水效率及节水水平、区域可供水量，其中区域社会经济发展指标以及用水效率和节水水平是影响调水量分配的关键因素，由此也决定了调水量分配方案的特点：区域分水量的大小就其实质而言是各区域的经济和社会发展实力比较的结果。随着社会经济发展的不断变化，影响水量分配的各种因素的相对重要性会发生变化，如果水量分配有失公平或分配依据不尽合理时，可能会引起地区之间的利益不协调甚至带来利益矛盾和冲突，这有悖于调水工程建设的目标，因此，对水量分配方案就要做出相应的调整，以协调各受水区之间的利益关系，调水量分配方案应该具有动态性。

另外，还需要调整利益关系，促进区域协调发展。南水北调工程作为一项跨区水资源调配工程，涉及众多利益相关方和复杂的区域利益关系。既要考虑水资源本身的特性与分配规律，又要顾及区域之间的协调发展，如何平衡各主体间的利益，成为跨区水资源调配工程面临的一大难题。完全依靠市场或完全依靠政府都不能实现区域利益分配的合理化，而是需要市场与政府两个主体的共同作用。我们认为，调整区域利益关系，需要加强区域之间的合作，建立调水区和受水区之间的利益补偿机制，健全水权初始配置制度，同时为了实现南水北调工程促进区域协调发展的目标，由中央政府对水源保护区实施生态转移支付、专项基金和项目支持等措施。

四、利益共享与多区域协调发展

1. 利益补偿的经济学分析

所谓利益补偿问题，是指在南水北调工程中受水区作为受益者应该向水源保护区进行利益补偿。补偿的原因在于水源保护政策可能使水源区的发展利益相对受损，或为了水源保护而使水源地的经济发展付出了更高的成本。从理论上来讲，水资源调配工程实施中是否存在区域之间的利益补偿问题，取决于水资源调配的相关政策实施所引起的效率改进和利益分配。一种情况是帕累托利益改进状态，即通过改进措施，不使享受流域资源的某个人的境况变坏，同时又能使另一个人的境况变好的状态。这是一种高效率的状态，在提高经济效率的同时也改变了原有的区域利益分配格局。另一种情况是卡尔多—希克斯利益改进状态，即既有人受益，又有人受损的利益改进状态。卡尔多—希克斯利益改进有三层含义：一是利益改进是以全社会经济利益最大化为目标的；二是某一区域的利益所得是以另一地区的利益损失为代价的；三是政策受益区应该向利益受损区进行经济补偿。此即"补偿原理"，是建立调水区和受水区之间利益补偿机制的理论依据。

按照卡尔多—希克斯意义上的利益改进标准，在跨流域水资源配置过程中，如果那些从水资源重新配置过程中获得利益的区域，只要其所增加的利益足以补偿在同一资源重新配置过程中受到损失的区域的利益，那么，通过受益区对受损区的补偿，可以达到双方均满意的结果，这种资源配置就是有效率的。具体到南水北调中线工程，调水对水质的标准要求水源区采取水源保护政策，这项政策的实施使调水区利益受损而受水区利益增加，但只要调水区的利益增进大于受水区的利益损失时，通过受水区对调水区的利益补偿，不但调水的整体利益能够实现，而且调水区与受水区之间的利益关系可以得以调整。这种补偿属于卡尔多—希克斯改进，通过受益地区对保护调水流域生态环境付出代价和做出贡献的地区提供应有的补偿，从而达到调水区和受水区之间的利益关系改善的目的。

2. 利益补偿主要类型——生态补偿

在南水北调调水中，根据对调水水质的要求，水源地要通过调整发展方向，限制区域内不利于水源涵养的产业发展，禁止高效益但对资源保护不利的项目上马，以保证水源的数量和质量向下游及受水区的供给。但是，保护水源的同时也产生了许多负效应。由于水源地往往处于上游地区，通常也是经济相对落后的地区，随着水源地发展结构的调整，其经济发展受到了限制，一定程度上制约了当地经济发展和人民生活水平的提高，导致水源地发展速度远落后于邻近地区及受水区。根据可持续发展以及协调发展的理念，某一地区经济发展不能牺牲其他地区的经济利益，应当体现区域间相对均衡发展。因此，受益区应对水源区给予适当的经济补偿。

生态补偿是南水北调受水区对调水区补偿的最主要形式。生态补偿是指通过对损害（或保护）资源环境的行为进行收费（或补偿），提高该行为的成本（或收益），从而激励损害（或保护）行为的主体减少（或增加）因其行为带来的外部不经济性（或外部经济性），达到保护资源的目的。就生态补偿的目的而言，主要有"抑损性"补偿和"增益性"补偿。"抑损性"补偿是主要针对行为者对调节性生态功能的破坏而设计的生态补偿费制度，征收生态环境补偿费的目的是通过控制行为的外部成本，使外部成本内部化。从这个角度来看，生态补偿就是指对由人类的社会经济活动给生态系统和自然资源造成的破坏及对环境造成的污染的补偿、恢复、综合治理等一系列活动的总称。"增益性"补偿，即补偿那些对调节性生态功能的恢复、增强的贡献者和权益受损者，包括由因开发利用土地、矿产、森林、草原、水、野生动植物等自然资源和自然景观而损害生态功能，或导致生态价值丧失的单位和个人支付补偿费用，用于对为保护和恢复生态环境及其功能而付出代价、做出牺牲的单位和个人进行的经济补偿。南水北调生态补偿就属于"增益性"补偿。

南水北调调水流域上游水源区的生态保护程度直接影响到受水区和中下游地区的生态质量，受水区对上游水源区的生态保护努力和机会成本应该给予相应的补偿，从政府介入的层面来建立生态补偿机制，对水源地生态保护者以及减少水源地生态环境破坏行为者给以补偿，把生态保护融入区域经济发展之中，从而真正达到生态补偿以及调整区域利益关系的目的。从本质上而言，调水流域生态补偿不仅是调水区和受水区政府之间部分财政收入的重新再分配过程，更是流域内社会利益、经济利益、生态利益格局的调节过程。在调水流域内建立生态补偿机制是要把流域的上游地区、受水地区以及中下游地区看作一个发展整体，通过采取一定的政策手段和经济手段实行生态保护外部性的内部化，让生态保护成果的"受益者"支付相应的费用，坚持"谁保护、谁受益"与"谁受益、谁付费"的原则，通过制度设计解决好受益地区对生态做出贡献地区的"补偿"。

由于调水流域上游的生态保护者比下游以及受水区的用水户需要遵守更为严格的法律规定或更少的权利分配，如遵守更为严格的水质标准等，这对他们的经济行为做出了一定限制和调整，这种调整或限制实际上造成这些地区发展权利的部分或完全丧失，其目的是使水源保护功能的其他享受者或受益者的权利得到保障，这就造成了不同利益相关者之间在事实上的发展权利的不平等。因此，在生态补偿机制设计中，必须充分考虑这种权利的失衡以及由此带来的利益关系的失衡，以对在水源保护中权益受损的利益相关者进行合理的补偿。

利益补偿的标准和范围应该从三个方面来界定：一是以上游地区为水质水量达标所付出的努力即直接投入为依据，主要包括上游地区涵养水源、环境污染综合整治、农业非点源污染治理、城镇污水处理设施建设、修建水利设施等项目的投资；二是以上游地区为水质水量达标所丧失的发展机会的损失即间接投入为依据，主要包括节水的投入、移民安置的投入以及限制产业发展的损失等；三是上游地区将来为进一步改善流域水质和水量而新建流域水环境保护设施、水利设施、新上环境污染综合整治项目等方面的延伸投入。

利益补偿机制有市场主导的补偿机制和政府主导的补偿机制两种模式，究竟选择使用政府补偿还是市场补偿机制，在很大程度上受制于补偿客体——某一个特定的生态环境服务的特点和性质。由于南水北调调水流域的影响范围广泛，受损和受益者众多，如果通过纯市场方式，交易成本巨大，而政府间的交易却往往能达成，因此政府主导的补偿方式就是较好的选择。

第三节　强化内源发展能力，促进区域可持续发展

大型工程建设对区域的发展在不同程度上起到推动作用。但外力作用能否转化为内在的持续的发展能力，则是一个复杂的过程。从区域政策上看，多区域之间的统筹协调机制非常重要，让工程建设相关区域都能从项目建设中获益、共享发展机会和成果是必要的。从产业政策方面，需要在拓展产业链上下工夫；同时要培育本土化的经济主体，这是实现内源发展的关键。

一、共享发展机会

区域开放程度的提高以及外部性的存在决定了一个区域的可持续发展必然会受到其他区域的影响，如何相互促进，共同发展，直接关系到多区域的可持续发展。同时，区际之间存在很多利益相关者，他们如何进行矛盾协调和利益分配，这也关系到能否实现多区域协调发展。区域协调发展本身就意味着区域之间需要加强合作，因为协调发展不可能在区域利益冲突、区际关系紧张的背景下实现。区域合作是区域经济学研究区际关系问题中经常使用的概念，一般指区域经济合作。国内对区域合作的研究更多是从一国内部不同行政区域这个角度出发来讨论

区域之间分工与合作问题,并且和区域之间生产要素的流动结合在一起。具体说来,区域合作是区域利益相关方为主要行为主体的合作,是以生产要素流动或资源优化为主要内容的相互合作,并通过区域经济协调而实现。

二、加强产业联系

南水北调工程对区域产业的形成、人口的发展和分布会产生重大影响,从而引发区际关系的变动,其中包含了相当复杂的利益分配、发展冲突以及社会公平等方面的问题。在工程的具体实施过程中,涉及利益攸关方众多,在水源地与输入地之间、在项目法人、各级地方政府、施工单位与工程移民之间将发生错综复杂的利益关系。具体而言,跨区水资源调配对受水区缓解经济发展的水资源瓶颈作用巨大,对受水地区的经济发展起重要的支撑作用,同时调水区由于水权损失、发展权损失等存在利益受损,两者之间存在着直接的利益矛盾;南水北调工程由于缓解了缺水地区的水资源瓶颈,因而可能加剧区际资源竞争,带来区域产业趋同、重复布局、恶性竞争等新问题。另外,跨流域的南水北调工程也可能给相关省区协同发展提供契机。工程运行之后,供水区和受水区实际上形成了一个"流域共同体",这个共同体实际上也是一个利益共同体,只有协调各个利益主体的利益,通过制定合理的产业政策、水价定价机制以及在受益地区和发展受限甚至受损地区之间的利益调节补偿机制,加强相关地区产业发展的关联性和生态环境的相关性,才可能实现共同体的良性、互动发展。这就需要在南水北调工程对区域经济、社会和生态影响评价的基础上,研究输、受水省区之间及输—受水省区与非输—受水省区之间的关系变动,进而判断这种变动对中部各省区经济发展的影响,通过生产力布局的调整、项目的安排及工程管理体制的构建,建立横向利益分配机制,达到区际高效协同发展。

三、全面投资于人

区域可持续发展离不开人的全面发展,如何实现过去项目为中心的建设理念向以人的全面发展为中心的转变,应该成为新形势下大型项目建设与移民搬迁理念与政策转型的基本出发点。人的全面发展,核心是能力建设。将大型工程项目作为外生的力量,其对区域可持续发展的影响,最终还是作用到区域内居民的可持续发展能力,影响到移民社会的可持续性和移民的能力再造。这种外生力量的冲击向内源发展能力的转化,将重点体现为移民社会的重构与能力建设问题,这是受冲击区域实现可持续发展的关键。

全面投资于人、把移民和相关影响群体的发展能力建设作为项目建设绩效的重要评价标准，才能更加符合科学发展的要义。能力建设，基础性的是创造社会与物质财富的能力。一方面，加大对可移动能力培育的投入；另一方面，在新环境中，要加大支撑环境建设，才能使得移民能力不致受损。为了保障他们的利益，政府对其进行居住与就业安置、提供经济补偿是一个方面，更重要的是要倡导移民克服被动的"等靠要"倾向，以更加积极的心态，强化参与意识，积极接受教育与技能培训，不断提高自己的能力，适应新的生存环境。

图 目 录

图 1-1　中线第一期工程分年度投资 ················ 5
图 1-2　各地区城市化水平 ···················· 6
图 1-3　南水北调中线工程管理体制框架 ·············· 8
图 2-1　可持续发展系统的层次划分 ················ 39
图 2-2　大型工程的区域效应 ··················· 40
图 2-3　能力形成的三角体模型 ·················· 40
图 3-1　区域可持续发展水资源保障能力概念模型 ········· 45
图 6-1　大型项目对区域资源利用的扰动 ············· 94
图 6-2　大型项目、资源利用变化对边缘化的分析 ········· 95
图 6-3　收益变化与资本化倾向的作用规律 ············ 96
图 6-4　大型项目与收益分配变化的分析 ············· 97
图 6-5　区域位置的通达性 ···················· 97
图 6-6　大型项目与区域位置通达性变化的分析 ·········· 98
图 6-7　区域发展策略调整与区域生产可能线 ··········· 99
图 6-8　大型项目与区域发展策略调整的分析 ··········· 99
图 6-9　大型项目与区域经济边缘化机理的分析 ·········· 100
图 7-1　跨区水资源调配中不同层次利益主体 ··········· 111
图 7-2　南水北调水权配置层级结构 ················ 118
图 7-3　无补偿政策的配置模式对区域利益分配格局的影响 ···· 127
图 7-4　补偿机制下的配置模式对区域利益分配格局的影响 ···· 129
图 9-1　社会变迁的阶段：从传统的可持续到高发展水平的可持续 ··· 164
图 9-2　可持续发展能力形成的内在机理 ············· 181
图 10-1　移民满意度、人力资本及其能力的关系 ········· 261
图 11-1　大型工程项目影响复杂系统的结构模式 ········· 296
图 11-2　社会、经济、资源、环境子系统相关关系 ········ 298
图 11-3　大型工程项目影响复杂系统 ··············· 300
图 11-4　大型工程协同发展目标的实现过程 ············ 303

图 11-5	大型工程项目影响复杂系统调控模型	306
图 11-6	相对发展速度曲线	307
图 11-7	系统发展过程曲线	308
图 11-8	系统发展速度曲线	308
图 11-9	大型工程项目影响复杂系统三种演化模式	309
图 11-10	大型工程项目协同发展的理想模型	309
图 11-11	社会、经济、资源、环境协同发展综合评价指标体系	311
图 11-12	系统演化轨迹	319

表 目 录

表1-1　南水北调中线工程各期工程供水量 ………………………………… 3
表1-2　东线和中线一期工程各年度投资带来的就业情况 ………………… 6
表2-1　边缘化分类学概要 …………………………………………………… 22
表2-2　边缘化定义的主要构成 ……………………………………………… 23
表3-1　沿线九地市水资源指标特征值 ……………………………………… 50
表3-2　评价指标4级标准值 ………………………………………………… 50
表3-3　水资源可持续利用程度评价结果 …………………………………… 52
表3-4　调水后河南省及九个受水城市的水资源基本资料 ………………… 53
表3-5　南水北调前后水资源保障能力对比表 ……………………………… 53
表4-1　水源区淹没及影响主要实物指标汇总 ……………………………… 56
表4-2　南水北调中线工程南阳市受水区城市口门分配水量 ……………… 59
表4-3　年均供水效益计算参数及结果 ……………………………………… 64
表4-4　淅川县农民人均收支数据 …………………………………………… 75
表5-1　各类污染排放物名称、单位及符号表示 …………………………… 79
表5-2　经济增长与环境关系的曲线形状判断表 …………………………… 80
表5-3　六类污染指标和人均地区生产总值间关系的估计结果 …………… 80
表5-4　襄樊市人均地区生产总值和污染物排放总量的估计结果 ………… 81
表5-5　调水95亿立方米后汉江襄樊河段水平年多年平均流量、
　　　　水位变化表 …………………………………………………………… 86
表8-1　库区待迁移民家庭以年龄、健康因素为特征的生计
　　　　活动能力赋值 ………………………………………………………… 145
表8-2　居民家庭主要成员以学历教育为特征的生计活动能力赋值 ……… 145
表8-3　库区待迁移民农户拥有耕地面积指标赋值及其标准化 …………… 146
表8-4　库区待迁移民农户对耕地质量的评价 ……………………………… 146
表8-5　库区待迁移民农户家庭住房测量指标及其赋值 …………………… 147
表8-6　库区待迁移民农户的年货币收入及其赋值指标 …………………… 148
表8-7　库区待迁移民农户对融资渠道的评价及其赋值 …………………… 148

表 8 – 8	南水北调中线工程库区农户生计资本测量表	149
表 8 – 9	库区待迁移民农户的生计策略	152
表 8 – 10	脆弱性研究领域与研究对象	159
表 9 – 1	总样本按收入来源分组的基尼系数	212
表 9 – 2	不同人群的平均收入	214
表 9 – 3	样本户和二次移民户的家庭规模	217
表 9 – 4	样本户与二次移民户的家庭供养老人数	218
表 9 – 5	样本户与二次移民户的未成年人和学生数	219
表 9 – 6	样本户与二次移民户的户主受教育程度	220
表 9 – 7	不同受教育年限的家庭的边际报酬和收入弹性	222
表 9 – 8	样本户与二次移民户的家庭健康状况	224
表 9 – 9	样本户与二次移民户外出务工人数	224
表 9 – 10	样本户与二次移民户收入结构	226
表 9 – 11	样本户的耕地质量	227
表 9 – 12	样本户信息交流工具和交通工具得分	227
表 9 – 13	样本户与二次移民到过最远的地方	228
表 9 – 14	样本户与二次移民户的技术交流能力	229
表 9 – 15	样本户与二次移民户接受新事物的时效	229
表 9 – 16	样本户与二次移民户的技能培训参与度	230
表 10 – 1	自变量及取值	233
表 10 – 2	模型回归结果	234
表 10 – 3	模型回归结果	236
表 10 – 4	相关变量的描述性分析	262
表 10 – 5	回归分析结果	265
表 10 – 6	不同层面社会资本与公共事业效率、合作程度相关关系	276
表 10 – 7	与他人交流技术频度的 Ordered Logit 模型估计结果	278
表 10 – 8	新技术使用率影响因素估计 Probit 模型回归结果	279
表 10 – 9	获得信息途径影响因素估计的 Probit 模型回归结果	280
表 10 – 10	衡量社会资本紧密度的问题	284
表 10 – 11	自变量基本特征描述	286
表 10 – 12	社会资本总量及其结构对家庭收入影响的 OLS 回归结果	287
表 10 – 13	不同类型社会资本与移民生活满意度的关系	290
表 10 – 14	村级社会资本对收入的影响模型（OLS）	292
表 11 – 1	大型工程项目影响复杂系统发展过程的阶段特性	307

表11-2 大型工程项目影响复杂系统发展速度的阶段特性 …………… 307
表11-3 资源环境与社会经济协同关系 …………………………………… 320
表11-4 十四个县市协同发展状态的比较 ………………………………… 326
表11-5 十四个县市资源子系统协同发展趋势和持续性的比较 ……… 327
表11-6 十四个县市环境子系统协同发展趋势和持续性的比较 ……… 327
表11-7 十四个县市经济子系统协同发展趋势和持续性的比较 ……… 328
表11-8 十四个县市社会子系统协同发展趋势和持续性的比较 ……… 328
表11-9 十四个县市综合系统协同发展趋势和持续性的比较 ………… 329

参 考 文 献

[1] 阿尔钦：《产权：一个经典的注释》，《财产权利和制度变迁》，上海三联书店1991年版。

[2] [印] 阿玛蒂亚·森：《论社会排斥》，载于《社会学》（人大复印资料）2005年第5期。

[3] [印] 阿玛蒂亚·森：《贫困与饥荒》，商务印书馆2001年版。

[4] [印] 阿玛蒂亚·森：《以自由看待发展》，中国人民大学出版社2002年版。

[5] 安涛：《边缘化：江南棉布业市镇的近代际遇——以朱泾镇为个案的考察》，载于《江西师范大学学报》2002年第2期。

[6] 包群：《经济增长与环境污染——基于面板数据的联立方程估计》，载于《世界经济》2006年第2期。

[7] 保罗·K.盖勒特，芭芭拉·D.林奇：《引发迁移的大型工程项目》，载于《国际社会科学杂志》2004年第1期。

[8] 贝克尔：《人力资本》，北京大学出版社1987年版。

[9] 边立明、孙涛、杨建基：《关于南水北调工程投资分摊问题的研究》，载于《河海大学学报（自然科学版）》2003年第6期。

[10] 边燕杰、丘海雄：《企业的社会资本及其功效》，载于《中国社会科学》2000年第2期。

[11] 边燕杰、张文宏：《经济体制、社会网络与职业流动》，载于《中国社会科学》2001年第2期。

[12] 边燕杰：《城市居民社会资本的来源及作用：网络观点与调查发现》，载于《中国社会科学》2004年第3期。

[13] 蔡昉：《转轨中的城市贫困问题》，社会科学出版社2003年版。

[14] 曹荣湘：《走出囚徒困境：社会资本与制度分析》，上海三联书店2003年版。

[15] 柴国荣、冯家涛、周志星、张发民、张军：《水资源跨流域配置的经济学分析》，载于《西北农林科技大学学报（社会科学版）》2002年第1期。

[16] 陈波：《利益变更论——中国经济利益关系演变研究》，复旦大学博士学位论文，2003年。

[17] 陈传波、丁士军：《对农户风险及其处理策略的分析》，载于《中国农村经济》2003年第11期。

[18] 陈华兴、钱杭元：《论可持续发展的人文限度及其超越》，载于《浙江学刊》2001年第6期。

[19] 陈建生：《慢性贫困问题研究动态》，载于《经济学动态》2006年第1期。

[20] 陈绍军、苟厚平：《中国非自愿移民收入来源与风险分析》，载于《河海大学学报》2002年第2期。

[21] 陈守煜：《区域水资源可持续利用评价理论模型与方法》，载于《中国工程科学》2002年第2期。

[22] 陈湘满：《论流域开发管理中的区域利益协调》，载于《经济地理》2002年第5期。

[23] 陈晓华、张小林：《边缘化地区特征、形成机制与影响——以安徽省池州市为例》，载于《长江流域资源与环境》2004年第5期。

[24] 陈秀山、丁晓玲：《西电东送背景下的水电租金分配机制研究》，载于《经济理论与经济管理》2005年第9期。

[25] 陈秀山、徐瑛：《西电东送区域经济效应评价》，载于《统计研究》2005年第4期。

[26] 陈学文、胡晓帆：《南水北调中线工程核心水源区水环境安全分析与对策》，载于《中国环境管理》2005年第9期。

[27] 陈艳萍、吴凤平：《国内典型流域初始水权配置实践的启示》，载于《水利经济》2008年第6期。

[28] 陈焰、熊玉珍：《中心外围论及对中国的实证分析》，载于《国际贸易问题》2005年第3期。

[29] 崔建远：《水工程与水权》，载于《西北政法学院学报》2003年第1期。

[30] 丹尼尔·W.布罗姆利：《经济利益与经济制度——公共政策的理论基础》，上海三联书店、上海人民出版社1996年版。

[31] 邓祖涛、陆玉麒、尹贻梅：《汉水流域核心——边缘结构的演变》，载于《地域研究与开发》2006年第3期。

[32] 丁晓玲、宋洁尘：《析西电东送背景下区域环境利益分配的扭曲》，载于《重庆工商大学学报》2005 年第 4 期。

[33] 丁忠明、孙敬水：《国外欠发达地区开发的基本经验及启示》，载于《世界经济与政治》2000 年第 1 期。

[34] 都阳：《中国农村贫困性质的变化及扶贫战略调整》，载于《中国农村观察》2005 年第 5 期。

[35] 杜慕群：《资源、能力、外部环境、战略与竞争优势的整合研究》，载于《管理世界》2003 年第 10 期。

[36] 杜耘、蔡述明、吴胜军、薛怀平：《南水北调中线工程对湖北省的影响分析》，载于《华中师范大学学报（自然科学版）》2001 年第 9 期。

[37] 杜耘、赵艳、蔡述明、任晓华：《南水北调中线工程对汉江中下游工业发展的影响》，载于《长江流域资源与环境》1999 年第 2 期。

[38] 段世江、石春玲：《中国农村反贫困：战略评价与视角选择》，载于《河北大学学报》2004 年第 6 期。

[39] 方修琦、殷培红：《弹性、脆弱性和适应——IHDP 三个核心概念综述》，载于《地理科学进展》2007 年第 9 期。

[40] 风笑天：《落地生根：三峡农村移民的社会适应》，华中科技大学出版社 2006 年版。

[41] 冯桂林：《试析湖北丹江口库区产业结构调整》，载于《地域研究与开发》2002 年第 2 期。

[42] 傅湘：《区域水资源承载力综合评价》，载于《长江流域资源与环境》1999 年第 2 期。

[43] 高文艺：《世界各国的调水工程》，载于《世界地理》2003 年第 4 期。

[44] 高永志、黄北新：《对建立跨流域河流污染经济补偿机制的探讨》，载于《环境经济》2003 年第 9 期。

[45] 高勇：《城市化进程中失地农民问题探讨》，载于《经济学家》2004 年第 1 期。

[46] 格拉泽：《社会资本的投资及其收益》，载于《经济社会体制比较》2003 年第 2 期。

[47] 格鲁特尔特、贝斯特纳尔：《社会资本在发展中的作用》，西南财经大学出版社 2004 年版。

[48] 宫本宪一，朴玉译：《环境经济学》，三联书店 2004 年版。

[49] 关爱萍：《南水北调工程受水区经济效应评价——以河南省为例》，载于《中国地质大学学报（社会科学版）》2008 年第 6 期。

[50] 郭宏宝、仇伟杰：《财政投资对农村脱贫效应的边际递减趋势及对策》，载于《当代经济科学》2005年第9期。

[51] 郭文卿、霍明远：《中国山区资源体系和经济体系的地位》，载于《自然资源》1997年第3期。

[52] 郭小东、武少苓：《中国公共投资与经济增长关系的PVAR分析——以中国31个省级单位的公路建设为实证研究案例》，载于《学术研究》2007年第3期。

[53] 哈尔·R. 范里安：《微观经济学：现代观点》，上海三联书店、上海人民出版社1994年版。

[54] 贺寨平：《社会经济地位、社会支持网与农村老年人身心状况》，载于《中国社会科学》2002年第3期。

[55] 洪远朋、卢志强、陈波：《社会利益关系演进论：我国社会利益关系发展变化的轨迹》，复旦大学出版社2006年版。

[56] 侯成波：《初始水权内涵分析》，载于《水利发展研究》2005年第12期。

[57] 侯风云：《中国农村人力资本收益率研究》，载于《经济研究》2004年第12期。

[58] 胡鞍钢、王亚华：《转型期水资源配置的公共政策：准市场和政治民主协商》，载于《中国软科学》2000年第5期。

[59] 胡兵、胡宝娣、赖景生：《经济增长、收入分配对农村贫困变动的影响》，载于《数量经济技术经济研究》2007年第5期。

[60] 胡静：《非自愿移民、介入型贫困与反贫困政策研究》，中南财经政法大学博士学位论文，2008年。

[61] 胡荣涛：《产业结构与地区利益分析》，经济管理出版社2001年版。

[62] 胡振鹏、傅春、王先甲：《水资源产权配置与管理》，科学出版社2003年版。

[63] 黄承伟：《中国反贫困：理论方法战略》，中国财政经济出版社2001年版。

[64] 黄海燕：《发展项目的公众参与研究》，河海大学博士论文，2004年。

[65] 黄瑞芹：《中国贫困地区社会资本与家庭收入》，中南财经政法大学博士学位论文，2008年。

[66] 黄薇、陈进：《跨流域调水水权分配与水市场运行机制初步探讨》，载于《长江科学院院报》2006年第1期。

[67] 姜开圣：《农业产业化龙头企业的发展壮大及其对农民收入的影响》，

载于《农业经济问题》2003 年第 3 期。

[68] 金凤君：《基础设施与区域经济发展环境》，载于《中国人口·资源与环境》2004 年第 4 期。

[69] 靳春平：《财政政策效应的空间差异性与地区经济增长》，载于《管理世界》2007 年第 7 期。

[70] 鞠晴江、庞敏：《道路基础设施影响区域增长与减贫的实证研究》，载于《经济体制改革》2006 年第 4 期。

[71] 康锋莉、郑一萍：《政府支出与经济增长——近期文献综述》，载于《财贸经济》2005 年第 1 期。

[72] 康晓光：《中国贫困与反贫困理论》，广西人民出版社 1995 年版。

[73] 孔珂、解建仓、张春玲、阮本清：《黄河应急调水经济补偿制度初探》，载于《资源科学》2005 年第 3 期。

[74] 库兹涅茨：《现代经济增长：发现与思考》，中译文见郭熙保主编：《发展经济学经典论著选》，中国经济出版社 1998 年版。

[75] 赖德胜：《教育、劳动力市场与收入分配》，载于《经济研究》1998 年第 5 期。

[76] 雷玉桃：《产权理论与流域水权配置模式研究》，载于《南方经济》2006 年第 10 期。

[77] 李斌、李小云、左停：《农村发展中的生计途径研究与实践》，载于《农业技术经济》2004 年第 4 期。

[78] 李达、王春晓：《我国经济增长与大气污染物排放的关系——基于分省面板数据的经验研究》，载于《财经科学》2007 年第 2 期。

[79] 李建民：《人力资本通论》，上海三联书店 1999 年版。

[80] 李培林、张翼、赵延东：《就业与制度变迁：两个特殊群体的求职过程》，浙江人民出版社 2000 年版。

[81] 李培林：《走出生活的阴影——失业下岗职工再就业中的"人力资本失灵"研究》，载于《中国社会科学》2003 年第 5 期。

[82] 李萍、徐明：《关于调水工程水权问题的研究》，载于《水利经济》2002 年第 2 期。

[83] 李强、陶传进：《工程移民的性质定位兼与其他移民类型比较》，载于《江苏社会科学》2000 年第 6 期。

[84] 李善同、许新宜：《南水北调与中国发展》，经济科学出版社 2004 年版。

[85] 李实、古斯塔夫森：《八十年代末中国贫困规模和程度的估计》，载于《中国社会科学》1996 年第 6 期。

[86] 李树茁、杨绪松、任义科、靳小怡：《农民工的社会网络与职业阶层和收入：来自深圳调查的发现》，载于《当代经济科学》2007年第1期。

[87] 李新安：《从区域利益看我国地区的不平衡发展》，载于《开发研究》2004年第2期。

[88] 李雪松、赫克曼：《选择偏差、比较优势与教育的异质性回报：基于中国微观数据的实证研究》，载于《经济研究》2004年第4期。

[89] 李雪松：《水资源资产化与产权化及初始水权界定问题研究》，载于《江西社会科学》2006年第2期。

[90] 李志青：《社会资本技术扩散和可持续发展》，复旦大学出版社2005年版。

[91] 李忠民：《人力资本：一个理论框架及其对中国一些问题的解释》，经济科学出版社1999年版。

[92] 廖蔚：《当前我国水库移民的文化冲突与保护研究》，载于《农村经济》2005年第2期。

[93] 林毅夫：《自生能力、经济转型与新古典经济学的反思》，载于《经济研究》2002年第12期。

[94] 林志斌：《谁搬迁了？——自愿性移民扶贫项目的社会、经济和政策分析》，社会科学文献出版社2006年版。

[95] 凌日平、刘敏：《略论边缘化现象的分布及启示——基于湖北、河南、山西的实证研究》，载于《经济问题》2009年第2期。

[96] 刘斌、朱尔明：《试论南水北调工程与水权制度》，载于《中国水利》2002年第1期。

[97] 刘丙军、邵东国、许明祥、阳书敏：《南水北调中线工程与汉江中下游地区相互影响分析》，载于《长江流域资源与环境》2005年第1期。

[98] 刘传江、徐建玲：《利益补偿与分享机制缺失下的政策失效问题探讨》，载于《经济评论》2006年第4期。

[99] 刘传江：《非自愿移民如何走上可持续发展之路》，载于《中国软科学》1999年第9期。

[100] 刘冬梅：《对中国21世纪反贫困目标瞄准机制的思考》，载于《农业经济导刊》（人大复印资料）2002年第2期。

[101] 刘红梅、王克强、郑策：《水资源分配的机制和原则》，载于《经济体制改革》2005年第6期。

[102] 刘洪军、陈柳钦：《制度创新与经济增长：对发展中国家跨越贫困陷阱的道路的思考》，载于《经济科学》2001年第4期。

[103] 刘俊文：《超越贫困陷阱》，载于《农业经济问题》2004年第10期。

[104] 刘文璞、吴国宝：《地区经济增长与减缓贫困》，山西经济出版社2001年版。

[105] 刘文强：《塔里木河流域基于产权交易的水管理机制研究》，清华大学博士论文，1999年。

[106] 刘晓昀、辛贤、毛学峰：《贫困地区农村基础设施投资对农户收入和支出的影响》，载于《中国农村观察》2003年第1期。

[107] 刘修岩：《教育与消除农村贫困：基于上海市农户调查数据的实证研究》，载于《中国农村经济》2007年第10期。

[108] 刘颖慧：《区域水权制度改革的研究》，大连理工大学出版社2004年版。

[109] 刘玉、冯健：《跨区资源调配工程的区域利益关系探讨——以西电东送南通道为例》，载于《自然资源学报》2008年第3期。

[110] 陆康强：《贫困指数：构造与再造》，载于《社会学研究》2007年第3期。

[111] 陆学艺：《"三农论"：当代中国农业、农村、农民研究》，社会科学文献出版社2002年版。

[112] 罗桂芬：《社会改革中人们的"相对剥夺感"心理浅析》，载于《中国人民大学学报》1990年第4期。

[113] 罗浩：《试论政府干预区域经济差距的缘由》，载于《经济地理》2006年第3期。

[114] 罗进华、柳思维：《制度变迁中的利益补偿问题的探讨》，载于《社会科学家》2008年第7期。

[115] 罗凌云、风笑天：《三峡农村移民经济生产的适应性》，载于《调研世界》2001年第4期。

[116] 马俊贤：《农村贫困线的划分及扶贫对策研究》，载于《统计研究》2001年第6期。

[117] 迈克尔·M.塞尼：《移民·重建·发展：世界银行移民政策与经验研究（一）》，河海大学出版社1998年版。

[118] 迈克尔·M.塞尼：《移民与发展：世界银行移民政策与经验研究（二）》，河海大学出版社1996年版。

[119] 满元：《现阶段资源开发与利用中的重大区际关系分析——基于对南水北调、西气东输等问题的探讨》，载于《华东经济管理》2005年第6期。

[120] 毛学峰、辛贤：《贫困形成机制——分工理论视角的经济学分析》，

载于《农业经济问题》2004年第2期。

[121] 孟琪、尹云松、孟令杰：《流域初始水权分配研究进展》，载于《长江流域资源环境》2008年第5期。

[122] 苗齐、钟甫宁：《中国农村贫困的变化与扶贫政策取向》，载于《中国农村经济》2006年第12期。

[123] 纳列什·辛格、乔纳森·吉尔曼：《让生计可持续》，载于《国际社会科学杂志（中文版）》2000年第4期。

[124] 纳克斯：《不发达国家的资本形成问题》，商务印书馆1966年版。

[125] 帕萨·达斯古普特、伊斯梅尔·撒拉格尔丁：《社会资本：一个多角度的观点》，中国人民大学出版社2005年版。

[126] 潘家华：《三峡投资的社会评价及其政策涵义》，载于《江汉论坛》1994年第8期。

[127] 潘玉君等：《"区域可持续发展"概念的试定义》，载于《中国人口·资源与环境》2002年第4期。

[128] 彭水军、包群：《经济增长与环境污染——环境库兹涅茨曲线假说的中国检验》，载于《财经问题研究》2006年第8期。

[129] 钱纳里等：《工业化与经济增长的比较研究》，上海三联书店1989年版。

[130] 曲天军：《非政府组织对中国扶贫成果的贡献分析及其发展建议》，载于《农业经济问题》2002年第9期。

[131] 屈锡华、左齐：《贫困与反贫困——定义、度量与目标》，载于《社会学研究》1997年第3期。

[132] 邵晖：《西电东送对区域经济增长方式影响的实证研究——以广东省为例》，载于《经济问题探索》2007年第3期。

[133] 沈满洪、陈锋：《我国水权理论研究述评》，载于《浙江社会科学》2002年第5期。

[134] 沈茂英：《试论农村贫困人口自我发展能力建设》，载于《安徽农业科学》2006年第10期。

[135] 施国庆、陈绍军、荀厚平：《中国移民政策与实践》，宁夏人民出版社2001年版。

[136] 施国庆：《非自愿移民：冲突与和谐》，载于《江苏社会科学》2005年第5期。

[137] 施祖美：《我国不发达地区反贫困的战略思考》，载于《农业经济问题》2000年第3期。

[138] 石智雷：《南水北调与区域利益分配格局的变化》，中南财经政法大学硕士学位论文，2008年。

[139] 石智雷、杨云彦、程广帅：《非自愿移民、搬迁方式与能力损失》，载于《南方人口》2009年第2期。

[140] 石智雷、杨云彦：《非自愿移民经济恢复的影响因素分析》，载于《人口研究》2009年第1期。

[141] 世界银行：《2000—2001年世界发展报告：与贫困作斗争》，中国财政经济出版社2001年版。

[142] 世界银行：《贫困与对策》，经济管理出版社1996年版。

[143] 世界银行：《中国战胜农村贫困》，中国财政经济出版社2001年版。

[144] 舒尔茨：《论人力资本投资》，北京经济学院出版社1990年版。

[145] 苏青：《河流水权和黄河取水权市场研究》，河海大学博士论文，2002年。

[146] ［日］速水佑次郎：《发展经济学——从贫困到富裕》，社会科学文献出版社2003年版。

[147] 陶然、徐志刚、徐晋涛：《退耕还林，粮食政策与可持续发展》，载于《中国社会科学》2004年第6期。

[148] 田圃德：《水权制度创新及效率分析》，中国水利水电出版社2004年版。

[149] 田艳平、杨云彦：《外来人口的职业流动与就业适应》，载于《西北人口》2006年第5期。

[150] 童星、林闽刚：《我国农村贫困标准线研究》，载于《中国社会科学》1993年第3期。

[151] 童星：《影响农村社会保障制度的非经济因素分析》，载于《南京大学学报》2002年第5期。

[152] 托马斯·福特·布朗：《社会资本理论综述》，载于《马克思主义与现实》2000年第2期。

[153] 王刚：《社会排斥与农民工社会权利的缺失》，载于《理论与观察》2006年第2期。

[154] 王朝明：《转型期中国贫困问题的再认识》，载于《国民经济管理》（人大复印资料）2001年第7期。

[155] 王建廷：《区域经济发展动力与动力机制》，上海人民出版社、格致出版社2007年版。

[156] 王万山、廖卫东：《南水北调中水权制度优化构想——以中线为例》，

载于《农业经济问题》2002 年第 11 期。

[157] 王卫东：《中国城市居民的社会网络资本与个人资本》，载于《社会学研究》2006 年第 3 期。

[158] 王文剑、覃成林：《南水北调工程与受水区经济社会制度变迁分析》，载于《生态经济（学术版）》2007 年第 11 期。

[159] 王亚华：《水权解释》，上海人民出版社 2005 年版。

[160] 王铮：《区域管理与发展》，科学技术出版社 2002 年版。

[161] 王祖祥、范传强、何耀：《中国农村贫困评估研究》，载于《管理世界》2006 年第 3 期。

[162] 威廉·伊斯特利，姜世明译：《在增长的迷雾中求索》，中信出版社 2005 年版。

[163] 魏众、古斯塔夫森：《中国转型时期的贫困变动分析》，载于《经济研究》1998 年第 11 期。

[164] 吴国宝：《对中国扶贫战略的简评》，载于《中国农村经济》1996 年第 8 期。

[165] 吴浩云、刁训娣、曾塞星：《引江济太调水经济效益分析——以湖州市为例》，载于《水科学进展》2008 年第 6 期。

[166] 吴理财：《贫困的经济学分析及其分析的贫困》，载于《经济评论》2001 年第 4 期。

[167] 吴锡标：《基于边缘化理论的思考——浙西南地区城市化的现状与发展道路》，载于《学术界》2005 年第 4 期。

[168] 吴晓青、洪尚群、段昌群、曾广权、夏丰、陈国谦、叶文虎：《区际生态补偿机制是区域间协调发展的关键》，载于《长江流域资源与环境》2003 年第 1 期。

[169] 夏德孝、常云昆：《南水北调中线水源保护区两难困境与利益补偿机制探讨》，载于《西北农林科技大学学报（社会科学版）》2007 年第 6 期。

[170] 夏朋、倪晋仁：《流域水权初始分配机制中的节水激励》，载于《中国人口·资源与环境》2008 年第 3 期。

[171] 杨立信：《国外调水工程》，中国水利水电出版社 2003 年版。

[172] 杨云彦、关爱萍：《南水北调工程与中部地区产业的经济联系》，载于《求是学刊》2007 年第 1 期。

[173] 杨云彦、凌日平：《跨流域调水工程管理体制的变迁及其启示——兼议南水北调工程管理体制》，载于《水利经济》2008 年第 1 期。

[174] 杨云彦、石智雷：《南水北调工程水源区与受水区地方政府行为博弈

分析——基于利益补偿机制的建立》,《贵州社会科学》2008 年第 1 期。

[175] 杨云彦、田艳平、秦尊文:《全球化与中部崛起》,湖北人民出版社 2005 年版。

[176] 杨云彦、徐映梅、向书坚:《就业替代与劳动力流动:一个新的分析框架》,载于《经济研究》2003 年第 8 期。

[177] 杨云彦、徐映梅:《外力冲击与内源发展:南水北调工程与中部地区可持续发展》,科学出版社 2008 年版。

[178] 杨云彦、朱金生:《经济全球化、就业替代与中部地区的"边缘化"》,载于《中南财经政法大学学报》2003 年第 5 期。

[179] 杨云彦:《改革开放以来中国人口"非正式迁移"的状况》,载于《中国社会科学》1996 年第 6 期。

[180] 杨云彦:《南水北调工程与中部地区经济社会协调发展:一个研究框架》,载于《中南财经政法大学学报》2007 年第 1 期。

[181] 杨云彦:《南水北调工程与中部地区经济社会协调发展》,载于《中南财经政法大学学报》2007 年第 3 期。

[182] 杨云彦:《中国人口迁移的规模测算与强度分析》,载于《中国社会科学》2003 年第 6 期。

[183] 杨云彦等:《全球化与中部崛起》,湖北人民出版社 2005 年版。

[184] 杨振、牛叔文、常慧丽、刘正广:《基于生态足迹模型的区域生态经济发展持续性评估》,载于《经济地理》2005 年第 4 期。

[185] 姚从容、钟庆才:《先天能力与人力资本》,载于《广东社会科学》2007 年第 1 期。

[186] 叶普万:《贫困经济学研究:一个文献综述》,载于《世界经济》2005 年第 9 期。

[187] 易朝路、李玲、任晓华、许厚泽:《重大工程建设对湖北省产业布局的影响与调整》,载于《华中师范大学学报(自然科学版)》2001 年第 9 期。

[188] 尹希果:《社会资本、工业集聚与经济增长》,载于《西南政法大学学报》2006 年第 4 期。

[189] 游德才:《区域一体化对经济环境协调发展的作用机制研究》,上海社会科学院博士学位论文,2008 年。

[190] 于峰等:《经济发展对环境质量影响的实证研究——基于 1999~2004 年间各省市的面板数据》,载于《中国工业经济》2006 年第 8 期。

[191] 于倩倩、王健:《社会资本与健康关系的研究》,载于《国外医学·社会医学分册》2005 年第 4 期。

[192] 余华银:《论我国扶贫战略的误区》,载于《农业经济问题》1998年第9期。

[193] 曾群、魏雁滨:《失业与社会排斥:一个分析框架》,载于《社会学研究》2004年第3期。

[194] 曾群:《汉江中下游水环境与可持续发展研究》,华东师范大学博士论文,2005年。

[195] 曾思育:《中国水资源管理问题分析与集成化水管理模式的推行》,载于《水科学进展》2001年第1期。

[196] 曾维华:《流域水资源冲突管理研究》,载于《上海环境科学》2002年第10期。

[197] 曾艳华:《农民发展能力的问题与对策》,载于《改革与战略》2006年第6期。

[198] 曾尊固、甄峰、龙国英:《非洲边缘化与依附性试析》,载于《经济地理》2003年第4期。

[199] 翟学伟:《社会流动与关系信任:也论关系强度与农民工的求职策略》,载于《社会学研究》2003年第1期。

[200] 詹姆斯·科尔曼,邓方译:《社会理论的基础》,社会科学文献出版社1999年版。

[201] [美]詹姆斯·C.斯科特,王晓毅译:《国家的视角:那些试图改善人类状况的项目是如何失败的》,社会科学文献出版社2004年版。

[202] 张兵、金凤君、于良:《基于区域化过程的边缘地区发展模式——以南阳市为例》,载于《长江流域资源与环境》2007年第6期。

[203] 张车伟:《人力资本回报率变化与收入差距:马太效应及其政策含义》,载于《经济研究》2006年第12期。

[204] 张帆、李冬著:《环境与自然资源经济学》(第二版),上海人民出版社2007年版。

[205] 张广科:《新型农村合作医疗制度支撑能力及其评价》,载于《中国人口科学》2008年第1期。

[206] 张环宙、黄超超、周永广:《内生式发展模式研究综述》,载于《浙江大学学报(人文社会科学版)》2007年第3期。

[207] 张俊飚、雷海章:《中西部贫困地区可持续发展问题研究》,中国农业出版社2002年版。

[208] 张可云:《区域大战与区域经济关系》,民主与建设出版社2001年版。

[209] 张平:《南水北调工程受水区水资源优化配置研究》,河海大学博士

论文，2006年。

[210] 张绍山：《水库移民的"次生贫困"及其对策初探》，载于《水利经济》1992年第4期。

[211] 张爽、陆铭、章元：《社会资本的作用随市场化进程减弱还是加强：来自中国农村贫困的实证研究》，载于《经济学季刊》2007年第1期。

[212] 张文合：《流域开发论》，中国水利水电出版社1994年版。

[213] 张文宏、阮丹青：《城乡居民的社会支持网》，载于《社会学研究》1999年第3期。

[214] 张兴建：《城镇贫困的因素分析及反贫困政策建议》，载于《中国人口科学》2005年第6期。

[215] 张艳华、李秉龙：《人力资本对农民非农收入影响的实证分析》，载于《中国农村观察》2006年第6期。

[216] 张郁：《我国跨流域调水工程中的生态补偿问题》，载于《东北师范大学学报（哲学社会科学版）》2008年第4期。

[217] 赵昌文、郭晓鸣：《贫困地区扶贫模式：比较与选择》，载于《中国农村观察》2000年第6期。

[218] 赵俊超：《扶贫移民的思路选择与实践》，载于《农业经济问题》2001年第2期。

[219] 赵曦：《中国西部农村反贫困战略研究》，人民出版社2000年版。

[220] 郑长德：《四川省工业化进程中经济增长与环境变迁的实证研究》，载于《西南民族大学学报（自然科学版）》2007年第5期。

[221] 郑通汉、许长新、徐乘：《黄河流域初始水权分配及水权交易制度研究》，河海大学出版社2006年版。

[222] 郑志龙：《社会资本与政府反贫困治理策略》，载于《中国人民大学学报》2007年第6期。

[223] 中国投入产出学会课题组：《国民经济各部门水资源消耗及用水系数的投入产出分析——2002年投入产出表系列分析报告之五》，载于《统计研究》2007年第3期。

[224] 周海林、黄晶：《可持续发展能力建设的理论分析与重构》，载于《中国人口·资源与环境》1999年第3期。

[225] 周红：《基于生态学的大型公共工程可持续能力研究》，东南大学博士学位论文，2006年。

[226] 周霞：《我国流域水资源产权特性与制度建设》，载于《经济理论与经济管理》2001年第12期。

［227］周逸先、崔玉平：《农村劳动力受教育与就业及家庭收入的相关分析》，载于《中国农村经济》2001 年第 4 期。

［228］朱光磊：《中国的贫富差距与政府控制》，上海三联书店 2002 年版。

［229］朱湖根：《中国财政支持农业产业化经营项目对农民收入增长影响的实证分析》，载于《中国农村经济》2007 年第 12 期。

［230］朱玲、蒋中一：《以工代赈与缓解贫困》，上海人民出版社 1994 年版。

［231］朱玲：《投资与贫困人口的健康和教育应对加入世贸组织后的就业形式》，载于《中国农村经济》2002 年第 1 期。

［232］朱玲：《制度安排在扶贫计划实施中的作用：云南少数民族地区扶贫攻坚战考察》，载于《经济研究》1996 年第 4 期。

［233］朱玲：《转型国家贫困问题的政治经济学讨论》，载于《管理世界》1998 年第 6 期。

［234］朱萍华、刘权辉：《论社会转型过程中社会资本对人力资本投资的影响》，载于《南昌大学学报》2007 年第 5 期。

［235］朱新光：《全球化时代发展中国家的"边缘化"现象刍议》，载于《社会主义研究》2003 年第 1 期。

［236］诸建芳：《中国人力资本的个人收益率研究》，载于《经济研究》1995 年第 12 期。

［237］Adler, Paul and Seok-Woo Kwon, (2002), Social Capital: Prospects for a New Concept, *Academy of Management Review*, 27 (1): pp. 17 – 40.

［238］Andreoni, J. and A. Levinson, (2001), the Simple Analytics of the Environmental Kuznets Curve, *Journal of Public Economic*, Vol. 80, No. 2, pp. 269 – 286.

［239］B. Delworth Gardner. Weakening Water Rights and Efficient Transfers. *Water Resources Development*, Vol. 19, No. 1, 2003, pp. 7 – 19.

［240］Barro, R. (1991), Economic Growth in a Cross-Section of Countries. *Quarterly Journal of Economics*, 106 (2): 34 – 51.

［241］Bebbington, A. J. (1997), Social Capital and Rural Intensification: Local Organizations and Islands of Sustainability in the Rural Andes. *The Geographic Journal*, 163 (2): pp. 189 – 197.

［242］Bebbington, A. J., (1999), Capitals and Capabilities: a Framework for Analyzing Peasant Viability, Rural Livelihoods and Poverty, *World Development*, 27 (12): pp. 2021 – 2044.

［243］Beugelsdijk, Sjoerd and Schaik, Ton (2005), Social Capital and

Growth in European Regions: an Empirical Test, *European Journal of Political Economy*, 21: pp. 301 – 324.

[244] Bian, Yanjie, (2001), Guanxi Capital and Social Eating in Chinese Cities: Theoretical Models and Empirical Analyses, in *Social Capital: Theory and Research*, (eds.) by Nan Lin, Karen Cook & Ronald Burt, Aldine Gruyter: NewYork.

[245] Bjornskov, C. and Svendsen, G. (2003), Measuring Social Capital: Is There a Single Underlying Explanation? *Department of Economics Aarhus School of Business Working Paper*, pp. 3 – 5.

[246] Bolker, Beate and Henk Flap, (1999), Getting ahead in the GDR: Social Capital and Status Attainment under Communism. *Acta Sociological*, 41 (1, April): pp. 17 – 34.

[247] Bowles, Samuel and Herbert Gintis, (2002), Social Capital and Community Governance, *The Economic Journal*, 112 (483): F419 – F436.

[248] Boxman, E. A. W., P. M. Graaf, and Henk D. Flap, (1991), The Impact of Social and Human Capital on the Income Attainment of Dutch Managers, *Social Networks*, 13: pp. 51 – 73.

[249] Bradley T. Cullen, Pretes Michael, (2000), The meaning of marginality: interpretations and perceptions in social science . *Social Science Journal*, 37 (2): pp. 215 – 223.

[250] Carter, H. O. and D. Ireri, (1970), Linkage of California-Arizona Input-Output Models to Analyse Water Transfer Pattern, in Applications of Input-Output Analysis, edited by A. P. Carter and A. Brody, Amsterdam, *North-Holland Publishing Company*, pp. 139 – 168.

[251] Caughy, M. O., P. J. O'Campo and C. Muntaner, (2003), When Being Alone Might Be Better: Neighborhood Poverty, Social Capital, and Child Mental Health, *Social Science and Medicine*, 57: pp. 227 – 237.

[252] Copeland B. and Taylor M., (1995), Trade and Tran boundary Pollution. *American Economic Review*, (85): pp. 716 – 737.

[253] Cupers R., (1996), Ecological Compensation of the Impacts of a Road. *Ecological Engineering*, (7): pp. 327 – 349.

[254] Cupers R., (1999), Guidelines for Ecological Compensation Associated with Highways, *Biological Conservation*, 90.

[255] Dasgupta S, Laplante B, Wang H, and Wheeler D., (2002), Confronting the Environmental Kuznets Curve. *Journal of Economic Perspectives*, 16 (1),

pp. 147 – 168.

[256] Datt, G., (1998), Computational Tools for Poverty Measurement and Analysis. *FCND Discussion Paper* No. 50.

[257] Davenport, T. O., (1999), *Human Capital: What Is It and Why People Invest It*, San Francisco: Jossey-Bass.

[258] David I. Stern, (2002), Expaining Changes in Global Sulfur Emissions: An Econometric Decomposition Approach. *Ecological Economics*, (42).

[259] Dennis Von Custodio, (2005), Wouter Lincklaen Arriens. Understanding Water Rights and Water Allocation, *1st NARBO Thematic Workshop on Water Rights and Water Allocation*, Hanoi, Viet Nam, 5 – 9 December, pp. 1 – 19.

[260] Dily, H. E. and Cobb, J. B. Jr., (1989), *For the Common Goods: redirecting the Economy Toward Community*, the Environment and a Sustainable Future, Beacon Press.

[261] Dinda S. (2004), Environmental Kuznets Curve Hypothesis: A Survey. *Ecological Economics*, (49): pp. 431 – 455.

[262] Dinda, Soumyananda, (2007), Social Capital in the Creation of Human Capital and Economic Growth: A Productive Consumption Approach, *The Journal of Socio-Economics*, 6 (14), pp. 1 – 14.

[263] Duarte. Rosa, Snchez-Chliz Julio, Bielsa Jorge, (2002), Water use in the Spanish economy: An input-output approach. *Ecological Economics*, Vol. 43, pp. 71 – 86.

[264] Etsuro, Shioji, (2001), Public Capital and Economic Growth: A Convergence Approach. *Journal of economic Growth*, 6: 205 – 227.

[265] Fisher, A. C. and F. M. Peterson, (1976), The Environment in Economics: A Survey, *Journal of Economic Literature*, Vol. 14, No. 1.

[266] Foster, Andrew and Mark R. Rosenstein, (1995), Learning by Doing and Learning from Others: Human Capital and Technical Change in Agriculture, *Journal of Political Economy*, 103: 1176 – 1209.

[267] Freeman and Redd (1983), "*Stockholders and Stakehoders: A New Perspective on Corporate Governance*", *California Management Review*, Vol. 25.

[268] Galeotti, M. and A. Lanze, (1999), Richer and Cleaner? A Study on Carbon Dioxide Emissions in Developing Countries, *Proceedings from the 22nd IAEE Annual International Conference*.

[269] Gallagher K. S., (2003), *Development of Cleaner Vehicle Technology?*

Foreign Direct Investment and Technology Transfer from United States to China, Paper Presented at United States Society for Ecological Economics 2nd Biennial Meeting, Saratoga Springs NY, May.

[270] Gaurav Datt and Martin Ravallion, (1992), Growth and Redistribution Components of Changes in Poverty Measures, *Journal of Development Economics*, 38: pp. 275 – 295.

[271] Gene M. Grossman, Alan B. Krueger, (1995), Economic Growth and the Environment, *Quarterly Journal of Economics*, (5), pp. 353 – 377.

[272] Ghana S. Gurung and Michael Kollmair, (2005), Marginality: Concepts and their Limitations. *IP6 Working Paper* No. 4.

[273] Glaeser, Edward, David Laibson and Bruce Sacerdote, (2002), An Economic Approach to Social Capital, *The Economic Journal*, 112 (483): F437 – F458.

[274] Granovetter, Mark, (1985), Economic Action and Social Structure: the Problem of Embeddedness, *American Journal of Sociology*, 91: 481 – 510.

[275] Green GP, Hamilton R., (2000), Water Allocation, Transfers and Conservation: Links Between Policy and Hydrology. *Water Resource Development*, 16 (2), pp. 197 – 208.

[276] Greif, Avner, (1993), Contract Enforceability and Economic Institutions in Early Trade: the Maghribi Traders' Coalition, *American Economic Review*, 83: pp. 525 – 48.

[277] Grootaert, Christiaan and Deepa Narayan, (2003), Measuring Social Capital: an Integrated Questionnaire, *The International Bank for Recnonstruction and Development Working Paper*, No. 18, Washington, D. C.: The World Bank.

[278] Grootaert, Christiaan and Thierry van Bastelaer, (2002), *The Role of Social Capital in Development: An Empirical Assessment.* New York: Cambridge University Press.

[279] Grootaert, Christiaan, Gi-Taik Oh and Anand Swamy, (2000), Social Capital and Development Outcomes in Burkina Faso, *Local Level Institutions Working Paper*, No. 7, Washington, D. C.: The World Bank.

[280] Grossman and Krueger, (1994), A: *Environmental Impacts of a North American Free Trade Agreement*, National Bureau of Economic Research Working Paper 3914, NBER, Cambridge, MA.

[281] Grossman G. and Krueger A., (1991), *Environmental Impacts of the*

North American Free Trade Agreement. NBER, Working Paper, No. 3914.

[282] Grossman G. and Krueger A., (1995), Economic growth and the environment. *Quarterly Journal of Economics*, 110 (2), pp. 353 – 377.

[283] Guang-ming, Duan; Jing-zhu, Zhao; Guo-hua, Liu; Bing, Ke; Han, Xiao; Gang, Wu; Hong-bing, Deng, (2004), Eco-environmental Benefit Assessment of China's South-North Water Transfer Scheme—the Middle Route Project. *Journal of Environmental Sciences*, (2): pp. 308 – 315.

[284] H. S. Kim, (2003), Sustainable Development and the South-to-North Water Transfer Project in China. Master thesis, Central Connecticut State University.

[285] Halpern, D., (1999), Social Capital: the New Golden Goose, *Faculty of Social and Political Sciences*, Cambridge University Unpublished Review.

[286] Hubacek, Klaus and Laixiang Sun, (2005), Economic and Societal Changes in China and Their Effects on Water Use, *Journal of Industrial Ecology*, 9 (1): pp. 187 – 200.

[287] Huffman WallaceE (2001), Human Capital: Education and A griculture, in Bruce L Gardner and Gordon C. Rausser edited, *Handbook of Agricultural Economics*, Vol. 1 A, pp. 334 – 376.

[288] John Friedman, (1966), *Regional Development Policy, Acase S tudy of Venez uela*, The M. I. T. Press.

[289] Johnson, George and W. E. Whitelaw, (1974), Urban-Rural Income Transfers in Kenya: An Estimated-Remittance Function. *Economic Development and Cultural Change*: 22: pp. 473 – 479.

[290] Kakwani, N., (1990), Poverty and Economic Growth with Application to Cote d'Ivoire. *Living Standards Measurement Study Working Paper* No. 63, World Bank.

[291] Kakwani, N., (1990), Testing for the Significance of Poverty Differences with Application to Cote d Ivoire. *Living Standards Measurement Study Working Paper* No. 62, World Bank.

[292] Kawachi, I., B. P. Kennedy, K. Lochner, and D. Prothrow-Stith, (1997), Social Capital, Income Inequality, and Mortality, *American Journal of Public Health*, 87 (9): pp. 1491 – 1498.

[293] Kawachi, I.. and L. F. Berkman, (2000), Social Cohesion, Social Capital, and Health, In L. F. Berkman and I. Kawachi (Eds.), *Social epidemiology* (pp. 174 – 190), New York: Oxford University Press.

[294] Kenneth Boulding, (1996), *The Economics of the Coming Spaceship Earth—from Environmental Quality in a Growing Economy*. The Johns Hopkins Press.

[295] Knack S., P. Keefer, (1995), Institutions and Economic Performance: Cross Country Tests Using Alternative Institutional Measures. *Economics and Politics*. (7).

[296] Knack, S. and P. Keefer, (1997), Does Social Capital have an Economic Payoff? A Cross-country Investigation. *Quarterly Journal of Economics*, 112 (4): pp. 1251 – 1288.

[297] Knack, S. and P. Keefer, (1995), Institutions and Economic Performance: Cross-Country Tests Using Alternative Institution Measures. *Economics and Politics*, 7: pp. 207 – 227.

[298] Kumiko Kondo, (2005), Economic Analysis of Water Resources in Japan: Using Factor Decomposition Analysis Based on Input-output Tables. *Environmental Economics and Policy Studies*, Vol. 7, pp. 109 – 129.

[299] Kuznets S., (1955), Economic Growth and Income Equality. *American Economic Review*, 45 (1): pp. 1 – 28.

[300] Lee, Valerie and Robert G. Croninger (2001), The Elements of Social Capital in the Context of Six High Schools, *Journal of Socio-economics*, 30: pp. 165 – 167.

[301] Leimgruber W., Majoral R. Lee Chul-Woo, (2003), *Policies and Strategies in Marginal Region: Summary and Evaluation*. Aldershot: Ashgate Publishing Limited.

[302] Leimgruber, W., (1994), Marginality and Marginal Regions: problems of definition. In: *Marginality and Development Issues in Marginal Regions* [M]. Chang-YiD. Ch. (ed.), National Taiwan University, Taipei, pp. 1 – 18.

[303] Li, Haizheng, (2003), Economic Transition and Returns to Education in China, *Economics of Education Review*, 22: pp. 317 – 328.

[304] Liddell W. W., (1973), Marginality and Integrative Decisions. *Academy of Management Journal*, Vol. 16, No. 1 (March), pp. 154 – 156.

[305] Lin Nan, (2001), *Social Capital: a Theory of Social Structure and Action*, Cambridge University Press.

[306] Lindstrom, M., B. S. Hanson, and Ostergren, P. O. (2001), Socioeconomic Differences in Leisure Time Physical Activity: The Role of Social Participation and Social Capital in Shaping Health Related Behavior, *Social Science and Medi-*

cine, 52 (3): pp. 441 – 451.

[307] Maluccio John and Lawrence Haddad, (2000), Social Capital and Household Welfare in South Africa: 1993 – 1998, *Journal of Development Studies*, 36 (6): pp. 54 – 81.

[308] Martin Ravallion, (1991), On the Coverage of Public Employment Schemes for Poverty Alleviation. *Journal of Development Economics*, 34: pp. 57 – 79.

[309] Martin Rhodes, (2000), Book Review to *Perceptions of Marginality: Theoretical Issues and Regional Perceptions of Marginality in Geographical Space*, Edit by Jussila, H., Leimgruber, W. and Majoral, R ed. Ashgate Publishing Ltd, England, 1998. Journal of Regional Science, Vol. 40, No. 1, pp. 190 – 193.

[310] Mathur, H. M., (1995), The Resettlement of People Displaced by Development Projects Issues and Approaches, H. M. Mathur, *Development, Displacement and Resettlement: Focus on Asian Experiences*. Delhi: Vikas Publishing House.

[311] Mehretu Assefa, (2000), Pigozzi Bruce Wm. and Sommers, Lawrence M., Concepts in Social and Spatial marginality. Geografiska Annaler. 82 B (2): pp. 89 – 101.

[312] Mehretu, A., Sommers, L. M. (1998), International Perspectives on Socio-patial Marginality, in *JUSSILA*, H., Leimgruber, W. (2004), Between Global and Local: Marginality and Marginal Regions in the Context of Globalization and Deregulation. *Ashgate Publishing Limited, Gower House*, England.

[313] Mehretu, A., Sommers, L. M., (1998), International Perspectives on Socio-patial Marginality', in JUSSILA, H., Leimgruber and Majoral, R. (eds): *Perceptions of Marginality: Theoretical Issues and Regional Perceptions of Marginality in Geographical Space*. Brookfield, VT: Ashgate: pp. 135 – 45.

[314] Mehretu, Assefa, Pigozzi, Bruce Wm. and Sommers, Lawrence M. (2000), Concepts in social and spatial marginality. *Geogr. Ann.* 82 B (2): pp. 89 – 101.

[315] Mehta, (1995), Cultural Diversity in the Mountains: Issues of Integration and Marginality in Sustainable Development. Paper prepared for Consultation on the Mountain Agenda, Lima, Peru, February pp. 22 – 27.

[316] Meng, X. (1995), The Role of Education in Wage Determination in China's Rural Industrial Sector, *Education Econoics*, 3 (3): pp. 235 – 247.

[317] Michael M. Cernea, (1988), Involuntary Resettlement and Development: Some Projects have Adverse Social Effects. Can these be Prevent? *Finance and*

Development, 3: 44-46.

[318] Michael M. Cernea, (1988), Involuntary Resettlement and Development. *inance and Development*, 25 (3): 44-66.

[319] Michael, (2006), Stephen Noone. Interbasin Water Transfer Projects In North America. *The North Dakota State Water Commission*, March 13.

[320] Mincer, J., (1958), Investment in Human Capital and Personal Income Distribution. *Journal of Political Economy*, 66.

[321] O'Brien, D., Raedeke J. A. and Hassinger E. W. (1998), The Social Networks of Leaders in More or Less Viable Communities Six Years Latter: a Research Note. *Rural Sociology*, pp. 109-127.

[322] Ostrom, Elinor, (1990), *Governing the Commons: the Evolution of Institutions for Collective Action*, New York: Cambridge University Press.

[323] Palesa Selloane Mokorosi, Pieter van der Zaag, (2007), Can Local People also Gain from Benefit Sharing in Water Resources Development? Experiences from Dam Development in the Orange-Senqu River Basin. *Physics and Chemistry of the Earth*, Vol. 32, pp. 1322-1329.

[324] Panayotou T., (1997), Demystifying the Environmental Kuznets Curve: Turning a Black Box into a Policy Tool. *Environment and Development Economics*, (25).

[325] Panayotou T., (2000), *Economic Growth and the Environment*. Center for International Development, Harvard University, CID Working Paper No. 56, July.

[326] Parker N, (2002), Differentiating, collaborating, outdoing: Nordicidentity and marginality in the Contemporary world. *Global studies in culture and power*, 9, pp. 355-381.

[327] Parker. Noel, (2005), Integrated Europe and its "Margins": Action and Reaction. In Margins in European Integration, N. Parker and B. Armstrong, eds. London: Macmitlan. pp. 1-27.

[328] Portes, Alejandro and Patrica Landolt, (1996), The Downside of Social Capital, *American Prospect*, 26: pp. 18-21.

[329] R. Maria Saleth, Ariel Dinar, (2000), Institutional Changes in Global Water Sector: Trends, Patterns and Implications. *Water Policy*, No. 2, pp: 175-199.

[330] Ribot, J., (1998), Theorizing Access: Forest Profits along Senegal's Charcoal Commodity Chain. *Development and Change*, 29 (2): pp. 307-342.

[331] Rose, Richard., (2000), How Much Does Social Capital Add to Individual Health?: a Survey Study of Russians, *Social Science and Medicine*, 51: pp. 1421 – 1435.

[332] Sen, A. K., (1985), A Sociological Approach to the Mearurement of Poverty: A Reply to Professor Peter Townsend. *Oxford Economic Papers*.

[333] Shafik, N. and S., (1992), Bandyopadhyay, *Economic Growth and Environmental Quality: Time-Series and Cross-Country Evidence*, World Bank Policy Research Working Paper No. 904.

[334] Shan Feng, Ling Xia Li, Zhi Gang Duan, Jin Long Zhang, (2007), Assessing the Impacts of South-to-North Water Transfer Project. *Decision Support Systems*, Vol. 42, pp. 1989 – 2003.

[335] Silver, (1994), Social Exclusion & Social Solidarity: Three Paradigms. *International labour Review*, 133: 5 – 6.

[336] Silvey, Rachel and Rebecca Elmhirst, (2003), Engendering Social Capital: Women Workers and Rural-Urban Networks in Indonesia's Crisis, *World Development*, 31 (5): pp. 865 – 879.

[337] Skocpol, T., (1996), Unraveling from Above, *American Prospects*, 25: pp. 21 – 25.

[338] Sommers et al., (1999), Towards Typologies of Socio-economic Marginality: North/South Comparisons. Jussila, H., Majoral, R. and Mutambirwa, C. (eds.) *Marginality in Space - Past, Present and Future: Theoretical and Methodological Aspects of Cultural, Social and Economical Parameters of Marginal and Critical Regions*. Ashgate Publishing Ltd, England, pp. 7 – 24.

[339] Soumyananda Dinda, (2004), Environmental Kuznets Curve Hypothesis: A Survey. *Ecological Economics*, (49): pp. 431 – 456.

[340] Stern D., (1998), Progress on the Environmental Kuznets Curve. *Environment and Development Economics*, (3): pp. 175 – 198.

[341] Stoevener H. H, (1965), Castle E. N. Input-Output models and benefit-cost analysis in water resources research. *Journal of Farm Economics*, Vol. 5, pp. 1572 – 1599.

[342] Temple, J. R. W., and P. A. Johnson, (1998), Social Capability and Economic Growth. *Quarterly Journal of Economics*, 113 (3): pp. 965 – 990.

[343] Tietenberg, T., (2001), Environmental and Natural Resource Economic, Fifth Edition, *Tsinghua University Press*.

[344] Todaro, M. P., (1997), Economic Development, sixth Edition, Addtion Wesley Lougman UNDP, 1999, *Human Development Report*, New York.

[345] Townsend, (1979), *Poverty in the Kingdom: a Survey of the Household Resource and Living Standard*. Allen Lane and Penguin Books.

[346] Wang Huadong, Wang Fei, (1996), Environmental Risk Assessment of the Middle Route of South-to-North. *Journal of Environmental Sciences*, (3): pp. 285 – 287.

[347] Wilson, W. J., (1987), *The Truly Disadvantaged: The Inner City, The Under Class and Public Policy*, Chicago: Chicago University Press.

[348] Woodhouse, Andrew, (2006), Social Capital and Economic Development in Regional Australia: a Case Study, *Journal of Rural Studies*, 22: pp. 83 – 94.

[349] Woolcock, M., (1998), Social Capital and Economic Development: Toward a Theoretical Synthesis and Policy Framework, *Theory and Society*, 27: pp. 151 – 208.

[350] Zhang, L. X., Huang, J. K. Rozelle, S. (2002), Employment, Emerging Labor Markets and the Role of Education in China, *China Economic Review*, 13 (2 – 3): pp. 313 – 328.

后　记

　　2005年，我们有幸承担了教育部哲学社会科学研究重大课题攻关项目"南水北调工程与中部地区经济社会可持续发展研究"。自项目批准以来，我们按照项目计划和中期检查的要求开展工作，包括凝练学术命题、收集文献和统计资料，开展库区移民家庭问卷调查，分别在南水北调中线工程水源区和三峡库区进行农户深度访谈，召开了三次小型学术研讨会。项目以南水北调中线工程为案例，形成了以"外力冲击和内源发展"、"介入型贫困与能力再造"等创新性的理论命题和研究成果，对区域可持续发展理论有新的发展，同时具有直接的政策参考价值。

　　需要重点谈到的是实地调研过程。2007年整个上半年，我们的团队前后做了多次深入细致的实地调研工作，其中前期以深入工程相关部门、地区、村镇进行重点访谈为主，后期以村和农户的问卷调查为主。在重点访谈阶段，我们团队的足迹踏遍了南水北调中线工程的大部分地区及相关部门，包括长江水利委员会、南水北调办公室、移民局、统计局等，还有湖北省的襄樊市、十堰市、丹江口库区、郧县的柳陂，河南省的南阳、淅川、邓州、郑州、焦作以及安阳……层层走访和调研让我们深刻体会到不同群体的利益诉求，同时也让从他们那里获得了大力支持和大量课题所需的资料，在此对上述地区和部门表示感谢。

　　后期的入户调查是课题研究的重要环节，调查地点分别为湖北省丹江口市、郧县和河南省淅川县的丹江口库区移民，湖北省巴东县的三峡库区移民。整个调查共发放3 620份问卷，丹江口库区3 200份，巴东三峡库区420份，共获得有效问卷3 566份。整个过程非常辛苦，同时也让我们的队员得到很大锻炼。从库区实地考察，到问卷设计，农户试调研，以及库区三千多农户调研访谈，不仅使大家学习到设计问卷的流程、入户调研的技巧，更重要的是学习到如何去思考、体会到如何把在书本里学到的东西运用在实际生活中。同时，下乡调研也是一次十分难得的社会实践活动，队员们近距离地接触了中国农村，了解了库区农民的生活状况，不管是20世纪60、70年代的老移民，还是这次南水北调工程新的待迁移民，他们都为库区建设做出了巨大贡献。丹江口水库周围多是山区丘陵，交通不好，耕地数量少，且不宜浇灌，靠天吃饭，农民生活较为困难，到现在还有很多五六十年前留下的土木结构的房屋，还有用碎石块堆砌起来的房屋。或者由于地缘因素，他们的思维方式和生活习惯，不仅与城市，就是和东部平原地带的农村都有很大区别。他们那种对现实的坦然接受、在待迁中的无奈、对未来的期盼，都给我们留下了深刻印象。

在问卷的基础之上我们结合相关统计年鉴建立了数据库，将我们调查到的内容转化为前期的研究成果，并同国内外专家学者进行了交流，华盛顿大学的陈金永教授，国内的伍新木、王长德、张可云、覃成林、龚胜生等专家学者均对本课题提出了非常宝贵的建议。除此之外，我们还与河海大学中国移民中心、长江水利委员会、湖北省社会科学院、河南大学等单位建立了合作研究关系。经过多次学术报告会与小型讨论会，我们一起讨论、一起摸索、一起协作，课题于2009年正式结项，同时我们形成了丰硕的研究成果，包括2部学术专著，30多篇高质量的学术论文，其中不乏《管理世界》、《中国人口科学》等权威期刊，还包括研究报告6篇，完成硕博论文共计18篇，为学科点培养了多名博士生和硕士生，锻炼了一批青年教师，形成了实力较强的科研团队。

在取得一系列学术成果的同时，我们的研究还带来了一定的社会效益。2006年湖北省省政协九届四次会议上，我们提议要重视丹江口坝下河段生态环境保护保持汉江中下游的可持续发展，得到了水利部的有益答复；2007年湖北省省政协九届五次会议上，提出南水北调中线调水后汉江中下游可能出现的问题与对策，得到国家发改委的认可；2009年湖北省省政协十届二次会议上，提出对南水北调中线工程中移民安置工作的建议，得到湖北省移民局的高度赞扬，该提案转化为信息后被全国政协单篇采用。

我们就是在充分理解和吸收前人研究成果的基础上，经过更加深入的调查研究逐步完成本书的写作。本书是项目组全体成员共同智慧的结晶，由杨云彦提出总体框架，具体撰写分工为：第一章由杨云彦、石智雷、余驰、曹立斌主笔，第二章由杨云彦、石智雷主笔，第三章由吴涛主笔，第四章由石智雷主笔，第五章由成艾华主笔，第六章由凌日平、杨云彦主笔，第七章由关爱萍主笔，第八章由赵锋主笔，第九章由杨云彦、胡静主笔，第十章由黄瑞芹、程广帅主笔，第十一章由徐映梅、刘云忠主笔，第十二章由杨云彦主笔，全书由杨云彦统稿。田艳平、何雄等在项目设计、实地调研、数据分析等方面做了大量工作，对本书的形成也起到了重要作用。

本书完成过程中得到多方支持，教育部社科司对项目的进展和本书的出版给予多方支持，张东刚司长等对项目提出了宝贵建议；伍新木、郭庆汉、赵曼、丁士军、向书坚、陈浩、严立冬、刘传江、施国庆等多位项目评审、结项专家教授为项目的实施、修改提出了宝贵的建议；中南财经政法大学为本项研究提供了良好的工作环境，张中华副书记、科研处姚莉处长等为项目推进给予了大力支持。项目在调研过程中还得到长江水利委员会、湖北省移民局、河南省发展改革委员会、十堰市、襄樊市、南阳市、丹江口市、郧县、淅川县等相关部门的大力支持。在此，谨向他们表示衷心的感谢。

教育部哲学社会科学研究重大课题攻关项目成果出版列表

书　名	首席专家
《马克思主义基础理论若干重大问题研究》	陈先达
《马克思主义理论学科体系建构与建设研究》	张雷声
《人文社会科学研究成果评价体系研究》	刘大椿
《中国工业化、城镇化进程中的农村土地问题研究》	曲福田
《东北老工业基地改造与振兴研究》	程　伟
《全面建设小康社会进程中的我国就业发展战略研究》	曾湘泉
《当代中国人精神生活研究》	童世骏
《弘扬与培育民族精神研究》	杨叔子
《当代科学哲学的发展趋势》	郭贵春
《面向知识表示与推理的自然语言逻辑》	鞠实儿
《当代宗教冲突与对话研究》	张志刚
《马克思主义文艺理论中国化研究》	朱立元
《现代中西高校公共艺术教育比较研究》	曾繁仁
《楚地出土戰國簡册〔十四種〕》	陳　偉
《中国市场经济发展研究》	刘　伟
《全球经济调整中的中国经济增长与宏观调控体系研究》	黄　达
《中国特大都市圈与世界制造业中心研究》	李廉水
《中国产业竞争力研究》	赵彦云
《东北老工业基地资源型城市发展接续产业问题研究》	宋冬林
《中国民营经济制度创新与发展》	李维安
《中国加入区域经济一体化研究》	黄卫平
《金融体制改革和货币问题研究》	王广谦
《人民币均衡汇率问题研究》	姜波克
《我国土地制度与社会经济协调发展研究》	黄祖辉
《南水北调工程与中部地区经济社会可持续发展研究》	杨云彦
《我国民法典体系问题研究》	王利明
《中国司法制度的基础理论问题研究》	陈光中
《生活质量的指标构建与现状评价》	周长城
《中国公民人文素质研究》	石亚军
《城市化进程中的重大社会问题及其对策研究》	李　强
《中国农村与农民问题前沿研究》	徐　勇
《中国大众媒介的传播效果与公信力研究》	喻国明
《媒介素养：理念、认知、参与》	陆　晔
《教育投入、资源配置与人力资本收益》	闵维方

书　名	首席专家
《创新人才与教育创新研究》	林崇德
《中国农村教育发展指标体系研究》	袁桂林
《高校思想政治理论课程建设研究》	顾海良
《网络思想政治教育研究》	张再兴
《高校招生考试制度改革研究》	刘海峰
《基础教育改革与中国教育学理论重建研究》	叶　澜
《中国青少年心理健康素质调查研究》	沈德立
《处境不利儿童的心理发展现状与教育对策研究》	申继亮
《WTO主要成员贸易政策体系与对策研究》	张汉林
《中国和平发展的国际环境分析》	叶自成
*《马克思主义整体性研究》	逄锦聚
*《自主创新战略与国际竞争力研究》	吴贵生
*《转轨经济中的反行政性垄断与促进竞争政策研究》	于良春
*《中国现代服务经济理论与发展战略研究》	陈　宪
*《历史题材创新和改编中的重大问题研究》	童庆炳
*《西方文论中国化与中国文论建设》	王一川
*《中国抗战在世界反法西斯战争中的历史地位》	胡德坤
*《中国水资源的经济学思考》	伍新木
*《转型时期消费需求升级与产业发展研究》	臧旭恒
*《中国政治文明与宪政建设》	谢庆奎
*《中国法制现代化的理论与实践》	徐显明
*《中国和平发展的重大国际法律问题研究》	曾令良
*《知识产权制度的变革与发展研究》	吴汉东
*《中国能源安全若干法律与政策问题研究》	黄　进
*《农村土地问题立法研究》	陈小君
*《中国转型期的社会风险及公共危机管理研究》	丁烈云
*《中国边疆治理研究》	周　平
*《边疆多民族地区构建社会主义和谐社会研究》	张先亮
*《数字传播技术与媒体产业发展研究》	黄升民
*《新闻传媒发展与建构和谐社会关系研究》	罗以澄
*《数字信息资源规划、管理与利用研究》	马费成
*《创新型国家的知识信息服务体系研究》	胡昌平
*《公共教育财政制度研究》	王善迈
*《非传统安全合作与中俄关系》	冯绍雷
*《中国的中亚区域经济与能源合作战略研究》	安尼瓦尔．阿木提
*《冷战时期美国重大外交政策研究》	沈志华

……

*为即将出版图书